# Wilde Bienen

## Biologie – Lebensraumdynamik am Beispiel Österreich – Artenporträts

Heinz Wiesbauer

Ulmer

Das Buch entstand im Auftrag der Initiative MUTTER ERDE.

MUTTER ERDE ist ein Zusammenschluss des ORF und der führenden Umwelt- und Naturschutzorganisationen Österreichs – Alpenverein, BirdLife, GLOBAL 2000, Greenpeace, Naturfreunde, Naturschutzbund, VCÖ und WWF. Jedes Jahr wird ein anderes relevantes Umweltthema ins Zentrum der gemeinsamen Aktivitäten gestellt. Ziel ist es, Bewusstsein für die Umwelt zu schaffen, Menschen zum Handeln zu bewegen und Umwelt- und Naturschutzprojekte zu unterstützen.

MUTTER ERDE widmete sich 2015 den Honig- und Wildbienen. MUTTER ERDE informierte, wie jeder mit einfachen Mitteln geeigneten Bienenlebensraum schaffen kann, mobilisierte Menschen zum Bienenschutz und finanzierte über Spenden nachhaltige Projekte für die Rettung der Bienen. Das Buch „Wilde Bienen" ist als Teil dieses Schwerpunkts und im Auftrag von MUTTER ERDE entstanden.

aöle Arbeitsgemeinschaft Österreichischer Entomologen

Wilde Bienen
Biologie – Lebensraumdynamik am Beispiel Österreich – Artenporträts
Autor und alle Fotos: Heinz Wiesbauer

Bibliografische Information der Deutschen Bibliothek

Die Deutsche Bibliothek verzeichnet diese Publikationen in der Deutschen Nationalbibliografie; detaillierte bibliografische Daten sind im Internet über http://dnb.ddb.de abrufbar.


Eugen Ulmer KG
Wollgrasweg 41, 70599 Stuttgart (Hohenheim)
E-Mail: info@ulmer.de
Internet: www.ulmer-verlag.de
Lektorat: Andrea Riedel
Gestaltung: Heinz Wiesbauer
Umschlag vorne: Mai-Langhornbiene, Umschlag hinten: Mohnbiene, Luzerne-Schwebebiene, Milchstern-Schuppensandbiene, Filzige Kraftbiene und Schwarzfühler-Holzbiene; alle Fotos: Heinz Wiesbauer
Druck und Bindung: Gugler GmbH, A-3390 Melk/Donau
Printed in Austria

Certified cradletocradle Silver
Umschlag und Bindung ausgenommen

ISBN 978-3-8186-0503-2

**INHALT**

„Sie können etwas nicht zu lieben lernen, was sie nicht kennen. Wenn sie nie das Glück hatten, im späten Frühling auf eine Wildblumenwiese zu gehen und den Blumenduft zu riechen, die Vögel und Insekten singen zu hören und die Schmetterlinge durch das Gras huschen zu sehen, dann wird es ihnen wahrscheinlich ziemlich egal sein, wenn wieder einmal so eine Wiese zerstört wird. ... In den letzten Jahrzehnten sind etliche großartige Natur-Dokumentarfilme entstanden, in denen wir alle möglichen exotischen Geschöpfe bestaunen können, die wir nie mit eigenen Augen zu Gesicht bekommen werden; aber ich glaube nicht, dass das ausreicht, auch wenn es ein guter Anfang sein mag.

Wir müssen die Kinder nach draußen kriegen, sie auf allen Vieren in der Natur herumbuddeln lassen."

Dave Goulson
2017

## VORWORT

Die Bienenforscher Bruno Pittioni und Robert Schmidt haben vor genau 75 Jahren ein Buch über die Wildbienen Ostösterreichs veröffentlicht, in dem sie auf die rasch voranschreitende Landschaftszerstörung hinwiesen: *„Die in den letzten Jahren in immer intensiverer Weise fortschreitende Urbarmachung bisher ungenützten Bodens in den hier in Betracht kommenden Gebieten verwandelt das Bild der Landschaft von Jahr zu Jahr immer mehr und vereinheitlicht es mit Landschaftsformen (...). Die wenigen vorhandenen Naturschutzgebiete werden dadurch ihres natürlichen „Hinterlandes" beraubt und ihre Fauna verarmt unweigerlich mittelbar, trotz der unmittelbar geübten Schonung der eigentlichen Schutzgebiete. Die Zeit scheint nicht fern zu sein, in der zahlreiche, bisher oft sogar charakteristische Vertreter aus der Insektenwelt für immer aus dem hier interessierenden Gebiete verschwunden sein werden. An ihre Stelle werden zwar neue treten, dies werden aber meist allgemein verbreitete ‚Kulturfolger' sein."*
Pittioni & Schmidt 1942

Dieses Zitat hat noch immer nichts an seiner Richtigkeit eingebüßt. Im Gegenteil: In der Zwischenzeit ist genau das eingetreten, was Bruno Pittioni und Robert Schmidt damals prognostiziert haben, nämlich ein dramatischer Rückgang der Bienendiversität in der intensiv genutzten Kulturlandschaft. Großflächige Ackerkulturen und Intensivgrünland sind heute weitgehend wildbienenfrei, sieht man von einigen Allerweltsarten ab, aber selbst die sind stark zurückgegangen.

Österreich hat mit insgesamt 696 Arten eine ungewöhnlich hohe Wildbienendiversität, doch diese Vielfalt ist stark gefährdet. Zahlreiche Spezies wurden während der letzten Jahrzehnte nicht mehr nachgewiesen und sind vermutlich bereits ausgestorben. Andere Arten haben nur mehr extrem kleine Populationen und stehen knapp davor, sofern keine wirksamen Schutzmaßnahmen ergriffen werden. Bei vielen ehemals weit verbreiteten Arten sind die Populationen voneinander durch unüberwindbare intensiv genutzte Produktionslandschaften getrennt, sodass kein genetischer Austausch mehr stattfindet. Auch sie erlebten in den letzten Jahren massive Bestandseinbrüche. Dazu kommen noch klimatische Veränderungen, die den Wildbienen in manchen Bereichen schwer zusetzen. So wird beispielsweise der Lebensraum für hochalpine Arten, die in Höhen über 2500 Metern leben, stark eingeschränkt, da die Waldgrenze nach oben steigt. Für die Alpenhummel (*Bombus alpinus*) wurde das baldige Aussterben bereits prognostiziert.

### Ziele dieses Buches

***Das Buch soll*** die faszinierenden Lebensweisen der Wildbienen vorstellen und ihre vielfältigen Lebensraumansprüche näher bringen. Nur wer über diese Grundlagen Bescheid weiß, kann sinnvolle Schutzmaßnamen entwickeln.

***Das Buch soll*** aufrütteln und dazu beitragen, dass wir den dramatischen Artenschwund nicht tatenlos hinnehmen. Das rasche Verbot schädlicher Umweltgifte ist dabei eine ebenso wichtige Forderung wie die Rückbesinnung auf eine naturverträgliche Landbewirtschaftung: Wir brauchen wieder blütenreiche Feldraine und artenreiche Wiesenlandschaften, wollen wir nicht unseren Artenreichtum aufs Spiel setzen.

***Das Buch soll*** aufzeigen, wie wir Wildbienen im öffentlichen und privaten Raum fördern können. Tipps für Garten und Terrasse sind ebenso enthalten wie Anleitungen für den Bau von Nisthilfen.

***Das Buch soll*** auch eine Grundlage für den naturschutzfachlich interessierten Laien liefern. Der einleitende Teil beschreibt die Lebensweisen, die Nistplatzansprüche, die Beziehung zwischen Pflanzen und Bienen sowie die Kuckucksbienen. Artenporträts geben einen Überblick über ausgewählte Wildbienen und zeigen Arten aus allen Gattungen. Das Buch ist aber kein Bestimmungsbuch.

**Das Buch ist dem Andenken an Bruno Pittioni, dem größten Bienenforscher Österreichs, gewidmet.**

## DANK

Mein besonderer Dank gilt Herrn Dr. Herbert Zettel (Naturhistorisches Museum Wien) und Herrn P. Andreas Ebmer (Puchenau), die mir wertvolle Anregungen zum Manuskript gegeben haben. Sie haben mich während der vergangenen Jahre nicht nur bei der Bestimmung kritischer Arten unterstützt, ihnen verdanke ich auch den Großteil meines Wissen über Bienen. Gerne denke ich an die vielen interessanten Exkursionen und die anregenden Diskussionen zurück.

Bei der Erstellung des Buchs haben mich zahlreiche Experten unterstützt. Nennen möchte ich insbesondere:

> P. Andreas Werner Ebmer (Puchenau) bei der Erstellung der Kapitel zu den Furchenbienen
> Prof. Dr. Michael Kuhlmann (Zoologisches Museum der Christian-Albrechts-Universität zu Kiel) bei der Erstellung des Kapitels Seidenbienen
> Dr. Johann Neumayer (Elixhausen) bei der Erstellung des Kapitels Hummeln
> Stephan Risch (Leverkusen) bei der Erstellung der Kapitel zu den Langhornbienen
> und vor allem
> Dr. Herbert Zettel, der sämtliche Kapitel kritisch durchgesehen hat.

Für botanische Ratschläge danke ich Prof. Dr. Monika Kriechbaum, Linde Fischer und Prof. Dr. Manfred A. Fischer.

Besonders bedanken möchte ich mich auch bei meinem Freund Karl und seiner Frau Eva, die mir wertvolle Tipps das Garten-Kapitel gegeben haben. Sie haben mir eröffnet, wie man einen wildbienenfreundlichen Garten gestaltet und durch gezielte Pflege zu einem Hotspot der Biodiversität macht. Ohne ihre Anregungen würde ich wahrscheinlich heute noch glauben, dass man im Privatgarten kaum etwas für Wildbienen machen kann.

Fragen zum guten Geschmack beim Layout hat Mandy Fritzsche bereitwillig beantwortet. Für das Lekotrat zeichnet Mag. Andrea Riedel verantwortlich. Auch ihr sei herzlich gedankt.

Danken möchte ich auch meiner Frau Sabine und meiner Tochter Laura für die Unterstützung beim Buchprojekt und für die viele Geduld, die sie bei unseren gemeinsamen Spaziergängen aufbringen müssen, wenn wir interessante Lebensräume aufsuchen.

**Große und kleine Bienen: Hummelkönigin (l.) Holzbiene (Mitte) Steppenbiene (r.)**

**Kropf-, Bein- und Bauchsammler: Keulhornbiene (l.) Hosenbiene (Mitte) Blattschneiderbiene (r.)**

**Einzelgänger und staatenbildende Bienen: Mohnbiene (l.) Hosenbiene (Mitte) Hummelnest (r.)**

**Nestbauende Bienen und Kuckucksbienen: Seidenbiene (l.) Leinbiene (Mitte) Filzbiene (r.)**

## 1 VIELFALT DER WILDBIENEN

Bienen gelten als fleißige, Honig produzierende Insekten. Doch es gibt bei uns nur eine Art von Biene, die das tut: die Honigbiene. Weitgehend unbekannt ist der Umstand, dass es neben diesem Haustier noch eine große Vielfalt an Wildbienen gibt.

Den Begriff „Wilde Bienen“ verwendete erstmals Johann Ludwig Christ in seinem 1791 erschienenen Buch über Hautflügler: *„Es gibt nur eine Art von ... Honigbienen, aber gar viele Arten dieses Geschlechts von wilden Bienen, die also genennet werden, weil sie ... gleichsam wild, ihrem Schicksal überlassen, o(h)ne unsere Aufsicht, meistens auch nur einsam leben ...“* Gemeint ist also nicht das Haustier – die Honigbiene – oder eine wild lebende Urform davon, sondern die in der freien Natur lebenden, anderen Bienenarten.

Bienen gehören zu den Hautflüglern (Hymenoptera), einer besonders artenreichen Insektenordnung. Nach Ascher & Pickering (2017) wurden bislang weltweit insgesamt 20.214 Bienenarten beschrieben. Da laufend weitere Arten durch Neubeschreibungen hinzukommen, ist von einer deutlich höheren Zahl auszugehen.

In Österreich wurden bislang 696 Arten nachgewiesen (Gusenleitner & al. 2012, unter Einbeziehung neuerer Funde: Wiesbauer 2015, Ebmer & al. 2016, Zettel & al. 2016, Schmid-Egger & Dubitzky 2017, West-

**In Mitteleuropa gibt es nur eine Honigbienenart: *Apis mellifera* (l.).**

**Die Zwerghonigbiene (*Apis florea*) ist eine der acht in Asien vorkommenden Honigbienenarten (r.).**

RICH 2017, WIESBAUER & al. 2017). Damit weist das Land die höchste Bienen-Diversität aller mitteleuropäischen Staaten auf. Allein das Bundesland Niederösterreich verzeichnet mehr Bienenarten als ganz Deutschland, Tschechien oder Slowenien. Grund dafür ist zum einen das Zusammentreffen zweier Klimazonen in diesem Raum, nämlich des ozeanisch getönten westeuropäischen Klimas und des kontinental geprägten pannonischen Klimas, zum anderen die große Bandbreite an unterschiedlichen Höhenstufen. Die Palette an Lebensraumtypen reicht vom Steppensee und extremen Trockenstandorten im Tiefland bis zu hochalpinen Lebensräumen im Gletschervorfeld.

Das Aussehen und die Anpassungen der Wildbienen sind äußerst vielfältig: Die kleinste heimische Art – die Steppenbiene – misst gerade einmal vier Millimeter, die größten Arten – die Holzbiene und verschiedene Hummelköniginnen – werden bis zu 30 Millimeter und wiegen mehr als das Siebenhundertfache (dazu einige Gewichtsangaben: *Xylocopa valga:* 0,932 g, Honigbiene: 0,077 g, *Nomioides variegatus:* 0,0013 g, exakter Faktor: 717). Wildbienen verfügen über unterschiedliche Einrichtungen für den Pollentransport. Manche Weibchen haben dazu – ähnlich der Honigbiene – dicht behaarte Beine, sogenannte Hosen, andere transportieren den Pollen mit den Sammelhaaren an der Unterseite des Hinterleibs, wieder andere verschlucken das kostbare Gut und würgen es im Nest wieder aus. Die Lebensweise der meisten Bienen ist solitär, es gibt aber auch soziale (staatenbildende) Arten.

Die Diversität an Wildbienen ist für den Menschen von großer Bedeutung, da sie wichtige Bestäuber sind. Ein weitgehender Verlust von Wildbienen in Agrarlandschaften würde die Produktion vieler Lebensmittel erheblich beeinträchtigen. Denn Bestäubung ist nicht nur wichtig für 88 Prozent aller Wildpflanzen, sondern auch für 70 Prozent der weltweit wichtigsten Nutzpflanzen und beeinflusst 35 Prozent der globalen Nahrungsmittelproduktion (KLEIN & al. 2007). Wildbienen sind – verglichen mit der Honigbiene – die effizienteren Bestäuber, da sie gleichzeitig Nektar und Pollen sammeln und dabei einen intensiveren Kontakt mit der Blüte haben (WESTERKAMP 1991, GARIBALDI & al. 2013). Insbesondere bei früh blühenden Obstgehölzen tragen Wildbienen wesentlich zur Bestäubungssicherheit bei, da einige Arten auch bei sehr geringen Temperaturen fliegen.

**Wildbienenvielfalt in ausgewählten Ländern Europas**

| **Land** | **Artenzahl** | **Quelle** |
|---|---|---|
| Österreich | 696 | (1) |
| Burgenland | 529 | |
| Steiermark | 426 | |
| Kärnten | 417 | |
| Niederösterreich | 608 | |
| Oberösterreich | 420 | |
| Salzburg | 290 | |
| Tirol | 364 | |
| Vorarlberg | 291 | |
| Wien | 466 | (2) |
| Deutschland | 585 | (3) |
| Schweiz | 616 | (4) |
| Italien | 979 | (4) |
| Slowenien | 569 | (4) |
| Ungarn | 675 | (4) |
| Slowakei | 612 | (5) |
| Tschechien | 555 | (5) |

(1) GUSENLEITNER & al. (2012) unter Einbeziehung neuerer Funde: WIESBAUER (2015), EBMER & al. (2016), ZETTEL & al. (2016), SCHMID-EGGER & DUBITZKY (2017), WESTRICH 2017, WIESBAUER & al. (2017)
(2) ZETTEL & al. (2015), ZETTEL & al. 2016, WESTRICH 2017
(3) SCHEUCHL & SCHWENNINGER (2016)
(4) ASCHER & PICKERING (2017)
(5) PŘIDAL (2004)

Die Männchen schlüpfen meist einige Tage vor den Weibchen und warten dann am Nistplatz ungeduldig auf ihre Partnerinnen. Die Paarung erfolgt meist unmittelbar nach dem Schlupf des Weibchens. Das Bild zeigt die Leinbiene (*Hoplitis mocsaryi*).

## 2 LEBENSWEISE UND ENTWICKLUNGSZYKLUS

Zum Auffinden einer bestimmten Wildbienenart ist es hilfreich, ihren Entwicklungszyklus und ihr Sozialverhalten zu kennen. Wann schlüpfen die Männchen, wann die Weibchen? Handelt es sich um eine Art mit solitärer oder sozialer Lebensweise?

Fast alle Wildbienenarten haben ein kurzes Leben und werden nur drei bis sechs Wochen alt. Nach ihrem jahreszeitlichen Auftreten spricht man von Frühjahrs-, Frühsommer-, Sommer- und Herbstarten.

In der Regel schlüpfen die Männchen einige Tage vor den Weibchen und warten dann bei den Nistplätzen auf diese. Nach deren Schlupf folgt die Paarung (Kopula) und das Weibchen beginnt (gleich oder mit zeitlicher Verzögerung) mit dem Nestbau und der Verproviantierung der Brutzellen mit Pollen und Nektar.

### Lebensweise

Die meisten Wildbienenarten (etwa 90 Prozent) leben solitär, d.h. das Weibchen erledigt das Brutgeschäft selbstständig ohne die Hilfe anderer Weibchen. Anders als bei Arten mit sozialer Lebensweise (bei Hummeln und einigen Furchenbienenarten sowie der Honigbiene) gibt es bei solitären Bienen keine Arbeitsteilung und keine Vorratshaltung von Nahrung. Aufgrund ihrer kurzen Lebenszeit lernt die Mutter ihren Nachwuchs in der

Die Skabiosen-Furchenbiene (*Halictus scabiosae*) hat eine halbsoziale Lebensweise.

Die Langlebige Schmalbiene (*Lasioglossum marginatum*) hat eine eusoziale Lebensweise. Die Weibchen dieser Art erreichen ein Alter von bis zu vier Jahren.

Die Honigbiene hat eine hoch eusoziale Lebensweise. Die Königin ist ohne ihre Arbeiterinnen lebensunfähig.

Regel nicht kennen. Bei Arten mit sozialer Lebensweise arbeiten mehrere Weibchen beim Brutgeschäft zusammen, wobei es beim Zusammenleben unterschiedliche Abstufungen gibt (Michener 2007):

**Halbsoziale Lebensweise**:
Ein oder mehrere dominante Weibchen legen Eier, während andere Weibchen mit unterentwickelten Eierstöcken (z.B. Schwestern des dominanten Weibchens) den Großteil der Sammeltätigkeiten ausführen, sich um die Brut kümmern oder das Nest bewachen. Vertreter dieser Entwicklungsstufe finden sich in der Gattung *Halictus* und *Lasioglossum* (Furchenbienen). Bei der Furchenbiene *Halictus scabiose* werden die nicht eierlegenden Weibchen nach dem Schlüpfen der Nachkommen vertrieben.

**Eusoziale Lebensweise**:
Der Bienenstaat besteht aus zwei Generationen. Meist gründet ein einziges Weibchen einen Staat und arbeitet zunächst wie eine solitäre Biene beim Aufbau des Nestes. Mit dem Schlüpfen ihrer Töchter beginnt das eigentliche Sozialleben (Mutter-Tochter-Beziehung), die Arbeitsteilung zwischen der Nestgründerin und den Arbeiterinnen. Solche Staaten brechen meist mit dem Erscheinen von Geschlechtstieren (Jungköniginnen, Männchen) zusammen und sind daher vergleichsweise kurzlebig. Das beschriebene Verhalten haben Hummeln (*Bombus*) und Arten der Gattung *Lasioglossum*, z.B. *Lasioglossum marginatum*.

*Lasioglossum marginatum* ist eine eusoziale Art mit außergewöhnlichem Lebenszyklus. Die Königin unterscheidet sich äußerlich nicht von den Arbeiterinnen, lebt aber mehrere Jahre. Die Arbeiterinnen sind nur im Frühling aktiv und errichten dann Brutzellen, in denen sie die Nachkommen füttern und pflegen. Männchen werden – wie bei allen Bienen aus unbefruchteten Eiern – nur jedes vierte oder fünfte Jahr hervorgebracht. Sie verlassen im Herbst ihre Kinderstube, um in andere Nester einzudringen. Dort begatten sie Jungköniginnen, die im folgenden Frühling einen neuen Staat gründen.

**Hoch eusoziale Lebensweise**: Die höchste Stufe des Sozialverhaltens haben die Honigbiene und die Stachellosen Bienen der Tropen entwickelt. So wird die Königin der Honigbiene bei der Gründung eines neuen Staates von Arbeiterinnen unterstützt. Sie gleicht einer „Eierlegemaschine“ und ist ohne ihre Arbeiterinnen, die die Nahrung herbeischaffen und sich um die Brut kümmern, nicht lebensfähig. Im Staat findet ein intensiver Futteraustausch statt, die Staaten sind mehrjährig.

## Entwicklungszyklus

Im Gegensatz zur Honigbienen-Königin haben die Weibchen solitärer Wildbienen nur wenige Nachkommen. Sie errichten in ihrer kurzen Lebenszeit meist nur etwa zehn bis 20, in seltenen Fällen bis zu 40 Brutzellen.

Aus dem Ei schlüpft nach einigen Tagen eine Larve, die innerhalb der nächsten zwei bis vier Wochen den gesamten Pollenvorrat frisst und sich dabei mehrmals häutet. Nach dem Verzehr des Proviants (bei manchen Arten

**Die Larve verzehrt den Nahrungsvorrat. Dieser besteht aus einem Nektar-Pollen-Gemisch. Weibchen erhalten wesentlich mehr Nahrung als Männchen. Das Bild zeigt die Larve der Roten Mauerbiene (*Osmia bicornis*).**

**Nach dem Verzehr des Larvenproviants gibt die Larve Kot ab und beginnt mit dem Spinnen des Kokons. Das Bild zeigt die Larve der Roten Mauerbiene (*Osmia bicornis*).**

**Der Kokon bietet Schutz während der Verwandlung. In dieser Phase sind Bienen besonders empfindlich auf äußere Einflüsse. Das Bild zeigt den Kokon der Roten Mauerbiene (*Osmia bicornis*).**

Geöffneter Kokon der Roten Mauerbiene (*Osmia bicornis*) mit der bereits entwickelten, aber noch nicht ausgehärteten Biene.

Zunächst verfärben sich die Augen, dann die Mundwerkzeuge, die Fühler, der Thorax und schließlich auch die übrigen Körperteile der Roten Mauerbiene (*Osmia bicornis*).

Die Rote Mauerbiene (*Osmia bicornis*) zählt zu den Frühjahrsarten. Das Bild zeigt ein Weibchen.

schon vorher) entleeren die Larven ihren Darm. Bei vielen Arten spinnt die Larve mit Sekreten der Speicheldrüse einen Kokon, in dem die weitere Entwicklung abläuft. Nach der Fertigstellung der schützenden Hülle folgt meist eine längere Ruhephase (Diapause), während der die Ruhelarve (Vorpuppe) die kalte Jahreszeit überdauert. Erst im Frühjahr danach folgt die Verpuppung, eine zwei- bis dreiwöchige Phase, in der die Verwandlung zum flugfähigen Insekt erfolgt.

Bei der Verpuppung wird die Larvenhaut abgestreift. Die Puppe hat bereits die Umrisse der fertigen Biene, noch sind aber alle Körperteile weich und weißlich, die Flügel noch nicht entfaltet. Im Verlauf der Puppenruhe und der allmählichen Aushärtung des Außenskeletts nehmen zunächst die Komplex- und Punktaugen, später die Mundwerkzeuge, die Fühler, der Thorax und schließlich auch die übrigen Körperteile ihre endgültige Färbung an. Dann entfaltet die Biene ihre Flügel, indem sie diese mit Haemolymphe (Körperflüssigkeit) aufpumpt. Nach einer fast einjährigen Entwicklungszeit verlässt die Biene die Brutzelle und es beginnt ein neuer Entwicklungszyklus.

## Überwinterung und Generationen

Die Mehrheit der heimischen Wildbienen hat eine Generation pro Jahr (unlvoltin), bei einigen Arten der Gattung *Andrena* und *Nomada* sind auch zwei Generationen pro Jahr möglich (bivoltin). Bei den Arten mit einer Generation erfolgt die Überwinterung meist als Ruhelarve (Larve, die sich ihrer Ex-

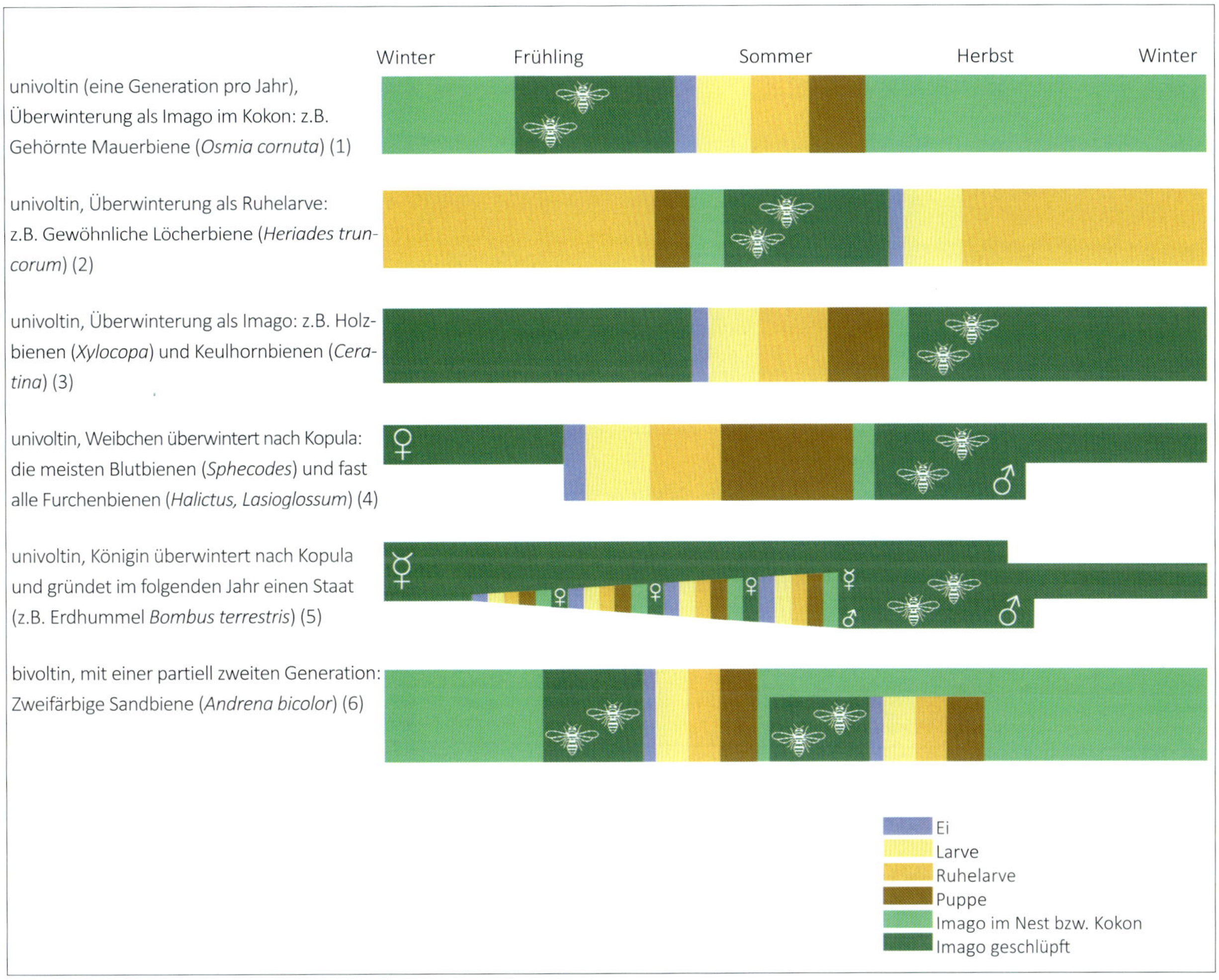


**Lebenszyklen ausgewählter Arten**

(1) Die Gehörnte Mauerbiene (*Osmia cornuta*), eine Frühjahrsart, verpuppt sich nach Durchlaufen aller Larvalstadien bereits im Sommer und überwintert als Imago (ausgewachsenes Tier) im Kokon.

(2) Die Gewöhnliche Löcherbiene (*Heriades truncorum*), eine Sommerart, durchläuft im Herbst alle larvalen Stadien und übersteht den Winter als Ruhelarve (Vorpuppe). Die Verpuppung erfolgt erst im nächsten Frühjahr.

(3) Holzbienen (*Xylocopa*) und Keulhornbienen (*Ceratina*) schlüpfen noch im Jahr ihrer Entwicklung. Beide Geschlechter überwintern anschließend als Imago in unterschiedlichen Höhlungen (*Xylocopa*) oder, falls vorhanden, im Geburtsnest (*Ceratina*). Sie paaren sich erst im Frühjahr bzw. Frühsommer.

(4) Die meisten Blutbienen (*Sphecodes*) und Furchenbienen (*Halictus, Lasioglossum*) paaren sich im Sommer oder Herbst. Die begatteten Weibchen überwintern und beginnen erst im nächsten Jahr mit der Eiablage.

(5) Hummeln (z.B. die Erdhummel *Bombus terrestris*): Eine befruchtete Königin überwintert und gründet auf sich alleine gestellt im nächsten Frühjahr eine neue Nestkolonie. Die schlüpfenden Hummeln sind zunächst ausschließlich Arbeiterinnen, die in der Folge Nahrung sammeln. Ein Duftstoff (Pheromon) der Königin unterdrückt ihre Entwicklung zu Jungköniginnen. Im Sommer legt die Königin sowohl befruchtete als auch unbefruchtete Eier. Aus den Letztgenannten entstehen Drohnen. Sobald die Königin gegen Ende ihres Lebens kein Pheromon mehr ausschüttet, entwickeln sich aus den befruchteten Eiern Jungköniginnen, die in der Folge begattet werden.

(6) Die Zweifärbige Sandbiene (*Andrena bicolor*) hat eine partielle zweite Generation (bivoltin). Die erste Generation fliegt im zeitigen Frühjahr. Ein Teil ihrer Brut schlüpft bereits im Sommer und sorgt für weiteren Nachwuchs, der andere Teil überwintert und schlüpft im Frühjahr.

kremente vollständig entledigt hat), in einigen Fällen auch als fertiges Insekt. Da die Bienen im Puppenstadium sehr empfindlich sind, erfolgt die Verpuppung fast nie im Winter. Einige alpine oder spät im Jahr fliegende Arten dürften jedoch als unreife Larven überwintern (SOMMEIJER & al. 2009, SOMMEIJER & al. 2012, PEETERS & al. 2012). Eine Überwinterung im Ei-Stadium ist von keiner Bienenart bekannt.

Die Abbildung auf Seite 13 zeigt den Entwicklungszyklus ausgewählter Arten in schematischer Form. Aus dem Diagramm geht auch hervor, dass die Lebenserwartung der Wildbienen sehr unterschiedlich ist. Viele Arten mit solitärer Lebensweise werden als Imago nicht älter als vier bis sechs Wochen. Bienenweibchen, die im Vorjahr geschlüpft sind und als Imagines überwintern (u.a. *Ceratina, Xylocopa, Sphecodes*), können mehrere Monate alt werden.

Ein höheres Alter können Arten mit sozialer Lebensweise erreichen: Hummelköniginnen können im Gegensatz zu den kurzlebigen Drohnen und Arbeiterinnen etwas älter als ein Jahr werden. Einen zweijährigen Zyklus haben fallweise die Weibchen der Furchenbiene *Lasioglossum fratellum.*

Eine außergewöhnlich hohe Lebenserwartung hat die Furchenbiene *Lasioglossum marginatum:* Die Königin erreicht ein Lebensalter von fünf bis sechs Jahren und kann in dieser Zeit bis zu 1500 Eier legen. Die Honigbienenkönigin (Apis mellifera) hat im Laufe ihres drei- bis vierjährigen Lebens etwa 100.000 Nachkommen.

Die Schneckenhaus-Wollbiene (*Anthidium septemdentatum*) nutzt leere Schneckenschalen für die Nestanlage.

## 3 DAS NEST

Solitäre Bienen legen nur wenige Eier und investieren dafür umso mehr Energie in den Nestbau und die Versorgung der Brutzellen mit Larvenproviant. Als Nest dient ein verschließbarer Hohlraum, der je nach Bienenart entweder bereits vorhanden ist und für Brutzwecke adaptiert oder vom Weibchen in artspezifischer Weise neu errichtet wird. Das Nest ermöglicht nicht nur die Aufzucht der Brut, sondern ist auch ein Ort, an den sich das Weibchen zurückziehen kann, um zu schlafen oder ein Gewitter zu überdauern.

Der Nestbau ist äußerst vielfältig: Je nach Art graben die Weibchen Gänge in den Boden, in Totholz oder Markstängel, nutzen bestehende Hohlräume wie Käferfraßgänge, hohle Pflanzenstängel, Fels- und Mauerspalten, leere Schneckenschalen und verlassene Gallen oder sie errichten ihre Nester an Fels- oder Pflanzenstrukturen (Westrich 1990, Zurbuchen & Müller 2012).

Im Inneren des Nestes befinden sich eine oder mehrere Brutzellen, in denen die Entwicklung der Biene vom Ei bis zur Imago abläuft. Bei fast allen Arten sind die einzelnen Brutzellen durch Trennwände voneinander abgegrenzt. Jede Zelle wird vom Weibchen mit einer ausreichenden Menge an Larvenproviant (Pollen und Nektar) und einem befruchteten oder unbefruchteten Ei belegt. Aus befruchteten Eiern entwickeln sich Weibchen, aus unbefruchteten Männchen. Die Bemessung des

**Unbefestigte Erdwege sind Nistplatz vieler Wildbienenarten. Besonders auffällig sind die Nester der Schmalbienen *Lasioglossum malachurum* und *L. marginatum* im Frühjahr.**

**Die Markstängel von Königskerzen bieten wertvolle Niststrukturen. Sie werden gerne von der Dreizahn-Stängelbiene (*Hoplitis tridentata*) und unterschiedlichen Keulhornbienen (*Ceratina* sp.) genutzt (l.).**

**Altes Gemäuer mit Lehmputz oder Kalkmörtel wird von vielen Bienenarten als Nistplatz angenommen (r.).**

**Die Östliche Felsen-Mauerbiene (*Osmia mustelina*) errichtet ihre Nester mit Pflanzenmörtel in Felsnischen (l.).**

**Schneckenschalen in einem Lesesteinhaufen sind meist sicher vor Tritt. Die Schneckenhaus-Wollbiene (*Anthidium septemdentatum*) prüft das leere Gehäuse einer Schnirkelschnecke (r.).**

Nahrungsvorrats erfolgt geschlechtsspezifisch, Männchen erhalten meist eine deutlich geringere Menge an Pollen und Nektar als die Weibchen. Die Größe der Brutzelle entspricht normalerweise der Größe der sich darin entwickelnden Biene.

Die Trennwände der Brutzellen werden je nach Art aus Erde, Pflanzenmörtel, Harz, Pflanzenhaaren, Holz oder Drüsensekreten errichtet. Viele Bienenarten kleiden auch die Innenwände des Nests mit Laub- und Blütenblättern, Harz oder Erde aus, um die Brutzelle vor eindringender Feuchtigkeit und Austrocknung zu schützen. Drüsensekrete, mit denen manche Bienenarten (Colletidae, Andrenidae, Halictidae, Anthophoridae) die Innenwände ihrer Brutzellen beschichten, haben darüber hinaus oft auch fungizide und bakterizide Wirkung (Müller & al. 1997, Westrich 1990).

Getrennte Brutzellen sind beim Nestbau der Wildbienen der Regelfall. Zu den wenigen Ausnahmen mit gemeinsamer Kinderstube zählt die Schöterich-Mauerbiene (*Osmia brevicornis*), bei der mehrere Larven in einem einzigen großen, pollengefüllten Hohlraum aufwachsen. Und auch bei den Hummeln entwickeln sich mehrere Larven in einer gemeinsamen Kammer, die im Verlauf des Larvenwachstums von den Arbeiterinnen erweitert wird.

Nach der Eiablage verschließt das Weibchen die Zelle, sodass die Brut gegenüber witterungsbedingten Temperatur- und Feuchtigkeitsschwankungen bestmöglich geschützt ist. Durch den endgültigen Nestverschluss wird den Brutparasiten der Zutritt verwehrt oder wesentlich erschwert.

### 3.1 Nistplatzwahl

Wildbienen findet man in den unterschiedlichsten Lebensräumen. Die Anzahl und die Verteilung der Arten hängen neben dem Blütenangebot vor allem davon ab, ob und in welcher Häufigkeit geeignete Brutplätze vorhanden sind.

Nach Zurbuchen & Müller (2012) nisten von den rund 745 bisher in Deutschland, Österreich und der Schweiz nachgewiesenen Wildbienenarten 369 Arten (50 Prozent) in selbst gegrabenen Gängen im Boden, 23 Arten (drei Prozent) in selbst genagten Gängen in markhaltigen Pflanzenstängeln oder morschem Holz, 143 Arten (19 Prozent) in bestehenden Hohlräumen, sieben Arten (ein Prozent) bauen frei stehende Nester aus Pflanzenharz oder mineralischem Mörtel. Insgesamt 184 Arten (25 Prozent) sind Kuckucksbienen, d.h. sie bauen keine eigenen Nester, sondern schmuggeln ihre Eier in die Brutzellen nestbauender Wildbienen. Die Nistweise von 23 Arten (drei Prozent) ist bisher noch unbekannt.

Viele der im Erdboden nistenden Wildbienenarten zeigen hinsichtlich Bodensubstrat, Bodenneigung und Bodenbewuchs deutliche Präferenzen. Je nach Spezies bevorzugen sie Sand-, Löss- oder Lehmböden, mäßig feuchte oder trockene Standorte, horizontale oder vertikale Flächen, bewachsene oder vegetationslose Stellen, sonnenexponierte oder beschattete

**Die Lungenkraut-Mauerbiene (*Osmia pilicornis*) nagt ein Nest in einen abgebrochenen Ast knapp über der Bodenoberfläche.**

**Die Schwarze Mörtelbiene (*Megachile parietina*) errichtet das Nest an Felsstrukturen (l.).**

**Die Französische Felsenbiene (*Hoplitis ravouxi*) mauert mit Mörtel und kleinen Steinen das Nest in Felsspalten (r.).**

**Die Zwergharzbiene (*Anthidium strigatum*) baut Nester aus Harz, die an der Unterseite mit einer Luftröhre enden (l.).**

**Die Schwarzbürstige Blattschneiderbiene (*Megachile nigriventris*) nutzt Hohlräume im stark verwitterten Totholz für die Nestanlage und ummantelt die Brutzellen mit abgeschnittenen Blattstücken (r.).**

**Die Dünen-Steppenbiene (*Nomioides minutissimus*) nistet auf Sandstandorten.**

**Die Salz-Buntbiene (*Camptopoeum friesei*) kommt ausschließlich auf Salzstandorten vor.**

**Die Vorkommen der Goldfarbenen Langhornbiene (*Eucera pollinosa*) beschränken sich in Mitteleuropa auf Wärmeinseln.**

Bereiche. So sind beispielsweise die Steppenbienen *Nomioides minutissimus* und *N. variegatus* in Mitteleuropa auf Sandböden spezialisiert und nisten ausschließlich an solchen Standorten. Die Salz-Buntbiene *Camptopoeum friesei* ist bei der Nistplatzwahl streng an Salzböden gebunden, während die Schwesternart *C. frontale* Lössböden bevorzugt.

Die Spezialisierungen können unterschiedliche Gründe haben oder in manchen Fällen auch nur regional ausgeprägt sein. Bei vielen Wildbienen ändert sich die Bevorzugung bestimmter Substrattypen in Abhängigkeit vom Großklima, was die Bedeutung der jeweiligen Temperatur- und Feuchtigkeitsverhältnisse im Boden bei der Nistplatzwahl unterstreicht.

Mediterrane bzw. pannonische Arten wie die Weißwangen-Bindenpelzbiene (*Amegilla albigena*), die Goldfarbene Langhornbiene (*Eucera pollinosa*) und die Skabiosen-Hosenbiene (*Dasypoda argentata*) sind in Mitteleuropa bei der Wahl ihrer Niststandorte an ausgesprochene Wärmeinseln mit leichten, sich rasch erwärmenden Böden gebunden, während sie in ihrer eigentlichen Heimat unterschiedliche Lebensräume besiedeln. Das günstige Mikroklima ermöglicht diesen Arten offenbar, sich nördlich ihres Hauptverbreitungsgebietes fortzupflanzen. Die unterschiedliche Habitatbindung ist auf das Kühneltsche Prinzip der „regionalen Stenökie“ zurückzuführen. Demnach sucht eine Art in Gebieten, in denen sich einer der für sie lebenswichtigen Faktoren seinem Grenzwert nähert, jene wenigen Stellen auf, an denen

Die Bärtige Sandbiene (***Andrena barbilabris)*** nistet häufig im losen Sand und taucht in den Untergrund ab, ohne Spuren zu hinterlassen. Durch diese Fähigkeit kann sie den Parasitendruck vermindern.

ihre Lebensansprüche noch befriedigt werden können, sie wird also „stenök" bzw. „stenotop" (KÜHNELT 1943).

Auch besondere Fähigkeiten beim Graben können die Nistplatzwahl einer Art beeinflussen. So sind die Sandbienen *Andrena argentata* und *A. barbilabris* in der Lage, ihre Nester im losen, strukturlosen Sand anzulegen und in den Untergrund regelrecht „abzutauchen", eine Fähigkeit, die vermutlich auch den Parasitendruck vermindert. Für die meisten Wildbienenarten ist es jedoch wichtig, dass sich beim Graben ein stabiles Gangsystem ausbildet, welches nicht immer wieder neu errichtet werden muss.

Ein weiterer limitierender Faktor für die Nistplatzwahl kann die Substrathärte sein. Für die meisten Arten sind wenig humose Sand- oder Lössböden günstig, da sich das Material leicht umlagern lässt und die Gänge eine gewisse Stabilität aufweisen. Auf unbefestigten Erdwegen herrschen oft optimale Bedingungen vor, da solche Bereiche nur mit wenigen Wurzelhaaren durchsetzt sind, die die Bienen mit ihren Mundwerkzeugen (Mandibeln) in mühsamer Kleinarbeit durchtrennen müssen. Werden Erdwege verdichtet oder mit Grädermaterial befestigt, ist es für Wildbienen nicht mehr möglich, Nester anzulegen.

Auch hinsichtlich Neigung, Exposition und Beschattung des Niststandorts unterscheiden sich die

**Die Buckel-Seidenbiene (*Colletes daviesanus*) zählt zu den häufigsten Arten der Lösswand (l.).**

**Wo sie nistet, ist die Steilwand meist mit vielen Löchern übersät (r.).**

**Die Ochsenzungen-Seidenbiene (*Colletes nasutus*) bevorzugt wenig durchlöcherte Teile der Lösswand (l.).**

Ansprüche der Wildbienen, da die Bodentemperaturen von diesen Faktoren abhängen. Da die meisten Wildbienen wärmeliebend sind, haben bodennistende Arten an unbeschatteten, südexponierten, leicht geneigten Standorten oft eine hohe Nestdichte, sofern es Offenbodenstellen gibt. Besonders günstige Neststandorte sind Vertikalstrukturen wie Abbruchkanten oder Hohlwege, da auf die steil geneigten Flächen nur wenig Wasser fällt und die Durchwurzelung daher eher eine geringe Rolle spielt. Bevorzugte Nistplätze fallen auch dadurch auf, dass sich hier im Laufe der Zeit größere Ansammlungen von Nestern bilden, sowohl bei sozialen als auch bei solitären Arten. Solche Nestaggregationen resultieren aus der Standorttreue der Bienen und deuten darauf hin, dass ein bestimmter Standort vor intensiven Nutzungen verschont geblieben ist. Sie haben für die betreffende Art den Vorteil, dass die Standortbedingungen hier nachweislich günstig sind und das Risiko, das die Neubesiedlung eines unbekannten Standorts in sich birgt, wegfällt. Auch eine Übereinstimmung des Schlüpfzeitpunkts mit dem Aufblühen wichtiger Futterquellen ist hier zu erwarten. Zudem gestaltet sich die Partnerwahl im Bereich einer bestehenden Nestaggregationen wesentlich einfacher. Nachteilig ist hingegen die wesentlich höhere Dichte an Brutparasiten.

**Das Weibchen der Leinbiene (*Hoplitis mocsaryi*) wird meist unmittelbar nach dem Schlüpfen begattet. Nach der Paarung beginnt es mit dem Nestbau und ist dabei auf sich alleine gestellt.**

## 3.2 Nistverhalten ausgewählter Mauerbienen

Das Nistverhalten der Mauerbienen ist vielfältig und faszinierend. Wenn sich die Weibchen bei den Brutplätzen zeigen, kann man ihnen mit einem gewissen Sicherheitsabstand bei den aufwendigen Arbeiten des Nestbaus oder der Verproviantierung zusehen, ohne sie zu stören. Manche Bienen mauern ihre Nester mit Mörtel in Felsnischen oder an Grashorste, andere tapezieren die Nester mit Blütenblättern, wieder andere nutzen Schneckenhäuser oder unterschiedliche Hohlräume für die Nestanlage.

### 3.2.1 Kunstvolle Nester aus Blüten- oder Laubblättern

Die faszinierendsten Nestbauer sind wohl jene Mauerbienen-Arten, die Blütenblätter für das Auskleiden des Nests verwenden. Zu den heimischen Vertretern zählen u.a. die Leinbiene (*Hoplitis mocsaryi*), die Mohnbiene (*H. papaveris*), die Zotten-Mauerbiene (*H. villosa*), die Triester Mauerbiene (*Osmia tergestensis*). In Südtirol und Slowenien kommt die Dalmatinische Felsenbiene (*Hoplitis dalmatica*) vor. Nester aus Laubblättern errichtet die Glockenblumen-Felsenbiene (*Hoplitis mitis*).

#### Leinbiene *Hoplitis mocsaryi*

Die Leinbiene nistet in kleinen Kolonien. Je nach Witterung schlüpft sie im Zeitraum Ende Mai bis Mitte Juni. Die Männchen kommen einige Tage vor den Weibchen aus

Die Leinbiene (*Hoplitis mocsaryi*) trennt in nur wenigen Sekunden das Blütenblatt des Gelb-Leins ab und rollt dieses für den Transport zu einer Kugel (l., r.o.).

Unzählige Male muss die Leinbiene den Weg zwischen den Leinpflanzen und dem Nest zurücklegen (r.u.).

den Erdnestern. Sie halten sich meist im Bereich des Nistplatzes auf oder suchen die Blüten des Leins in der näheren Umgebung nach Weibchen ab. Meist findet die Kopula unmittelbar nach dem Schlupf eines Weibchens statt. Dann stürzt sich ein Männchen auf das Weibchen und begattet es.

Die Leinbiene gräbt eine etwa vier bis fünf Zentimeter tiefe Neströhre senkrecht in den Untergrund. Mit ihren Mundwerkzeugen lockert sie den Boden, ergreift die Erdkrümel und transportiert sie aus dem Nest. Dann verstreut sie den Aushub fliegend im Umkreis von etwa einem halben Meter, kehrt zurück zum Nesteingang und holt die nächste Erdladung. Beim Graben zieht sie gelegentlich auch kleine Steinchen aus dem Nest oder trennt feine Wurzeln mit ihren kräftigen Mandibeln ab.

Hat das Loch eine gewisse Tiefe erreicht, wird mit den Tapezierarbeiten begonnen. Dazu schneidet die Leinbiene mit ihren Mundwerkzeugen aus den Blütenblättern des Gelb-Leins oder des Zotten-Leins etwa fingernagelgroße Blattstücke heraus. Schon während des Schneidevorgangs werden die bereits abgetrennten Blattteile mit Hilfe der Beine zusammengerollt. Ist das gesamte Blattstück vom restlichen Blütenblatt getrennt, ergreift die Leinbiene die gerollte „Tapete“ mit den Mundwerkzeugen und fliegt zum Nest.

Beim Nest entrollt sie das Blütenblatt und kleidet damit die Innen-

Die Leinbiene (*Hoplitis mocsaryi*) fliegt mit einem gerollten Blütenblattstück des Gelb-Leins (*Linum flavum*) zum Nistplatz.

wände aus. Die Biene beginnt mit dem Tapezieren beim Nesteingang und arbeitet sich dann bis zu den Brutzellen vor. Die aus dem Nest ragenden Blütenblätter tragen dazu bei, dass während der Verproviantierung keine Erde in das Nest gelangt. Für die Anlage einer Brutzelle benötigt die Biene etwa 30 bis 50 Blütenblattstücke.

Nach Abschluss der Tapezierarbeiten verproviantiert die Leinbiene die Brutzelle und verwendet dazu Pollen und Nektar, den sie ausschließlich auf Gelb-Lein und Zotten-Lein sammelt. Anschließend legt die Biene auf dem Larvenproviant ein Ei ab und verschließt die Brutzelle mit weiteren Blütenblättern. Einige Tage später schlüpft die Larve. Sie frisst den gesamten Vorrat und verbringt den Winter als Ruhelarve. Das Puppenstadium und die Umwandlung zum ausgewachsenen Insekt folgen im Frühjahr.

Die Leinbiene geht beim Nestbau ökonomisch vor und vermeidet lange Wege. Zur Gewinnung von Blütenblättern wählt sie meist die nächstliegenden Lein-Pflanzen. Da diese Strecke während des Nestbaues oftmals zurückgelegt werden muss, hängt die Zeitdauer des Nestbaus auch von der Entfernung des Leins zum Nest ab. Eine enge Verzahnung von Nistplatz und geeignetem Blütenangebot ist deshalb von entscheidender Bedeutung. Wie stark die Leinbiene an den Lein gebunden ist, konnte ich im besonders warmen Frühjahr 2008 beobachten, als

**Die Mohnbiene (*Hoplitis papaveris*) trennt ein Blütenblatt des Blut-Storchschnabels (*Geranium sanguineum*) ab.**

**Zum Auskleiden des Nests verwendet sie unterschiedliche Blütenblätter. Namensgebend war die gelegentliche Wahl von Mohn.**

**Eine Mohnbiene prüft die Lage vor dem Verlassen des Nests.**

die Leinbienen Anfang Mai schon geschlüpft waren, die Leinpflanzen aber noch nicht blühten. Die Weibchen entfernten sich kaum vom Nistplatz und suchten auch nicht nach einer alternativen Pollenquelle. Als wenige Tage später der Gelb-Lein zu blühen begann, bissen die Leinbienen die noch wenig geöffneten Blütenblätter ab und begannen unverzüglich mit dem Nestbau und der Verproviantierung von Brutzellen. Die starke Bindung an ihre Pollenquelle birgt große Gefahren: Werden die Pflanzen zum falschen Zeitpunkt gemäht oder beweidet, kann dies für die Population einen schwerwiegenden Rückschlag bedeuten.

Zur Verproviantierung einer Brutzelle benötigen die Weibchen etwa einen Tag. Die Aktivitäten der Biene beschränken sich auf Phasen mit günstigen Witterungsbedingungen. Schlechtwetterphasen und die kühlen Nächte überdauern die Weibchen in der Regel im Inneren des Nestes, die männlichen Leinbienen in den Blüten des Leins.

Die ständigen Paarungsversuche der Männchen behindern die Weibchen beim Nestbau, oft gehen Blütenblattstücke durch die Attacken verloren. Dies kostet viel Energie und verzögert den Nestbau. Nach einigen Tagen nimmt aber die Zahl der Männchen rasch ab und die Störungen des Brutgeschäfts werden seltener.

Die Frage, warum manche Bienen die Nestinnenwände austapezieren, hat viele Biologen beschäftigt. Müller (1907) betrachtet die Tapete als *„eine Schutzeinrichtung zu dem Zwecke, das Innere der*

*Zelle gegen lose Sandkörnchen und unmittelbare Feuchtigkeit sicher abzuschließen"*. Ein wichtiger Grund ist wohl auch der Schutz vor dem Vertrocknen. Auch eine konservierende Wirkung wird den Blütenblättern nachgesagt, die das Verpilzen des Larvenfutters verhindern soll. Dazu kommt noch ein gewisser, wenn auch geringer Schutz der Blütenblatt-Ummantelung bei der landwirtschaftlichen Bodenbearbeitung.

Brutparasiten sind von der Leinbiene bislang nicht bekannt.

**Mohnbiene *Hoplitis papaveris***

Im Gegensatz zur Leinbiene verwendet die nahe verwandte Mohnbiene ein breiteres Spektrum an Blütenpflanzen. Neben Klatschmohn (*Papaver rhoeas*), Sonnenröschen (*Helianthemum spp.*), Kornblume (*Centaurea cyanus*) und unterschiedlichen Lein-Arten (*Linum flavum* und *L. hirsutum*) zählt vor allem der Blut-Storchschnabel (*Geranium sanguineum*) zu den begehrten Pflanzen für das Auskleiden der Brutzelle. Auch für den Larvenproviant nutzt die Mohnbiene ein breites Spektrum an Pollenquellen.

Anders als die Leinbiene schließt die Mohnbiene den Nesteingang, indem sie die Blütenblätter im Eingangsbereich entfernt und den Gang mit Erde verfüllt. Zum Schutz vor Brutschmarotzern tarnt die Biene das Nest, sodass nichts mehr auf dessen Existenz hinweist. Während die Leinbiene vielzellige Nester (meist vier bis sechs) baut, sind die Nester der Mohnbiene meist ein- bis zweizellig.

**Die Mohnbiene (*Hoplitis papaveris*) kleidet das Nest ähnlich der Leinbiene häufig mit Gelb-Lein (*Linum flavum*) aus.**

**Nach der Verproviantierung füllt sie den Nesteingang mit Erde.**

**Die Mohnbiene verwischt alle Spuren, die auf das Nest hinweisen könnten.**

**Die Dalmatinische Felsenbiene (*Hoplitis dalmatica*) beim Abtrennen eines Blütenblatts des Sonnenröschens (*Helianthemum*) (l.)**

**Das Nest besteht außen aus Pflanzenmörtel und innen aus Blütenblättern (r.o.).**

**Die Dalmatinische Felsenbiene (*Hoplitis dalmatica*) beim Nestbau (r.u.).**

**Die Dalmatinische Felsenbiene (*Hoplitis dalmatica*) nistet in einem Felsspalt und errichtet die Brutzellen mit Pflanzenmörtel und Blütenblättern (l.).**

**Der Larvenproviant besteht aus dem Pollen von Skabiosen (*Scabiosa*) (r.o., r.u.).**

### Dalmatinische Felsenbiene *Hoplitis dalmatica*

Die Brutzellen der Dalmatinischen Felsenbiene sind mehrschichtig aufgebaut. Zunächst stellt das Weibchen in einer Felsnische die Grundform der Brutzelle mit Pflanzenmörtel (zerkaute Laubblattstücke) her. Anschließend kleidet es den Innenraum mit Blütenblattstücken aus, die es von Storchschnabel (*Geranium* spp.), Feinblättrigem Lein (*Linum tenuifolium*), Blauem Lattich (*Lactuca perennis*) oder Sonnenröschen (*Helianthemum* spp.) gewinnt. Nach der Verproviantierung und der anschließenden Eiablage verschließt das Weibchen die Brutzelle, indem es die aus dem Nest ragenden Blütenblätter umklappt und mit Pflanzenmörtel ummantelt.

### Zottige Felsenbiene *Hoplitis villosa*

Die Zottige Felsenbiene errichtet die Nester in einem Felsspalt. Sie verwendet Blütenblätter von Sonnenröschen- und Storchschnabel-Arten zum Nestbau. Um dem Nest die nötige Stabilität zu verleihen, werden die Blütenblätter mit Erde verklebt. Meist stellt sie an einem geeigneten Niststandort mehrere Brutzellen her.

### Glockenblumen-Felsenbiene *Hoplitis mitis*

Die Glockenblumen-Felsenbiene baut meist in Felsspalten oder anderen Strukturen kunstvolle Nester, die sie aus den Laubblättern

**Die Zottige Felsenbiene (*Hoplitis villosa*) errichtet mehrere Brutzellen in einem Felsspalt (l.) und verklebt die Blütenblätter mit feuchter Erde (Mitte, r.).**

**Die Glockenblumen-Felsenbiene (*Hoplitis mitis*) stellt zapfenförmige Nester aus abgebissenen Blättern her (l.o.) und sammelt den Pollen ausschließlich auf Glockenblumen (l.u.).**

**Die Rote Schneckenhausbiene (*Osmia andrenoides*) nistet meist in leeren Schalen der Vielfraßschnecke (*Zebrina* sp.) (r.).**

unterschiedlicher Pflanzen herstellt (Westrich 1990, Amiet & Krebs 2012). Nestbeobachtungen gibt es nur wenige, da die Biene Nistplätze wählt, die nicht einsehbar sind. Ich wurde auf eine nestbauende Glockenblumen-Felsenbiene aufmerksam, als sie unter den Blättern eines Thymians (*Thymus*) im Dickicht der verholzten Sprosse verschwand.

Die Anlage des Nests ist sehr aufwendig: Die Biene muss dazu viele Blätter des Sonnenröschens (*Helianthemum*) oder anderer Pflanzen abbeißen und nach einem genauen Bauplan zusammensetzen: Am Anfang legt sie die Blätter zwischen den Thymian-Sprossen so ab, dass eine spitz zulaufende Tüte entsteht. In diesen Hohlraum baut die Biene weitere Blätter spiralförmig ein und verklebt sie mit Pflanzenmörtel. Indem sie Blatt an Blatt schichtet, entsteht nach einiger Zeit ein aufrecht stehendes, zapfenförmiges Gebilde. Den Pflanzenmörtel gewinnt die Biene, indem sie das Innere des Zapfens ausnagt und dabei einen Innenraum schafft. Hat das Loch eine ausreichende Tiefe, verproviantiert sie das Nest mit dem Pollen von Glockenblumen. Den Nestverschluss stellt die Biene aus Pflanzenmörtel her.

### 3.2.2 Leere Schneckenschalen

Etwa acht Prozent der heimischen Wildbienen legen ihre Nester ausschließlich in leeren Schneckenschalen an. Dazu zählen eine Harzbienenart (*Anthidium septemdentatum*) und fünf Mauer-

**Die Rothaarige Schneckenhausbiene (*Osmia rufohirta*) legt das Nest meist in den Schalen der Heideschnecken (*Helicella* sp.) an, da sich diese für den rollenden Transport gut eignen.**

**Für den Nestverschluss benötigt die Biene Pflanzenmörtel, den sie aus zerkauten Blattstücken herstellt.**

**Nach der Verproviantierung rollt sie die Schneckenschale oft über größere Strecken an einen sicheren Ort (l., r.).**

bienen-Arten (*Osmia andrenoides, O. aurulenta, O. bicolor, O. rufohirta* und *Hoplosmia spinulosa*).

In Abhängigkeit von ihrer Größe zeigen die Bienen unterschiedliche Präferenzen. Die Siebenzähnige Harzbiene und die Zweifärbige Mauerbiene, zwei vergleichsweise große Bienenarten, nutzen vorwiegend die leeren Gehäuse von Schnirkelschnecken (v.a. Garten-Schnirkelschnecke *Cepaea hortensis* und Hain-Schnirkelschnecke *C. nemoralis*). Die Rote Schneckenhausbiene *Osmia andrenoides*, eine ausgesprochen kleine Mauerbienenart, verwendet meist das Gehäuse der Vielfraßschnecke (*Zebrina* sp.). Am Beispiel der Schneckenhausbienen *Osmia rufohirta* und *Osmia bicolor* soll das Nistverhalten näher beschrieben werden.

### Rothaarige Schneckenhausbiene *Osmia rufohirta*

Die Rothaarige Schneckenhausbiene nutzt fast ausschließlich die Gehäuse von Heideschnecken (*Helicella* sp.), die sich durch Rollen besonders leicht transportieren lassen. Wo das Schneckenhaus zunächst liegt, spielt kaum eine Rolle, da das Nest vor und nach der Verproviantierung auch über eine größere Distanz bewegt werden kann. Der Nestbauzyklus beginnt mit der Auswahl einer leeren Schale und mit dem Sammeln von Pflanzenmörtel. Hat die Mauerbiene eine geeignete Schale gefunden, mauert sie im Eingangsbereich der Schneckenschale eine Verengung, eine Eintrittspforte, die – so wird angenommen – die Länge der Brutzellen bereits vor Beginn der Verproviantierung festlegt. Möglicherweise signalisiert diese Verengung auch anderen Bienen, dass die Schale bereits in Verwendung ist. In weiterer Folge trägt die Mauerbiene Pollen und Nektar ein, die sie von unterschiedlichen Schmetterlingsblütlern erntet. Eine Schneckenschale enthält nur eine Brutzelle. Für den Eintrag des Larvenproviants sind etwa 30 Versorgungsflüge notwendig. Nach der Verproviantierung wird der Eingangsbereich mit Pflanzenmörtel so weit verengt, dass die Biene gerade noch mit dem Hinterleib in das Gehäuse eindringen kann. Schließlich erfolgen die Eiablage und der endgültige Verschluss der Brutzelle mit Pflanzenmörtel. Der Nestverschluss wird durch den oberflächlichen Einbau kleiner Steinchen, die mit frischem Pflanzenmörtel verklebt werden, weiter verstärkt.

Nach dem Verschließen des Eingangs tarnt die Mauerbiene die Schneckenschale, indem sie an der Oberseite Pflanzenmörtel anbringt. So verleiht sie dem Nest eine gewisse Patina, über deren Bedeutung die Wissenschaft noch immer rätselt. Dass die rauere Oberfläche, wie gelegentlich behauptet, den Transport erleichtere, ist vermutlich falsch, da die Beine der Biene an der unbehandelten Unterseite ebenso gut haften. Plausibler erscheint die Erklärung, wonach der Pflanzenmörtel anderen Mauerbienen signalisiert, dass die Schale schon als Nest in Verwendung ist. Zu guter Letzt sucht die Mauerbiene eine geschützte Stelle, zu der sie die Schneckenschale hinrollt. Ich konnte filmisch dokumentieren, dass die Biene innerhalb weniger Minuten mehrere Meter überwinden kann. Sie setzt dabei ihren Körper wie einen Hebel ein, stützt sich mit den Mandibeln an Gräsern ab und rollt die Schneckenschale mit den Beinen in die gewünschte Richtung. Oft kann man beobachten, dass sie sich mitsamt ihrer Schneckenschale überschlägt. Meist legt sie die Schale an einem vor Tritt geschützten Ort ab, etwa bei einem Stein oder unterhalb eines Dornenstrauches. Die Schale wird so abgelegt, dass der Eingangsbereich nach unten weist.

**Die Zweifärbige Schneckenhausbiene (*Osmia bicolor*) nistet in leeren Schneckenschalen.**

**Nach der Verproviantierung bringt sie die Schneckenschale in die richtige Position.**

### Zweifärbige Schneckenhausbiene *Osmia bicolor*

Nach einem etwas anderen Muster geht die Zweifärbige Schneckenhausbiene *O. bicolor* vor. Das Weibchen verproviantiert nur Schneckenschalen, die an einer günstigen Stelle liegen.

Nach der Verproviantierung verschließt sie das Nest. Eine Schneckenschale enthält meist zwei Brutzellen. Zum Schutz vor Parasiten dient ein mit Erdkrümeln und

**Die Zweifärbige Schneckenhausbiene (*Osmia bicolor*) schafft Kiefernnadeln und kleine Holzstücke fliegend herbei und tarnt damit die Schneckenschale.**

**Nach zahlreichen Flügen ist die Schneckenschale nicht mehr sichtbar.**

Steinchen gefüllter Hohlraum, der dem eigentlichen Nest vorgelagert ist und beidseits mit Pflanzenmörtel zugemauert wird. Das Weibchen schafft Kiefernnadeln und kleine Holzstücke fliegend herbei und tarnt so die Schneckenschale. Die sperrigen Kiefernnadeln sind besonders geeignet, um ein Grundgerüst herzustellen, auf dem dann in weiterer Folge Halme, Moosstückchen und andere Pflanzenteile abgelegt werden. So versteckt das Weibchen das Schneckenhaus.

Die Lauch-Seidenbiene (*Colletes graeffei*) zählt zu den oligolektische Arten, da sie den Pollen ausschließlich auf Gelb-Lauch (*Allium flavum*) und Kiel-Lauch (*Allium carinatum*) sammelt.

## 4 BEZIEHUNG ZWISCHEN PFLANZEN UND BIENEN

Bienen und Blütenpflanzen haben sich im Laufe der Evolution gegenseitig beeinflusst. In der mittleren bis späten Kreidezeit vor rund 120 Millionen Jahren erlebten die Blütenpflanzen ein wahre Artenexplosion und wurden zur dominierenden Gruppe der Landpflanzen. Bienen entwickelten sich zu ihren wichtigsten Bestäubern (CARDINAL & DANFORTH 2013, PETERS & al. 2017). Von der Bestäubung der Pflanze profitieren auch die Bienen, da sie im Gegenzug mit Pollen, Nektar und in wenigen Fällen sogar mit Pflanzenöl versorgt werden. Die Blütenprodukte bilden die alleinige Nahrungsbasis der Bienen, sowohl was ihre eigene Ernährung als auch die ihrer Nachkommen anbelangt. Damit unterscheiden sie sich von den stammesgeschichtlich älteren Wespen, die ihre Nachkommen mit tierischer Nahrung versorgen (Ausnahme Honigwespen; Masarinae).

Um den eigenen Energiebedarf abzudecken, saugen die Männchen und Weibchen Nektar und fressen in geringem Ausmaß auch Pollen. Der Nektar, eine wässerige Zuckerlösung, liefert den Bienen vor allem Kohlenhydrate, also rasch verfügbare Energie, die sie u.a. für das kräftezehrende Fliegen benötigen.

Für die Verproviantierung ihrer Brutzellen sammeln die Weibchen neben flüssigen Pflanzenprodukten enorme Mengen an Pollen.

**Die Holz-Blattschneiderbiene (*Megachile ligniseca*) bei der Pollenernte am Klebrigen Salbei (*Salvia glutinosa*): Sie trinkt Nektar und erntet gleichzeitig den Pollen.**

**Der Pollen auf der Weg-Ringdistel (*Carduus acanthoides*) ist leicht zugänglich.**

**Die Lauch-Maskenbiene (*Hylaeus punctulatissimus*) nutzt fast ausschließlich Lauch (*Allium*) und gilt deshalb als oligolektische Art. Werden die Pollenquellen knapp, weicht sie fallweise auf Dickblattgeächse (Crassulaceae) aus.**

Sie müssen dazu im näheren Umfeld des Nests eine Vielzahl an Blüten besuchen und sind oft auf bestimmte Pflanzenarten angewiesen. Pollen enthält vorwiegend Proteine, in geringem Ausmaß auch Fette, Stärke und andere Mineralstoffe. Er wird mit Nektar (im Falle der Schenkelbiene auch mit Öl) vermischt und liefert das sogenannte Bienenbrot, die Nahrungsbasis für die heranwachsenden Larven. Der Pollen ist ein begehrtes und besonders kostbares Pflanzenprodukt, das nur begrenzt verfügbar ist. Um sich vor übermäßigem Pollenverlust zu schützen, verfügen Blütenpflanzen über unterschiedliche Strategien: Bei machen Arten befindet sich der Pollen gut versteckt in tiefen Kronröhren (z.B. Boraginaceae), unter der Oberlippe (z.B. Lamiaceae), im Inneren eines Schiffchens (z.B. Fabaceae) oder an anderen schwer erreichbaren Teilen der Blüte. Pflanzen mit leicht zugänglichen Staubbeuteln (z.B. Ranunculaceae) schützen ihren Pollen chemisch durch die Einlagerung von Giftstoffen (Praz & al. 2008; Sedivy & al. 2011). Viele Bienenarten haben sich an derartige Schutzmechanismen angepasst und sich im Lauf der Evolution auf bestimmte Blütenpflanzen als Pollenquellen spezialisiert (Sedivy & al. 2008).

## 4.1 Oligolektische und polylektische Arten

Nach Zurbuchen & Müller (2012) sind knapp die Hälfte der in Mitteleuropa vorkommenden nestbauenden Wildbienenarten beim Blütenbesuch spezialisiert und sammeln den Pollen ausschließlich oder stark bevorzugt auf einer einzigen Pflanzengattung oder -familie. Eine große Pflanzenvielfalt ist deshalb für die Entwicklung einer artenreichen Wildbienenfauna essenziell, wobei Korbblütlern (Asteraceae), Schmetterlingsblütlern (Fabaceae), großblütigen Kreuzblütlern (Brassicaceae) und Lippenblütlern (Lamiaceae) eine besonders wichtige Rolle für viele spezialisierte Wildbienenarten zukommt.

Diese oligolektischen Arten sammeln den Pollen in ihrem gesamten Verbreitungsgebiet nur auf Vertretern einer einzigen Pflanzenfamilie oder gar nur einer einzigen Pflanzengattung (Müller & Kuhlmann 2008; Westrich 1990). Die in Mitteleuropa vorkommenden oligolektischen Wildbienen haben zu einer der im Kasten rechts unten angeführten Pflanzenfamilie bzw. -gattung eine besonders enge Beziehung.

Die polylektischen Arten dagegen sind mehr oder weniger stark ausgeprägte Generalisten, die den Pollen auf Vertretern mehrerer Pflanzenfamilien sammeln. Zwischen Oligolektie und Polylektie gibt es breite Übergänge. So können auch viele polylektische Arten eine gewisse Vorliebe für bestimmte Pflanzenfamilien oder -gattungen zeigen (Cane & Sipes 2006; Müller & Kuhlmann 2008).

Da die große Mehrheit der einheimischen Blütenpflanzen neben Pollen auch Nektar produziert und Pollen sammelnde Wildbienen in der Regel gleichzeitig Nektar aufnehmen (Westrich 1990), dienen die Pollenwirte meist auch als Nektarwirte.

**Die Kanten-Seidenbiene (*Colletes carinatus*) sammelt ausschließlich auf Lauchgewächsen, im Bild auf Kugel-Lauch (*Allium sphaerocephalon*).**

**Die Luzerne-Schwebebiene (*Melitturga clavicornis*) nutzt ausschließlich Schmetterlingsblütler wie den Langfahnen-Tragant (*Astragalus onobrychis*).**

**Pollenquellen oligolektischer Bienen in Mitteleuropa** (Westrich 2017, verändert)

Alliaceae (*Allium*) – Lauchgewächse
Apiaceae (*Eryngium*) – Doldengewächse
Araliaceae (*Hedera*) – Efeugewächse
Asparagaceae (*Asparagus*) – Spargelgewächse
Asteraceae – Korbblütler
Boraginaceae (*Anchusa, Cerinthe, Echium, Symphytum*) – Boretschgewächse
Brassicaceae – Kreuzblütler
Campanulaceae (*Campanula, Jasione*) – Glockenblumengewächse
Cistaceae (*Helianthemum*) – Zistrosengewächse
Convolvulaceae (*Convolvulus*) – Windengewächse
Cucurbitaceae (*Bryonia*) – Kürbisgewächse
Dipsacaceae (*Knautia, Scabiosa, Succisa*) – Kardengewächse
Ericaceae (*Calluna, Erica, Vaccinium*) – Heidekrautgewächse
Fabaceae (*Vicia, Lathyrus, Chamaecytisus*) – Schmetterlingsblütler
Hyacinthaceae (*Ornithogalum*) – Hyazinthengewächse
Lamiaceae – Lippenblütler
Linaceae (*Linum*) – Leingewächse
Lythraceae (*Lythrum*) – Blutweiderichgewächse
Malvaceae – Malvengewächse
Onagraceae (*Epilobium*) – Nachtkerzengewächse
Orobanchaceae s. lat. (*Odontites*) – Sommerwurzgewächse im weiteren Sinne
Plantaginaceae s. lat. (*Veronica*) – Wegerichgewächse im weiteren Sinne
Primulaceae s. lat. (*Lysimachia*) – Primelgewächse im weiteren Sinne
Ranunculaceae (*Ranunculus*) – Hahnenfußgewächse
Resedaceae (*Reseda*) – Resedengewächse
Rosaceae (*Potentilla*) – Rosengewächse
Salicaceae (*Salix*) – Weidengewächse

**Die Pollenquellen oligolektischer Bienen in Mitteleuropa, geordnet nach Pflanzenfamilie bzw. (in Klammer) Pflanzengattung**

**Die Skabiosen-Langhornbiene (*Dasypoda argentata*) hat für den Pollentransport stark behaarte Hinterbeine.**

**Die Große Spiralhornbiene (*Systropha planidens*) setzt für den Pollentransport auch die Behaarung am Hinterleib ein.**

**Die Frühe Ziest-Schlürfbiene (*Rophites algirus*) erntet den Pollen des Aufrecht-Ziest (*Stachys recta*) mit den Stacheln am Kopf (l.) und transportiert diesen mit den Vorder- und Mittelbeinen zu den Sammelhaaren auf den Hinterbeinen (r.).**

## 4.2 Pollenernte

Wildbienen haben unterschiedliche Techniken, den Pollen schnell und in großer Menge zu ernten. Die Weibchen vieler Arten verfügen über eine spezielle Behaarung an den Beinen oder am Hinterleib, mit der sie den Pollen der Antheren (Staubbeutel) leicht zugänglicher Blüten direkt aufnehmen können. So fegen beispielsweise Hosenbienen-Weibchen (*Dasypoda*) mit ihrer Beinbehaarung über die Blüten einer Distel oder einer Skabiose und sammeln dabei den Pollen auf. Die Weibchen der Spiralhornbiene (*Systropha*) wälzen sich mit ihrem ganzen Körper in den Winden-Blüten und nehmen mit allen behaarten Körperteilen Pollen auf. Ähnlich körperbetont ist auch die Sammeltechnik der Zottelbienen (*Panurgus*) auf Zungenblütlern.

Liegen die Staubbeutel an schwer zugänglichen Stellen, setzen die Wildbienen zur Pollenernte verschiedene Körperteile ein. So muss der Pollen aus Röhrenblüten zunächst mit dem Rüssel, den Mandibeln oder der Kopfbehaarung geborgen werden, bevor ihn die Bienen benetzen und mit den Beinen zu den Transporteinrichtungen verlagern können.

Bemerkenswert sind die morphologischen Anpassungen der auf Ziest spezialisierten Schlürfbiene *Rophites algirus*. Die Weibchen sind auf der Stirn mit dicken Dornen ausgestattet, die sie gegen die Staubbeutel drücken und dabei den Kopf auf- und abbewegen. Der aufgenommene Pollen wird dann mit den Vorderbeinen vom Kopf abgestreift und

**Die Honigbiene löst beim Nektartrinken auf dem Wiesen-Salbei (*Salvia pratensis*) den Schlagbaum-Mechanismus aus, wodurch die Staubbeutel auf den Rücken der Biene gedrückt werden (l.).**

**Die Pracht-Schmalbiene (*Lasioglossum elegans*) beim Nektartrinken auf dem Steppen-Salbei (*Salvia nemorosa*). Der Schlagbaum-Mechanismus wird im Regelfall nicht ausgelöst (r.).**

**Die Pracht-Schmalbiene (*Lasioglossum elegans*) fliegt zur Pollenernte auf die Oberlippe des Salbeis und sucht gezielt nach den Staubgefäßen. Sie erntet den Pollen mit den Mundwerkzeugen und verlagert diesen auf die Hinterbeine (l., r.).**

für den Transport auf die Hinterbeine verlagert.

Eindrucksvoll ist die Pollenernte auf Salbei, da der Blütenstaub durch den sogenannten Schlagbaummechanismus der Blüte auf dem Rücken der Biene landet. Im Regelfall geht das so vor sich: Besucht ein größeres Bienenweibchen eine Salbei-Blüte, um Nektar zu saugen, steckt es seinen Kopf in den Kelchschlund und drückt dabei auch auf eine Platte, die einen Drehmechanismus auslöst. Die in der Oberlippe der Pflanze verborgenen Staubbeutel senken sich nach unten und entleeren den Pollen auf den Rücken der Biene. Die Weibchen mancher Arten streifen den Blütenstaub mit den Vorder- und Mittelbeinen ab und verlagern diesen auf die Körbchen der Hinterbeine. Die verbleibenden Pollenreste am Rücken sorgen bei den nächstfolgenden Blütenbesuchen für eine Bestäubung. Da sich die Pollenernte beim Salbei mühsam gestaltet, besuchen viele Bienen diese Pflanze oft nur zum Nektarerwerb. Zu beobachten ist dies u.a. bei Blattschneiderbienen und Hummeln.

Die Furchenbiene *Lasioglossum elegans* kann den in der Oberlippe des Steppen-Salbeis versteckten Pollen direkt ernten und umgeht den ausgefeilten Schlagbaummechanismus der Pflanze. Das Weibchen landet dazu auf der Oberlippe und nimmt den Pollen kopfüber mit den Mundwerkzeugen auf, bevor es ihn für den Transport zu den Beinen verlagert.

**Bei der Blauschwarzen Holzbiene (*Xylocopa violacea*) landet der Pollen beim Nektartrinken manchmal auf dem Rücken (l.).**

**Mit den Mittelbeinen wird der Pollen dann abgebürstet und anschließend im Kropf und mit der Sammelbürste an den Hinterbeinen gespeichert (r.).**

Beim Nektarsaugen senkt sich der Hebel in der Blüte nur geringfügig, sodass auf den Rücken meist kein Pollen gelangt. Die Furchenbiene trägt deshalb nicht oder nur in seltenen Fällen zur Bestäubung der Pflanze bei.

Einige Bienenarten sind in der Lage, den Blütenstaub durch Vibration aus der Pflanze zu schütteln. So erzeugen beispielsweise Hummeln und Holzbienen bei Nachtschattengewächsen und der Lotwurz mit ihrer Flugmuskulatur Frequenzen, durch die sich der Pollen aus den Staubbeuteln löst und nach unten rieselt („Vibrationssammeln"; vgl. Teppner 2011).

**Die Lungenkraut-Mauerbiene (*Osmia pilicornis*) erntet den Pollen auf Lungenkraut (l.o., l.u.) mit dem Rüssel und auf Günsel (r.) mit der Kopfbehaarung.**

Je nach Blütenform kann eine bestimmte Art auch unterschiedliche Sammeltechniken anwenden. Das Weibchen der Lungenkraut-Mauerbiene (*Osmia pilicornis*) sammelt im zeitigen Frühjahr fast ausschließlich auf Lungenkraut und verwendet dazu den Rüssel. Im späteren Frühjahr ist für sie auch der Günsel eine beliebte Pollenquelle, die aber mit der Kopfbehaarung besammelt wird. Auch die Honigbiene setzt zur Pollenernte unterschiedliche Körperteile ein.

**Die Schwarze Keulhornbiene (*Ceratina cucurbitina*) erntet den Pollen mit den Mundwerkzeugen, die ursprünglichste Form des Sammelns (l.).**

**Den tief liegenden Pollen der Lotwurz sammeln Hummeln, indem sie die Pflanze in Schwingungen versetzen. Die Lotwurz-Mauerbiene (*Osmia apicata*) kann mit ihrem langen Rüssel die Lotwurz direkt beernten (r.).**

## Transporteinrichtungen

Nach der Aufnahme des Pollens muss dieser für den Transport zum Nest zwischengespeichert werden. In der älteren Literatur wird dabei zwischen Kropf-, Bein- und Bauchsammlerinnen unterschieden. Oft sind die Übergänge zwischen diesen Typen aber fließend, da unterschiedlichste Körperteile am Pollentransport beteiligt sind.

**Die Rote Maskenbiene (*Hylaeus variegatus*) transportiert den Pollen ausschließlich im Kropf (l.).**

**Die Kleine Holzbiene (*Xylocopa iris*) speichert den Pollen im Kropf und mit der Sammelbürste an den Hinterbeinen (r.).**

**Die Steppen-Buntbiene (*Camptopoeum frontalis*) feuchtet den Pollen für den Transport an (l.).**

**Die Löwenzahn-Dörnchensandbiene (*Andrena taraxaci*) hat prall gefüllte Hosen an den Hinterbeinen und Sammelhaare am hinteren Brustabschnitt zum Pollensammeln (r.).**

Der Pollentransport kann wie bei den Weibchen der Maskenbienen (*Hylaeus*) *und* Keulhornbienen (*Ceratina*) durch Verschlucken und späteres Hervorwürgen auf eine noch sehr ursprüngliche Weise erfolgen. Sie zählen zu den sogenannten Kropfsammlerinnen und unterscheiden sich von anderen Wildbienen deutlich, da ihre Behaarung in der Regel wenig ausgeprägt ist.

Der überwiegende Teil der Wildbienen-Weibchen hat für den Pollentransport mehr oder weniger ausgeprägte Sammeleinrichtungen aus steifen Haaren an den Beinen oder am Hinterleib. Sandbienen (*Andrena*) und Seidenbienen (*Colletes*) zählen neben einigen anderen Gattungen zu den typischen Beinsammlerinnen. Die Weibchen nehmen mit den stark behaarten Hinterbeinen den Pollen auf und haben zudem am hinteren Brustabschnitt (Metathorax) eine lange Haarlocke zum Speichern des kostbaren Materials. Die am stärksten entwickelte Beinbehaarung haben Hosenbienen-Weibchen (*Dasypoda*), die mit ihren prall gefüllten „Hosen“ große Mengen an trockenem Pollen aufnehmen können. Die Weibchen zahlreicher Gattungen [u.a. Sägehornbienen (*Melitta*), Schenkelbienen (*Macropis*), Buntbienen (*Camptopoeum*), Langhornbienen (*Eucera*) und Hummeln (*Bombus*)] befeuchten den Pollen und sorgen so für den Zusammenhalt des Transportguts. Auch der Sammelapparat der Honigbienen funktioniert nur mit befeuchtetem Pollen.

**Die Filzfleck-Blattschneiderbiene (*Megachile pilicrus*) streckt bei der Pollenerte den Hinterleib nach oben (l.).**

**Die Südalpen-Wollbiene (*Rhodanthidium caturigense*) (r.o.) und die Skabiosen-Wollbiene (*Anthidium interruptum*) (r.u.) sind Bauchsammlerbienen.**

**Langhornbienen (im Bild *Eucera* sp.) feuchten den Pollen für den Transport an (l.).**

**Die Östliche Felsen-Mauerbiene (*Osmia mustelina*) (r.o.) und die Steinbiene (*Lithurgus chrysurus*) (r.u.) sind Bauchsammlerbienen.**

Die Weibchen der Bauchsammlerbienen [Woll- bzw. Harzbienen (*Anthidium*), Mauerbienen (*Hoplitis, Osmia*), Scherenbienen (*Chelostoma*), Löcherbienen (*Heriades*), Blattschneiderbienen (*Megachile*), Steinbienen (*Lithurgus*)] haben an der Unterseite des Hinterleibs lange, nach hinten gerichtete Borsten, mit denen sie die Staubbeutel der Blüten abbürsten. Die Abgrenzung zwischen Bauch- und Beinsammlerinnen ist willkürlich und nicht für alle Arten zutreffend. So weisen die Weibchen der Gattung *Halictus* (Furchenbienen) nicht nur Sammelhaare an den Beinen auf, sondern auch am Hinterleib.

Manche Arten sind in der Lage, während des Nektarsaugens auch die Bauchbürste mit Pollen zu beladen, also zwei Arbeiten gleichzeitig zu verrichten.

## 4.3 Nektarernte

Der Nektar dient den Pflanzen ausschließlich dazu, potenzielle Bestäuber anzulocken. Manchmal befinden sich die Nektarien an schwer zugänglichen Stellen der Pflanzen, oft wird durch diesen Umstand das Spektrum der Blütenbesucher stark eingeschränkt.

Der Nektar ist eine wässrige Lösung verschiedener Zucker, vornehmlich Saccharose, Glukose und Fruktose, die den ausgewachsenen Bienen (Imagines) beinahe als alleinige Nahrungsquelle dient. Nektar ist der ideale Brennstoff für den energieaufwendigen Bienenflug, da er sich ohne vorherige chemische Umwandlung für den Stoffwechsel nutzen lässt. Wildbienen saugen fast ausschließlich Blütennektar. Im Gegensatz dazu nutzen Honigbienen und einige Stachellose Bienen in den Tropen auch Blattlaus-Ausscheidungen und andere Zuckerquellen.

Um die Nektarien der Blüte zu erreichen, verwenden die Wildbienen ihren Rüssel, jenes Organ, das durch allmähliche Umbildung der sogenannten Unterlippe der kauenden Insekten entstanden ist. Je nach Art schwankt die Rüssellänge erheblich und erreicht bei manchen Bienen kaum die Kopflänge (z.B. *Hylaeus, Sphecodes*), bei anderen übertrifft sie sogar die Körperlänge (z.B. *Anthophora*).

Im Laufe der Evolution haben Pflanzen durch die Bildung enger Blütenröhren oder tief liegender Nektarquellen das Spektrum an Bestäubern eingeschränkt und damit die Erfolgsquote der Bestäubung erhöht. Aus diesem Grund finden wir heute vielfältige Anpassungen zwischen Blumen und Insekten. Kurzrüsselige Arten besuchen Blüten mit leicht zugänglichen Nektarien, langrüsselige Arten erreichen auch tief verborgene und schwer zugängliche Quellen. Die Eisenhut-Hummel kann mit ihrem bis über 20 Millimeter langen Rüssel die gut versteckt liegenden Nektarien des Eisenhuts besonders effizient nutzen und entwickelte sich neben einigen anderen langrüsseligen Hummelarten zu einem wichtigen Bestäuber dieser Pflanze. Bezogen auf die Körpergröße ist der Rüssellänge der Lotwurz-Mauerbiene (*Osmia api-*

**Der Rüssel ist ein hochkomplexes Organ, das gepflegt und täglich mehrmals gestreckt werden muss. Eine Langhornbiene (*Eucera* sp.) bei der Pflege.**

**Die Weißwangen-Bindenpelzbiene (*Amegilla albigena*) benetzt den Boden mit Speichel, um Salze aufzunehmen.**

**Die Lotwurz-Mauerbiene (*Osmia apicata*) hat einen extrem langen Rüssel und dringt mit diesem bis zu den Nektarien der Lotwurz vor (l., r.).**

**Wenn der Nektar schwer erreichbar ist, begehen manche Bienen Nektarraub: Die Sandbiene *Andrena symphyti* ritzt mit dem Kiefer eine Öffnung in die Blüte des Beinwells (*Symphytum*) (l.o., l.u.) und kann so mit ihrem Rüssel an die Nektardrüsen gelangen (r.).**

**Meist nutzt die Sandbiene *Andrena symphyti* schon bestehende Öffnungen, um den Nektar des Beinwells (*Symphytum*) zu trinken (l.).**

**Wicken haben auch außerhalb der Blüte leicht zugängliche Nektarien, an denen die Zaunwicken-Sandbiene (*Andrena lathyri*) leckt (r.).**

*cata*) unter den Bienen kaum zu überbieten. Mit ausgestreckter Glossa (Zunge) erreicht die Rüssellänge 150 Prozent der Körpergröße. Beim Fliegen ist der Rüssel eingeklappt, wofür diese Biene an der Thoraxunterseite eine tiefe Einkerbung hat.

Wenn das Nektarangebot lockt, werden Bienen aber auch erfinderisch und suchen den direkten Weg, um an die begehrten Energiequellen zu gelangen: Kurzrüsselige Hummeln beißen mit ihren Mandibeln ein Loch in die Blütenröhre und dringen so mit ihrem Rüssel zu den Nektarien der Pflanze vor – ein Vorgang, den die Wissenschaft als Nektarraub bezeichnet. Die Spuren an der Blüte sind meist gut sichtbar, sodass auch andere Bienen die Löcher erkennen und wiederholt nutzen. Zu einer Befruchtung der Pflanze kommt es dabei aber nicht.

Der Nektarraub ist häufig zu beobachten. So sind etwa Sandbienen (*Andrena*) in der Lage, die Kelchröhren von Beinwell (*Symphytum*), Wicken (*Vicia*) und Platterbsen (*Lathyrus*) aufzubeißen. Holzbienen (*Xylocopa*) verschaffen sich nicht mit den Mandibeln Zutritt, sondern durchstoßen die Blüte mit ihrem starren Rüssel. Beim Nektartrinken sind Wildbienen, anders als beim Pollensammeln, nicht an bestimmte Pflanzen gebunden. Meist verbinden die Bienen jedoch die Pollenernte mit dem Nektarerwerb und wechseln erst dann zu einer anderen Blüte. Einige Pflanzen wie der Gilbweiderich und der Bittersüße Nachtschatten enthalten keinen Nektar, sodass die hier pollensammelnden Bienen zum Energietanken auf andere Blumen ausweichen.

Der Nektarangebot kann je nach Pflanzenart im Tagesverlauf erheblich schwanken. So produzieren Linden (*Tilia*) vorwiegend nachmittags Nektar, die Wegwarte hingegen am Vormittag. Die Blütenbesucher passen sich an die jeweiligen Angebote an und fliegen bestimmte Pflanzen zu unterschiedlichen Tageszeiten an.

**Ein Männchen der Erzfarbenen Sandbiene (*Andrena nigroaenea*) glaubt, die Blüte der Spinnen-Ragwurz (*Ophrys sphegodes*) sei ein Weibchen und beginnt zu kopulieren. Dabei nimmt es die Pollenpakete auf und bestäubt in der Folge weitere Ragwurz-Pflanzen.**

**Ein Männchen der Juni-Langhornbiene (*Eucera longicornis*) bestäubt die Hummel-Ragwurz (*Ophrys holoserica*).**

### 4.4.1 Ragwurz – trickreiche Blütenökologie

Auf den ersten Blick wirken die heimischen Ragwurz-Arten für uns Menschen eher unauffällig. Sie verströmen aber einen Duft, der für die Männchen einiger Bienen- und Wespenarten unwiderstehlich ist. Dazu kommt noch, dass die Blüte mit ihrer Form, Farbe und Behaarung ein entsprechendes Weibchen imitiert. Das dadurch angezogene Männchen landet auf der Blütenlippe der Ragwurz, glaubt eine Partnerin vor sich zu haben und beginnt mit der Begattung, ein Vorgang, der in der Biologie mit „Pseudokopulation" umschrieben wird. Dabei werden dem Männchen die Pollenpakete (Pollinien) angeheftet. Das in die Irre geführte Männchen belässt es nicht bei einem Versuch, sondern besucht weitere Pflanzen dieser Ragwurz-Art und bewirkt damit die Bestäubung.

Das Phänomen der Sexualtäuschung von Ragwurz-Arten wurde von M. Pouyanne (1917) beschrieben. Seine Beobachtungen fanden aber in der Fachwelt anfangs kaum Beachtung. Erst die ausführlichen Studien von B. Kullenberg (1961) verhalfen seiner Theorie zum Durchbruch. Mit der Bestäubungsökologie mediterraner Ragwurz-Arten haben sich in der Folge an der Universität Wien auch H. F. Paulus und M. Aiasse intensiv auseinandergesetzt (Paulus 2007).

Der für die Anlockung der Bestäuber verantwortliche Blütenduft wirkt sehr spezifisch. So zieht die Fliegen-Ragwurz (*Ophrys insectifera*) die Männchen der Ragwurz-Zikadenwespe (*Argogorytes mystaceus*) an. Die Hummel-Ragwurz (*Ophrys holoserica*) wird von den Männchen der Langhornbiene *Eucera longicornis* bestäubt und die Spinnen-Ragwurz (*Ophrys sphegodes*) von denen der Sandbiene *Andrena nigroaenea*.

Am Bisamberg konnten bei der Spinnen-Ragwurz im Frühjahr 2010 neben dieser Art auch die

**Das Wanzen-Knabenkraut (*Anacamptis coriophorahrys*) lockt im Gegensatz zu *Orchis*-Arten mit Nektar und zieht so viele Bestäuber an. Eine Dunkle Erdhummel (*Bombus terrestris*) hat bereits mehrere Pollinien abbekommen (l.).**

**Die Stumpfe Zweizahnbiene (*Dioxys cincta*) mit Pollinien des Wanzen-Knabenkrauts (*Anteriorchis coriophora*) (r.)**

**Eine Obsthummel-Königin (*Bombus pomorum*) konnte dem Kleinen Knabenkraut (*Anacamptis morio*) nicht widerstehen, obwohl es keinen Nektar hat. Die Pollinien am Kopf der Hummel zeugen davon (l.).**

**Ein Furchenbienen-Weibchen sucht gezielt nach den Pollinien der Spinnen-Ragwurz (*Ophrys sphegodes*) und löst sie dann ab (r.o., r.u.).**

Sandbienen-Männchen der Untergattung *Micrandrena* filmisch dokumentiert werden, was zeigt, dass die Sexuallockstoffe auch auf mehrere Arten wirken können. Bei der Pseudokopulation lösten sich die Pollinien in diesem Fall aber nicht ab, da das Größenverhältnis von Biene und Blütenlippe nicht passte. Dokumentiert werden konnte auch ein Furchenbienen-Weibchen beim Abreißen der Pollinien, einem Vorgang, der bislang nicht hinlänglich interpretiert werden konnte.

Die Blüten der Bienen-Ragwurz (*Ophrys apifera*) werden nur selten von Insekten bestäubt. In der Regel kommt es bei dieser Pflanze zur Selbstbestäubung, indem sich die Pollinien krümmen und die Narbe berühren.

Gelegentlich zu beobachten sind auch andere Bienen, an denen Pollenpakete unterschiedlicher Orchideen haften. Die Bestäubung erfolgt hier aber meist unspezifisch und zufällig. Die Bilder zeigen eine Arbeiterin der Dunklen Erdhummel *Bombus terrestris* und ein Männchen der Zweizahnbiene *Dioxys cincta* mit Pollinien des Wanzen-Knabenkrauts (*Anteriorchis coriophora*) sowie eine Königin der Obsthummel *Bombus pomorum* mit Pollinien des Kleinen Knabenkrauts (*Anacamptis morio*).

### 4.4.2 Schenkelbienen

Schenkelbienen besiedeln vorwiegend Feuchtgebiete und nisten hier solitär. Das regelmäßige Auftreten der Schenkelbienen *Macro-*

Die Wald-Schenkelbiene (*Macropis fulvipes*) erntet den Pollen auf dem Gewöhnlich-Gilbweiderich (*Lysimachia vulgaris*) (l., r.).

Die Auen-Schenkelbiene (*Macropis europaea*) streckt bei der Ölernte die Hinterbeine meist nach hinten. Das Öl wird mit den Haarpolstern auf der Innenseite der Vorder- und Mittelbeine abgestreift (l., r.).

*pis europaea* und *M. fulvipes* in den Gilbweiderich-Blüten *Lysimachia vulgaris* und *L. punctata* ist ein ganz besonderes Beispiel für Oligolektie, die der Blütenökologe Stefan Vogel in allen Einzelheiten ergründete (Vogel 1986, 1990).

Die enge Bindung der Schenkelbienen an Gilbweiderich resultiert nicht nur aus dem spezifischen Pollenangebot, sondern auch aus der Verfügbarkeit von fettem Öl, das die Pflanze über spezielle Drüsenhaare ausscheidet.

Das Öl verwendet das Weibchen zum Abmischen des Pollens und zum Bau der Brutzellen. Die auf der Innenwand aufgebrachte Imprägnierung schützt sowohl vor Austrocknung als auch vor Nässe und verleiht der Brutzelle eine besondere Härte. Diese Härte ist wohl auch der Grund dafür, dass der gemauerte Deckel nicht imprägniert wird, um ein Schlüpfen der Nachkommen im nächsten Jahr zu ermöglichen. Das Nest der Schenkelbiene enthält meist ein bis drei, selten bis zu acht Brutzellen.

Der Gilbweiderich verfügt über keinen Nektar. Mit dem Aufblühen der Pflanze wird aber über Ölhaare am Blütengrund ein fettes Öl abgesondert, das für die Schenkelbienen besonders attraktiv ist. Auch ein synthetisch hergestelltes Duftbouquet dieses Öls zieht frisch geschlüpfte Schenkelbienen an, die noch keinen Kontakt mit der Pflanze hatten. Das ist ein Beleg für die genetisch bedingte Bindung der Schenkelbiene an die Futterpflanze (Schäffler & al. 2015).

Die Vorder- und Mittelbeine des Weibchens sind mit speziellen Haarpolstern ausgestattet, die das Öl kapillar aufsaugen. Im Flug wird dieses von den Vorder- auf die Mittelbeine und weiter auf die speziell adaptierte Sammelbürste der Hinterbeine befördert, in die dann auch der Pollen gebürstet wird. Beide Blütenprodukte vermischen sich dort zu einer gelben Masse, dem späteren Larvenproviant. Während des Sammelaktes werden die Hinterbeine meist nach oben gestreckt, wahrscheinlich um zu verhindern, dass die ölfeuchte Pollenfracht an der Blüte hängen bleibt. Die Tiere sammeln zeitweilig nur Öl, was auf den Bau eines neuen Nests hindeutet. Meist tun sie dies in den Morgenstunden, weil die Pflanzen dann noch über viel Öl verfügen. Als Pollenquelle dienen ausschließlich Öl produzierende Gilbweiderich-Arten, zur Eigenversorgung fliegen die Weibchen unterschiedliche Nektarpflanzen an.

Auch die *Macropis*-Männchen verbringen die meiste Zeit ihres Lebens auf oder in unmittelbarer Nähe der Gilbweiderich-Pflanzen. Da sie hier keine Nahrung aufnehmen, besuchen sie die Blüten nur, um auf Weibchen zu treffen oder um hier zu schlafen. Zur Nektaraufnahme verlassen sie den Schwarmplatz und suchen meist Korbblütler auf. Beim Schwarmflug patrouillieren die Männchen auf der Suche nach unbefruchtete Weibchen unentwegt Gilbweiderich-Arten ab.

In Mitteleuropa gibt es nur wenige Öl produzierende Pflanzen. Zu den heimischen Vertretern zählen der Gewöhnlich-Gilbweiderich (*Lysimachia vulgaris*), der Punkt-Gilbweiderich (*Lysimachia punctata*) und der Pfennig-Gilbweiderich (*Lysimachia nummularia*), wobei Letzterer nur ausnahmsweise von *Macropis* besucht wird (Vogel 1986). Mit wesentlich mehr Arten sind Ölblumen in Südamerika und Südafrika vertreten.

**Die Steppen-Filzbiene (*Epeolus schummeli*) ist Kuckucksbiene der Ochsenzungen-Seidenbiene (*Colletes nasutus*).**

## 5 KUCKUCKSBIENEN UND ANDERE ANTAGONISTEN

Wildbienen legen im Vergleich zu anderen Insekten nur wenige Eier. Obwohl sie in den Nestbau viel Energie investieren, sind ihre Brutausfälle meist hoch. Den Bruterfolg schmälern nicht nur Schimmelbefall und ungünstige Entwicklungsbedingungen, sondern auch Kuckucksbienen, Kuckuckswespen und andere Brutparasiten. Die Mehrzahl dieser Arten ist hochspezialisiert und hat ein enges Wirtsspektrum. Der folgende Abschnitt geht auf ausgewählte Antagonisten der Wildbienen ein.

### 5.1 Kuckucksbienen (parasitische Bienen)

Wenn Nistplätze spärlich sind, eignen sich solitäre Bienen gelegentlich fremde Nester an. Je knapper das Angebot ist, desto eher kommt es zwischen nistplatzsuchenden Weibchen zu Auseinandersetzungen, sowohl innerhalb einer Art als auch zwischen den Arten. Meist vertreibt das größere Weibchen das kleinere und übernimmt dessen Nest. Vom Nestraub zum echten Brutparasitismus ist es aber ein großer Schritt, den viel Arten im Laufe der Evolution unabhängig voneinander gesetzt haben.

Etwa ein Viertel der Wildbienen zählt zu den Brutparasiten, den sogenannten Kuckucksbienen und Kuckuckshummeln. Kuckucksbienen bauen keine eigenen Nester, sondern schmuggeln ihre Eier in die Brutzellen anderer Bienenar-

**Die Riesen-Blutbiene (*Sphecodes albilabris*) ist Brutparasit der Frühlings-Seidenbiene (*Colletes cunicularius*) und mehrerer Furchenbienen-Arten (*Halictus sexcinctus* und *H. quadricinctus*).**

**Die Gemeine Trauerbiene (*Melecta albifrons*) ist die Kuckucksbiene einiger Pelzbienen-Arten (u.a. *Anthophora plumipes*).**

**Die Gefleckte Kuckuckshummel (*Bombus vestalis*) dringt in ein fremdes Hummelnest ein und übernimmt dieses samt den Arbeiterinnen.**

ten, sodass sich auf dem Larvenproviant der Wirtsbiene eine Kuckucksbiene entwickelt. Kuckuckshummeln leben sozialparasitisch und lassen ihre Brut von Arbeiterinnen einer nah verwandten Hummelart aufziehen.

Die Brutparasiten sind bei der Wirtswahl meist an eine oder nur wenige Wirtsarten gebunden. Bei der Parasitierung lassen sich folgende Verhaltensweisen unterscheiden (Müller & al. 1997):

- Die Kuckucksbiene öffnet eine bereits fertiggestellte Brutzelle, zerstört das Ei oder die bereits geschlüpfte Larve, belegt die Brutzelle mit einem eigenen Ei und verschließt sie wieder. Nach diesem Muster gehen Blutbienen (*Sphecodes*) vor, da ihre Larven über keine morphologischen Einrichtungen zum Töten des Eies bzw. der Wirtslarve verfügen.
- Die Kuckucksbiene dringt in das Wirtsbienennest ein und legt ihr Ei in die meist noch unvollständig verproviantierte Brutzelle. Nach dem Ausschlüpfen verzehrt die Kuckucksbienenlarve das Wirtsei beziehungsweise die Wirtslarve sowie allfällige Nahrungskonkurrenten und frisst in der Folge den Nahrungsvorrat. Nach diesem Schema gehen mit Ausnahme der Blutbienen alle anderen Kuckucksbienen vor.
- Abweichend von diesem Verhalten ist das der Kuckuckshummeln, welche zu den Sozialparasiten zählen. Eine Kuckuckshummel beobachtet zunächst die Entwicklung des Hummelvolks der Wirtsart. Erst wenn sich genügend Arbeiterinnen entwickelt haben, dringt sie in das Hummelnest ein. Dann unterwirft sie das fremde Hummelvolk und übernimmt die

Funktion der Königin. Die Wirtskönigin wird meist getötet oder vertrieben. Die fremden Arbeiterinnen ordnen sich unter und ziehen in der Folge die Brut der Kuckuckshummel auf. Ihr Nachwuchs besteht aus fortpflanzungsfähigen Weibchen und Drohnen, Arbeiterinnen werden nicht produziert.

Beim Auffinden der Nester durch die Kuckucksbiene spielen die spezifischen Gerüche eine wichtige Rolle. In Nestnähe reagieren die Wirtsbienen meist aggressiv auf die jeweiligen Kuckucksbienen und versuchen sie zu vertreiben. Auffallend friedfertig zeigen sich hingegen viele Sandbienen (*Andrena*) gegenüber ihren Kuckucksbienen, den Wespenbienen (*Nomada*). Eine wichtige Rolle dürfte dabei ein Duftbouquet des Wespenbienen-Weibchens spielen, das dem ihrer Wirtsbiene täuschend ähnlich ist. Sie erhalten diesen tarnenden Geruch bei der Paarung aus den Kopfdrüsensekreten des Männchens und können in der Folge weitgehend unbehelligt in fremde Nester eindringen. Auch die auf Sägehornbienen (*Melitta*) spezialisierten *Nomada*-Arten ahmen den Duft ihres Wirts nach (Tengö & Bergström 1976, 1977). Bei Wespenbienen mit breitem Wirtsspektrum erfolgt oft eine Spezialisierung auf individueller Ebene (Bogusch & al. 2006).

Als Schutz vor Angriffen ihrer Wirte besitzen die Kuckucksbienen ein, im Vergleich zu nestbauenden Arten, besonders hartes Außenskelett. Sie vermeiden das Zusammentreffen mit ihren Wirten, indem sie sich meist nur während deren Abwesenheit dem Nest nähern und so unbemerkt zur Brutzelle gelangen. Im Gegen-

**Die Rotschwarze Wespenbiene (*Nomada fabriciana*) ist die Kuckucksbiene meherer Sandbienen-Arten (*Andrena*).**

**Die Filzige Kraftbiene (*Biastes emarginatus*) schmuggelt ihre Eier in die Nester der Schlürfbienen *Rophites algirus* und *R. quinquespinosus*.**

**Die Gefleckte Kurzhornbiene (*Pasites maculosus*) ist die Kuckucksbiene der Schienenbienen *Pseudapis diversipes* und *P. femoralis*.**

**Die Fünfpunkt-Keulhornwespe (*Sapyga quinquepunctata*) hat ein breites Spektrum an Wirtsarten.**

**Die Holzbienen-Keulhornwespe (*Polochrum repandum*) ist die Kuckuckswespe von *Xylocopa violacea* und *X. valga*.**

**Die Scherenbienen-Keulhornwespe (*Sapyga clavicornis*) ist der Brutparasit von *Chelostema florisomne*.**

satz dazu sind alle Kuckuckshummeln und jene Blutbienen-Arten, die bei sozialen Furchenbienen parasitieren, durch die Lebensweise ihrer Wirte gezwungen, in bevölkerte Nester einzudringen. Dabei kommt es zu Kämpfen zwischen Wirt und Parasit, welche häufig mit dem Tod oder der Vertreibung von Arbeiterinnen oder der Königin enden.

## 5.2 Kuckuckswespen (parasitische Wespen)

### Keulenwespen

Die Keulenwespen (Sapygidae) fallen durch die namensgebenden keulenförmig verdickten Fühler und ihre schlanke, fast zylindrische Gestalt auf. Häufig zu beobachten sind sie bei den Niststandorten ihrer Wirtsbienen, etwa im Bereich von Nisthilfen. Alle Keulenwespen sind „Kuckuckswespen", d.h. die Weibchen bauen keine eigenen Nester, sondern schmuggeln ihre Eier in die bereits mit Futtervorrat gefüllten Brutzellen von Bauchsammlerbienen oder Holzbienen. Die Keulenwespen-Larve beseitigt zuerst das Ei ihres Wirtes und allfällige Nahrungskonkurrenten, bevor sie den eingetragenen Pollenvorrat verzehrt. Wie sich anhand der heimischen Arten zeigen lässt, sind Keulenwespen bei der Wirtswahl mehr oder weniger spezialisiert. So parasitiert beispielsweise die Keulhornwespe *Sapyga clavicornis* bei der Scherenbiene *Chelostema florisomne*. Die kleinste Art (ca. sechs Millimeter) der Familie, *Sapygina decemguttata*, ist der Parasit der Löcherbiene *Heriades truncorum*. Ein breites Spektrum an Wirtsarten haben die Keulhornwespe *Sapyga*

**Die Gichtwespe (*Gasteruption hastator*) besucht gelegentlich künstliche Nisthilfen.**

**Die Goldwespe (*Chrysura cuprea*) ist der Brutparasit verschiedener Schneckenhausbienen (z.B. von *Osmia bicolor*) (l., r.).**

*quinquepunctata* und *Sapyga similis*. *Polochrum repandum*, die größte Keulhornwespe (ca. 25 Millimeter), schmarotzt bei den Holzbienenarten *Xylocopa violacea* und *X. valga*. Es handelt sich dabei um eine mediterrane Art, von der es in Österreich nur wenige Funde gibt (historisch in Niederösterreich und Wien, aktuell aus dem Burgenland).

## Schmalbauchwespen

Die Schmalbauchwespen oder Gichtwespen (Gasteruptionidae) sind bei Erdabbrüchen und künstlichen Nisthilfen häufig anzutreffen. Kennzeichnend für die Familie sind die verdickten Hinterschienen und ihr schmaler, walzenförmiger Hinterleib.

Die Weibchen der Schmalbauchwespen legen ihre Eier in die Nester solitärer Bienen (u.a. *Hylaeus, Colletes, Osmia, Heriades, Chelostoma, Ceratina, Systropha, Xylocopa*), Faltenwespen und Grabwespen. Die Larven ernähren sich zunächst vom Wirtsei und dann vom eingetragenen Futtervorrat. Einige Schmalbauchwespen sind bivoltin, d.h. ihre Larven verpuppen sich rasch und produzieren schon vier bis fünf Wochen nach der Geburt ihre zweite Generation.

## Goldwespen

Goldwespen (Chrysididae) werden aufgrund ihrer metallisch schillernden Färbung häufig auch als fliegende Edelsteine bezeichnet. Alle Goldwespen sind Nestparasi-

**Goldwespe**
***Chrysura hirsuta***

**Goldwespe**
***Chrysura trimaculata***

**Goldwespe**
***Chrysura radians***

**Goldwespe**
***Chrysis viridula***

**Ameisenwespe**
***Myrmilla calva***

**Ameisenwespe**
***Mutilla europaea***

ten, die ihre Eier in die Brutzellen von Bienen, Grabwespen oder solitären Faltenwespen legen, wobei die Wirtsspezifität unterschiedlich stark ausgeprägt ist.

Die Vertreter der Gattung *Chrysura* entwickeln sich bei unterschiedlichen Mauerbienen: *Chrysura dichroa* und *Chrysura cuprea* beispielsweise bei verschiedenen Schneckenhaus-Mauerbienen (z.B. *Osmia aurulenta*), *Chrysura hirta* u.a. bei der Lungenkraut-Mauerbiene *Osmia pilicornis*. Ihre Larven ernähren sich ausschließlich von tierischer Kost und verschmähen den Pollenvorrat. Ohne zu fressen, wartet die *Chrysura*-Larve im ersten Stadium so lange zu, bis die Bienenlarve den gesamten Larvenproviant verzehrt hat. Erst dann beginnt sie ihre Wirtslarve aufzufressen.

### Erzwespen und Schlupfwespen

Erhebliche Brutausfälle gehen auf das Konto von Erzwespen (Chalcidoidea) und Schlupfwespen (Ichneumonidae) zurück. Letztere bilden in Mitteleuropa mit mehreren Tausend Arten die mit Abstand artenreichste Familie, eine genaue Inventarisierung steht aber noch aus. Gemeinsam ist diesen Arten, dass sie sich „parasitoid“ entwickeln, d.h. ihr Wirt stirbt letztlich an den Folgen der Parasitierung.

### Ameisenwespen

Ameisenwespen (Mutillidae) zählen zu den Faltenwespenartigen (Vespoidea). Die am Boden rasch umherlaufenden Weibchen sind ungefügelt und sehen Ameisen sehr ähnlich. Sie entwickeln sich zumeist in den Nestern von Bienen und Grabwespen, wo sie deren Brut fressen. Die Ameisenwespe *Myrmilla calva*, eine ausgesprochen häufige Art, parasitiert bei verschiedenen Furchenbienen (*Halictus* und *Lasioglossum*). *Mutilla europaea* legt ihre Eier in Hummelnester. Mit einer Länge bis zu 17 Millimetern ist sie die größte heimische Ameisenwespe. Neben diesen Arten gibt es noch einige andere auf Wildbienen spezialisierte Ameisenwespen.

## 5.3 Ölkäfer

Auf Erdwegen und lückigen Wiesen sind im Frühjahr oft große, metallisch glänzende Käfer zu beobachten, die sich aufgrund ihres schweren Hinterleibs nur träge fortbewegen: Mit großer Wahrscheinlichkeit handelt es sich dabei um einen Ölkäfer (Meloidae). Bei Gefahr sondern diese Käfer aus den Beingelenken ein dickflüssiges, giftiges Sekret ab, das an Öl erinnert und wohl zur Namensgebung beitrug.

Die Larven der Ölkäfer leben ausschließlich parasitisch und entwickeln sich vor allem in den Nestern von solitären Bienen oder in Gelegen von Heuschrecken. Am Beispiel des Schwarzblauen Maiwurms (*Meloe proscarabaeus*), einer häufigen, bei Wildbienen parasitierenden Art, soll die bemerkenswerte Entwicklungsbiologie aufgezeigt werden. Nach der Paarung legt das Weibchen in mehreren selbst gegrabenen Erdlöchern einige Tausend Eier ab. Aus einem Ei schlüpft nach mehreren Wochen die Primärlarve, der sogenannte Dreiklauer oder Triungulinus, der in der Folge Blumen erklettert. Die Larve kann in

**Die Erzwespe *Leucospis dorsigera* ist der Brutparasit von Mauerbienen sowie Woll- und Harzbienen (l.o.).**

**Erzwespen der Gattung *Perilampidae* sind Hyperparasiten. Sie entwickeln sich auf unterschiedlichen Brutparasiten (l.u.).**

**Die Schlupfwespe *Hoplocryptus melanocephalus* parasitiert Wildbienen, die in Stängeln nisten (r.).**

**Der Blauschwarze Maiwurm (*Meloe proscarabaeus*) benötigt für die Reifung der Eier viel Energie in Form von Gräsern und Kräutern (l.o.).**

**Mehrere Dreiklauer-Larven klammern sich an ein Sandbienen-Männchen (l.u.).**

**Eine Dreiklauer-Larve von *Meloe proscarabaeus* lauert in einer Löwenzahn-Blüte, um auf ein Wildbienenweibchen zu gelangen (r.).**

diesem Stadium mehrere Wochen ohne Nahrung auskommen. Der Dreiklauer lauert in den Blüten auf vorbeikommende Insekten, um sich an diese zu klammern. Dies geschieht weitgehend wahllos. Doch nur jene Larven, die mit einem Bienenweibchen in ein Nest gelangen, können sich weiter entwickeln. Klammert sich der Winzling an ein anderes Insekt oder an ein Bienenmännchen, ist er verloren. Gelangt ein Dreiklauer von vielen Tausenden doch in ein Bienennest, frisst er das Bienenei und häutet sich zu einer madenartigen Sekundärlarve, die in der Folge den Nahrungsvorrat verzehrt. Nach mehreren Häutungen und der Plünderung einiger Brutzellen häutet sich die Larve im Boden zu einer beinlosen, überwinternden Scheinpuppe. Im Frühjahr folgen zwei weitere Häutungen, die Tertiärlarve nimmt dann aber keine Nahrung mehr zu sich. Nach insgesamt sieben unterschiedlichen Larvenstadien verpuppt sich das Tier schließlich, und einige Wochen später schlüpft der ausgewachsene Maiwurm (Lückmann & Niehuis 2009).

Vom oben beschriebenen Verhalten gibt es bei einigen Ölkäfer-Arten Abweichungen: So graben beispielsweise die Weibchen des Schmalflügeligen Pelzbienen-Ölkäfers (*Sitaris muralis*) keine Erdröhren, sondern kleben ihre Eier an bestehende Strukturen im Nahbereich der Wirtsnester.

Die häufigsten Arten sind in Österreich der Schwarzblaue Maiwurm

**Blauschwarzer Maiwurm (*Meloe proscarabaeus*) bei der Kopula (l.)**

**Mattschwarzer Maiwurm (*Meloe rugosus*) (r.o.)**

**Feingerunzelter Maiwurm (*Meloe scabriusculus*) (r.u.)**

**Seltene Ölkäferarten: Bunter Maiwurm (*Meloe variegatus*) (l.)**

**Violetthalsiger Maiwurm (*Meloe decorus*) (r.o.)**

**Ural-Maiwurm (*Meloe uralensis*) (r.u.)**

(*Meloe proscarabaeus*) und der Violette Maiwurm (*Meloe violaceus*). Zu den selteneren Ölkäferarten zählen der Mattschwarze Maiwurm (*Meloe rugosus*), der Feingerunzelte Maiwurm (*Meloe scabriusculus*), der Violetthalsige Maiwurm (*Meloe decorus*), der Ural-Maiwurm (*Meloe uralensis*), der Narbige Maiwurm (*Meloe cicatricosus*) sowie der Bunte Maiwurm (*Meloe variegatus*). Die beiden Letztgenannten sind heute nur noch von einem Standort in Ostösterreich bekannt.

## 5.4 Fächerflügler

Die Fächerflügler (Strepsiptera) sind eine Insektenordnung innerhalb der Neuflügler (Neoptera), die sich im Körper anderer Insekten entwickeln. Einige Arten sind auf Wildbienen spezialisiert und durchlaufen eine bemerkenswerte Entwicklung.

Ausgewachsene Fächerflügler-Weibchen haben eine sackförmige Gestalt und keinerlei Körperteile zur Fortbewegung oder Sinneswahrnehmung, da sie im Inneren der Wirtsbiene leben. Im Gegensatz dazu verlassen die geschlechtsreifen Männchen ihre Wirtsbiene und fliegen mit ihren großen, fächerartig zusammenfaltbaren Hinterflügeln zu befallenen Bienen. Angelockt werden sie durch ein Sexualpheromon, das die Fächerflügler-Weibchen über den Vorderleib, der zwischen den Tergiten der Biene hervorschaut, abgeben (Tolasch & al. 2012). Das Männchen stößt dem Weibchen seinen hakenförmigen Penis in

Der Narbige Maiwurm (*Meloe cicatricosus*) ist sehr selten (l.).

Die von Fächerflüglern befallenen Sandbienen sind unfruchtbar. Ein Weibchen wehrt einen Paarungsversuch ab, indem es sich an der Blüte festbeißt und alle Beine nach oben streckt (r.).

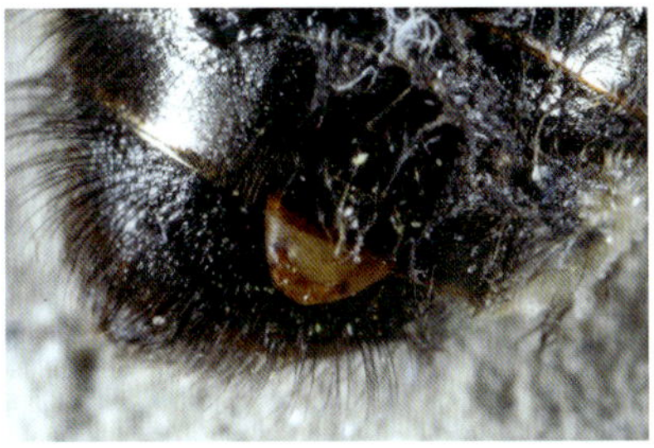

Ein Fächerflügler-Weibchen ragt zwischen den Tergiten der Sandbiene hervor (l.o.).

Freigelegter Körper des Fächerflügler-Weibchens (l.u.)

Fächerflügler-Männchen (r.)

den Hals und gibt sein Sperma direkt in die Leibeshöhle ab – ein Vorgang, den die Biologie mit „traumatischer Insemination" umschreibt (Peinert & al. 2015).

Aus den befruchteten Eiern entwickeln sich winzige Larven, die lebend geboren werden und sich dann an den Körper der Biene klammern. Durch die Biene gelangen die Larven auf eine Blüte, wo sie sich absetzen, um auf eine andere Biene zu wechseln. Heften sie sich an ein „gesundes" Bienenweibchen, können sie in ein Nest gelangen, wo sie sich in der Folge in die sich entwickelnden Bienenlarven hineinbohren.

Aus der befallenen Bienenlarve entwickelt sich eine Biene, die nicht mehr fortpflanzungsfähig ist und etwa zehn Tage vor den gesunden Bienen schlüpft. In ihrem Hinterleib aber wächst der Fächerflügler zu einem geschlechtsreifen Insekt heran. Der frühere Schlüpfzeitpunkt ist wichtig, da von der Paarung der Fächerflügler bis zum Schlüpfen der Larven einige Tage vergehen und nur durch diesen zeitlichen Vorsprung gewährleistet ist, dass die Fächerflügler-Larve noch an eine nestbauende Biene der betreffenden Wirtsart gelangt.

## 5.5 Wollschweber und andere Fliegen

Wollschweber (Bombyliidae) sind geschickte und schnelle Flieger, die den Standflug und das rasche Vor- und Zurückfliegen perfekt be-

**Großer Wollschweber (*Bombylius major*)**

**Die Taufliege (*Cacoxenus indagator*) ist ein häufiger Brutparasit von Mauerbienen. Die Fliege ist nur etwa 4 mm groß und hat auffällige rote Augen.**

**Die Larven der Taufliege (*Cacoxenus indagator*) und ihre unverkennbaren fadenförmigen Exkremente**

herrschen. Die Weibchen des Großen Wollschwebers (*Bombylius major*) und einiger anderer Wollschweber-Arten nehmen vor der Eiablage mit dem Hinterleib Sand auf und heften diesen an ihre Eier. Im Flug werfen sie diese Sandkügelchen vor die Eingänge der Wildbienennester. Die daraus schlüpfenden Junglarven bewegen sich aktiv ins Nest und ernähren sich anfangs von den vorhandenen Futtervorräten, später von den Bienenlarven.

Bei den Nistplätzen früh fliegender Mauerbienen sind Taufliegen (Drosophilidae) häufig anzutreffen. Die Taufliege *Cacoxenus indagator* verursacht bei der Roten Mauerbiene (*Osmia bicornis*) und bei der Gehörnten Mauerbiene (*Osmia cornuta*) erhebliche Brutausfälle. Die Fliege legt mehrere Eier (zwei bis zehn) pro Brutzelle ab, aus denen kurze Zeit später Larven schlüpfen, die den Pollenvorrat der Bienenlarve fressen. Bei stärkerem Befall verhungert die Bienenlarve. Sind nur ein bis zwei Fliegenlarven vorhanden, entwickelt sich eine deutlich kleinere Biene. Der Befall einer Brutzelle lässt sich anhand der fadenförmigen Exkremente der Fliegenlarven leicht erkennen.

Im Sommer kann man gelegentlich Fliegen beobachten, die die Bienenweibchen im Flug verfolgen und bei der Verproviantierung stören. Dazu zählen unterschiedliche Fleischfliegen (Sarcophagidae) der Gattung *Miltogramma*, die ihre Eier im äußeren Teil der Niströhre ablegen. Die daraus schlüpfenden Fliegenlarven kriechen ins Nest und ernähren sich dort von den eingetragenen Pollenvorräten. Durch den Nahrungsentzug verhungert die Bienenlarve meist.

## 5.6 Weitere Antagonisten

Die Liste der Brutparasiten ließe sich noch erweitern, etwa um die verschiedenen Buntkäfer-Arten (Cleridae), die in Hummelnestern lebenden Wachsmotten (Pyralidae) und viele andere Arten. Aber auch nach dem Schlupf drohen den Bienen vielen Gefahren: Beim Blütenbesuch lauern u.a. gut getarnte Krabbenspinnen (Thomisidae) auf den Blüten, die bei günstiger Gelegenheit mit ihren Giftzangen blitzschnell zuschlagen und das Opfer anschließend aussaugen. Auch Raubfliegen, Raubwanzen und die Gottesanbeterin überfallen Bienen für die Eigenversorgung. Einige Grabwespenarten wie etwa die Knotenwespe *Cerceris rybyensis* oder der Bienenwolf *Philanthus coronatus* benötigen bestimmte Bienenarten als Larvenproviant für ihre Nachkommen. Zudem erbeuten Insekten fressende Vögel zahlreiche Bienen, darunter der Bienenfresser, ein besonders erfolgreicher Insektenjäger.

Bei manchen Tieren ist es nicht so klar, ob sie den Wildbienen schaden oder nutzen. Im Frühjahr sieht man häufig Bienen, die von Milben übersät sind. Sie wirken geschwächt und sind wohl nicht in der Lage, neue Nester zu bauen. Andererseits haben Untersuchungen gezeigt, dass Hummeln mit Milbenbefall nach der Überwinterung fitter sind als ohne, da die Milben zur Körperhygiene beitragen, indem sie Pilze, Bakterien und Fadenwürmer fressen (Biani & al. 2009).

**Die Gehöckerte Krabbenspinne (*Thomisus onustus*) hat ein Langhornbienen-Weibchen (*Eucera* sp.) beim Blütenbesuch überrascht.**

**Die Bienenjagende Knotenwespe (*Cerceris sabulosa*) lähmt Furchenbienen als Larvenproviant für ihre Nachkommen.**

**Der Königs-Bienenwolf (*Philanthus coronatus*, Männchen) ist eine ausgesprochen seltene Grabwespe. Die Weibchen tragen Sand- und Furchenbienen als Larvenproviant ein.**

**Die Rotfleckige Düsterbiene (*Stelis nasuta*) nutzt meist die Abwesenheit des Wirts, um ihre Eier in das Nest der Mörtelbiene zu schmuggeln. In seltenen Fällen öffnet sie auch verschlossene Nester, wozu sie aber sehr viel Zeit benötigt (l., r.).**

**Die Zweizahnbiene (*Dioxys cincta*) ist eine weitere Kuckucksbiene der Mörtelbiene (l.).**

**In einem Kokon von *Stelis nasuta* hat sich eine Zwerg-Erzwespe (*Melittobia acasta*) entwickelt. Noch im Konon konnte eine Paarung dokumentiert werden (r.o.). Die nur etwa 2 mm großen Weibchen kann man mit freiem Auge aufgrund ihrer Kleinheit kaum wahrnehmen (r.u.).**

**Die Schwarze Mörtelbiene (*Megachile parietina*) errichtet die Nester meist auf Felsstrukturen. Die Form des Nestes ist unverkennbar (l.o.).**

**Eine Mörtelbienen-Erzwespe (*Leucospis gigas*) einige Tage vor dem Schlupf in einem geöffneten Nest (l.u.)**

**Ein Weibchen der Mörtelbienen-Erzwespe (*Leucospis gigas*) untersucht ein Nest (r.).**

**Die Schwarze Mörtelbiene und ihre Parasiten**

Die Schwarze Mörtelbiene und ihre Kuckucksbienen bzw. -wespen sind ein bemerkenswertes Beispiel für die vielschichtigen Beziehungen zwischen Wirt und Parasit.

Die Mörtelbiene (*Megachile parietina*) baut steinharte Nester auf Fels oder unverputztem Gemäuer. Ihr Mörtel ist hinsichtlich Festigkeit fast mit handelsüblichem Beton vergleichbar.

Normalerweise nutzt ihre Kuckucksbiene, die Rotfleckige Düsterbiene (*Stelis nasuta*), eine kurze Abwesenheit des Wirts während der Verproviantierungsphase, um ihre Eier im Nest abzulegen. Dass *Stelis nasuta* zu diesem Zweck auch bereits verschlossene Nester öffnet, war bislang unbekannt. Ich konnte diesen Vorgang bei einer Brutkolonie einer Mörtelbiene in Südeuropa beobachten: Während einer Schlechtwetterperiode verharrte die Kuckucksbiene über mehrere Tage am Nest einer Mörtelbiene und nagte mit ihren Mundwerkzeugen einen Gang in das steinharte Material, das sie mit ihrem Speichel etwas anfeuchtete. Über drei Tage war sie damit beschäftigt, in das Innere zu gelangen. Am vierten Tag war das Nest geöffnet und das Tier bereits verschwunden. Diese mühsame Strategie wendet die Kuckucksbiene wohl nur an, wenn die Wirtsbiene ihre Bautätigkeit für längere Zeit unterbricht, beispielsweise bei ungünstigem Wetter.

Bei den Nestern der Mörtelbiene war auch die Zweizahnbiene *Dioxys cincta*, eine weitere Kuckucksbiene, zu beobachten.

Um den Nestaufbau der Mörtelbiene zu dokumentieren, öffnete ich ein Nest am Rande der Brutkolonie. Wider Erwarten waren alle Brutzellen dieses Nests parasitiert. In einer Brutzelle entwickelte sich *Leucospis gigas* (Leucospidae), eine in Südeuropa weit verbreitete Erzwespe, deren Vorkommen in Österreich seit einigen Jahrzehnten erloschen sind.

Die andere Brutzelle enthielt fünf Kokons von *Stelis nasuta*. In zweien entwickelte sich tatsächlich diese Kuckucksbiene, in den restlichen die Erzwespen *Melittobia acasta* (Chalcidoidea). Dies ist ein Beispiel für die gelegentliche Parasitierung eines Kuckucks durch einen anderen (Hyperparasitismus).

Das Beispiel zeigt, wie eng verwoben die Beziehung der Kuckucksbienen und -wespen mit ihren Wirtsarten ist. Kuckucksbienen sind meist sehr selten und teilweise hochgradig gefährdet.

| Kuckucksbienen | Unterfamilie | Wirte | Unterfamilie |
|---|---|---|---|
| *Ammobates*, Sandgängerbienen | Apinae | *Anthophora*, Pelzbienen | Apinae |
| | | *Tetralonia* und *Tetraloniella*, Langhornbienen | Apinae |
| *Ammobatoides*, Steppenglanzbienen | Apinae | *Melitturga*, Schwebebienen | Andreninae |
| *Bombus* [*Psithyrus*], Kuckuckshummeln | Apinae | *Bombus*, Hummeln | Apinae |
| *Biastes*, Kraftbienen | Apinae | *Dufourea*, Glanzbienen | Halictinae |
| | | *Rophites*, Schlürfbienen | Halictinae |
| | | *Systropha*, Spiralhornbienen | Halictinae |
| *Coelioxys*, Kegelbienen | Megachilinae | *Anthophora*, Pelzbienen | Apinae |
| | | *Megachile*, Blattschneiderbienen | Megachilinae |
| | | *Osmia* und *Hoplitis*, Mauerbienen | Megachilinae |
| | | *Trachusa*, Harzbienen | Megachilinae |
| *Dioxys*, Zweizahnbienen | Megachilinae | *Osmia* und *Hoplitis*, Mauerbienen | Megachilinae |
| | | *Megachile*, Blattschneiderbienen | Megachilinae |
| *Epeoloides*, Schmuckbienen | Apinae | *Macropis*, Schenkelbienen | Melittinae |
| *Epeolus*, Filzbienen | Apinae | *Colletes*, Seidenbienen | Colletinae |
| *Melecta*, Trauerbienen | Apinae | *Anthophora*, Pelzbienen | Apinae |
| *Nomada*, Wespenbienen | Apinae | *Andrena*, Sandbienen | Andreninae |
| | | *Eucera*, Langhornbienen | Apinae |
| | | *Lasioglossum*, Schmalbienen | Halictinae |
| | | *Melitta*, Sägehornbienen | Melittinae |
| | | *Panurgus*, Zottelbienen | Andreninae |
| *Pasites*, Kurzhornbienen | Apinae | *Pseudapis*, Schienenbienen | Halictinae |
| *Parammobatodes*, Kurzhornbienen | Apinae | *Camptopoeum*, Buntbienen | Apinae |
| *Sphecodes*, Blutbienen | Halictinae | *Andrena*, Sandbienen | Andreninae |
| | | *Colletes*, Seidenbienen | Colletinae |
| | | *Dufourea*, Glanzbienen | Halictinae |
| | | *Halictus*, Furchenbienen | Halictinae |
| | | *Lasioglossum*, Schmalbienen | Halictinae |
| *Stelis*, Düsterbienen | Megachilinae | *Anthidium* (*Anthidiellum*, *Pseudoanthidium*, *Rhodantidium*), Harz- bzw. Wollbienen | Megachilinae |
| | | *Chelostoma*, Scherenbienen | Megachilinae |
| | | *Heriades*, Löcherbienen | Megachilinae |
| | | *Osmia*, *Hoplitis* und *Hoplosmia*, Mauerbienen | Megachilinae |
| *Thyreus*, Fleckenbienen | Apinae | *Anthophora*, Pelzbienen | Apinae |
| *Triepeolus*, Filzbienen | Apinae | *Tetralonia* und *Tetraloniella*, Langhornbienen | Apinae |

**Kuckucksbienen und ihre Wirte (nach Gattungen)**

# Lebensräume

**Die ackerbaulich genutzte Landschaft hat sich während der vergangenen Jahrzehnte massiv verändert. Naturschutzförderungen konnten diesen Trend nur teilweise bremsen. Die Zerstörung ökologisch wertvoller Feldraine, Streuobstbestände und anderer Kleinstrukturen wurde oft sogar beschleunigt, da diese durch das Agrarumweltprogramm (ÖPUL) wegen ihrer Kleinheit nicht gefördert wurden oder sogar zu Förderkürzungen bei Landwirten führen konnten.**

# 6 VERÄNDERUNG DER KULTURLANDSCHAFT

Die Kulturlandschaft verändert sich mit einer noch nie da gewesenen Rasanz. Die Vielfalt der Wildbienen ist aufgrund der intensiven Landnutzung und des Flächenverbrauchs stark bedroht. Meist sind mehrere Faktoren für die Rückgänge ausschlaggebend, etwa das ungünstige Blütenangebot, der Verlust von Nistplätzen, die Überdüngung, der Spritzmitteleinsatz und in einigen Fällen auch der Klimawandel. Insbesondere in den agrarisch genutzten Gebieten hat sich die Situation während der vergangenen Jahrzehnte stark verschlechtert. Mittlerweild bieten Städte den Wildbienen oft bessere Lebensraumbedingungen als die intensiv genutzte Agrarlandschaft.

Das folgende Kapitel versucht die Landschaftsdynamik ausgewählter Räume nachzuzeichnen und die für Wildbienen maßgeblichen Veränderungen darzustellen.

## 6.1 Stadt, Dorf, Siedlungen

Stadt und Natur gelten gemeinhin als unvereinbar, und die Zunahme des Siedlungsraumes als wesentlicher Faktor für die Abnahme der Artenvielfalt in Europa. Tatsächlich aber weisen manche Teile der Stadt, insbesondere Parks, private Gärten und durchgrünte Industrieareale im Stadtrandbereich durch ihre Vielfalt an Kleinstrukturen und Mikroklimata in der Regel eine höhere Artenvielfalt auf als in-

**Die Donau-Düstersandbiene (*Andrena danuvia*) zählt in der Großstadt Wien zu den häufigsten Arten. Ende März schlüpfen die Bienen und errichten dann auf abgetretenen Wegstellen ihre Nester.**

tensiv genutzte Agrarlandschaften (Zurbuchen & Müller 2012).

Insbesondere Vorstadtgebiete verfügen über eine Reihe begünstigender Faktoren: Zum einen weisen Stadtgebiete höhere Durchschnittstemperaturen auf als die Umgebung, was viele wärmeliebende Bienen begünstigt. Auch der Wind ist schwächer, da er von den Gebäuden gebrochen wird; dies erhöht die potenzielle Flugaktivitätszeit und kann somit den Reproduktionserfolg fördern. Zum anderen ist in Gegenden mit Privatgärten und Parkanlagen die Anzahl an Kleinstrukturen pro Fläche außerordentlich groß und bietet Wildbienen eine Vielzahl an Nistmöglichkeiten und Blütenpflanzen auf kleinem Raum (Zurbuchen & Müller 2012).

Mit dem rasanten Wandel der agrarisch geprägten Kulturlandschaft in den vergangenen Jahrzehnten und dem Verlust an qualitativ hochwertigen Bienenlebensräumen auf dem Land gewinnen so die städtischen Rückzugsräume an Bedeutung. Wie ungünstig die Situation in vielen agrarisch geprägten Räumen geworden ist, zeigen neuere Untersuchungen am Beispiel der Honigbiene. Einer deutschen Studie zufolge erntet eine Arbeiterin in der Stadt pro Tag etwa doppelt so viel wie eine am Land (Krahnstöver & Polaczek 2017). Bezogen auf die Wildbienen bedeutet dies, dass in der ausgeräumten Agrarlandschaft wesentlich mehr Energie für die Versorgung einer Brutzelle aufgewendet werden muss als im städtischen Umfeld.

In der Stadt und am Dorf können – je nach Blütenangebot und Kleinstrukturen – private und öffentliche Grünanlagen für den Wildbienenbestand von Bedeutung sein. Dazu zählen nicht nur Parks und Gärten, sondern auch Dachgärten, Friedhöfe, das Grün der Baumscheiben und die Bepflanzung von Straßen. Auch Kübelpflanzen am Balkon oder Fensterbrett können als Nektar- und Pollenquelle eine Rolle spielen.

Am Beispiel von Gärten, Parks und Industriebrachen soll die zunehmende Bedeutung der Städte und Dörfer als Rückzugsräume für die Wildbienen aufgezeigt werden.

### 6.1.1 Gärten und Parks

Privatgärten und öffentliche Grünanlagen haben ein hohes Potenzial zur Förderung der Wildbienen im urbanen Umfeld. Ob dieses Potenzial ausgeschöpft wird, hängt von den jeweiligen Zielvorstellungen ab: Stehen bei der Gestaltung vermeintlich pflegeextensive Gartenelemente wie Thujenhecke und Rollrasen im Vordergrund, oder sollen Grünflächen auch etwas zum Natur- und Artenschutz beitragen? Oft lassen sich diese Gegensätze überwinden, indem zumindest Teilbereiche als naturnahe Staudenbeete oder Blumenwiesen gestaltet werden.

Seit den 1960er-Jahren entwickelte sich ein neuer Trend in der Gartengestaltung. Den klassischen Beetstaudenpflanzungen mit einem intensiven Pflegeaufwand stehen extensive Wildstaudenpflanzungen gegenüber, die standörtlich angepasst sind und eine gewisse Eigendynamik besit-

**Stehendes Totholz mit Käferfraßgängen liefert für viele Bienenarten wertvolle Nistplätze.**

**Blütenreicher Unterwuchs im Bereich der Parkgehölze**

**Typischer Niststandort der Donau-Düstersandbiene (*Andrena danuvia*) am Wiener Gürtel, einer der meistbefahrenen Straßen der Stadt. Als Pollenquellen dienen verschiedene Alleebäume (v.a. Ahornarten).**

**Fuchsrote Locken-sandbiene (*Andrena fulva*)**

**Efeu-Seidenbiene (*Colletes hederae*)**

**Zaunrüben-Sandbiene (*Andrena florea*)**

zen. Mit vergleichsweise geringen pflegerischen Eingriffen werden einzelne Arten gefördert bzw. entfernt, sodass sich eine ausgewogene Pflanzengemeinschaft entwickeln kann. Die extensivste Form der Pflege besteht in der jährlichen Mahd von „Staudenwiesen" mit entsprechend toleranter Artenzusammensetzung.

Das geänderte Leitbild hat für Wildbienen große Vorteile: So werden vermehrt heimische Stauden natürlicher Lebensräume verwendet, die für verschiedene Wildbienenarten wichtige Pollenquellen darstellen. Das Spektrum der Pflanzen umfasst v.a. Arten der Steppen- und Trockenrasen, der Rasensteppen und der Saumgesellschaften, aber auch Arten verschiedener Feuchtstandorte. Um eine Wildstaudenpflanzung pflegeextensiv zu gestalten, ist es wichtig, dass der Boden nicht zu nährstoffreich ist. Er muss deshalb in vielen Fällen mit Sand gemischt werden, sodass sich die Lebensbedingungen für bodennistende Bienen verbessern.

In Niederösterreich hat die Initiative „Natur im Garten" wesentlich zur Ökologisierung von Gärten und Grünräumen beigetragen (www.naturimgarten.at). Im Naturgarten sind Gifte, chemische Dünger und Torf nicht nur überflüssig, sondern auch verpönt – die Initiative zeigt Wege zu einem naturverträglichen Gärtnern auf. Auch das ästhetische Empfinden hat sich in den vergangenen Jahren gewandelt und dazu beigetragen, dass eine artenreiche Blumenwiese von vielen Menschen als schöner empfunden wird als ein kurz geschnittener Rasen.

**Rote Rauken-Sandbiene (*Andrena scita*) (l.)**

**Rotklee-Sandbiene (*Andrena labialis*) (r.)**

**Ein Sandhügel im Donaupark ist Nistplatz vieler Wildbienen (l.).**

**Blütenreiche Säume mit heimischen Blumen im Donaupark in Wien bilden wertvolle Pollenquellen (r.).**

Über die Vielfalt der Wildbienen privater Gärten gibt es nur wenige Untersuchungen. Im Gegensatz dazu wurde die Fauna einiger öffentlicher Grünanlagen erhoben.

Ein gelungenes Beispiel für die naturnahe Parkpflege ist der Donaupark in Wien. Auf einer größeren Teilfläche wandelten die Gärtner den intensiv gepflegten Rasen in eine ökologisch wertvolle Schmetterlingswiese um, indem sie Saatgut wichtiger Blühpflanzen ausbrachten und spezielle Sträucher als Futterpflanzen und Nektarquellen für Schmetterlinge pflanzten. Ein ökologisch orientierter Mähplan (Jaros 2008) schreibt vor, dass immer nur bestimmte Teile der Wiese gemäht werden, damit die Insekten auf andere Bereiche ausweichen können. Auch über den Winter bleiben Teile der Wiese ungemäht und ermöglichen somit vielen Arten das Überleben im Park. Auch wenn die Maßnahme primär auf die Förderung von Schmetterlingen abzielte, profitieren doch auch Wildbienen vom adaptierten Pflegekonzept.

Bei einer Untersuchung des 80 Hektar großen Donauparks konnten 119 Bienenarten nachgewiesen werden, was etwa einem Viertel des Artenspektrums der Stadt Wien entspricht. Darunter befinden sich einige seltene oligolektische Arten wie die Sandbienen *Andrena scita* und *A. labialis* oder Spezialisten offener Sandböden wie die Blattschneiderbiene *Megachile leachella* und die Fur-

Stadtbrachen sind besonders wertvolle Lebensräume. Das Bild zeigt das Nordbahnhof-Gelände.

Die Gleiskörper aus Schotter sind wasserdurchlässig und bilden extreme Trockenstandorte. Verwachsene Geleiseanlagen (l.), Ruderalfluren und Trampelpfade (r.) prägen das Bild des ehemaligen Nordbahnhofs.

chenbiene *Lasioglossum sexstrigatum*. Auffallend ist der hohe Anteil oligolektischer Bienenarten mit 24 Prozent (Zettel & al. 2013).

Auch bei anderen Parkflächen ist die Verwendung heimischer Pflanzen anzustreben. Naturnahe Wildstaudenpflanzungen anstelle von klassischen Beetstaudenpflanzungen vermindern nicht nur den Pflegeaufwand, sondern bereichern auch die Artenvielfalt. Oligolektische Bienenarten können gezielt gefördert werden, indem ihre spezifischen Pollenquellen eingebracht werden. In extensiv genutzten Bereichen kann auch das Nistplatzangebot durch Sandhügel, Totholz und künstliche Nisthilfen verbessert werden.

### 6.1.2 Stadtbrachen

Zu den Hotspots der Biodiversität können sich Stadtbrachen im Umfeld aufgelassener Bahnhöfe und ehemaliger Industrieareale entwickeln. Der Artenreichtum der Bienenfauna hängt u.a. von der Größe, der Vegetation und dem Nistplatzangebot der Brache ab, aber auch davon, wie lange sie schon besteht und wie sehr sie mit anderen Grünflächen räumlich vernetzt ist.

Leider hat die ungestörte Entwicklung vieler Brachflächen ein Ablaufdatum. So muss die Stadtwildnis oft einer Bebauung weichen oder geht durch eine parkartige Umgestaltung verloren. In Wien zählt das Nordbahnhof-Gelände mit einer Fläche von 85 Hektar zu den bedeutendsten Lebensräumen für Wildbienen mit vielen faunistischen Besonderheiten (ZETTEL & al. 2016). Doch wie lange noch? Schon in den nächsten Jahren soll das Gebiet bebaut werden, handelt es sich doch um eine wichtige innerstädtische Entwicklungszone.

Das Nordbahnhof-Gelände bildet einen zusammenhängenden Komplex aus Trocken- und Halbtrockenrasen, Gehölzen und Sukzessionsflächen. Zwischen den Gleisanlagen und den Böschungen gedeihen wichtige Blütenpflanzen wie Langfahnen-Tragant (*Astragalus onobrychis*), Rispen-Flockenblumen (*Centaurea stoebe*), Schwarznessel (*Ballota nigra*), Natterkopf (*Echium vulgare*), Wilde Resede (*Reseda lutea*), Weißer und Echter Steinklee (*Melilotus alba, M. officinalis*) und Schmalblatt-Doppelrauke (*Diplotaxis tenuifolia*).

Die Gleiskörper aus Schotter sind wasserdurchlässig und bilden extreme Trockenstandorte. Dass sich an ihren Rändern Kräuter entwickeln können, resultiert aus der allmählichen Anreicherung von Feinsediment. Hier nisten Sandarten wie die mittlerweile extrem seltenen Steppenbienen *Nomioides minutissimus* und *N. variegatus*. Böschungsanrisse nutzt die Seidenbiene *Colletes daviesanus*. Im Bereich ihrer Nistplätze ist gelegentlich auch ihre Kuckucksbiene, die Filzbiene *Epeolus variegatus,* zu finden.

Da die Pflanzen auf dem ehemaligen Bahnhofsgelände während der vergangenen Jahre weder gemäht noch mit Herbizid behandelt wurden, gibt es für stängelbrütende Arten ein reiches Nistplatzangebot. Zu den typischen Arten zählen u.a. die Keulhornbiene *Ceratina cucurbitina,* die Harzbiene *Anthidium septemspinosum,* aber auch ausgesprochene Raritäten wie die Mauerbiene *Hoplosmia ligurica.*

Im liegenden Totholz nisten die Steinbienen *Lithurgus chrysurus* und *L. cornutus* sowie die Blattschneiderbiene *Megachile nigriventris*. Die Löcherbienen *Heriades crenulatus* und *H. truncorum* benötigen Totholz mit Käferfraßgängen oder abgestorbene Brombeer- und Rosentriebe, in denen sie ihre Nester anlegen. In solchen Strukturen zu finden ist auch ihr Brutparasit, die Düsterbiene *Stelis breviuscula*.

In Stadtbrachen bietet auch die alte Bausubstanz wertvolle Nistplatzstrukturen. In Mauerspalten und in den vielen Hohlräumen von unverputztem Gemäuer nisten die Mauerbienen *Osmia cornuta* und *O. bicornis* sowie die Pelzbienen *Anthophora aestivalis* und *A. plumipes.* Im Bereich der Nistplätze suchen unterschiedlichste Kuckucksbienen nach einer Gelegenheit, ihre Eier in fremde Nester zu schmuggeln, darunter sehr auffällige Arten wie die Trauerbiene *Melecta albifrons*. Das reiche Blütenangebot zieht auch viele oligolektische Bienen an, etwa die auf Efeu sammelnde Seidenbiene *Colletes hederae* oder die auf Zaunrübe spezialisierte Sandbiene *Andrena florea.*

Um die städtische Diversität zu bewahren, sollten nicht nur bestehende Brachen erhalten, sondern

**Dünen-Steppenbiene (*Nomioides minutissimus*)**

**Buckel-Seidenbiene (*Colletes daviesanus*)**

**Gewöhnliche Filzbiene (*Epeolus variegatus*)**

**Schwarze Keulhornbiene (*Ceratina cucurbitina*)**

**Siebendornige Wollbiene (*Anthidium septemspinosum*)**

**Ligurische Mauerbiene (*Hoplosmia ligurica*)**

**Intensiv genutzte Ackerflächen bieten keinen Lebensraum für Wildbienen.**

auch neue Ruderalstandorte gewidmet werden. Generell könnte der Spontanvegetation mehr Raum gegeben werden, anstatt sie kostspielig mit Herbiziden zu bekämpfen. Großes Entwicklungspotenzial für die Schaffung wertvoller Bienenlebensräume haben auch die ungenutzten Flachdächer und Industriebrachen der Stadt. Sie könnten wertvolle Blühflächen bilden und darüber hinaus das Kleinklima der Stadt verbessern. Auch lineare Landschaftselemente wie straßen- oder gewässerbegleitende Grünflächen sowie Dammböschungen haben als Korridor eine wichtige Funktion im Rahmen des Biotopverbundes.

## 6.2 Ackerbaulich genutzte Kulturlandschaft

Die ackerbaulich genutzte Kulturlandschaft hat sich während der vergangenen Jahrzehnte massiv verändert. Kennzeichnend für die heutige Feldflur sind intensive Nutzungsformen und große Bewirtschaftungseinheiten, die durch Flurbereinigungen und die Beseitigung von Kleinstrukturen wie Ackerstufen, Feldrainen und Böschungen entstanden sind. Für die Wildbienen wirken sich vor allem das stark verminderte Blütenangebot und der Mangel an Nistmöglichkeiten nachteilig aus.

Nur wenige Arten können in der intensiv genutzten Feldflur erfolgreich nisten. Dies war nach WESTRICH (1990, S 79.) in der Vergangenheit nicht immer so: *„Im Gegenteil, gerade von regelmäßigen, aber meist nur kleinflächigen Störungen und Veränderungen in zeitlich großen Abständen haben Wildbienen des Offenlandes profitiert. Dadurch gab es immer wieder offene Bodenstellen oder Abbruchkanten zur Nestanlage. So muss die kleinbäuerliche, extensiv genutzte Kulturlandschaft ungemein reich an Wildbienen gewesen sein. Zahlreiche Aufsammlungen früherer Jahrzehnte, sowie Tagebücher und Schriften längst verstorbener Wildbienenforscher belegen, dass die reich strukturierte, blütenreiche Feldflur vergangener Tage unzähligen Bienenarten Nistplatz und Nahrung bot. Dagegen sind die heutigen ackerbaulich genutzten Gebiete nahezu wildbienenleer und die Zusammensetzung der Wildbienenfauna und ihre Beziehungen zu Boden und Pflanzenwelt der Feldflur lassen sich, wenn überhaupt, nur noch in wenigen Gebieten Mitteleuropas studieren."*

Die Ackerbegleitflora ist in den vergangenen Jahrzenten nicht nur quantitativ stark zurückgegangen, sondern auch extrem artenarm geworden. Ursachen dafür sind großflächiger Herbizideinsatz, Züchtung produktiver Kultursorten, einseitige Fruchtfolge, veränderte Bodenbearbeitung und rascher Umbruch der Stoppelfelder nach der Ernte. Aber auch die Saatgutreinigung hat dazu beigetragen, dass eine Reihe von Ackerunkräutern wie Kornrade (*Agrostemma githago*), Kornblume (*Cyanus cyanus*), Leindotter (*Camelina sativa*) und einige andere Pflanzen in manchen Gebieten schon zu botanischen Raritäten geworden sind.

Eine vielfältige Ackerbegleitflora ist für die Bestäubung unserer Nutzpflanzen sehr wichtig, da die Insekten nach der meist kurzen Blühzeit dieser Pflanzen im näheren Umfeld ein Nahrungsangebot zum Ausweichen benötigen. Fehlt dieses, können keine Wildbienen existieren und die Bestäubung von Obstgehölzen, Beerensträuchern, Erdbeere, Raps und anderen Feldfrüchten wird immer mehr zur Aufgabe mobiler Imker, die mit ihren Bienenstöcken umherfahren und entsprechende Bestäubungsleistungen anbieten, wie dies schon jetzt in den Vereinigten Staaten und in China üblich ist.

Stellvertretend für viele Wildbienen in der ackerbaulich genutzten Kulturlandschaft soll der massive Rückgang ausgewählter Arten näher beschrieben werden: So sind etwa die Bestände der in Ostöstereich ursprünglich häufigen Spiralhornbiene *Systropha planidens* und *Systropha curvicornis*, die auf der Acker- und Zaunwinde (*Convolvulus arvensis* und *Calystegia sepium*) sammeln, dramatisch eingebrochen. Wie wichtig für diese Arten die räumliche Nähe von Futterquellen und unbefestigten Erdwegen ist, zeigt das folgende Zitat des Bienenforschers Bruno Pittioni, in dem er eine Nestkolonie von *Systropha planidens* Anfang der 1930er-Jahre im Tullnerfeld beschreibt: *„Die Nester befanden sich ausschließlich auf einem Feldweg, der – es war gerade Erntezeit – ziemlich stark von Fuhrwerken befahren wurde … Die Neströhren waren zumeist so angelegt, dass ihre Eingangsöffnung dicht an einem Grasbüschel zu liegen kam, so dass sich oft im Schutze eines nur einen Quadratdezimeter bede-*

**Kleine Spiralhornbiene (*Systropha curvicornis*), Männchen**

**Große Spiralhornbiene (*Systropha planidens*), Weibchen beim Nestbau**

**Senf-Blauschillersandbiene (*Andrena agilissima*)**

**Ochsenzungen-Sandbiene (*Andrena nasuta*)**

**Schnauzen-Wespenbiene (*Nomada rostrata*)**

**Ochsenzungen-Seidenbiene (*Colletes nasutus*)**

**Steppen-Filzbiene (*Epeolus schummeli*)**

**Der Acker-Schwarzkümmel war auf nährstoffarmen Ackerflächen häufig. Mit dem Rückgang der Pflanze verschwand die Seidenbiene *Colletes punctatus* in fast allen Ländern Europas.**

**Ovale Klee-sandbiene (*Andrena ovatula*)**

*ckenden Grasbüschels bis zu 5 und auch noch mehr Nester befanden. In den dem Feldwege benachbarten Grundstücken, ... wucherte in ungeheurer Menge Convolvulus arvensis massenhaft besucht von den Systropha-Weibchen ... Die ganze Nestkolonie erstreckte sich über eine Strecke von ungefähr 50 m und ... bestand aus rund 400 Nestern.“* (Pittioni & Schmidt 1942) Heute können *Systropha planidens* und die nah verwandte Art *S. curvicornis* nur noch selten auf Rebflächen mit Ackerwinde beobachtet werden, in der Feldflur sind ihre Vorkommen weitgehend erloschen. Dramatisch eingebrochen sind auch die Bestände ihrer Kuckucksbiene, der Kraftbiene *Biastes brevicornis*.

Wie eng die Beziehung mancher Bienenarten zu ihrer Futterpflanze ist, zeigen die Blütenbesucher der Gemeinen Ochsenzunge (*Anchusa officinalis*). Ausschließlich auf dieser Pflanze sammeln die Sandbiene *Andrena nasuta* und die Seidenbiene *Colletes nasutus*. Beide Arten waren in den Ackerbaugebieten Österreichs weit verbreitet, ihre Bestände sind aber in den vergangenen Jahrzehnten stark zurückgegangen und beschränken sich auf wenige Vorkommen in Ostösterreich. Noch stärker zurückgegangen sind ihre Kuckucksbienen, die Wespenbiene *Nomada rostrata* und die Filzbiene *Epeolus schummeli*.

Von massiven Bestandsrückgängen zum endgültigen Aussterben ist es oft nur ein kleiner Schritt, wobei auch hier der Rückgang der Nahrungsquelle meist die Ursache ist. Der Acker-Schwarzkümmel (*Nigella arvensis*) war auf nährstoffarmen Böden in Ostösterreich weit verbreitet. Durch neue Verfahren bei der Saatgutreinigung und die intensive Landbewirtschaftung wurde die konkurrenzschwache Pflanze beinahe ausgerottet und findet sich auf der Roten Liste in der Kategorie „stark gefährdet“ (Niklfeld & Schratt-Ehrendorfer 1999). Eine Folge ihres massiven Rückgangs ist das Aussterben zweier Wildbienen in Österreich, der Seidenbiene *Colletes punctatus* und ihrer Kuckucksbiene, der Filzbiene *Epeolus fasciatus* (Pittioni & Schmidt 1942).

Dabei könnte die ackerbaulich genutzte Landschaft durch eine abgestimmte Fruchtfolge mit Blühkulturen das Pollenangebot für Wildbienen wesentlich erhöhen, sofern es ein kleinteiliges Mosaik an unterschiedlichen Blühkulturen gäbe. Der ehemals weit verbreitete Hafer- oder Roggen-Anbau mit Rot- und Weiß-Klee als Untersaat hat dazu beigetragen, dass nach der Getreideernte für einige Zeit ein reiches Blütenangebot für Wildbienen, insbesondere Hummeln, herrschte. Der Aufwuchs bildete eine eiweißreiche Nahrung für das Vieh. Heute spielt der Anbau von Futterleguminosen (Klee, Luzerne), aber auch Körnerleguminosen (Ackerbohne, Futtererbse) v.a. im Biolandbau eine wichtige Rolle. Mehrjährige Kulturen von Futterleguminosen gibt es nur mehr in Gegenden mit Viehzucht. Die Schmetterlingsblütler werden insbesondere von Hummeln (*Bombus*) genutzt, aber auch Sandbienen (*Andrena*), Furchenbienen (*Lasioglossum, Halictus*), Mauerbienen (*Osmia*) und Blattschneiderbienen (*Megachile*) zählen zu den Blütenbesuchern.

Der Anbau von Raps erweitert das Blütenangebot der Feldflur

für kurze Zeit, doch beschränkt sich die Blühdauer bei Winterraps auf nur etwa zwei bis drei Wochen. Neben Honigbienen nutzen auch einige Wildbienen das reiche Angebot der im Mai beginnenden Winterrapsblüte. Für Kreuzblütler-Spezialisten (z.B. die Sandbienen *Andrena agilissima, A. distinguenda, A. nobilis* und *A. scita* sowie die Mauerbiene *Osmia brevicornis*) reicht die Rapsblüte aufgrund ihrer begrenzten Blütezeit jedoch nur für die Versorgung weniger Nachkommen aus. Zur Erhaltung individuenreicher Bestände sind deshalb im näheren Umfeld auch wildwachsende Kreuzblütler wie Acker-Senf (*Sinapis arvensis*), Hederich (*Raphanus raphanistrum*) oder Barbarakraut (*Barbarea vulgaris*) nötig (Westrich 1990).

Um die massiven Biodiversitätsverluste in der Agrarlandschaft zu vermindern, werden seit 1995 die Anlage von Brachen und Blühstreifen sowie andere Extensivierungen über das Agrar-Umweltprogramm ÖPUL gefördert. Die positiven Effekte dieser Maßnahmen sind für Wildbienen aber sehr bescheiden, da die Ansprüche dieser Tiergruppe bei der Entwicklung des Programms kaum beachtet wurden und wichtige Impulse für den Wildbienenschutz fehlen (Mangel an Nistplätzen und Pollenquellen für spezialisierte Arten). Dabei können Flächenstilllegungen und Blühstreifen viel zur Förderung der Biodiversität beitragen (vgl. Kap. 9.2 und 9.3).

## 6.3 Wiesendominierte Kulturlandschaft

In Mitteleuropa sind fast alle tiefer gelegenen Wiesen durch

**Der Winterraps blüht im Frühjahr für kurze Zeit. Für Wildbienen ist der Nutzen aber gering, da er kein kontinuierliches Blütenangebot liefert.**

**Blütenreiche Fluren im Bereich von Weingärten finden sich nur in wenigen Gegenden.**

**Intensivwiesen mit häufigem Schnitt sind äußerst blütenarm.**

Waldrodungen und jahrhundertelange Bewirtschaftung entstanden. Im Zusammenspiel von Standortbedingungen und Mahd oder Beweidung haben sich im Laufe der Zeit unterschiedlichste Wiesen- und Weidetypen mit einer enormen Vielfalt an Pflanzen und Tieren entwickelt.

In tieferen Regionen sind Glatthafer- und Trespenwiesen weit verbreitet, in höheren Regionen werden sie von Goldhaferwiesen abgelöst. Ungedüngte Wiesen weisen einen hohen Blütenreichtum auf und bilden wertvolle Lebensräume für Wildbienen. Zwar bewirkt der Schnitt eine vorübergehende Vernichtung des Blütenangebots, bei kleinflächiger Bewirtschaftung können die Insekten aber auf andere Bereiche ausweichen. Eine artenreiche Bienenfauna kann sich dort ausbilden, wo es neben bunten Wiesen auch ein entsprechendes Nistplatzangebot gibt: Dazu zählen etwa unbefestigte Wege, Feldhecken, Streuobstbestände, totholzreiche Waldränder und Böschungsanrisse.

Die Fläche artenreicher, bunter Wiesen hat in den vergangenen Jahrzehnten stark abgenommen. Ausschlaggebend dafür sind zum einen intensivere Nutzungen (starke Gülle- und damit übermäßige Stickstoffdüngung, hohe Schnitthäufigkeit sowie Wiesenumbruch und ackerbauliche Nutzung), zum anderen aber auch die Aufgabe der Bewirtschaftung und die damit zusammenhängende Verbrachung. Selbst kleine Restflächen und Ungunstlagen werden heute intensiver genutzt, sofern sie maschinell bewirtschaftbar sind. Und dieser Trend hält unvermindert an: trotz ÖPUL und anderer Umweltprogramme.
Es ist bedauerlich, dass manche Landwirtschaftsberater ungeachtet dieser Fakten immer noch eine intensivere Wiesennutzung propagieren. So war etwa in der Zeitschrift „Die Landwirtschaft“ der NÖ Landwirtschaftskammer unter dem Titel *„Damit Futterwiesen nicht zu Blumenwiesen werden“* zu lesen: *„Aus ungedüngten Wiesen werden schnell Blumenwiesen – mit unrentablen Unkräutern, Gift- und Wildpflanzen. Und solche Flächen laufen Gefahr, unter Naturschutz gestellt zu werden. Düngen zahlt sich daher aus vielen Gründen aus.“* (Humer 2011)

Ich habe während der vergangenen Jahre die Umwandlung einiger bunter Wiesen in Hochleistungswiesen erlebt: Wo zunächst lückige Bereiche mit Traubenhyazinthe, Wiesensalbei und vielen anderen Kräutern als bienenfreundliche Standorte existierten, führte die Düngung mit Gülle oder Kunstdünger innerhalb von nur wenigen Monaten zu tiefgreifenden Veränderungen. Es entstanden artenarme Intensivwiesen, die extrem nährstoffreich sind, viel Futter produzieren und daher öfter gemäht werden können. Blühende Pflanzen allerdings gibt es dort kaum noch.

Durch Düngung werden vor allem schnellwüchsige Gräser und wenige nährstoffliebende Kräuter wie Wiesen-Löwenzahn (*Taraxacum officinale*), Wiesenkerbel (*Anthriscus sylvestris*) oder Bärenklau (*Heracleum sphondylium*) gefördert. Konkurrenzschwache oder langsamwüchsige Kräuter werden überwuchert und allmählich verdrängt. So verschwinden nicht nur Wiesenorchideen und viele andere bunte Blumen aus den intensiv gedüngten Bereichen, sondern auch jene Insekten, die an bestimmte Pflanzen gebunden sind oder vom reichen Blütenangebot leben. Die Düngung verändert aber auch den Boden und zerstört die Niststandorte bodennistender Wildbienen.

Um die Erträge einer Wiese zu erhöhen, wird auch der Einsatz sogenannter „Turbogräser“ propagiert. Durch die Einsaat des Samens besonders wüchsiger Arten in eine bestehende Wiese bleiben konkurrenzschwächere Kräuter auf der Strecke und die bunte Wiese verliert nach und nach ihre Vielfalt an Blumen und damit auch an Wildbienen.

Für Blüten besuchende Insekten ist nicht nur die schwindende Artenvielfalt ein Problem, sondern auch der frühe und häufige Schnitt, da die verbliebenen Blütenpflanzen oft gar nicht mehr zum Blühen kommen. Seit den 1990er-Jahren ist in ganz Österreich die Produktion von Gras-Silage als Futtermittel stark im Vormarsch. Dabei wird das Gras mehrmals jährlich gemäht, in noch feuchtem Zustand zu Ballen gepresst und in luftundurchlässige Folien gepackt. Da viele Wiesenpflanzen bei Silagenutzung aufgrund der frühen und oftmaligen Mahd keine Samen mehr bilden können, werden regelmäßig ertragreiche Gräser nachgesät, wodurch sich die Artenzusammensetzung der Wiese verändert. Bunte, blühende Kräuter und eine artenreiche Insektenfauna sind in solchen, meist stark gedüngten

Wiesen nicht mehr zu finden. Aber nicht nur intensive Bewirtschaftungen und das Mulchen (Liegenlassen des Mähguts) führen dazu, dass es immer weniger Bienenarten gibt. Auch wenn eine Wiese nicht mehr genutzt wird, schwindet die Blütenvielfalt und bodennistende Arten verlieren ihre Brutplätze.

**Blütenreiche Wiesen sind selten geworden.**

Um den dramatischen Artenschwund zu stoppen, sollte – wo immer es möglich ist – die Wiesennutzung fortgeführt werden, aber in extensiver Form, etwa durch Verzicht auf Düngung, verminderte Schnitthäufigkeit bzw. extensivere Beweidung. Vor diesem Hintergrund wäre es sicher auch sinnvoll, die Effizienz der bestehenden Umwelt-Förderprogramme genauer zu analysieren, zumal die öffentlichen Gelder auch die Diversität unserer Landschaft absichern sollten.

**Beweidung mit Zackelschafen zur Landschaftspflege**

Doch wenden wir uns wieder der enormen Vielfalt bunter Wiesen zu und betrachten wir jene extensiv genutzten Lebensräume, die es in wenigen Bereichen noch gibt.

**Lebensraum Wiese**

Blütenreiche Wiesen sind der Lebensraum zahlreicher Wildbienen. Je nach Nistplatzangebot, Höhenlage, Wiesentyp und den darin vorkommenden Pflanzen sind unterschiedliche Arten charakteristisch.

Gibt es in der näheren Umgebung Totholz, so sind bei entsprechendem Blütenangebot oft holzbewohnende Bienenarten zu beobachten. So nisten in kleinen Käferfraßgängen häufig die Scheren-

**Hahnenfuß-Scherenbiene (*Chelostoma florisomne*) (l., r.)**

**Gewöhnliche Löcherbiene (*Heriades truncorum*) (l.)**

**Zweihöckrige Mauerbiene (*Osmia leaiana*) (r.)**

**Rosen-Blattschneiderbiene (*Megachile centuncularis*) (l.)**

**Bunte Blattschneiderbiene (*Megachile versicolor*) (r.)**

**Schwarzfühler Holzbiene (*Xylocopa valga*) (l.)**

**Dreizahn-Stängelbiene (*Hoplitis tridentata*) (r.)**

**Zaunwicken-Sandbiene (*Andrena lathyri*) (l.)**

**Mai-Langhornbiene (*Eucera nigrescens*) (r.)**

**Löwenzahn-Dörnchensandbiene (*Andrena taraxaci*) (l.)**

**Knautien-Sandbiene (*Andrena hattorfiana*) (r.)**

**Graue Schuppensandbiene (*Andrena pandellei*) (l.)**

**Braune Schuppensandbiene (*Andrena curvungula*) (r.)**

biene *Chelostoma florisomne*, die Löcherbienen *Heriades crenulatus* und *H. truncorum* sowie die Mauerbiene *Osmia leaiana*. Größere Hohlräume benötigen die Blattschneiderbienen *Megachile centumcularis* und *M. versicolor*. Abgestorbene Äste im Kronenbereich nutzen häufig die Holzbienen *Xylocopa violacea* und *X. valga*. Gibt es im Randbereich zudem ungenutzte Bereiche mit Markstängeln, so können auch einige seltene Arten wie die Holzbiene *Xylocopa iris* oder die Mauerbiene *Hoplitis tridentata* auftreten.

Doch die Mehrzahl der auf Wiesen vorkommenden Wildbienenarten nistet im Boden. Geeignete Stellen für die Nestanlage gibt es auf offenen oder lückig bewachsenen Wiesenstandorten, auf unbefestigten Feldwegen und im Bereich von Böschungsanrissen. Viele Wildbienen benötigen spezifische Pollenquellen: Ist beispielsweise die Zaunwicke (*Vicia sepium*) anzutreffen, sind neben der Sandbiene *Andrena lathyri* auch die Langhornbiene *Eucera nigrescens* und ihr Brutparasit, die Wespenbiene *Nomada sexfasciata*, zu erwarten. Zur Gilde der auf Korbblütlern sammelnden Arten zählen *Andrena fulvago* und *A. taraxaci*. Doldenblütler besuchen u.a. die Sandbienen *Andrena proxima* und *A. nitidiuscula.* Auf Wiesen-Knautie (*Knautia arvensis*) sammelt die Sandbiene *Andrena hattorfiana*. Glockenblumen benötigen die Scherenbienen *Chelostoma campanularum, C. distinctum* und *C. fuliginosum*, die Sandbienen *Andrena pandellei* und *A. curvungula*. Im Gegensatz zu den oben genannten oligolektischen Arten nutzen andere ein breites Blütenangebot, so etwa die Sandbienen *Andrena flavipes, A. fulvata, A. gravida, A. jacobi, A. labiata, A. minutula, A. minutuloides, A. nitida* und *A. subopaca* sowie die Furchenbienen *Halictus rubicundus, H. tumulorum, Lasioglossum calceatum, L. fulvicorne* und *L. pauxillum*. Häufige unspezifische Wiesenbesucher sind auch Hummeln, etwa die Erdhummel *Bombus terrestris*, die Steinhummel *B. lapidarius*, die Ackerhummel *B. pascuorum*, die Wiesenhummel *B. pratorum* und die Gartenhummel *B. hortorum*. Zu den typischen Wildbienen bunter Wiesen zählen auch die in Schneckenschalen nistenden Arten, etwa Mauerbienen *Osmia bicolor* oder *O. aurulenta*. Dazu kommen noch unterschiedliche Kuckucksbienen, die daran zu erkennen sind, dass sie meist knapp über dem Boden schweben und nach den Nestern ihrer Wirtsbienen Ausschau halten. Zu den häufigeren Brutparasiten zählen u.a. die Wespenbienen *Nomada flava, N. flavoguttata, N. fucata, N. marshamella* und *N. succincta* sowie die Blutbienen *Sphecodes ephippius, S. gibbus* und *S. monilicornis*.

## 6.4 Wälder

Da die meisten Wildbienen licht- und wärmeliebend sind, meiden sie geschlossene Waldgebiete. Selbst als Waldarten eingestufte Spezies besiedeln in der Regel nur lichte und trockene Bereiche mit entsprechendem Nistplatz- und Blütenangebot. Und auch von den im Wald nistenden Bienenarten halten sich nur wenige fast ausschließlich im Wald auf. Zu den Charakterarten lichter Wälder zählen u.a. die Sandbiene *An-*

**Weiße Bindensandbiene (*Andrena gravida*) (l.)**

**Gewöhnliche Bindensandbiene (*Andrena flavipes*) (r.)**

**Glänzende Düstersandbiene (*Andrena nitida*) (l.)**

**Rotbeinige Furchenbiene (*Halictus rubicundus*) (r.)**

**Dichtpunktierte Goldfurchenbiene (*Halictus tumulorum*) (l.)**

**Gewöhnliche Schmalbiene (*Lasioglossum calceatum*) (r.)**

**Dunkle Erdhummel (*Bombus terrestris*) (l.)**

**Steinhummel (*Bombus lapidarius*) (r.)**

**Wiesenhummel (*Bombus pratorum*) (l.)**

**Gartenhummel (*Bombus hortorum*) (r.)**

**Goldene Schneckenhausbiene (*Osmia aurulenta*) (l.)**

**Zweifarbige Schneckenhausbiene (*Osmia bicolor*) (r.)**

**Besonntes Totholz im Waldbereich ist besonders wertvoll (l.).**

**Schwarzbürstige Mauerbiene (*Osmia nigriventris*) (r.)**

**Lungenkraut-Mauerbiene (*Osmia pilicornis*), Männchen (l.)**

**Bluthummel (*Bombus haematurus*) (r.)**

*drena symphyti*, die Furchenbienen *Lasioglossum fratellum* und *L. rufitarse* sowie die Mauerbienen *Osmia pilicornis, O. uncinata* und in höheren Lagen *O. nigriventris.*

In Wäldern häufig anzutreffen sind ferner die Wiesenhummel *Bombus pratorum*, die Baumhummel *B. hypnorum* und die Ungarische Hummel *B. haematurus*, wenngleich sie auch andere Lebensräume nutzen. Wie die meisten im Wald nistenden Wildbienen sind auch sie auf ein entsprechendes Blütenangebot des angrenzenden Offenlandes und Waldsaums angewiesen.

Durch die Intensivierung der Forstwirtschaft und die großflächige Umwandlung naturnaher Laubwälder in Fichtenforste sind viele Bienenlebensräume verloren gegangen. Nur jene Gebiete, in denen die forstliche Erschließung aufgrund ihrer Abgelegenheit, Steilheit oder ihrer geringen Bodenauflage (natürliche Blößen) nicht oder noch nicht erfolgte, zeigen einen ursprünglichen – und damit bienenfreundlicheren – Bewuchs (Ebmer 1999).

In dichten Fichtenforsten, aber auch in geschlossenen Buchenwäldern fehlt es sowohl am Blütenangebot als auch an geeigneten Nistplatzstrukturen. Besonders wertvolle Lebensräume für Wildbienen sind hingegen lichte, totholzreiche Trockenwälder mit einer blütenreichen Krautschicht und strukturreiche Waldränder. Das Blütenangebot der Laubwäl-

**Totholz im Waldrandbereich liefert wertvolle Nistplätze (l.).**

**Frühlings-Schmalbiene (*Lasioglossum pallens*), Männchen (Mitte)**

**Die Langlebige Schmalbiene (*Lasioglossum marginatum*) nutzt unterschiedliche Pollenquellen und sammelt häufig auf Eichen (r.).**

**Baumhummel (*Bombus hypnorum*) (l.)**

**Holz-Blattschneiderbiene (*Megachile ligniseca*) (r.)**

der ist im jahreszeitlichen Verlauf großen Schwankungen unterworfen. Nach einer kurzen Blühphase im Frühjahr schließt sich das Blätterdach der Bäume und die Krautschicht verkümmert. Im Sommer sind die Nahrungsquellen meist auf den Waldrand und angrenzende Offenlandbereiche beschränkt. Kommen in einem Wald auch Weiden, Kirschen, Ahorne, Linden und andere insektenbestäubte Gehölze vor, bereichern sie das Pollen- und Nektarangebot wesentlich. Der Honigtau (Blattlausausscheidungen) hingegen spielt für Wildbienen – anders als für die Honigbiene – keine Rolle als Nahrungsgrundlage.

Zu den ausgesprochenen Frühjahrsarten des Waldes zählt u.a. die Lungenkraut-Mauerbiene *Osmia pilicornis*, die meist schon Mitte März auftritt und fast ausschließlich auf Lungenkraut sammelt. Sie nagt ihre Nester in abgestorbene Äste und ist auf entsprechenden Totholzreichtum angewiesen (Prosi & al. 2016).

Einige Bienenarten nutzen auch den Pollen windbestäubender Baumarten. Im Frühling sammeln die Weibchen der Sandbiene *Andrena ferox* und der Furchenbienen *Lasioglossum marginatum* und *L. pallens* gerne auf Eichen. Als morphologische Anpassung für das Transportieren von staubfeinem, nicht klebrigem Pollen windblütiger Bäume hat *L. pallens* eine ungewöhnlich feine und dichte Behaarung ausgebildet.

Im Hochsommer sammelt die Blattschneiderbiene *Megachile li-*

**Holz-Blattschneider-biene (*Megachile ligniseca*) (l.)**

**Blauschwarze Holzbiene (*Xylocopa violacea*) (r.)**

**Gehörnte Steinbiene (*Lithurgus cornutus*) (l.)**

**Heidelbeer-Locken-sandbiene (*Andrena lapponica*) (r.)**

*gniseca* häufig auf Klebrigem Salbei (*Salvia glutinosa*), der v.a. an frischen Waldstandorten gedeiht. Sie legt ihre Nester meist in liegendem, stark vermodertem Totholz an und kleidet die Hohlräume mit Blättern unterschiedlicher Pflanzen aus. Ähnliche Nistplatzstrukturen benötigt auch die Wald-Pelzbiene (*Anthophora furcata*), die ihre Nester in selbst genagten, teilweise verzweigten Gängen in morschem Holz anlegt. In stehendem Totholz nisten hingegen die Holzbienen *Xylocopa violacea* und *X. valga*. Häufig suchen sie dazu abgestorbene Äste im Kronenbereich auf, die nicht beschattet sind und Ausbohrlöcher größerer Käfer aufweisen. Stirbt ein Baum ganz oder teilweise ab, kann er noch viele Jahre stehen bleiben, bevor ihn Wind, Wetter und Schwerkraft endgültig zu Fall bringen. Das mit Käferfraßgängen durchsetzte Holz bietet auch vielen anderen Wildbienen ein reiches Nistplatzangebot. Waldränder sind sehr wertvolle Lebensräume, sowohl für Wildbienenarten des Offenlandes als auch für Waldarten, da sie vielfältige Nistplätze und ein reiches Blütenangebot bieten.

Wildbienen nisten vorzugsweise an südexponierten, trockenen Waldrändern. Sie nutzen hier Böschungsanrisse, stehendes oder liegendes Totholz, Brombeer- und Rosenzweigen, Markstängel, Käferfraßgänge und andere Hohlräume. Bei der Waldrandpflege sollten solche Strukturen daher nach Möglichkeit erhalten oder durch entsprechendes Biotopmanagement bereitgestellt werden.

In strukturreichen Waldrändern finden auch viele Trockenrasen-Arten geeignete Brutplätze, so z.B. die Mauerbiene *Osmia gallarum*, die in leeren Eichengallen nistet, die Steinbienen *Lithurgus cornutus* und *L. chrysurus*, die vermoderndes Totholz für die Nestanlage benötigen oder die Scherenbiene *Chelostema florisomnis*, die Käferfraßgänge nutzt.

In den Waldgebieten der montanen bis subalpinen Höhenstufe ist der Kronenschluss meist etwas lichter, sodass es hier, verglichen mit geschlossenen Buchenwäldern, ein reiches Blütenangebot gibt. Zu den typischen Bewohnern zählen unterschiedliche Hummelarten wie *Bombus gerstaeckeri, B. hortorum* und *B. wurflenii* sowie die Furchenbiene *Lasioglossum fratellum*, die Sandbiene *Andrena lapponica* und die Mauerbiene *Osmia nigriventris*.

**Auwald**

Die Auwälder bilden für viele Wildbienen-Arten im Frühjahr eine wichtige Nahrungsquelle, insbesondere für Weidenspezialisten *wie die Sandbienen Andrena vaga, A. nycthemera, A. praecox* und *A. ventralis* sowie die Seidenbiene *Colletes cunicularius*. Auch die in der Harten Au wachsenden Stieleichen und Ahorn-Arten stellen bedeutende Pollenquellen dar. Viele Bienen kommen nur zum Pollensammeln in die Auwälder und nisten außerhalb des Überflutungsgebiets oder in höheren Bereichen des Hochwasserdamms. Einige wenige Arten legen ihre

**In Wildflusslandschaften gibt es ein reichhaltiges Angebot an Nistplätzen und Blüten.**

**Große Weiden-Sandbiene (*Andrena vaga*)**

**Frühe Lockensandbiene (*Andrena praecox*)**

Frühlings-Seidenbiene (*Colletes cunicularius*)

Rotbauch-Sandbiene (*Andrena ventralis*)

Vierfleck-Schmalbiene (*Lasioglossum quadrinotatulum*)

Nester auch auf den gelegentlich überfluteten Sandbänken und Uferabbrüchen an. Sie müssen an die schwankenden Wasserstände angepasst sein, um länger andauernde Hochwasser zu überstehen. Zu den besonders robusten Arten zählt die Sandbiene *Andrena ventralis*, deren Flugzeit von Ende März bis Anfang Mai reicht. Eigene Untersuchungen einer Sandbank an der Donau mittels Schlupftrichter belegen, dass sich diese Biene auch an Standorten entwickeln kann, die im Jahr zuvor durch ein Sommerhochwasser mehrere Wochen geflutet waren. Auch einige andere Arten dürften Überschwemmungen ohne größere Ausfälle überstehen, sofern nicht die kritische Zeit von März bis April betroffen ist.

In gelegentlich überfluteten Steilwänden nisten die Furchenbienen-Arten *Lasioglossum quadrinotatulum* und *L. sexstrigatum.* Sie sind offenbar bei ihrer Nistplatzwahl auf Feinsande angewiesen, die in solchen Bereichen zu finden sind.

Mit dem Gewässerausbau nahm die Strukturvielfalt stark ab: Ausgedehnte Kiesbänke, bewachsene und unbewachsene Inseln, Totholzablagerungen oder Steilufer sind in den heutigen Flusslandschaften selten geworden. Stark abgenommen haben auch die Baum- und Strauchweiden, was zum einen auf die verminderte Flussdynamik, zum anderen auf forstwirtschaftliche Eingriffe zurückzuführen ist. Auch der Umstand, das Weidenzweige nicht mehr im Flechthandwerk benötigt werden, hat zum Verlust wichtiger Pollenquellen beigetragen.

## 6.5 Montane bis alpine Lagen

Die Vegetation am Übergang von der oberen Waldstufe zu den alpinen Rasen ist durch den Einfluss des Menschen geprägt: Die Almwirtschaft zählt zu den ältesten Nutzungsformen im Alpenraum. Über viele Jahrhunderte haben Bergbauern die Waldgrenze nach unten gedrängt, um die Weideflächen für ihre Haustiere zu erweitern (EIBL & KREMER 2009). Durch die meist extensive Beweidung haben sich im Laufe der Zeit arten- und blütenreiche Rasen ausgebildet. Die Gehölze der Krummholzzone und alpine Zwergsträucher wurden durch den Verbiss zurückgedrängt.

Die Bergwiesen und -weiden der höheren Lagen werden oft als intakte Kulturlandschaft empfunden, der der technische Fortschritt bisher nicht viel anhaben konnte. Doch auch sie unterliegen starken Veränderungen, die vor allem aus dem Strukturwandel in der Landwirtschaft und der modernen Freizeitnutzung resultieren.

In diesem Zusammenhang ist in erster Linie der Schipistenbau zu nennen, der in manchen Regionen eine Spur der Verwüstung zog. Da sich die Vegetation auf den planierten Flächen nur langsam entwickelt, sind die Pisten besonders erosionsanfällig und bedürfen ständiger Pflege (GRABHERR 1987, MAYER & ERSCHBAMER 2009). Der durch Düngung und Nachsaat geprägte Aufwuchs unterscheidet sich hinsichtlich Blütenangebot und Artenzusammensetzung deutlich von natürlichen Gesellschaften.

**Flussbett mit vielfältiger Sedimentsortierung**

**Eisenhut-Hummel (*Bombus gerstaeckeri*)**

**Alpenrosen-Lockensandbiene (*Andrena rogenhoferi*)**

Alpen-Seidenbiene (*Colletes impunctatus*)

Berg-Seidenbiene (*Colletes floralis*)

Alpen-Filzbiene (*Epeolus alpinus*)

Berg-Kleesandbiene (*Andrena intermedia*), Männchen

Heidelbeer-Lockensandbiene (*Andrena lapponica*)

Wald-Schmalbiene (*Lasioglossum fratellum*), Männchen

Aber auch Änderungen der Beweidungsintensität können die Rasen nachhaltig beeinflussen. So werden viele Lagen gar nicht mehr genutzt, weil eine Fortführung der Almwirtschaft unwirtschaftlich ist, und auf den verbrachenden Rasen breiten sich Gehölze aus. Andererseits werden manche Bereiche heute intensiver genutzt, da die Förderprämien auch von der Zahl der Weidetiere abhängen und sich die Beweidung dann meist auf leicht erreichbare Teile einer Alm konzentriert. So nehmen Bergwiesen mit hohem Arten- und Blütenreichtum stetig ab.

Die Artenvielfalt der Wildbienen ist in den höheren Regionen von Natur aus stark eingeschränkt und hängt neben dem Blütenangebot wesentlich von den klimatischen und geomorphologischen Bedingungen ab. Wildbienenreiche Lebensräume finden sich insbesondere in inneralpinen Trockentälern mit Kalkgestein (z.B. Kalkschiefer), niederschlagsreiche Gegenden mit silikatischem Gestein (z.B. Granit, Gneis) sind artenarm.

Zu den Charakterarten der alpinen Rasen zählen u.a. die Seidenbienen *Colletes impunctatus* und *C. floralis*. Während erstere fast ausschließlich auf Schmetterlingsblütlern Pollen sammelt, umfasst das Blütenspektrum der zweitgenannten Art Doldenblütler (Apiceae), Steinbrechgewächse (Saxifragaceae, z.B. Fetthennen-Steinbrech, *Saxifraga aizoides*) und einige andere Pflanzen. Beide Arten nisten auf sandigen Offenbodenstellen, die in dieser Höhenregion nur kleinräumig entlang der Gebirgsbäche zu finden sind. Hier ist auch ihre Kuckucksbiene, die seltene Filzbiene *Epeolus alpinus*, zu beobachten.

Zu den typischen Bewohnern höherer Regionen zählen die Sandbienen *Andrena rogenhoferi, A. intermedia* und *A. lapponica*. Während die Erstgenannte ein breites Blütenspektrum nutzt, sind die beiden Letztgenannten spezialisiert. *A. intermedia* sammelt ausschließlich auf Schmetterlingsblütlern (Fabaceae), *A. lapponica* nutzt vorwiegend Heidelbeere, Preiselbeere und Alpenrose.

Auch einige Mauerbienen-Arten zählen zu den Gebirgsbewohnern, darunter die Mauerbiene *Osmia inermis*, die ihre Nester auf der Unterseite von Steinen mit Pflanzenmörtel formt. Die Mauerbiene *Hoplitis villosa* nutzt für den Nestbau Felsspalten. Ihre Brutzellen bestehen aus Blütenblättern, die sie mit Erde verklebt.

Einige Wildbienen sind in der Lage, unterschiedliche Höhenbereiche zu besiedeln. Die Zottelbiene *Panurgus banksianus* und die Sandbiene *Andrena rufizona* sind von der Hügelstufe bis in alpine Regionen verbreitet. Auch die Mauerbienen *Osmia loti* und *O. tuberculata*, die Furchenbienen *Lasioglossum alpigenum, L. bavaricum, L. fratellum* und fast alle Hummelarten (*Bombus sp.*) sind in unterschiedlichen Höhen anzutreffen. Ausschließlich im Hochgebirge leben hingegen die Glanzbiene *Dufourea alpina,* die Maskenbiene *Hylaeus nivalis* und die im nächsten Kapitel erwähnten Arten.

Die Auswirkungen des Klimawandels auf die Wildbienen oberhalb der Baumgrenze sind vielschichtig (vgl. auch Kap. 6.6). Die aktuellen Klimaprognosen gehen von einem Temperaturanstieg bis zum Ende des Jahrhunderts aus, der im Gebirge einem Höhenunterschied von 300 Metern entspricht. Dadurch steigt nicht nur die Waldgrenze nach oben. Wenn es wärmer wird, sind die Mikroorganismen im Boden aktiver und stellen den Pflanzen viel mehr Stickstoff zur Verfügung, während sich die Versorgung mit anderen Nährstoffen wie Phosphor kaum ändert (Mayor & al. 2017). Dies könnte das Gleichgewicht der Ökosysteme stark beeinflussen.

**Felsheiden-Mauerbiene (*Osmia inermis*) (l.)**

**Zottige Mauerbiene (*Hoplitis villosa*) (r.)**

**Große Zottelbiene (*Panurgus banksianus*) (l.)**

**Rote Schuppensandbiene (*Andrena rufizona*) (r.)**

## 6.6 Hochalpine Lebensräume (Trümmerschuttfluren und Gletschervorfeld)

Nur wenige Wildbienen sind in der Lage, die hochgelegenen Lebensräume der Trümmerschuttfluren im Vorfeld der Gletscher zu besiedeln (alpine und subnivale Höhenstufe, etwa 2400 bis 3200 Meter Seehöhe). Die Vegetationsperiode auf dieser Seehöhe ist kurz und beträgt nur wenige Tage bis maximal drei Monate. Die Standorte können trotz langer Schneebedeckung und starker Durchfeuchtung im Sommer austrocknen. Die hier vorkommenden Kräuter sind an die extremen Bedingungen angepasst und haben nur eine kurze Blühphase.

**Trümmerschuttflur mit Rudolph-Steinbrech (*Saxifraga rudolphiana*)**

Zu den typischen Wildbienen dieser hochalpinen Region zählt die Alpenhummel *Bombus alpinus*, die nur an den höchsten Erhebungen der Alpen sowie in der arktischen Tundra und den skandinavi-

**Alpen-Hummel (*Bombus alpinus*)**

**Alpenrosen-Lockensandbiene (*Andrena rogenhoferi*)**

**Gebirgs-Glanzbiene (*Dufourea paradoxa*) (l.)**

**Eisenhut-Hummel (*Bombus gerstaeckeri*) (r.)**

**Trughummel (*Bombus mendax*) (l.)**

**Berghummel (*Bombus mesomelas*) (r.)**

**Pyrenäenhummel (*Bombus pyrenaeus*) (l.)**

**Höhenhummel (*Bombus sichelii*) (r.)**

**Distelhummel (*Bombus soroeensis*) (l.)**

**Bergwald-Hummel (*Bombus wurflenii*) (r.)**

schen Bergen vorkommt. Wenn die ersten Sonnhänge ausapern, tritt sie in Erscheinung und sucht die unwirtliche Gegend nach Blumen ab. Zu den ertragreichen Pollenquellen zählen u.a. der Rudolph-Steinbrech (*Saxifraga rudolphiana*), der Zweiblütige Steinbrech (*Saxifraga biflora*) und einige weitere Pflanzen.

Neben der Alpenhummel gelten die Sandbiene *Andrena rogenhoferi*, die Glanzbiene *Dufourea paradoxa* und weitere Hummelarten als Gebirgs- und Hochgebirgsarten (*Bombus cryptarum, B. gerstaeckeri, B. mendax, B. mesomelas, B. monticola, B. mucidus, B. pyrenaeus, B. sicheli, B. soroeensis, B. wurfleini*). Im Gegensatz zur Alpenhummel sind diese Arten auch in Regionen unter 2000 Metern Seehöhe anzutreffen.

Die Pflanzen- und Tierwelt der alpinen und subnivalen Zone ist durch den Klimawandel stark bedroht. Dies liegt daran, dass sich die Lebensraumstrukturen mit steigenden Temperaturen verändern. So breiten sich auf den offenen, mit Polsterpflanzen und kleinwüchsigen Arten bewachsenen Rohböden Gräser aus und verdrängen wichtige Blühpflanzen. Die hier vorkommenden Bienen können kaum noch nach oben ausweichen, da die Flächen Richtung Gipfel immer kleiner werden.

Aufgrund dieser massiven Lebensraumverluste sind die Wildbienen der alpinen und subnivalen Zone extrem gefährdet. Für die Alpenhummel und andere hochalpine Hummelarten wurde deshalb ein schon baldiges Aussterben im Alpenraum prognostiziert (Rasmont & al. 2015).

**Wildbienen benötigen blütenreiche Landschaften.**

## 7 BESONDERS WERTVOLLE LEBENSRÄUME (Auswahl)

Einige Lebensräume haben für Wildbienen eine herausragende Bedeutung, weil sie besonders artenreich sind oder aber weil sie ein Refugium für Arten bilden, die anderswo nicht vorkommen. Der folgende Abschnitt geht auf solche Lebensräume ein. Dazu zählen etwa Hohlwege und Lössterrassen, die für wärmeliebende Wildbienen als Nistplatz eine besondere Bedeutung haben. Oder Sanddünen, die Lebensraum vieler hochspezialisierter Arten sind und den Tieren bei der Nestanlage große Geschicklichkeit abverlangen. Einen Hort der Diversität bilden Trockenrasen und Felssteppen. Sie bestechen nicht nur durch ihre enorme Vielfalt an Pflanzen, sondern auch durch eine artenreiche Wildbienenfauna. Zu den besonderen Lebensräumen zählen auch Feuchtgebiete und Salzstandorte, da es hier einige Wildbienen gibt, die anderswo nicht anzutreffen sind.

### 7.1 Hohlwege und Lössterrassen

Tief eingeschnittene Hohlwege und kleinteilige Terrassen zählen zu den charakteristischen Elementen der österreichischen Lösslandschaften. Die Lösswände und -böschungen bilden extrem trockene Standorte, da auf die steil geneigten Flächen nur wenig Regen fällt. Zudem fließt das Wasser hier rascher ab und wird nur zu einem geringen Teil vom Untergrund aufgenommen. Auf regenabgewandte Böschungsflächen gelangt

**Dieser Hohlweg in Langenlois (Niederösterreich) wurde reaktiviert uns ist heute ein beliebter Wanderweg.**

**Lösswände sind wichtige Nistplätze für unterschiedliche Bienen- und Wespenarten.**

**Lösswände haben eine hohe Standfestigkeit und sollen aus naturschutzfachlicher Sicht nicht gesichert werden.**

oft über längere Zeiträume überhaupt kein Niederschlag.

Besonnte Lösswände können sich zwar oberflächlich rasch erwärmen, im Inneren finden die Temperaturänderungen jedoch nur in abgeschwächter Form und zeitlich verzögert statt. Deshalb herrschen einige Zentimeter unter der Sedimentoberfläche, über einen Sommertag betrachtet, vergleichsweise ausgeglichene Temperaturen. Dieser Umstand und die Trockenheit der Lösswände bewirken optimale Nistbedingungen für wärmeliebende Insekten (Wiesbauer & Zettel 2014).

Viele Arten nutzen das zumeist reiche Angebot bestehender Hohlräume und adaptieren diese für ihre Zwecke. Einige graben auch neue Nester. Die Eignung einer Lösswand als Reproduktionsraum für eine bestimmte Wildbiene hängt vom Kleinklima, von den Sedimenteigenschaften und vom Höhlenangebot ab. Begehrte Nistplätze wärmeliebender Arten sind südexponierte Lösswände. Beschattete oder nordexponierte Wände werden hingegen nur von wenigen Arten genutzt. Wie wichtig einstrahlungsbegünstigte Lösswände für Wildbienen sind, zeigt sich daran, dass sie nach einigen Jahren durch die dicht beieinander liegenden Nestbauten geradezu durchlöchert erscheinen. Mit zunehmendem Pflanzenbewuchs geht das Nistplatzangebot allmählich zurück.

Eine sonnenbestrahlte Lösswand ist für zahlreiche Bienenarten als Nistplatz attraktiv, jedoch sind nur wenige Arten ausschließlich auf solche Standorte beschränkt. So kommt beispielsweise die Gehörnte Mauerbiene (*Osmia cornuta*) in den Steilwänden der Hohlwege und Terrassen häufig vor, besiedelt aber auch künstliche Nisthilfen und erreicht so im städtischen Bereich hohe Dichten. Die Brutzellen werden in bestehenden Hohlräumen angelegt und mit feuchtem Lehm oder Löss voneinander getrennt. Die Gehörnte Mauerbiene ist eine polylektische Art, das heißt, sie nutzt ganz unterschiedliche Pflanzen zum Sammeln des Blütenstaubs. Weil sie auch bei niedrigen Temperaturen aktiv ist, erweist sie sich nützlich als Bestäuber von früh blühenden Obstkulturen (z.B. Marille).

Eine besonders auffällige Biene ist die Violette Holzbiene (*Xylocopa violacea*). Sie legt ihre Nester meist im Totholz an, in Lössgebieten nutzt sie aber auch bestehende Höhlen im Löss, die sie bei Bedarf erweitert.

Einige Arten aus der Gattung der Blattschneider- (*Megachile*) und Mauerbienen (*Osmia*) sind ebenfalls häufige Nachmieter verlassener Nester in Lösswänden. Gibt es in der Nähe gute Bestände an gelb blühenden Kreuzblütlern (z.B. Ackersenf, *Sinapis arvensis*, und Stadtrauke, *Sisymbrium loeselii*), dann tritt manchmal die Kurzhorn-Mauerbiene (*Osmia brevicornis*) in großer Zahl auf. Auch sie nutzt bestehende Löcher in den Steilwänden, die sie dann nach ihren Bedürfnissen gestaltet.

In den Lössgebieten findet man mehrere Raritäten der heimischen Bienenfauna. Dazu zählen die Pracht-Schmalbiene (*Lasioglossum elegans*), die im Kremser

**Gehörnte Mauerbiene (*Osmia cornuta*) auf Kirschenblüte (l.) und beim Nistplatz in einer Lösswand (r.)**

**Blauschwarze Holzbiene (*Xylocopa violacea*)**

**Die Schöterich-Mauerbiene (*Osmia brevicornis*) gewinnt Pflanzenmörtel für den Nestverschluss.**

**Pracht-Schmalbiene (*Lasioglossum elegans*) bei der Pollenernte**

**Luzerne-Schwebebiene (*Melitturga clavicornis*) beim Anflug zum Nest**

**Luzerne-Schwebebiene (*Melitturga clavicornis*), Weibchen (l.) Männchen (r.)**

Raum (Niederösterreich) ihre einzigen aktuellen Vorkommen in Österreich hat. *Lasioglossum elegans* sammelt den Pollen des Steppen-Salbeis (*Salvia nemorosa*) und hat dafür eine ausgeklügelte Technik. Sie landet auf der helmförmigen Oberlippe der Blüte, in der sich die schwer zugänglichen Staubblätter befinden und kann den Pollen mit den Mandibeln direkt ernten (vgl. Kap. 4.2).

Eine weitere Besonderheit ist die Keulhorn-Schwebebiene (*Melitturga clavicornis*). Die Männchen dieser Art fallen durch ihre großen türkisgrünen Augen, aber auch durch ihr Verhalten auf: Ähnlich den Schwebfliegen (Syrphidae) „stehen" sie im Flug über den Nistplätzen und grenzen ihre Reviere gegen andere Männchen ab, um sich bei Gelegenheit auf ein vorbeikommendes Weibchen zu stürzen und zu begatten. Die Weibchen sammeln den Pollen von Schmetterlingsblütlern (Fabaceae), die Nester werden in vegetationsarmen Bereichen von Lösswänden gegraben.

Ebenfalls zur Verwandtschaft der Sandbienen (Andreninae) zählt die Graukresse-Scheinlappenbiene (*Panurginus labiatus*). Dieses winzige Bienchen nutzt bei uns hauptsächlich den Pollen der Graukresse (*Berteroa incana*). Auf ihren Blüten bilden die Männchen gelegentlich auch nächtliche Schlafgemeinschaften.

Die Skabiosen-Hosenbiene (*Dasypoda argentata*) ist eine Bewohnerin kleinräumiger Trockenrasen mit ausreichenden Beständen an Kardengewächsen (Dipsacaceae). Auch diese sehr selten gewordene

Ochsenzungen-Seidenbiene (*Colletes nasutus*) (l., Mitte) und deren Parasit, die Steppen-Filzbiene (*Epeolus schummeli*) (r.)

Weißwangen-Bindenpelzbiene (*Amegilla albigena*) (l.)

Rundfuß-Fleckenbiene (*Thyreus ramosus*) (Mitte)

Steppen-Buntbiene (*Camptopoeum frontalis*) (r.)

Art hat in den Lössgebieten im Kremser Raum eines ihrer letzten Refugien in Österreich. Die „Hosen" des Weibchens bestehen aus dichten Büscheln sehr langer Haare auf den Schienen der Hinterbeine und unterscheiden sich deutlich von den körbchenartigen Strukturen der Honigbiene (*Apis mellifera*). Die flinke Biene verweilt nur kurz auf den zarten Blütenköpfchen der Skabiosen (v.a. der Gelben Skabiose, *Scabiosa ochroleuca*) und sammelt den Pollen, indem sie mit ihrem stark behaarten Körper vibrierend und sich drehend über die Staubgefäße streift.

In den Lössgebieten findet man mehrere Seidenbienen-Arten. Besonders häufig ist die Buckel-Seidenbiene (*Colletes daviesanus*). Die Steilwände mancher Hohlwege erscheinen durch ihre Nestbauten im Laufe der Zeit wie durchsiebt.

Zu den Besonderheiten zählen die Lauch-Seidenbiene (*C. graeffei*) und die Langkopf-Seidenbiene (*C. nasutus*). Die Lauch-Seidenbiene (*C. graeffei*), ein südosteuropäisches Faunenelement, kommt in Österreich nur in den wärmsten Lagen Niederösterreichs vor. Wie ihr deutscher Name verrät, ist sie auf das Sammeln von Lauchpollen spezialisiert und nutzt dazu in unseren Breiten ausschließlich den Gelb-Lauch (*Allium flavum*).

Die Langkopf-Seidenbiene (*C. nasutus*) war früher in den Wärmelagen des Pannonikums weit ver-

**Offene Sandlebensräume in Illmitz (Burgenland) (l.)**

**Kleinräumige Pionierstandorte auf Sand mit Später Federnelke (*Dianus serotinus*) (r.o.) und Sand-Gipskraut (*Gypsophila fastigiata*) (Niederösterreich) (r.u.)**

breitet. Heute leben die letzten österreichischen Populationen am Wagram zwischen Krems und Hadersdorf sowie in der Wachau. Ausschließliche Pollenquelle von *Colletes nasutus* ist die Gemeine Ochsenzunge (*Anchusa officinalis*).

Der Parasit der seltenen Langkopf-Seidenbiene ist die Filzbiene *Epeolus schummeli*. Sie konnte am Nistplatz des Wirtes in den vergangenen Jahren nur mehr sehr selten beobachtet werden.

Wo Solitärbienen in großer Anzahl nisten, ist auch ein guter Lebensraum für Kuckucksbienen. Typische Arten sind die Gewöhnliche Trauerbiene (*Melecta albifrons*) als Parasit der Frühlings-Pelzbiene (*Anthophora plumipes*), die Fleckbiene (*Thyreus ramosus*) als Parasit der Weißwangigen Pelzbiene (*Amegilla albigena*) und die Gebänderte Zweizahnbiene (*Dioxys cincta*), die ihre Eier in die Nester verschiedener Bauchsammlerbienen (Megachilinae) legt. Im Kremser Raum findet man sogar die äußerst seltene Zwerg-Kurzhornbiene (*Parammobatodes minutus*), die sich in den Nestern der Buntbiene (*Camptopoeum frontale*) entwickelt.

## 7.2 Sandlebensräume

Die niederösterreichischen und burgenländischen Dünen- und Flugsandgebiete zählen zu den trockensten Standorten der österreichischen Kulturlandschaft. Dies liegt zum einen am pannonisch geprägten Klima, zum anderen an der geringen Wasserspeicherkapazität des Sandes. Da der Wasserhaushalt von Sandböden schon nach kurzen Trockenperioden angespannt ist, gedeihen hier vorwiegend trockenheitsresistente Pflanzen, die mit extremer Hitze, hoher Einstrahlung und Sandkornflug gut zurechtkommen.

Die extremen Lebensraumbedingungen offener Sandflächen erfordern auch bei Tieren ein hohes Maß an Anpassung. So können die Temperaturen der Sandoberfläche bei Sonneneinstrahlung auf bis zu 60 Grad Celsius ansteigen und in der Nacht rasch wieder fallen. Während die Temperatur an der Oberfläche stark schwankt, herrschen nur wenige Zentimeter tiefer im Sand beinahe ausgeglichene Verhältnisse. Viele Bienenarten legen deshalb ihre Nester in geringer Tiefe an. Um die Qualität des Sandes als Brutschrank nutzen zu können, müssen die Tiere aber in der Lage sein, im strukturlosen Sand zu graben.

Die Bienenfauna offener Sandflächen ist im Vergleich zu anderen Trockenrasen weniger artenreich, da es sich um einen Extremstandort handelt. Viele der hier vorkommenden Tiere sind in unserer Kulturlandschaft sehr selten und aufgrund der dramatischen Lebensraumverluste stark bedroht. Die Lebensraumqualitäten ändern sich jedoch mit zunehmender Vegetationsdeckung und Bodenentwicklung grundlegend. Dieser Umstand spiegelt sich in der tierischen Besiedlung wider: Während im Pionierstadium v.a. hochspezialisierten Arten vorkommen, wandern mit steigender Pflanzendeckung viele „Allerweltsarten“ (Ubiquisten) ein (Wiesbauer & Mazzucco 1997).

Das Graben im losen Sand erfordert großes Geschick. Besonders eindrucksvoll zeigen dies die Sandbienen *Andrena argentata* und *A. barbilabris*, die mit „Schwimm“-Bewegungen in den lockeren Sand abtauchen. Obwohl das Weibchen beim Verlassen des Nestes an der Sandoberfläche keine Spuren hinterlässt, findet es erstaunlicherweise doch immer wieder zurück. Die meisten Bienenarten bevorzugen für die Nestanlage aber etwas stabilere Verhältnisse. So kleidet die Blattschneiderbiene *Megachile leachella* ihr Nest mit Blättern aus. Rasen mit lückiger Vegetation nutzt auch die Furchenbiene *Halictus confusus perkinsi* für die Nestanlage. Die Sandpelzbiene *Anthophora bimaculata* gräbt ihr Nest in verfestigte Sandstellen, etwa im Bereich von Feldwegen. An solchen Standorten ist auch ihr Brutparasit, die Sandgängerbiene *Ammobates punctatus*, zu beobachten.

Offene Sandstandorte benötigen auch die Steppenbienchen *Nomioides minutissimus* und *N. variegatus,* die heute nur mehr in wenigen Gebieten zu finden sind. Dass die Bestände erst in jüngerer Zeit dramatisch zurückgegangen sind, lässt ein Zitat von Pittioni vermuten, in dem er auf die ehemalige Häufigkeit hinweist: „*Die außerordentliche Kleinheit der Arten dieser Gattung und die eigenartige Gewohnheit, ganz dicht über dem Erdboden zu fliegen, ist wohl die Ursache, dass sie vielfach übersehen werden. So ist es ganz*

**Die Sanddünen in Oberweiden (Niederösterreich) weisen eine geschlossene Grasnarbe auf.**

**Bärtige Sandbiene (*Andrena barbilabris*) (l.)**

**Verkannte Goldfurchenbiene (*Halictus confusus*) (r.)**

**Dünen-Pelzbiene (*Anthophora bimaculata*), Weibchen (l.) Männchen (r.)**

**Große Sandgängerbiene (*Ammobates punctatus*) (l.)**

**Bunte Steppenbiene (*Nomioides variegatus*) (r.)**

**Dünen-Steppenbiene (*Nomioides minutissimus*), Weibchen (l.) Männchen (r.)**

**Trockenrasen mit Zwerg-Schwertlilie (*Iris pumila*) in Breitenbrunn (Burgenland)**

*sicher, dass sowohl N. minutissimus wie auch variegatus in den östlichen Steppengebieten unseres Gebietes ... noch weit verbreitet und wahrscheinlich sogar ziemlich häufig sind ...“*

Waren Mitte des 19. Jahrhunderts noch große Teile des pannonischen Raumes mit offenen Sanden bedeckt, so reduzierte sich diese Fläche durch Aufforstungen, Flurbereinigungen und intensive Landbewirtschaftung bis heute auf einige kleinere Bereiche. Die starken Lebensraumverluste und Lebensraumveränderungen spiegeln sich im regionalen Aussterben vieler Arten: So sind beispielsweise im Naturschutzgebiet Sandberge-Oberweiden (Niederösterreich) mit dem Rückgang offener Sandstellen fast alle Charakterarten des Sandes verschwunden.

## 7.3 Trockenrasen, Felssteppen und andere Trockenstandorte

Trockenstandorte sind in Österreich nur in klimatisch begünstigten Gebieten ausgebildet, etwa im pannonisch geprägten Osten (Burgenland, Niederösterreich und Wien) oder im Bereich der inneralpinen Trockentäler (z.B. oberes Mölltal, Pitztal und oberes Inntal).

Trotz geringer Niederschläge würde es hier ohne menschliche Nutzungen nur kleinräumig waldfreie Standorte geben. Es war der Mensch, der diese Gebiete über die Jahrtausende durch Rodung, Beweidung, Mahd sowie acker-

und weinbauliche Nutzungen geprägt hat. Die extensive Landnutzung und stetiger Nährstoffaustrag durch die Beweidung haben dazu beigetragen, dass sich in manchen Bereichen artenreiche Rasen entwickeln konnten.

Die Trocken- und Halbtrockenrasen wurden als Weideland genutzt, wobei die Tiere ursprünglich nicht in einer Koppel gehalten, sondern von Hirten gehütet wurden. Der tägliche Abtrieb ins Dorf begünstigte die Aushagerung der Standorte, da der Mist zum Teil im Stall landete und in der Folge für die Düngung der Äcker verwendet wurde. Bis zum Ende des 19. Jahrhunderts prägte diese Form der extensiven Nutzung die Trocken- und Halbtrockenrasen im Osten Österreichs.

Heute sind diese Trockenstandorte durch den Strukturwandel in der Landwirtschaft und die Aufgabe traditioneller extensiver Nutzungen stark gefährdet. Mit dem Rückgang der Weidewirtschaft wurden große Teile der ehemaligen Hutweiden aufgeforstet, sodass sich hier der ursprüngliche Standortcharakter grundlegend geändert hat. Von den Aufforstungen verschont blieben nur jene Bereiche, die wegen ihrer unfruchtbaren Böden oder Steilheit ungeeignet waren. Doch auch hier breiteten sich infolge des verminderten oder fehlenden Weidedrucks allmählich Gehölze aus. Ebenso führte der Bau von Siedlungen und Straßen häufig zur Zerstörung von Trockenstandorten. Dazu kommt, dass viele Trocken- und Halbtrockenrasen nur kleinflächig ausgebildet und zunehmend voneinander isoliert sind.

**Felstrockenrasen am Hundsheimer Berg (Hundsheim, Niederösterreich)**

**Tiefgründigere Rasen müssen beweidet werden, um die Ausbreitung von Gehölzen zu unterbinden.**

**Felstrockenrasen am Braunsberg in Hainburg (Niederösterreich)**

Milchstern-Sandbiene (*Andrena mocsaryi*)

Milchstern-Sandbiene (*Andrena mocsaryi*) bei der Paarung (l.)

Steinkraut-Sandbiene (*Andrena tscheki*) Weibchen (r.)

Sächsische Zwergsandbiene (*Andrena saxonica*)

Die Barrierewirkung dazwischen liegender Wald- und Ackerflächen schränkt den Austausch der Arten und die Möglichkeit der Wiederbesiedlung durch bereits verdrängte Arten stark ein. Dies kann bei kleinen Populationen zu genetischer Verarmung und schließlich zu ihrem lokalen Aussterben führen.

Neben der Flächenabnahme haben sich die Trocken- und Halbtrockenrasen auch qualitativ verändert. Im städtischen Umfeld gelangen durch hohe Staub- und Stickstoffimmissionen (Stickoxide) erhebliche Nährstoffmengen über die Luft auf die sensiblen Flächen, aber auch die Viehhaltung in der Landwirtschaft hat in manchen Regionen einen erheblichen Anteil. Die Grenzen der ökologischen Tragfähigkeit sind längst überschritten: Lagen die atmosphärischen Stickstoffeinträge in vorindustrielle Zeit zwischen ein und zwei Kilogramm Stickstoff pro Hektar und Jahr (Builtjes & al. 2011), so rieseln in Österreich derzeit Jahr für Jahr zwischen 15 und 45 Kilogramm Stickstoff pro Hektar aus der Luft zu Boden (Dirnböck & al. 2007, EC 2015). Erschreckend ist der Umstand, dass sich die Nährstoffe im Boden anreichern und die Lebensraumvielfalt dramatisch vermindern. Zwar betrifft dies auch andere nährstoffarme Lebensräume (z.B. Moore), doch Trockenstandorte reagieren besonders empfindlich. Der Stickstoff fördert das Wachstum schnellwüchsiger Pflanzen. Sie verdrängen die an Nährstoffarmut angepassten, konkurrenzschwachen Kräuter der Trockenlebensräume und lassen die Biodiversität schwinden. Schwerwiegende Folgen haben auch die Spritzmitteleinträge aus der Landwirtschaft, da die fein zerstäubten

Substanzen durch den Wind und die Thermik oft über große Distanzen verbreitet werden.

**Wertvolle Trockenstandorte**

Trockenstandorte zählen zu den Hotspots der Wildbienenfauna, insbesondere jene im pannonischen Raum. So kommen etwa am Hundsheimer Berg unter Einbeziehung historischer Daten 312 Bienenarten vor (Zettel, unveröffentlichte Studie 2008) und am Bisamberg, einem besonders gut untersuchten Gebiet, sind es sogar 396 Spezies (Zettel & Wiesbauer 2011).

Auffallend ist der hohe Anteil von Bienen mit spezialisiertem Blütenbesuch (oligolektische Arten), darunter viele Besonderheiten: Im zeitigen Frühjahr, wenn die ersten Pflanzen blühen, sammelt die Sandbiene *Andrena tscheki* auf dem Berg-Steinkraut (*Alyssum montanum*) und anderen frühblühenden Kreuzblütlern, die Sandbiene *Andrena potentillae* nutzt das Sand-Fingerkraut (*Potentilla arenaria*). Beide Arten sind sehr selten und ihre Vorkommen beschränken sich ausschließlich auf wenige Trockenrasen. Ende April folgt die Blüte des Schopf-Milchsterns (*Ornithogalum pannonicum*). Sie wird u.a. von den Sandbienen *Andrena saxonica* und der seltenen *Andrena mocsaryi* bestäubt.

Das späte Frühjahr ist die Hauptflugzeit vieler Mauerbienen. Zu den Arten mit spezialisiertem Blütenbesuch zählt u.a. *Hoplitis mitis*, die ausschließlich auf Glockenblumen (*Campanula*) sammelt. Ende Mai ist die Schwarzrote Mauerbiene (*Osmia andrenoides*) gelegentlich beim Verpro-

**Glockenblumen-Felsenbiene (*Hoplitis mitis*)**

**Rote Schneckenhausbiene (*Osmia andrenoides*)**

**Leinbiene (*Hoplitis mocsaryi*)**

**Goldfarbene Langhornbiene (*Eucera pollinosa*), Männchen (l.) Weibchen (r.)**

**Braungelbe Langhornbiene (*Tetraloniella fulvescens*) (l.)**

**Flockenblumen-Langhornbiene (*Tetraloniella dentata*) (r.)**

viantieren von leeren Schneckenschalen zu beobachten. Sie verwendet dazu den Pollen von Lamiaceen und Fabaceen.

Eine besonders starke Bindung an ihre Futterpflanze hat die Leinbiene (*Hoplitis mocsaryi*). Sie gräbt auf vegetationsfreien Stellen Erdnester, die sie mit Blütenblättern von Gelb-Lein (*Linum flavum*) und Zotten-Lein (*Linum hirsutum*) austapeziert. Als Pollenquellen nutzt sie ausschließlich diese beiden Pflanzen.

Im Frühsommer sind auf den Rasen unterschiedliche Langhornbienen (Gattungen *Eucera* und *Tetraloniella*) zu beobachten. Fast alle Arten weisen eine Bindung an eine bestimmte Futterpflanze auf. So sammeln beispielsweise die Langhornbienen *Eucera pollinosa* und *E. longicornis* ausschließlich auf Schmetterlingsblütlern. Die Männchen von *Eucera longicornis* fühlen sich von der Hummelragwurz unwiderstehlich angezogen, da die Blüte ein Bienenweibchen vortäuscht. Beim Paarungsversuch werden dem Männchen die Pollenpakete aufgesetzt, mit denen es andere Ragwurzen bestäubt. Auch die Langhornbienen der Gattung *Tetralonia* sind an bestimmte Futterpflanzen gebunden: *Tetraloniella fulvescens* und *T. inulae* sammeln auf Alant (*Inula* spp.), *T. dentata* nutzt Flockenblumen (*Centaurea*) und Disteln (*Carduus*, *Onopordum*), *Tetralonia macroglossa* verschiedene Malvengewächse (*Malvaceae*).

Weitere oligolektische Bienen lassen sich anführen: Zur Gilde der

**Schnabel-Sandbiene (*Andrena mucida*) (l.)**

**Skabiosen-Sandbiene (*Andrena marginata*) (Mitte)**

**Silberhaarige Wespenbiene (*Nomada argentata*) (r.)**

**Gallen-Mauerbiene (*Osmia gallarum*) (l.)**

**Mazzuccos-Stängelbiene (*Hoplitis mazzuccoi*) (r.)**

auf Kreuzblütlern sammelnden Arten zählen beispielsweise die Sandbienen *Andrena nobilis*, *A. scita*, *A. lagopus*, *A. suerinensis*, *A. oralis* und *A. distinguenda* und die Mauerbiene *Osmia brevicornis.*

Auch Skabiosen haben viele spezialisierte Blütenbesucher, etwa die Hosenbiene *Dasypoda argentata*, die mit ihrer Beinbehaarung den Blütenpollen in großer Geschwindigkeit aufnimmt. Die extrem seltene Sandbiene *Andrena mucida* ist ebenfalls ein Nahrungsspezialist. Sie konnte in Österreich bislang nur an wenigen Standorten nachgewiesen werden und zählt zu den ausgesprochenen Raritäten des Landes. Etwas häufigere Blütenbesucher der Skabiose sind die Sandbiene *Andrena marginata* und ihre Kuckucksbiene, die Wespenbiene *Nomada argentata*.

Viele Wildbienen der Trockenrasen benötigen strukturreiche Waldränder oder mit Einzelbüschen durchsetztes Gelände, wo sie unterschiedlichste Totholzstrukturen vorfinden. So nistet die erst vor wenigen Jahren beschriebene Mauerbiene *Osmia mazzuccoi* in abgestorbenen Rosen- oder Brombeerzweigen. Die Mauerbiene *Osmia gallarum* sucht für die Nestanlage bestehende Hohlräume auf und nutzt dazu häufig verlassene Eichengallen. In stark vermodertem Totholz nisten verschiedene Blattschneiderbienen (z.B. *Megachile nigriventris* und *M. willoughbiella*) und die Steinbienen *Lithurgus chrysurus* und *L. cornutus.*

**Lauch-Seidenbiene (*Colletes graeffei*) (l.)**

**Heide-Filzbiene (*Epeolus cruciger*) (Mitte)**

**Heidekraut-Sandbiene (*Andrena fuscipes*) (r.)**

Im Hochsommer, wenn der Gelb-Lauch (*Allium flavum*) an den Trockenhängen in Blüte steht, kann man an manchen Stellen eine weitere Rarität beim Sammeln von Nektar und Pollen beobachten: die Lauch-Seidenbiene (*Colletes graeffei*). Diese in Südosteuropa verbreitete Art hat in Niederösterreich und Mähren ihre nördlichsten Vorkommen. Eine weitere Besonderheit ist ihre Kuckucksbiene. Es handelt sich dabei um eine besonders große Filzbiene, die derzeit als Variation des *Epeolus cruciger* angesehen wird. Vielleicht handelt es sich aber auch um eine noch unbeschriebene Art – eine Frage zukünftiger Forschung.

Wenn sich der Sommer dem Ende zuneigt, werden Blüten und Bienen weniger. Und doch sind einige Arten nur zu dieser Jahreszeit zu finden, etwa die Sägehornbiene *Melitta tricincta* auf den Blüten des Gelb-Zahntrostes (*Odontites luteus*) und die Seidenbiene *Colletes succinctus* sowie die Sandbiene *Andrena fuscipes* auf der Besenheide (*Calluna vulgaris*). Die spätesten Seidenbienen – wie *Colletes collaris* und *Colletes brevigena* – fliegen noch im Oktober. Dann ist das „Wildbienenjahr" endgültig zu Ende. In den Nestern im Boden, im Holz, in Stängeln oder Schneckenschalen verborgen warten jedoch die neuen Generationen auf das Frühjahr.

Die erwähnten Bienen stehen nur stellvertretend für die Vielzahl an Arten mit spezialisiertem Blütenbesuch. Dazu kommen zahlreiche Bienen, die ein breites Blütenangebot nutzen. Auch unter ihnen gibt es viele Besonderheiten, etwa die Furchenbienen *Halictus gavarnicus tataricus*, *H. semitectus* und *H. smaragdulus* sowie *Lasioglossum danuvium*, die zu den typischen Steppenarten zählen und bei uns nur an extremen Trockenstandorten zu finden sind.

Viele Trockenrasen und Felssteppen sind heute stark gefährdet, da sie nicht mehr beweidet werden. Aus diesem Grund ist es notwendig, entsprechende Pflegemaßnahmen umzusetzen. Zu den wichtigsten Maßnahmen zählen die Entfernung von Gehölzen sowie Beweidung oder Mahd. Um negative Auswirkungen zu vermeiden, muss die Umsetzung räumlich und zeitlich differenziert erfolgen. Der spezialisierte Blütenbesuch vieler Wildbienen macht sie verwundbar: Werden die spezifischen Pflanzen zur falschen Zeit gemäht oder beweidet, können die Weibchen nicht auf andere Pollenquellen ausweichen und müssen die Versorgung weiterer Nester einstellen.

## 7.4 Feuchtgebiete

Im Nahbereich der Still- und Fließgewässer erstreckten sich vor einigen Jahrhunderten riesige Feuchtgebiete. Wenn die unregulierten Flüsse und Bäche viel Wasser führten, verlagerten sie in den breiteren Tallandschaften immer wieder ihr Bett. Häufige Hochwasser und geringe Flurabstände schränkten die landwirtschaftliche Nutzung im Nahbereich der Fließgewässer ein. Deshalb dominierten hier Feuchtgebiete, Wiesen und Auwälder. Ackerbau war an den staunassen

**Heidekraut-Seidenbiene (*Colletes succinctus*) (l.)**

**Goldaster-Seidenbiene (*Colletes collaris*) (Mitte)**

**Heide-Goldfurchenbiene (*Halictus gavarnicus*) (r.)**

Standorten kaum möglich. Um den Boden intensiver nutzen zu können, hat der Mensch die Gewässer reguliert und die Sümpfe trockengelegt. Ehemals großflächig ausgebildete Feuchtstandorte konnten umgebrochen und in der Folge ackerbaulich genutzt werden. Viele Feuchtgebietspflanzen wurden selten und mit ihnen brachen die Bestände vieler hochspezialisierter Wildbienenarten ein.

**Feuchtgebietspflanzen wie Blutweiderich (*Lythrum*) (Bild) und Gilbweiderich (*Lysimachia*) sind wichtige Pollenquellen für einige hochspezialisierte Wildbienenarten.**

An Feuchtstandorten und in mäßig feuchten Wäldern gedeihen der Rispen-Gilbweiderich (*Lysimachia vulgaris*) und der Punktierte *Gilbweiderich* (*L. punctata*). Eine besonders enge Bindung an diese Pflanze weisen Schenkelbienen (*Macropis europaea* und *M. fulvipes*) auf. Ihre Kuckucksbiene ist die Schmuckbiene (*Epeoloides coecutiens*), die im Gegensatz zu ihrem Wirt ausgesprochen selten ist.

**Schenkelbiene (*Macropis europaea*) (l.)**

**Schmuckbiene (*Epeoloides coecutiens*) (r.)**

Zu den blütenökologisch interessantesten Pflanzen zählen auch Blutweiderich-Arten (*Lythrum* spp.). Hier sammelt u.a. die Blutweiderich-Sägehornbiene (*Melitta*

**Blutweiderich-Sägehornbiene (*Melitta nigricans*)**

**Blutweiderich-Langhornbiene (*Tetralonia salicariae*)**

**Alant-Langhornbiene (*Tetralonia alticincta*)**

*nigricans*), die in den Feuchtgebieten des pannonischen Raums weit verbreitet ist. Wesentlich seltener ist die Blutweiderich-Langhornbiene (*Tetralonia salicariae*).

Bemerkenswert ist auch das Vorkommen der Alant-Langhornbiene (*Tetralonia alticincta*), die fast ausschließlich Alant-Arten (*Inula*) als Pollenquelle nutzt.

Im Frühjahr blühen in den Auwäldern unterschiedliche Weidenarten, die von der Frühlingsseidenbiene und mehreren Sandbienenarten zum Pollensammeln besucht werden. Diese Arten haben in den feinkörnigen Flusssedimenten ein günstiges Nistplatzangebot. Gelegentlich werden ihre Nistplätze auch überschwemmt. Im Bereich der Feuchtstandorte finden Wildbienen, die in Schilf nisten, meist günstige Lebensraumbedingungen. Manche Arten legen in abgebrochenen Schilfhalmen ihre Nester an, andere nutzen die Hohlräume der Schilfgallen. Zu den im Schilf nistenden Arten zählen u.a. die Löcherbiene *Heriades rubicola,* die Maskenbienen *Hylaeus pectoralis* und *H. trinotatus* sowie die Wollbiene *Anthidium nanum*, wobei Letztere auch andere Hohlräume nutzt.

## 7.5 Salzlebensräume

Salzlebensräume gibt es in Österreich nur kleinräumig, ihre Vorkommen beschränken sich im Wesentlichen auf das nördliche Burgenland und den Osten Niederösterreichs. Der Umstand, dass sich hier, abseits der Meeresküsten, Salzlebensräume ausbilden konnten, liegt an geologischen, klimatischen, boden- und nutzungsbedingten Faktoren. Salzböden gibt es im pannonischen Raum überall dort, wo salzführende Horizonte nahe der Oberfläche liegen und die Salze mit dem aufsteigenden Grundwasser allmählich an die Oberfläche gelangen können. Derartige Flächen sind aus naturschutzfachlicher Sicht äußerst wertvoll, da hier vorwiegend Lebensraumspezialisten vorkommen, die österreichweit äußerst gefährdet sind. So nutzen einige Insektenarten die salzangereicherten Böden u.a. als Substrat für den Nestbau, als Habitat für die Larval- und Puppenphase oder als Lebensraum der Imagines. Die hier vorkommenden Lebensgemeinschaften sind nicht besonders artenreich, die charakteristischen Arten weisen aber in der Regel besondere Anpassungen auf.

Für die österreichischen Salzstandorte im Neusiedler-See-Gebiet und im Pulkautal bei Zwingendorf ist die Salz-Buntbiene (*Camptopoeum friesei*) eine besonders charakteristische Art. Pittioni (1942) stellte fest, dass diese Art nur sehr lokal verbreitet ist und zu den größten faunistischen Besonderheiten des Landes zählt. Die Buntbiene nistet meist gesellig auf vegetationslosen bzw. -armen Solontschak-Böden (Weißalkaliböden) und bietet während der Paarungszeit ein eindrucksvolles Schauspiel: Die Männchen patrouillieren dann in großer Zahl bei den Nestern. Schlüpft ein Weibchen, wird dieses von zahlreichen Männchen umschwirrt und es folgt eine stürmische Paarung. Die Buntbiene ist streng oligolektisch und sammelt Pollen vorwiegend auf Flockenblumen und Disteln. Da die Salz-

**Salz-Buntbiene (*Camptopoeum friesei*): Vor der eigentlichen Paarung kämpfen meist viele Männchen um ein Weibchen.**

**Paarung der Salz-Buntbiene (*Camptopoeum friesei*)**

**Ein Weibchen der Salz-Buntbiene (*Camptopoeum friesei*) beim Pollensammeln (l.), bei der Nestanlage (r.o.) und beim Verproviantieren (r.u.)**

**Die Zwerg-Kurzhornbiene (*Parammobatodes minutus* = *P. schmidti*) ist die Kuckucksbiene der Salz-Buntbiene (*Camptopoeum friesei*).**

**Salzsteppen-Blattschneiderbiene (*Megachile deceptoria*)**

**Die Salzsteppen-Kegelbiene (*Coelioxys polycentris*) ist die Kuckucksbiene der Salzsteppen-Blattschneiderbiene (*Megachile deceptoria*).**

standorte eine starke Grundwasserdynamik aufweisen und in manchen Jahren zumindest teilweise überflutet sind, kommt es vor, dass die Biene bei ungünstigen Bedingungen erst im darauf folgenden Jahr schlüpft.

Bereits vor 75 Jahren wies PITTIONI (1942) auf die besondere Bedrohung der Buntbiene hin: *„Es ist die Gefahr des Ausgerottetwerdens, die über dieser vielleicht interessantesten Biene unseres Gebietes im besonderen und darüber hinaus wahrscheinlich ganz Mitteleuropas im allgemeinen schwebt! Und zwar nicht etwa eines Ausgerottetwerdens durch allzu eifriges Sammeln seitens übereifriger Entomologen, sondern ein Ausgerottetwerden im Gefolge der Intensivierung der Landwirtschaft. Es bedarf nur der Urbarmachung jener etwas feuchten Wiese* (...). *Es ist kaum anzunehmen, dass Camptopoeum friesei im Falle einer Zerstörung seines heutigen Fluggebietes in ein anderes benachbartes überwandern würde, da dies sonst auch heute schon geschehen wäre.“*

Brutparasit der Buntbiene *Camptopoeum friesei* ist die Zwerg-Kurzhornbiene *Parammobatodes minutus* (= *P. schmidti*). Diese seltene Art ist gelegentlich bei den Nistplätzen des Wirts oder beim Nektartrinken auf Flockenblumen zu beobachten. Eine weitere Charakterart ist die Blattschneiderbiene *Megachile deceptoria*, die unterschiedliche Schmetterlingsblütler als Pollenquelle nutzt und ihre Nester auf vegetationsfreien Salzstandorten anlegt (ZETTEL & al. 2005). Ihr Brutparasit ist die Kegelbiene *Coelioxys polycentris*.

DIE LANDWIRTSCHAFT PFLANZENBAU

Die optimale Düngung für leistungsfähige Futterwiesen

## Damit Futterwiesen nicht zu Blumenwiesen werden

**Aus ungedüngten Wiesen werden schnell Blumenwiesen – mit unrentablen Unkräutern, Wild- und Giftpflanzen. Und solche Flächen laufen Gefahr, unter Naturschutz gestellt zu werden. Düngen zahlt sich daher aus vielen Gründen aus.**

Damit Wiesen und Weiden hohe Futtererträge und beste Qualitäten liefern, ist eine sachgerechte Düngung notwendig. Der Nährstoffbedarf für Futterwiesen, Weiden und Feldfutter hängt von folgenden Faktoren ab:
_der Anzahl an Nutzungen und Nutzungsform (Weide/Mahd)
_der Einstufung in eine der drei Ertragslagen niedrig, mittel, hoch
_der Gehaltsstufe des Bodens bei Phosphat und Kalium: A,B,C,D,E

Für die optimale Düngung muss man außerdem wissen, welche Nährstoffmengen mit Wirtschaftsdüngern ausgebracht werden.
Für die Düngeplanung und zur Einhaltung der Obergrenzen gibt es unter www.lk-noe.at den LK-Düngerechner. Für Ökopunktebetriebe gibt es zusätzlich den Ökopunkterechner unter www.oepul.at.

Eine Blumenwiese ist ja schön anzuschauen, für einen hohen Ertrag an Grundfutter allerdings unbrauchbar. Foto: Göll

**NPK-Düngung fördert wertvolle Gräser**
Die Düngung mit den Nährstoffen NPK fördert besonders den Wuchs wertvoller Kulturgräser. Aber nur gezüchtete Sorten von Kulturgräsern sind dauerhafter Garant für hohe Futterqualität und überragende Erträge. Wildpflanzen, Unkräuter oder Giftpflanzen verhindern gute Futtererträge und hemmen durch ihre Bitter- oder Giftstoffe die Tierleistung. Der Vorteil gut gedüngter Bestände ist außerdem, dass sie auch in Trockenzeiten überdurchschnittliche Erträge liefern.

**Nährstoffbedarf für Grünland und Feldfutter**
Die empfohlenen Nährstoffmengen für ertragsfähige Futterwiesen zeigt die Tabelle rechts unten. ÖPUL- und Ökopunkte-Teilnehmer sind an ihre vertraglichen Einschränkungen bei der Düngung gebunden. Die Tabellen entsprechen dem sachgerechten Düngebedarf gemäß der Richtlinie für sachgerechte Düngung, 2006.

**Obergrenzen für die N-Düngung in Gunstlagen**

| | kg N/ha |
|---|---|
| Dauer-/Wechselwiese, 5 Schnitte, gräserbetont | 240 |
| Dauer-/Wechselwiese, 6 Schnitte, gräserbetont | 270 |
| Feldfutter, gräserbetont | 250 |
| Feldfutter, gräserbetont, Gräserreinbestände | 280 |

**Wildbienen benötigen blütenreiche Landschaften. Die immer intensivere landwirtschaftliche Nutzung zählt zu den größten Gefahren für die Biodiversität. (Quelle: Die Landwirtschaft 2011/4)**

## 8 GEFÄHRDUNG DER WILDBIENEN

Österreich hat eine besonders artenreiche Bienenfauna, doch diese Vielfalt ist aufgrund der intensiven Landnutzung und des Flächenverbrauchs stark bedroht. Die Zahlen der Österreichischen Hagelversicherung (2017) zur heimischen Landschaftsentwicklung sind alarmierend:

• *„Täglich wird in Österreich ein Bauernhof mit einer Fläche von rund 20 ha verbaut. Also umgerechnet 30 Fußballfelder. Pro Jahr sind das 7.300 ha."*
• *„In den letzten 50 Jahren wurden bereits 300.000 Hektar Felder und Wiesen verbaut – so viel wie die gesamte Ackerfläche Oberösterreichs."*
• *„0,5 % der Böden werden pro Jahr in Österreich versiegelt. In 200 Jahren wäre damit die gesamte Agrarfläche Österreichs zubetoniert. In Deutschland und in der Schweiz werden nur 0,25 % der Agrarflächen verbaut, in Tschechien gar nur 0,17 %."*
• *„Österreich hat mit ... 15 Meter Straßenlänge pro Kopf (Vergleich Deutschland 7,9 m und Schweiz 8,1 m pro Kopf) international die höchsten Verbauungszahlen vorzuweisen."*

Die angeführten Zahlen spiegeln nur den quantitativen Flächenverbrauch wider. Doch auch die Qualität der nicht verbauten Gebiete als Lebensraum für Wildbienen hat sich massiv verändert.

Eine wichtige Basis für die Beurteilung des Artenrückgangs eines Ge-

**Landschaftsstrukturen aus vergangenen Tagen in einem Gemälde von Ferdinand Brunner 1898: Eine Kellergasse mit Offenbodenstellen und blütenreichen Böschungen (© Landessammlungen Niederösterreich, Inv.Nr. KS-1231)**

**Das Gemälde von Theodor Hörmann zeigt eine alte Sandgrube um 1883. Heute müssen Sand- und Kiesgruben nach dem Abbau „rekultiviert" werden. Mit dem Verlust von Steilwänden gehen wertvolle Nistplätze verloren. (© Landessammlungen Niederösterreich, Inv.Nr.KS-5437)**

**Entwässerungen und Regulierungsmaßnahmen waren eine Voraussetzung für eine intensive Landnutzung. Links im Bild ein noch nicht entwässertes Feuchtgebiet, rechts die idealisierte Produktionslandschaft in einem Gemälde von W.L. Kozlowsky 1932 (© Landessammlungen Niederösterreich, Inv.Nr. KS-9265)**

biets bilden normalerweise die Roten Listen. Leider fehlt für Österreich eine bundesweite Bearbeitung der Wildbienen, lediglich für das Bundesland Kärnten gibt es eine entsprechende Grundlage.

Nach Zurbuchen & Müller (2012) sind in Mitteleuropa je nach Land und Region zwischen 25 und 68 Prozent aller Wildbienenarten in den aktuellen Roten Listen aufgeführt. Wurden bislang vorwiegend seltene und hoch spezialisierte Bienenarten aufgenommen, die auf Änderungen ihrer Lebensbedingungen besonders empfindlich reagieren, so gelten nach dramatischen Bestandseinbrüchen in jüngerer Zeit auch wenig spezifische Arten als bedroht. In Deutschland verzeichnen viele, ursprünglich häufigere Arten seit einigen Jahren starke Rückgänge, und das sogar in wildkräuterreichen, für Bienen günstigen Habitaten und ausgewiesenen Schutzgebieten (Scheuchl & Schwenninger 2015). Auch wenn die Ergebnisse nicht direkt auf Österreich übertragbar sind, ist bei einer Fortschreibung der intensiven Nutzungen auch hierzulande mit ähnlichen Entwicklungen zu rechnen. Schon jetzt berichten unterschiedliche Wildbienenforscher von starken Rückgängen in den ackerbaulich intensiv genutzten Teilen Österreichs, sowohl in qualitativer als auch in quantitativer Hinsicht.

Die Ursachen für die Gefährdung der Wildbienen sind von Gebiet zu Gebiet unterschiedlich. Die allermeisten Arten sind v.a. durch die massiven Lebensraumverluste und die intensiver werdende Landbewirtschaftung bedroht (vgl. Kap. 6.2 und 6.3). Meist sind mehrere Faktoren für die Rückgänge ausschlaggebend, etwa das ungünstige Blütenangebot, der Verlust von Nistplätzen, die Überdüngung und der Spritzmitteleinsatz. Bei einigen alpinen und hochalpinen Arten spielt auch der Klimawandel eine verheerende Rolle (vgl. Kap. 6.6) (Kerr & al. 2015, Rasmont & al. 2015).

## 8.1 Nahrungsmangel

Während der vergangenen Jahrzehnte hat sich die Kulturlandschaft in weiten Teilen Österreichs massiv verändert. Kennzeichnend für den Landschaftswandel sind die rasante Siedlungsentwicklung, die intensive Landnutzung und der Verlust an Kleinstrukturen wie Ackerstufen, Feldrainen und Böschungen. Für die Wildbienen wirken sich vor allem das stark verminderte Blütenangebot und der Mangel an Nistmöglichkeiten nachteilig aus. Das kurzzeitige Blütenangebot von „Massentrachten“ wie Raps, Senf, Obstbäumen oder Linden bietet keinen Ersatz, da es nach dem Verblühen dieser Pflanzen meist keine ausreichenden Pollenquellen mehr gibt. Zudem sind viele Arten an bestimmte Pflanzen gebunden.

Das ungünstige Blütenangebot resultiert v.a. aus dem Rückgang von Extensivgrünland und den hohen Nährstoffeinträgen. Die Düngung fördert konkurrenzstarke Gräser auf Kosten der Kräuter und vermindert so das Blütenangebot und die Vielfalt an Pollenquellen. Für Wildbienen ist auch der frühe und häufige Schnitt ein Problem, da viele Kräuter oft gar nicht mehr zum Blühen kommen. Seit den 1990er-Jahren ist in ganz Öster-

**Häufig gemähte Wiesen sind arm an Pollenquellen. Wildbienen überwinden nur kurze Distanzen.**

**Die gleichzeitige Mahd der Wegböschungen vernichtet das Blütenangebot schlagartig und bewirkt einen Nahrungsengpass für viele Insekten. Durch eine abschnittsweise Böschungspflege könnte ein wesentlicher Beitrag zur Förderung der Wildbienen und Honigbienen geleistet werden.**

**Der Gegensatz zwischen einer ungedüngten Extensivwiese (Glatthaferwiese: l.) und einer gedüngten Intensivwiese (r.) ist markant.**

**Mit der Produktion von Gras-Silage hat sich das Bild vieler Wiesen verändert. Die Wiesen werden gedüngt und drei bis sechs Mal pro Jahr gemäht. Die Blumen kommen unter diesen Bedingungen nicht mehr zum Blühen.**

**Große Bewirtschaftungseinheiten und hoher Dünge- und Spritzmitteleinsatz bewirkten eine Verarmung der Ackerbeikräuter. Damit wurde das Blütenangebot für Wildbienen massiv eingeschränkt.**

**Imker weichen mit ihren Bienenstöcken vermehrt auf Schutzgebiete aus, da das Blütenangebot in der intensiv genutzten Kulturlandschaft stark zurückgegangen ist. So verschärfen sie die Nahrungskonkurrenz in den für Wildbienen wichtigen Refugien.**

reich die Produktion von Gras-Silage als Futtermittel stark im Vormarsch. Das Angebot an Blühpflanzen ist in den meist stark gedüngten Wiesen sehr eingeschränkt und besteht oft nur mehr aus Löwenzahn und einigen anderen Stickstoffzeigern.

Zudem werden wichtige Blühflächen wie Wegböschungen, Feldraine und Dammflächen in der Regel großräumig gemäht oder gemulcht, sodass hier das Nahrungsangebot der Wildbienen innerhalb weniger Stunden zerstört wird. Auch Herbizide, wie das im Acker-, Wein- und Gartenbau häufig eingesetzte Roundup, vernichten das Blütenangebot schlagartig.

Durch den schwindenden Blütenreichtum verschärft sich die Konkurrenz bei der Nutzung der verbleibenden Pollenquellen. Zudem nehmen die Distanzen zwischen den Nahrungspflanzen und Nistplätzen zu. Auch das trägt zum Rückgang der Wildbienen bei, denn die Tiere können sich nur dann erfolgreich fortpflanzen, wenn ihre Nahrungs- und Nisthabitate eng beieinander liegen (Zurbuchen & al. 2010a).

### Konkurrenz durch Honigbiene

Die Honigbiene *(Apis mellifera)* ist als Bestäuberin von Wild- und Kulturpflanzen von enormer Bedeutung und zählt damit zu den wichtigsten Haustieren des Menschen. Obwohl dieser Nutzen unumstritten ist, wird seit längerer Zeit vermutet, dass die Honigbiene in Nahrungskonkurrenz zu den Wildbienen steht und dadurch die Wildbienenbestände gefährden

Verwilderte Völker der Honigbiene leben in Baumhöhlungen (l.).

In diesem Baum nisten seit mindestens sechs Jahren Honigbienen (*Apis mellifera carnica*) (r.).

Honigbienen haben einen größeren Aktionsradius als Wildbienen und können mittels Späherbienen günstige Nahrungsplätze rasch lokalisieren (l.).

Die Auswirkungen von Spritzmitteln auf Insekten sind kaum erforscht (r.).

könnte (ZURBUCHEN & MÜLLER 2012). Die Überlegenheit der Honigbiene resultiert aus mehreren arttypischen Eigenschaften: Sie kann mittels Späherbienen günstige Nahrungsplätze rasch lokalisieren und dieses Wissen durch den Schwänzeltanz an andere Arbeiterinnen weitergeben. Dank Vorratshaltung und gleichmäßiger Temperaturen im Stock überdauert sie ungünstige Wetterperioden schadlos und ist in der Lage, ihre Sammeltätigkeit früher aufzunehmen als die meisten solitär lebenden Wildbienen. Zudem hat die Honigbiene bei ihren Sammelflügen einen wesentlich größeren Aktionsradius als solitäre Wildbienen (ZURBUCHEN & al. 2010b).

Nicht zuletzt ist es auch der Mensch, der durch künstliche Futterzugaben und das Versetzen der Honigbienenstöcke in blütenreiche Gebiete eingreift und so zu einer hohen Dichte an Honigbienen beiträgt (GOULSON 2003). Diese Konkurrenzvorteile setzen vielen Wildbienenarten massiv zu, insbesondere vor dem Hintergrund eines schwindenden Blütenangebots.

Nach NEUMAYER (2006) sind Wildbienen und andere Blütenbesucher im unmittelbaren Umfeld von Bienenstöcken während der gesamten Vegetationsperiode weniger zahlreich vertreten. In Zeiten knapper Nektarressourcen konnte dieser Effekt im Umkreis von bis zu 800 Metern gemessen werden. Eine Konkurrenzsituation dürfte auch noch in einer Distanz von 1,5 Kilo-

**Flurbereinigungen haben viele Kleinstrukturen beseitigt. Die ausgeräumte Feldflur ist arm an Nistplätzen.**

**Mehrere Arten nisten in alten Markstängeln. Für ihr Überleben sind ungenutzte Bereiche notwendig. Leider wird dieser Aspekt in den Bewirtschaftungsauflagen des ÖPUL nicht oder zu wenig berücksichtigt. Das Bild zeigt die Kleine Holzbiene *Xylocopa iris* beim Nestbau.**

**Über den Pollen und Nektar gelangen die Rückstände der Spritzmittel in die Brutzellen der Wildbienen.**

metern gegeben sein, wobei standorttreue Wildbienen besonders beeinträchtigt werden können.

Auch andere Untersuchungen (z.B. Evertz 1995, Shavit & al. 2009) kommen zum Ergebnis, dass die Honigbiene ihre wilden Verwandten von den Wiesen verdrängt. Aus diesem Grund sollten Bienenstöcke nicht im näheren Umfeld von Naturschutzgebieten oder anderen sensiblen Räumen aufgestellt werden. Als Mindestabstände werden Distanzen zwischen zwei und drei Kilometern empfohlen (Scheuchl & Schwenninger 2015, Zurbuchen & Müller 2012).

## 8.2 Mangel an Nistmöglichkeiten

Das Angebot an geeigneten Nistplätzen hat in der jüngeren Vergangenheit durch die immer intensiver werdende Landnutzung stark abgenommen. So wurden und werden Kleinstrukturen wie unbefestigte Erdwege, Hohlwege, Ackerstufen, Steilböschungen, Trockenmauern und offene bzw. schütter bewachsene Bodenstellen beseitigt. Im Waldrandbereich entfernt man oft Bäume mit abgestorbenen Ästen und stehendes Totholz, da sie ein gewisses Unfallrisiko bergen.

Verglichen mit der Honigbiene haben Wildbienen beim Pollensammeln einen geringen Aktionsradius, der je nach Spezies zwischen 300 und 1500 Metern liegt (Zurbuchen & Müller 2012). Nur einige größere Arten legen weitere Distanzen zurück. Auch mangels geeigneter Nistplätze werden agrarisch intensiv genutzte Bereiche von Wildbienen kaum besiedelt. Da die Entfernung zwischen den

Nistplätzen und den Pollenquellen stetig zunimmt, steigt der Aufwand für die Versorgung einer Brutzelle. Eine geringere Reproduktionsrate ist die Folge. Zudem werden die Nistplatzansprüche vieler Arten nicht oder nur unzureichend erfüllt, sodass große Bestandseinbrüche zu verzeichnen sind.

Dazu kommt noch, dass der genetische Austausch zwischen den Populationen einer Bienenart durch die „Verinselung" der verbleibenden Restbiotope immer schwieriger wird.

### 8.3 Pestizide, insbesondere Neonicotinoide

Die moderne Landbewirtschaftung und der Anbau in Monokulturen erfordern einen hohen Einsatz von Spritzmitteln. Wie Untersuchungen der jüngeren Zeit belegen, ist die Verwendung vieler „Pflanzenschutzmittel" äußerst bedenklich, da sie Insekten wahllos vernichten und bei Schädlingen zu Resistenzen führen. Aufgrund der medialen Berichterstattung erlangten die Neonicotinoide eine große Bekanntheit.

Neonicotinoide wirken als Fraß- oder Kontaktgift auf die Nervenzellen von Insekten und sollen Pflanzen sowohl vor saugenden als auch beißenden Schädlingen schützen. Bei ihrer Einführung galten sie noch als besonders schonende Pestizide, doch schon bald kamen erste Zweifel auf. Mehrere Untersuchungen (Forster 2009; Pistorius & al. 2009) belegen gravierende Auswirkungen, sodass die EU-Kommission die Verwendung dieser Pestizide (Clothianidin, Imidacloprid und Thiamethoxam) eingeschränkt und in der Folge verboten hat. Werden Neonicotinoide als Beizmittel für das Saatgut eingesetzt, so nehmen die Pflanzen nur einen geringen Teil der Wirkstoffe auf und der überwiegende Teil (etwa 95 Prozent) gelangt in den Boden oder ins Grundwasser. So können die hochgiftigen Stoffe auch in den Stoffkreislauf benachbarter wilder Pflanzen gelangen. Aufgrund der systemischen Wirkung dieser Pestizide werden unterschiedliche Tierarten geschädigt. Die Gifte können sich im Boden anreichern und werden zum Teil nur langsam abgebaut. Goulson (2013) dokumentierte die Halbwertszeiten des Abbaus von Neonicotinoiden, die je nach Region und Böden wenige Monate bis mehrere Jahre betragen können.

Nach einem großflächigen Bienensterben 2007 wurden im folgenden Frühjahr mehrere Untersuchungen durchgeführt, die die gravierenden Auswirkungen von Neonicotinoiden bei Honigbienen belegen (Forster 2009; Pistorius & al. 2009). *„Der ursächliche Zusammenhang der Bienenvergiftung durch den Beizmittelabrieb des Wirkstoffs Clothianidin konnte durch die chemischen Analysen von vergifteten Bienen, Pflanzenproben, Frischpollen und Bienenbrot ... zweifelsfrei nachgewiesen werden"* (Pistorius & al. 2009). Neuere Untersuchungen zeigen, dass diese Pestizide das Orientierungsvermögen und die Kommunikationsfähigkeit der Bienen beeinträchtigen (Menzel 2014).

Während es über die Auswirkungen auf Honigbienen mehrere Studien gibt, sind vergleichbare Untersuchungen bei Wildbienen rar. Dabei nistet mehr als die Hälfte der heimischen Arten im Boden und ist folglich von diesen Kontaktgiften selbst in geringsten Dosen besonders betroffen. Im Gegensatz zur Honigbiene lassen sich die allermeisten Wildbienen nicht nachzüchten, sodass ihr Aussterben ein unwiederbringlicher Verlust ist.

In einer Feldstudie gingen Forscher der Universität Lund in Südschweden der Frage nach, ob die in Laborstudien festgestellte Gefährdung von Bienen auch im Freiland nachweisbar ist. Sie legten dazu mehrere Versuchsflächen an, die zum Teil mit Neonicotinoiden behandelt wurden. Bei den mit diesem Insektizid behandelten Flächen wuchsen und vermehrten sich Wildbienen schlechter. Weibchen der Roten Mauerbiene (*Osmia bicornis*), die in Nestern neben insektizidbelasteten Feldern herangewachsen waren, legten keine neuen Brutzellen an. Honigbienen-Kolonien gediehen hingegen an den belasteten Feldern genauso gut wie an den unbelasteten (Rundlöf & al. 2015).

Ein Team um Woodcock & al. (2016) konnte im Rahmen einer Langzeitstudie in Großbritannien die Auswirkungen von Neonicotinoiden auf 62 Wildbienenarten belegen. Bei Wildbienenarten, die vorrangig den mit Neonicotinoiden behandelten Raps nutzen, schrumpften die Populationen nach Einführung des Pestizids im Jahr 2002 dreimal stärker als bei jenen Arten, die andere, nicht behandelte Pflanzen bevorzugten. Bei fünf der untersuchten Wildbienenarten kann man sogar davon ausgehen, dass der Einsatz

**Honigbienen in der Stadt produzieren fast doppelt so viel Honig wie ihre Artgenossen am Land, da es in der intensiv genutzten Kulturlandschaft an Blütenpflanzen mangelt. Dazu kommen vielerorts noch erhebliche Spritzmittelbelastungen.**

**Das großflächige Bienensterben Anfang des Jahrtausends war Auslöser für genauere Untersuchungen der Auswirkungen des Pestizideinsatzes.**

**Der intensive Ackerbau erfordert einen hohen Dünge- und Spritzmitteleinsatz.**

der Mittel einen Teil der lokalen Populationen vernichtet hat. Auch bei sozialen Wildbienen sind die Auswirkungen der Pestizide verheerend. So nimmt etwa die Produktion von Hummelköniginnen durch die Anwendung des Neonicotinoids Imidacloprid um 85 Prozent gegenüber Kontrollvölkern ab (Whitehorn & al. 2012).

Aber nicht nur Bienen scheinen unter diesen Mitteln zu leiden: Eine Studie aus den USA legt nahe, dass auch Schmetterlinge durch die Pestizide mindestens ebenso bedroht sind wie durch die fortschreitende Vernichtung ihres Lebensraums. Die Zahl der Schmetterlingsarten geht dramatisch zurück – und das vor allem seit 1995, als Neonicotinoide in der Region erstmals eingesetzt wurden (Forister 2016).

Derzeit prüfen die Gerichte, ob das Verbot der Neonicotinoide durch die EU-Kommission rechtens war oder ob den betroffenen Chemiekonzernen Schadenersatz in Milliardenhöhe zusteht. Da es für beide Seiten um viel Geld geht, dürfte der Fall erst von der obersten Instanz, dem Europäischen Gerichtshof (EuGH), entschieden werden (APA 13.2.2017).

Auch wenn bei der Diskussion zum Thema Spritzmittel immer bestimmte Produkte im Vordergrund stehen, darf man nicht vergessen, dass auch viele, ursprünglich als unbedenklich eingestufte Mittel verheerende Wirkungen auf Wildbienen haben können. So vernichtet das häufig eingesetzte Unkrautvernichtungsmittel Roundup nicht nur das Nahrungsangebot der Wildbienen innerhalb weniger

Stunden, sondern gelangt in geringen Dosen auch über den Pollen und Nektar in die Nester von Wildbienen. Die Rückstände dieser Chemikalie konnten jedenfalls bereits im Honig der Honigbiene nachgewiesen werden (Rubio & al. 2014).

## 8.4 Nutzen der Wildbienen

Aufgrund ihrer ökologischen und wirtschaftlichen Bedeutung sollten der Schutz und die Förderung von Wildbienen ein zentrales Thema des politischen Diskurses sein. Immerhin wird der ökonomische Wert der Bestäubung durch Insekten weltweit auf 153 Milliarden Euro geschätzt, das entspricht 9,5 Prozent des globalen landwirtschaftlichen Ertrags. In Europa liegt der jährliche Wert der Bestäubungsleistungen von Kulturpflanzen bei über 20 Milliarden Euro (Gallai & al. 2009). Wildbienen sind dabei meist die effizienteren Bestäuber, da sie gleichzeitig Nektar und Pollen sammeln und dabei einen intensiveren Kontakt mit der Blüte haben. Sie bewirken bei gleicher Anzahl von Blütenbesuchen einen doppelt so hohen Fruchtansatz wie Honigbienen (Westerkamp 1991, Garibaldi & al. 2013). Zudem fliegen manche Wildbienenarten auch bei wesentlich geringeren Temperaturen als die Honigbiene und tragen bei früh blühenden Obstbäumen maßgeblich zur Bestäubung bei.

Manche Pflanzen werden fast ausschließlich von Wildbienen bestäubt, darunter auch viele Nutzpflanzen. So erfolgt die Bestäubung von Tomaten in Gewächshäusern mit Hummeln. In Nordamerika wird die Blattschneiderbiene *Megachile rotundata* im großen Stil gezüch-

**Eine Honigbiene nimmt in einer Regenpfütze am Rande des Ackers Wasser auf und transportiert es in den Bienenstock. Auch auf diesem Weg gelangen Rückstände der Spritzmittel zum Bienenvolk.**

**Wildbienen sind meist die besseren Bestäuber. Zudem fliegen manche Arten bei geringeren Temperaturen. Das Bild zeigt die Gehörnte Mauerbiene (*Osmia cornuta*).**

**Ohne Blütenbesucher keine Bestäubung, ohne Bestäubung kein Obst**

tet, um die Bestäubung von Luzerne sicherzustellen. Neben dem kommerziellen Nutzen ist aber auch auf die Bedeutung der Wildbienen für die Vielfalt der Pflanzen hinzuweisen. Die Spinnen- und Hummelragwurz sind nur zwei Beispiele aus dem Reich der Orchideen, deren spektakuläre Bestäubung ausschließlich durch Wildbienen erfolgt (vgl. Kap. 4.4.1).

Der Umstand, dass wir uns bei der Bestäubung zu sehr auf die Honigbiene verlassen und dabei die sich verschlechternden Lebensbedingungen für Wildbienen außer Acht lassen, birgt Gefahren. Was ist, wenn es bei der Honigbiene nicht nur zu starken Bestandseinbrüchen, sondern zu einem Totalverlust kommt? So abwegig ist dieser Gedanke nicht, wie ein Beispiel aus Südamerika zeigt. Erst vor wenigen Jahren ist dort die endemische Hummel *Bombus dahlbomii* weitgehend ausgestorben, sieht man von kleineren, hoch gelegenen Restvorkommen in Patagionien ab. Die Erdhummel wandert etwa 200 Kilometer pro Jahr Richtung Süden und es ist nur eine Frage der Zeit, bis auch die verbliebenen Populationen der endemischen Art verschwinden. Die Ursachen der dramatischen Einbrüche sind nur teilweise erforscht. Man nimmt an, dass mit der kommerziellen Einführung der Erdhummel *Bombus terrestris* Krankheiten übertragen wurden, die für *Bombus dahlbomii* letal sind (z.B. *Apicystis bombi,* vgl. Lipa & Triggiani 1996). Verglichen wird dieser Vorgang mit der Ankunft der Europäer in Amerika, die bei der indigenen Bevölkerung durch für uns harmlose Infektionen ein Massensterben auslöste. So ist die ehemals weit verbreitete Hummel, die auch als die größte der Welt gilt, verschwunden (Goulson 2017). Auch für die Honigbiene sind angesichts des regen Fernhandels vergleichbare Krankheiten denkbar. Eine arten- und individuenreiche Wildbienenpopulation ist somit die beste Voraussetzung für die künftige Bestäubungssicherheit.

## 8.5 Gesetzlicher Schutz von Wildbienen

Die Zerstörung wichtiger Bienenlebensräume ist ein schleichender Prozess, der meist unbemerkt abläuft. Das eine Mal wird eine blütenreiche Magerwiese gedüngt und in der Folge als Intensivwiese genutzt, das andere Mal ein unbefestigter Feldweg asphaltiert oder eine Steilwand beseitigt. Vielerorts verschwinden wertvolle Totholzstrukturen an den Waldrändern, da sie eine Gefahr darstellen könnten. Auf diese Weise gehen wertvolle Lebensräume und Nistplätze unwiederbringlich verloren.

Anders als in der Schweiz oder in Deutschland gibt es in Österreich keine gesetzlichen Regelungen zum Schutz von Wildbienen. Es gibt nicht einmal eine bundesweite Rote Liste der Wildbienen, die auf die Gefährdung bestimmter Arten hinweisen könnte. Vor diesem Hintergrund ist es auch nicht verwunderlich, dass die Belange von Wildbienen hierzulande kaum berücksichtigt werden.

Dabei gäbe es viele vorbildliche Regelungen, die Österreich übernehmen könnte. Im deutschen Baden-Württemberg werden im Rahmen des Artenschutzprogramms die Populationen hochgradig gefährdeter Bienenarten erfasst, ihre Habitate abgegrenzt, Populationsgröße, Nahrungs- und Nistrequisiten ermittelt. Auf dieser Basis werden geeignete Vorschläge für Maßnahmen zur Erhaltung bzw. Förderung dieser Populationen ausgearbeitet und umgesetzt (Westrich & al. 1994, Scheuchl & Schwenninger 2015).

Um einen Überblick über den Zustand und die Entwicklung der Wildbienen in Österreich zu erhalten, wären die Ausarbeitung einer Roten Liste und ein Monitoring gefährdeter Arten längst überfällige Schritte. Ein wirksamer Schutz gefährdeter Arten lässt sich aber nur erreichen, wenn die Lebensraumansprüche der Wildbienen im täglichen Handeln berücksichtigt werden, etwa bei der Gartenpflege, der Bewirtschaftung von Grünland, der Genehmigung von Großprojekten oder bei der Planung und Umsetzung künftiger Agrarumweltprogramme. Zudem bedarf es umfangreicher Biotopschutzmaßnahmen, um die Lebensräume der Wildbienen wieder aufzuwerten.

Der Schutz der Wildbienen muss auch ein länderübergreifendes Thema werden. Ein wichtiger Schritt wäre es, ausgewählte Bienen der europäischen Roten Liste (European Red List of Bees, Nieto & al. 2014) in die Anhänge II und IV der Fauna-Flora-Habitat-Richtlinie aufzunehmen. Die Mitgliedstaaten der EU wären dann verpflichtet, für die betreffenden Arten entsprechende Biotopschutzmaßnahmen umzusetzen bzw. darauf zu achten, dass sich der Erhaltungszustand der lokalen Populationen nicht verschlechtert.

**Die Gehörnte Mauerbiene (*Osmia cornuta*) zählt zu den wenigen Arten, die durch künstliche Nisthilfen gefördert werden können.**

## 9 WIE KÖNNEN WIR WILDBIENEN FÖRDERN?

Damit sich eine artenreiche Wildbienenfauna ausbilden kann, bedarf es blütenreicher Lebensräume, in denen die Nist- und Nahrungsansprüche unterschiedlicher Arten langfristig erfüllt werden. Ein vielfältiges und kontinuierliches Blütenangebot ist dazu ebenso notwenig wie geeignete Nistplätze und Nistplatzrequisiten. Wildbienen sind in unserer Faunenregion zum überwiegenden Teil Offenlandarten, d.h. die Mehrzahl der Arten profitiert von einer extensiven kleinräumigen Nutzung der Landschaft. Insofern könnte die vorindustrielle Landbewirtschaftung durchaus wichtige Beispiele für eine wildbienengerechte Nutzung geben. In dieser kleinräumig strukturierten Landschaft gab es extensiv genutzte Wiesen, blütenreiche Brachen und Feldraine, unbefestigte Feldwege und Offenbodenstellen sowie ein reiches Angebot an Nistplätzen und Pollenquellen. Diese Vielfalt lässt sich unter den heutigen Gegebenheiten nicht wiederherstellen. Dennoch können auch in unserer intensiv genutzten Kulturlandschaft Maßnahmen gesetzt werden, die den Wildbienen zugute kommen. Die Palette reicht vom Lebensraumschutz über die Schaffung und Entwicklung blütenreicher Gebiete bis zur Bereitstellung künstlicher Nisthilfen. Das folgende Kapitel geht auf ausgewählte Schutzmaßnahmen ein.

**Trockenrasen sind besonders artenreiche Wildbienen-Lebensräume.**

**Für die Erhaltung von Tocken- und Halbtrockenrasen sind Pflegemaßnahmen notwendig. Die Beweidung mit Schafen ist eine traditionelle Bewirtschaftungsform.**

**Ziegen eignen sich für die Pflege von Trockenrasen besonders gut, da sie vor allem die Gehölze verbeißen.**

## 9.1 Erhaltung wildbienenreicher Landschaften und Lebensräume

Vor dem Hintergrund eines dramatischen Artenschwundes ist das vorrangige Schutzziel, wildbienenreiche Landschaften und Lebensräume zu erhalten und aufzuwerten. Wichtige Schritte dazu sind die Einrichtung von Schutzgebieten (Naturschutzgebiete, Natura-2000-Gebiete u.a.) und die Pflege nach naturschutzfachlichen Kriterien. Zu den bedeutenden, aber gefährdeten Wildbienen-Lebensräumen in Österreich zählen u.a.:

- Sandlebensräume (Sanddünen und Flugsandbereiche)
- Felssteppen, Trockenrasen und Halbtrockenrasen
- Magerrasen
- Salzlebensräume (insbesondere Solontschak-Böden)
- Feuchtgebiete, Großröhrichte, Schilfbestände und Hochstaudenfluren
- unbewachsene Sand- und Kiesbänke der Fließgewässer und naturnahe Weichholzauen
- lichte Eichenwälder (insbesondere Flaumeichenwälder)
- reich strukturierte, sonnenexponierte Waldränder, Waldlichtungen und Feldhecken mit hohem Totholzanteil (stehendes und liegendes Totholz, abgestorbene Rosen- und Brombeertriebe)
- ungedüngte, blütenreiche Streuobstwiesen mit altem Baumbestand
- blütenreiche Feldraine und Brachen
- Trockenmauern und Lesesteinhaufen
- nährstoffarme Pionier- und Ruderalstandorte, besonders auf Sand und Löss und mit vegetationsfreien Stellen

- unbefestigte Erdwege, Abbruchkanten und andere vegetationsfreie Erdaufschlüsse
- Hohlwege und Lössterrassen
- Pionierstandorte in aufgelassenen Sand- und Kiesgruben

Für die Erhaltung von Offenlandhabitaten ist eine angepasste Nutzung notwendig, andernfalls breiten sich allmählich Gehölze aus und zerstören den Arten- und Blütenreichtum der Rasen. Eine räumlich und zeitlich gestaffelte Mahd und Beweidung tragen langfristig zur Erhaltung des Arten- und Individuenreichtums dieser Lebensräume bei. Am Beispiel der Trockenstandorte im pannonischen Raum wird die Pflege dieser Gebiete näher erläutert (siehe Kasten).

## 9.2 Verbesserung des Blütenangebots

In der intensiv genutzten Kulturlandschaft ist der Wildbienenbestand häufig durch das geringe Blütenangebot beschränkt. Die knappen Ressourcen erhöhen den Zeit- und Energieaufwand für die Verproviantierung einer Brutzelle, was wiederum eine hohe Parasitierungsrate begünstigt und folglich die Zahl der Nachkommen während der kurzen Fortpflanzungssaison vermindert. Zudem verschärft sich die Nahrungskonkurrenz zwischen den Wildbienen und der Honigbiene (Zurbuchen & Müller 2012).

Die Verminderung des Blütenangebots hat viele Ursachen. Dazu zählen etwa der Rückgang von extensiv genutztem Grünland, der Wandel der kleinteiligen Kulturlandschaft zu einer ausgeräum-

**Exkurs: Erhaltung von Trockenstandorten**

Die meisten Trockenrasen im pannonischen Raum sind unter dem Einfluss des Menschen entstanden. Schon in der Jungsteinzeit nutzten die Bauern die Wälder als Weidefläche. Das Vieh fraß neben Samen und Früchten auch den Baumjungwuchs. Dadurch lichtete sich allmählich der Baumbestand und auf kargen Standorten entstand eine parkartige Landschaft mit gehölzfreien Flächen. Die extensive Nutzung führte über die Jahrhunderte zur Ausbildung arten- und blütenreicher Rasen.

Mit dem Rückgang der traditionellen Beweidung durch Schafe, Ziegen und Rinder im 20. Jahrhundert hat sich die Dynamik der Steppen- und Trockenrasen grundlegend geändert. Aufgrund fehlender Nutzung breiten sich auf den Offenlandstandorten heute Gehölze aus. Die Fläche der ehemals landschaftsprägenden Steppen- und Trockenrasen ist während der vergangenen Jahrzehnte stark zurückgegangen. Viele charakteristische Tier- und Pflanzenarten sind heute stark gefährdet.

Um die Trockenstandorte zu erhalten, bedarf es einer gewisse Pflege. Das Naturraum-Management ist von Standort zu Standort sehr unterschiedlich. Bei Felstrockenrasen oder extrem seichtgründigen Standorten genügt es meist, die aufkommenden Gehölze alle paar Jahre zu entfernen.

Für die Erhaltung von Trocken- und Halbtrockenrasen auf tiefgründigeren Standorten sind extensive Nutzungen wie Beweidung oder Mahd notwendig. Dabei sollte immer kleinräumig differenziert vorgegangen werden, da sich andernfalls die gut gemeinte Pflege negativ auf die Tier- und Pflanzenwelt auswirken kann. So sind etwa größere Bereiche von der Nutzung auszunehmen, damit für die Insekten ein entsprechendes Angebot an Nahrungsquellen und Niststrukturen bestehen bleibt (u.a. Weidemann 1995, Westrich 1990, Zurbuchen & Müller 2012).

Die mosaikartige Verteilung genutzter und ungenutzter Flächen gewährleistet, dass ein vielfältiges Nahrungs- und Blütenangebot sowie wertvolle Niststrukturen (Markstängel, Schneckenschalen u.a.) erhalten bleiben.

Als Weidetiere kommen vor allem Schafe, aber auch Ziegen, Kühe, Pferde und Esel in Betracht. Die Beweidung mit Schafen eignet sich besonders gut für extreme Trockenstandorte, da die Tiere sehr genügsam sind. Die Gehölze werden allerdings oft nicht ausreichend stark verbissen, weshalb zusätzlich auch Ziegen einbezogen werden sollten.

Die Weideeffekte hängen von der Zahl und Art der Weidetiere, der Dauer und dem Zeitpunkt der Beweidung ab, aber auch von der Witterung, dem Vegetationsaufbau und den jeweiligen Standortbedingungen. Je nach Intensität können sich die Lebensraumbedingungen für manche Tier- und Pflanzenarten verbessern, bei zu hoher Intensität aber auch verschlechtern. Durch den Tritt und das Abgrasen der Vegetation entstehen offene Bodenstellen, die zahlreichen Wildbienenarten als Nistplatz dienen. Andererseits werden aber auch wichtige Kleinstrukturen wie Markstängel oder leere Schneckenschalen zerstört, was wiederum das Nistangebot anderer Wildbienen einschränkt [z.B. für die in Markstängeln nistende Dreizahn-Stängelbiene (*Hoplitis tridentata*) oder für die in leeren Schneckenschalen nistenden Mauerbienen (*Osmia andrenoides, O. aurulenta, O. bicolor, O. rufohirta, Hoplosmia spinulosa*) und Harzbienen (*Anthidium septemdentatum*)]. Aus diesen Gründen ist es wichtig, dass immer größere Gebiete von der Beweidung ausgespart werden. Die Beweidung vermindert zwar kurzfristig das Nahrungs- und Blütenangebot, langfristig können sich bei einer extensiven Nutzung aber artenreiche Rasen entwickeln (Wiesbauer 2013).

Im Gegensatz zur Beweidung von Trockenstandorten verändert die Mahd schon nach kurzer Zeit die Struktur und die Dominanzverhältnisse der Vegetation, da hochwüchsige Gräser (z.B. Aufrechte Trespe, *Bromus erectus*) gefördert werden, während kleinwüchsige Arten und Annuelle allmählich verschwinden (Ellenberg 1996). Dennoch gibt es viele Fälle, bei denen eine Mahd sinnvoll erscheint: etwa zur Eindämmung von Problemarten (z.B. Quecke, Goldrute) oder zur Pflege besonders sensibler Bereiche (Orchideenstandorte) und kleiner Trockenrasenflächen. Auch hier ist eine räumlich und zeitlich differenzierte Vorgangsweise notwendig, um für die Insekten ein kontinuierliches Blütenangebot bereitzustellen.

**Ein blütenreicher Wiesenstreifen im Wiener Donaupark wird erst zu einem späteren Zeitpunkt gemäht und bildet so ein reiches Nahrungsangebot für Insekten.**

**Auch künstliche Standorte wie Dämme und Wegböschungen können sich zu wertvollen Magerrasen entwicklen.**

**Der Gewöhnliche Natternkopf (*Echium vulgare*) wird von vielen Wildbienen genutzt.**

ten, hochtechnisierten Agrarlandschaft und die starke Überdüngung der Böden.

Um das Blütenangebot für Wildbienen wieder zu verbessern, bedarf es unterschiedlicher Maßnahmen. Das Spektrum reicht von der Anlage zusätzlicher Blühstreifen und Biodiversitätsflächen über das Zulassen eines höheren „Unkraut"-Anteils und die Reduktion des Dünge- und Spritzmitteleinsatzes bis zur Umsetzung bienenfreundlicher Mahd- und Bewirtschaftungspläne. Warum müssen beispielsweise alle Straßen- und Wegränder in einem großen Umfeld an einem Tag gemäht werden? Das Nahrungs- und Nistplatzangebot vieler Arten würde sich wesentlich günstiger entwickeln, wenn man die Böschungen abschnittsweise pflegen und größere Bereiche vom Schnitt ausnehmen würde (z.B. Mahd eines kurzen Abschnitts im Frühsommer, des gegenüberliegenden Bereichs im Spätsommer und kleinerer Teile erst im darauf folgenden Jahr).

Die Lebensweise der Wildbienen legt eine kleinräumige Vorgangsweise bei der Pflege und Bewirtschaftung von Grünland nahe und sie ist auch der Schlüssel für eine schonende Umsetzung. Die meisten Arten sind sehr standorttreu und legen zwischen Brutplatz und Pollenquellen nur Distanzen von bis zu 300 Metern zurück. Werden die spezifischen Pollenquellen einer bestimmten Biene durch eine großräumige Mahd oder Beweidung vernichtet, so können die Weibchen keine weiteren Nester mehr verproviantieren und haben keine oder nur wenige

**Aufgrund der geringen Flugdistanzen von Wildbienen ist eine räumlich und zeitlich differenzierte Bewirtschaftung anzustreben, da eine flächige Mahd oder Beweidung das gesamte Blütenangebot innerhalb weniger Stunden zerstört.**

**Kleinräumig strukturierte Agrarlandschaften gibt es nur mehr in wenigen Gebieten. Umso wichtiger ist es, größere Bewirtschaftungseinheiten durch Blühstreifen zu gliedern.**

Nachkommen. Eine bienengerechte Landschaft sollte jedoch für die vorkommenden Arten ein kontinuierliches und spezifisches Blütenangebot im Nahbereich der jeweiligen Brutplätze bieten.

Da das Blütenangebot in der Kulturlandschaft immer schlechter wird, weichen viele Imker mit ihren Bienenstöcken auf Naturschutzgebiete und andere Schutzgebiete aus. So verschärft sich auch hier die Konkurrenz um die wenigen Pollenquellen auf Kosten der Wildbienen. Um in diesen wichtigen Rückzugsgebieten eine zu hohe Honigbienendichte zu verhindern, sollten im Umkreis von zwei Kilometern keine Bienenstöcke aufgestellt werden (Zurbuchen & Müller 2012).

### Nützlings- und Blühstreifen sowie Biodiversitätsflächen

Seit einigen Jahren werden in den ackerbaulich genutzten Räumen vermehrt Nützlings- und Blühstreifen sowie Biodiversitätsflächen angelegt. Bei der Umsetzung dieser und anderer Maßnahmen werden Landwirte EU-weit durch unterschiedliche Förderprogramme unterstützt, in Österreich wurde dazu das Agrar-Umweltprogramm (ÖPUL) eingerichtet. Wie bei allen Programmen dieser Größenordnung bergen unspezifische Förderkriterien die Gefahr, dass naturschutzfachliche Belange zugunsten einer einfachen Umsetzung in den Hintergrund treten. Dabei können Flächenstilllegungen und Blühstreifen ein großes

**Blütenreicher Feldrain in einem Getreideacker**

**Ein Bild aus vergangenen Tagen: Der Blütenreichtum in den Ackerkulturen hat durch den Dünge- und Spritzmitteleinsatz stark abgenommen. Ehemals verbreitete Pflanzen wie die Kornblume (*Cyanus segetum*) sind selten geworden.**

**Ackerrandstreifen können das Blütenangebot wesentlich verbessern. Doch nur auf nährstoffarmen Standorten entwickelt sich eine arten- und blütenreiche Begleitflora.**

Potenzial zur Förderung der Biodiversität haben.

Blühflächen werden meist streifenförmig entlang der Äcker angelegt und mit verschiedenen Kultur- oder Wildpflanzenarten bestellt. Bei der Entwicklung des Förderprogramms ÖPUL stand vor allem die Verbesserung des Nahrungsangebots für Honigbienen im Fokus, aber auch Wildbienen und andere Blütenbesucher finden zunehmend Beachtung.

Aufgrund des starken Rückgangs der Biodiversität in der ausgeräumten Agrarlandschaft ist die Förderung von Blühstreifen und anderer Biodiversitätsflächen generell zu begrüßen, doch sollte man diese Flächen nach naturschutzfachlichen Gesichtspunkten pflegen. Die Effekte der Ansaaten sind je nach Artenzusammensetzung und Dauer sehr unterschiedlich, das Spektrum reicht von artenarmen einjährigen Blühmischungen bis zu hochwertigen mehrjährigen Wildkräutermischungen mit autochthonem Saatgut.

**Einjährige Blühstreifen** sind meist artenarm und enthalten wenige Kulturarten wie *Phacelia* (Büschelblume), Buchweizen oder Sonnenblume. Sie blühen nur kurz und sind für Wildbienen nur von geringem Nutzen, da der Pollen dieser Pflanzen nur von wenigen, weit verbreiteten Arten eingetragen wird. Zudem werden durch die jährliche Bodenbearbeitung alle Nester zerstört. Einjährige Blühstreifen tragen somit nur wenig zum Schutz der Artenvielfalt bei. Gefördert werden Honigbienen, aber auch die nur für einen kurzen Zeitraum (Pachinger & al. 2010, Oppermann & al. 2013, Schmid-Egger & Witt 2014).

**Mehrjährige Nützlings- und Blühstreifen** sowie Biodiversitätsflächen mit artenreichen Wildkräutermischungen können die biologische Diversität in der Agrarlandschaft durchaus fördern. Vom reichen Blütenangebot profitieren Wildbienen und die Honigbiene (Pachinger & al. 2010, Oppermann & al. 2013, Meindl & Kranzler 2015, Schmid-Egger & Witt 2014).

Damit die positiven Wirkungen von Blühstreifen und Blühflächen voll zum Tragen kommen, sollten für die unterschiedlichen Regionen gebietstypische Mischungen mit regionaler Herkunft entwickelt und eingesetzt werden. Die Einsaaten dürfen nicht zu dicht erfolgen, damit sich lockere, strukturreiche Pflanzenbestände ausbilden können. Für eine längerfristige Begrünung besonders hochwertiger Standorte kann auch der Heudrusch blütenreicher Wiesen aus der näheren Umgebung eingesetzt werden.

Um das Nahrungsangebot für Wildbienen zu verbessern, sollten möglichst arten- und blütenreiche Wildkräutermischungen verwendet werden. Von diesen profitieren auch Honigbienen, was umgekehrt bei wildkräuterarmen „Honigbienenmischungen" nur bedingt der Fall ist (Oppermann & al. 2013). Ein großes, kontinuierliches Blütenangebot von März bis September trägt maßgeblich zu einer Verminderung der Nahrungskonkurrenz zwischen Honigbiene und Wildbienen bei (Zurbuchen & Müller 2012). Blühstreifen sollten aber nicht nur

**Bewertung von Nützlings- und Blühstreifen in einem Biobetrieb im Marchfeld (Pachinger & al. 2010)**

Am Beispiel eines Landwirtschaftsbetriebs im Marchfeld in Niederösterreich wurden im Rahmen eines interdisziplinären Forschungsprojekts (MUBIL) die agrarökologischen Leistungen der biologischen Bewirtschaftung und die Vorteile von Nützlings- und Blühstreifen sowie Landschaftselementen untersucht. Im Folgenden werden die Ergebnisse zur Wildbienenfauna auszugsweise wiedergegeben (Pachinger & al. 2010).

*„Von Seiten der Wildbienenfauna zeigten eingesäte, dreijährige, besonnte Wildkrautstreifen die höchste Diversität. Auf den älteren Streifen konnten zwar weniger, jedoch in Hinblick auf die Pollenfutterpflanzen als auch auf die Wahl ihres Nisthabitats anspruchsvollere Arten festgestellt werden. Die im Zuge des Projektes untersuchten Ackerflächen selbst erwiesen sich hingegen wegen ungeeigneter Kulturpflanzen oder Bewirtschaftung als nicht förderlich für die Artendiversität der Wildbienen.*

*Folgende allgemeine Empfehlungen können aus den bisherigen Untersuchungen abgeleitet werden:*

*Ansaat in ausgeräumten Landschaften*

*In ausgeräumten, strukturarmen Agrarlandschaften empfiehlt sich eine Einsaat der Blühstreifen, da die Flora sonst artenarm bleibt, denn es gibt keine geeigneten Samenspenderflächen (Raine, Trockenböschungen, Wiesen, etc.) in der Umgebung, von denen Arten einwandern könnten. Die Streifen bleiben damit nicht nur arten- und damit auch blütenarm, sondern bieten auch eher Überlebensmöglichkeiten für problematische Unkrautarten. Eine Selbstbegrünung der Blühstreifen ist daher nicht zu empfehlen.*

*Anlage der Blühstreifen-Mischungen*

*Hochwüchsige, konkurrenzstarke Wildkrauteinsaaten zeigen eine ausgezeichnete Konkurrenzwirkung gegen bodenbürtige Unkrautarten. Einjährige Rote-Liste-Arten konnten nur kurzfristig angesiedelt werden. Wohl aber gelang die Ansiedelung einiger sehr seltener bzw. stark bedrohter Ausdauernder.*
*Entlang der Hecke wurde ein Kräutersaumstreifen etabliert, ein für die Biodiversität sowie die Optik in Agrarlandschaften besonders wichtiger Lebensraum.*
*Die Anlage von Nützlings- und Blühstreifen ist für die Wildbienenfauna an einem Standort wie Rutzendorf* [Marchfeld, Niederösterreich] *in einer intensiv genutzten Agrarlandschaft förderlich. Für eine diverse Wildbienenfauna ist die Ausstattung der Blühstreifen mit einem vielfältigen, lang blühenden Pollenfutterpflanzenangebot von Bedeutung. Artenreiche Ansaaten mit einer Mischung aus Kreuzblütlern, Korbblütlern, Doldenblütlern und Schmetterlingsblütlern bieten vielen Wildbienenarten, darunter auch seltenen, ausreichend Pollenfutterquellen.*

*Pflege der Blühstreifen*

*Zur Beibehaltung der Biodiversität auf Dauer wird empfohlen, einen Anteil an jungen Sukzessionsflächen durch entsprechende Maßnahmen zu erhalten. Es wird vorgeschlagen etwa 1/3 der Blühstreifen als kurzlebige Flächen (4-5 Jahre) vorzusehen und durch Umbruch im Herbst immer wieder neu zu starten. Ein jährlicher Umbruch kann nicht empfohlen werden, da eine hohe Diversität der Wildbienen auf den Streifen erst zwei- bis drei Jahre nach deren Anlage erreicht wird.*
*Zur Unterdrückung von Gehölzen ... soll die Entwicklung zu einmal jährlich gemähter Trockenrasen- bzw. Wiesenvegetation vor allem bei den Blühstreifen mit hohem Gehölzdruck angestrebt werden. ... Mahd oder Häckseln im Hoch- und Spätsommer führt zu wiesenartiger Vegetation. ... Bei Pflegemaßnahmen dürfen nicht alle Flächen zur gleichen Zeit gemäht oder gehäckselt werden. Partiell gestaffelte Eingriffe sind anzustreben. So sollen etwa Teile der Blühstreifen auch über den Winter stehen bleiben, um in Stängeln nistenden Wildbienenarten die Möglichkeit zu geben, ihren Entwicklungszyklus abzuschließen."*

**Blütenreicher Rasen auf einer ehemaligen Ackerfläche**

**Blühstreifen mit Phacelia (im Bild), Buchweizen oder Sonnenblume sind für Wildbienen nur von geringem Nutzen, da der Pollen dieser Pflanzen nur von wenigen Arten eingetragen wird.**

**Der Acker-Schwarzkümmel (*Nigella arvensis*) war früher eine weit verbreitete Begleitart nährstoffarmer Ackerflächen. Durch die moderne Saatgutreinigung und intensive Ackernutzung ist diese einjährige Pflanze massiv zurückgegangen.**

artenreich sein, sondern speziell auch jene Pflanzenarten enthalten, die von den oligolektischen Wildbienenarten der Region genutzt werden. Von den in der Agrarlandschaft vorkommenden spezialisierten Bienenarten sammelt der überwiegende Teil auf einer der folgenden Pflanzenfamilien: Korbblütler (Asteraceae), großblütige Kreuzblütler (Brassicaceae), Schmetterlingsblütler (Fabaceae), Lippenblütler (Lamiaceae), Doldenblütler (Apiaceae), Glockenblumengewächse (Campanulaceae) sowie im pannonischen Raum auch Windengewächse (Convolvulaceae), Raublattgewächse (Boraginaceae, insbesondere Natternkopf und Ochsenzunge) und Kardengewächse (Dipsacoideae). Blühmischung sollten Vertreter der genannten Pflanzenfamilien aufweisen. Besonders seltene, oligolektische Wildbienenarten können zudem gezielt gefördert werden, indem die Anteile der spezifischen Nahrungspflanzen in der Blühmischung erhöht werden (Schmid-Egger & Witt 2014).

Da viele Arten im Boden oder in Pflanzenstängeln nisten, sollten immer nur Teilflächen bearbeitet und kleinere Bereiche von der Nutzung völlig ausgespart werden. So wird nie die ganze Fläche zerstört und den Tieren bleiben zumindest in Teilbereichen wichtige Nahrungs-, Nist- und Rückzugsflächen.

Bei der Anlage mehrjähriger Blühflächen ist nicht nur auf eine standortgerechte Pflanzenauswahl, sondern auch auf die Eindämmung der Unkräuter zu achten. Als besonders günstig erwei-

**Artenreiche Brache (l.)**

**Blütenreiche Weingärten haben ein großes Potenzial für Wildbienen (r.).**

sen sich nährstoffarme, trockene Standorte im Nahbereich von Landschaftselementen. Insbesondere ungedüngte Sandböden haben ein hohes Entwicklungspotenzial für den Naturschutz. Hier bietet sich auch die Anlage einer Brache mit natürlicher Sukzession als Alternative zur Einsaat an. Wenig geeignet für Brachen sind hingegen nährstoffreiche Standorte, da sich hier rasch artenarme Unkrautfluren entwickeln, in denen Ackerkratzdistel (*Cirsium arvense*), Geruchlos-Ruderalkamille (*Tripleurospermum inodorum*), Kletten-Labkraut (*Galium aparine*), Kriechende Quecke (*Elymus repens*) sowie einige andere stickstoffliebende Arten dominieren. Durch das Aussäen von Blühmischungen können diese Unkräuter unterdrückt und eine artenreichere Flora etabliert werden (Denys & Tscharntke 2002).

Blühstreifen sollten im Verbund angelegt werden und über lange Zeiträume existieren. Nur so können sich dauerhafte Populationen gefährdeter Wildbienenarten aufbauen. Es nützt nicht viel, wenn man eine Wildbienenpopulation über mehrere Jahre aufbaut und ihr dann das Nahrungsangebot wieder entzieht. Da die Tiere in der Regel nicht ausweichen können, brechen die Population zusammen. Blühstreifen in ausgeräumten Agrarlandschaft sollten mit geeigneten Nisthabitaten kombiniert werden, da sie von Wildbienen sonst kaum besucht werden können (Schmid-Egger & Witt 2014).

Nicht überall ist die Anlage eines Blühstreifens anzuraten. Werden beispielsweise Blühstreifen entlang stark befahrener Straßen und Verkehrsinseln geschaffen, die zwischen den jeweiligen Nist- und Nahrungshabitaten verlaufen, so verenden Tag für Tag zahlreiche Tiere bei Kollisionen mit Fahrzeugen. Eine gut gemeinte Blühfläche kann hier sogar negative Effekte haben, da die lokalen Populationen zwar vom Pollenangebot angezogen werden, infolge der starken Ausfälle aber stetig abnehmen.

Auch in einer ausgeräumten Agrarlandschaft mit eintönigen Fluren und überdüngten Böden sind die Effekte von Blühstreifen für Wildbienen sehr bescheiden, da es hier meist an einem entsprechenden Nistplatzangebot fehlt. Werden in einer solchen Landschaft Blühstreifen isoliert zwischen den Feldern angelegt, sind diese nahezu wildbienenleer, da die Wildbienen beim Pollensammeln nur kurze Flugdistanzen zurücklegen. Hier stellt sich aus fachspezifischer Sicht die Frage, ob es nicht effizienter und erfolgversprechender wäre, die Finanzmittel auf die Verbesserung halbwegs intakter Landschaften zu konzentrieren.

Um eine großräumig ausgeräumte Agrarlandschaft als Lebensraum für Wildbienen aufzuwerten, bedarf es jedenfalls engmaschiger Blühflächen-Verbundsysteme in Kombination mit entsprechenden Nistplatzstrukturen. Entscheidend ist es dabei, dass die geschaffenen Strukturen längerfristig erhalten bleiben.

**Verbesserung der Nistplatzmöglichkeiten in einem Park durch besonntes Totholz (l.) und durch Aufschüttung eines Sandhügels (r.)**

**Die Böschungen von Sandgruben müssen nach dem Ende des Abbaus aufgrund der gesetzlichen Lage standsicher gemacht werden. Damit werden aber wertvolle Nistplätze zerstört (l.).**

**Auch Erdwege werden von vielen Wildbienen als Nistplatz genutzt (r.).**

## 9.3 Verbesserung des Nistplatzangebots

Der anhaltende Flächenverbrauch, die Ausräumung der Landschaft und die Wiederbewaldung ehemals extensiv genutzter Grenzertragsstandorte haben das Angebot geeigneter Nistplätze für Wildbienen stark vermindert (Zurbuchen & Müller 2012, Westrich 1996). Ein schleichender Artenrückgang und starke Bestandseinbrüche selbst bei ehemals häufigen Arten sind die Folge.

Für die Erhaltung bzw. Förderung einer artenreichen Wildbienenfauna ist es daher von entscheidender Bedeutung, das Nistplatzangebot zu verbessern. Dazu zählen gut besonnte Kleinstrukturen wie offene Bodenstellen (Erdanrisse, Steilwände, Erdwege, Wegränder), Totholz (liegendes und stehendes Totholz, abgestorbene Äste, Wurzelstöcke), Steinstrukturen (Lesesteinhaufen, Trockenmauern) sowie ungemähte Flächen und Gehölzränder mit Stängelstrukturen und leeren Schneckenschalen. Sie sollten in enger Nachbarschaft zu den Nahrungshabitaten sein, da die meisten Wildbienenarten nur kleine Aktionsradien von bis zu 300 Metern haben (Zurbuchen & Müller 2012). Wichtig ist dabei auch, dass die Pollen sammelnden Bienenweibchen zwischen dem Nistplatz und den Futterpflanzen keine Barrieren wie stark befahrene Verkehrswege queren müssen.

Wie in Kapitel 3 dargestellt, stellen Wildbienen unterschiedlichste

Ansprüche an ihre Nistplätze. Etwa drei Viertel der nestbauenden Arten legen an unbewachsenen oder vegetationsarmen Bodenstellen, Steilwänden und Abbruchkanten ihre Nester an. Die übrigen Arten nisten im Totholz, in markhaltigen oder hohlen Pflanzenstängeln, Schneckenhäusern und Eichengallen oder sie legen ihre Nester an Felsnischen oder anderen Strukturen an.

Durch künstliche Nisthilfen (vgl. Kap. 9.3.2) werden nur vergleichsweise wenige, hohlraumnistende Wildbienenarten gefördert. Viel schwieriger ist es, das Nistplatzangebot erdnistender Arten (vgl. Kap. 9.3.1), die den Großteil des heimischen Artenspektrums ausmachen, dauerhaft zu verbessern.

### 9.3.1 Optimierung des Nistplatzangebots durch gezielte Pflegemaßnahmen

Ein wichtiger Beitrag zur Förderung der Wildbienen besteht darin, das bestehende Nistplatzangebot zu erhalten bzw. aufzuwerten. Bei der Analyse der Lebensraumdefizite stellt sich die Frage: Sind die bestehenden Nutzungen mit den Ansprüchen der im Gebiet vorkommenden Arten vereinbar oder gibt es ausschließende Faktoren? Können die Nutzungen so gestaltet werden, dass eine bestimmte Art wieder existieren kann und geeignete Nistplätze findet? Ist es beispielsweise in einer Wiese möglich, kleinere Bereiche von einer intensiven Nutzung auszusparen, damit hier stängel- oder schneckenhausnistende Arten entsprechende Nistplatzstrukturen finden?

**Vertikalstrukturen bilden wertvolle Nistplätze für Vögel und verschiedenste Hautflügler.**

**Die Kleine Holzbiene (*Xylocopa iris*) benötigt dicke Markstängel, in die sie ihre Nester nagt.**

**Die Schwarze Keulhornbiene (*Ceratina cucurbitina*) nistet in Markstängeln und in abgestorbenen Rosen- oder Brombeerzweigen (l.) und legt hier Liniennester an (r.).**

**Einige sehr seltene Bienen benötigen abgestorbene Rosen- oder Brombeertriebe für die Nestanlage. Die Bilder zeigen die Mazzucco-Stängelbiene (*Hoplitis mazzuccoi*), Weibchen (l.), Männchen (r.).**

**Die Rote Schneckenhausbiene (*Osmia andrenoides*) sonnt sich vor einer Schneckenschale (l.).**

**Für die Herstellung des Nestverschlusses verwendet sie Pflanzenmörtel (r.).**

Damit sich ein Nistplatz für eine bestimmte Art als günstig erweist, ist meist eine Vielzahl an Faktoren ausschlaggebend. Für viele schneckenhausnistende Bienen ist es nicht nur wichtig, dass es geeignete leere Schalen einer bestimmten Größe gibt, sondern auch, dass diese an besonnten und vor Tritt geschützten Stellen liegen, etwa unter einem Dornenstrauch oder in der Nähe eines größeren Steins. Zudem muss es im näheren Umfeld geeignete Pollenquellen geben. So nistet beispielsweise die Rote Schneckenhausbiene (*Osmia andrenoides*) meist in Schalen der Großen Vielfraßschnecke (*Zebrina detrita*), die in geschützten und gleichzeitig besonnten Böschungsbereichen liegen. In der unmittelbaren Umgebung muss es während ihrer Flugzeit zwischen Mai und Juli ein reiches Angebot an Lippenblütlern und Schmetterlingsblütlern geben, was angesichts der frühen Mahd- bzw. Beweidungszeitpunkte nur für wenige Bereiche zutrifft. Ist einer dieser Faktoren nicht erfüllt, kann sich die Art an diesem Standort nicht erfolgreich fortpflanzen und verschwindet wieder. Für die Förderung der Wildbienen ist es wichtig, die komplexen Lebensraumansprüche der unterschiedlichen Arten zu kennen und bei der Umsetzung der Pflegemaßnahmen zu beachten.

Die Pflegemaßnahmen und Strategien zur Förderung der Wildbienen werden im Folgenden anhand einiger Beispiele erläutert.

**Vegetationsfreie Stellen im Straßengrün sind Nistplatz verschiedener Sandbienenarten (z.B. *Andrena danuvia*) (l.).**

**Innerhalb der ackerbaulich genutzten Kulturlandschaft beschränkt sich das Nistplatzangebot oft auf Erdwege und Feldraine (r.).**

**Lückige Rasenstellen sollten akzeptiert werden, da hier viele Wildbienen nisten (l.).**

**Unbefestigte Erdwege zählen zu den wichtigsten Niststandorten in der intensiv genutzten Kulturlandschaft (r.).**

### Vegetationsfreie Bodenstellen

Für die meisten erdnistenden Arten ist wichtig, dass die Brutplätze gut besonnt und weitgehend vegetationsfrei sind. Ein Bewuchs führt zu einer dichten Durchwurzelung, was das Graben der Bienen wesentlich erschwert. Ideale Bedingungen herrschen u.a. auf unbefestigten Feldwegen und abgetretenen Erdstellen, also auf jenen Rohbodenstandorten, die während der vergangenen Jahrzehnte aus unserer Kulturlandschaft weitgehend verschwunden sind.

Durch die Schaffung vergleichbarer Habitate ist es möglich, viele Wildbienen nachhaltig zu fördern. Wie die folgenden Beispiele zeigen, bedarf es dazu nicht immer konkreter Umsetzungsmaßnahmen. Oft genügt es schon, gewisse Entwicklungen zuzulassen und Überzeugungsarbeit zu leisten. Man sollte der Öffentlichkeit vermitteln, dass lückige Wiesenbereiche wertvolle Brutplätze bilden und nicht überall mit Dünger und Grassamen bekämpft werden müssen, weder in öffentlichen Parks und Privatgärten noch in der Agrarlandschaft. Zu hinterfragen ist auch, ob jeder Erdanriss mit großem Aufwand gesichert oder verbaut werden muss, solange davon keine besondere Gefährdung ausgeht. Auch die Entstehung von „Trampelwegen“ könnte in vielen Bereichen toleriert und eventuell sogar gefördert werden. Dazu bedarf es aber einer gewissen Akzeptanz, da unbewachsene Erdstellen von vielen Menschen als un-

**Sanierung eines Hohlwegs durch Beseitigung der Bauschuttablagerungen (l.)**

**Wertvolle Steilwände an einem Hohlweg: Um zum Weingarten zu gelangen, wurde in der Böschung ein Aufgang angelegt (r.).**

**Hohlwege bieten nicht nur Nistplätze, sondern haben meist auch ein reiches Blütenangebot (l.).**

**Aufkommende Gehölze im Bereich der Erdabbrüche sollten fallweise entfernt werden (r.).**

schön empfunden werden. Dabei bieten solche Bereiche ideale Einblicke in das Leben der Wildbienen. Wesentlich aufwendiger ist es, das Nistplatzangebot durch das Aufschütten kleinerer Sandhügel oder die bereichsweise Entfernung der Grasnarbe (nur bei nährstoffarmen Sandböden sinnvoll) zu verbessern.

### Lösswände, Erdanrisse und natürliche Abbruchkanten

Besonders wertvolle Nisthabitate bilden Lösswände, Erdanrisse und natürliche Abbruchkanten, da es sich meist um sehr trockene, schütter bewachsene Bereiche handelt. Trotz extremer Trockenheit können sich auch hier allmählich Pflanzen ausbreiten. Mit dichter werdendem Bewuchs und zunehmender Beschattung verlieren die Wildbienen ihre Brutplätze. Deshalb ist es ein wichtiges Ziel, vegetationsfreie Böschungen möglichst lange zu erhalten oder durch gezielte Pflegemaßnahmen neu zu schaffen. Im Bereich spärlich bewachsener Steilwände sind meist keine umfangreichen Maßnahmen erforderlich. Flachere Böschungsteile, der Böschungsfuß und die Flächen entlang der Böschungsoberkante sollten hingegen abschnittsweise gemäht werden. Der Schnitt trägt dazu bei, dass sich im Hohlweg keine Gehölze ausbreiten und der Halbtrockenrasen-Charakter erhalten bleibt. Da die Steilwände im Laufe der Zeit von Brutröhren übersät sind, können die besonders stark genutzten Teile fallweise kleinräumig abgegraben werden.

**Im Bereich der Lesesteinhaufen finden sich viele leere Schneckenschalen, die vor Tritt geschützt sind. Schneckenhausbienen suchen bevorzugt solche Bereiche auf (l.).**

**In totholzreichen Waldrändern finden viele Wildbienen ein reiches Nistplatzangebot vor (r.).**

**Die Schwarzbürstige Blattschneiderbiene (*Megachile nigriventris*) benötigt stark verwittertes Totholz (l.).**

**Ein Männchen der Gewöhnlichen Natternkopfbiene (*Hoplitis adunca*) wartet auf ein schlüpfendes Weibchen (r.).**

### Lesesteinhaufen

Jahrhundertelang wurden Steine von den Äckern und Wiesen aufgelesen und randlich in Form von Steinwällen oder Lesesteinhaufen abgelagert. Da es in den Zwischenräumen der Steine eine Vielzahl von leeren Schneckenschalen gibt, die vor Tritt geschützt sind, sind die Steinriegel ideale Bruthabitate für mehrere schneckenhausnistende Arten. Mit dem Rückgang der Beweidung konnten sich allmählich Gehölze ausbreiten, die die Nistplatzeigenschaften verschlechtert haben. Aus diesem Grund sollten heute insbesondere die südexponierten Bereiche der Lesesteinhaufen wieder freigestellt werden. Auch die Anlage neuer Steinwälle oder vergleichbarer Strukturelemente (Trockenmauern) kann das Nistplatzangebot erweitern.

### Strukturreiche Waldränder

Strukturreiche Waldränder bieten ein vielfältiges Nistplatzangebot: Hier gibt es beispielsweise stehendes und liegendes Totholz, abgestorbene Brombeer- und Heidelbeertriebe und ungemähte Bereiche mit Markstängeln. Intensive forstwirtschaftliche Nutzungen haben die ehemals weichen Grenzen zwischen Offenland und Wald jedoch stark eingeengt und wertvolle Nistplätze zerstört. Um die Waldränder wieder aufzuwerten, sollte im Zuge der Waldbewirtschaftung ein breiter, reich strukturierter Waldsaum geschaffen werden. Totholz im Waldrandbe-

Totholz im Waldrandbereich bietet vielfältige Nistplatzstrukturen (l.).

Blütenreiche Ackerbrache auf einem Sandstandort (r.)

Im Bereich von Industriebrachen finden Wildbienen wertvolle Nistplätze (l.).

Die Nutzung eines Trampelpfades trägt dazu bei, dass wertvolle Offenbodenstellen bestehen bleiben (r.).

reich verbessert das Nistplatzangebot jener Arten, die ihre Nester in bestehenden Hohlräumen anlegen. Besonders geeignet sind ältere Eichen, Ulmen und andere Harthölzer, die eine Vielzahl an Ausbohrlöchern aufweisen. Gerne angenommen wird auch geschlichtetes Totholz in sonnenexponierten Bereichen. Besonders wertvolle Nistplätze weisen stehendes Totholz und abgestorbene Äste auf. In naturnahen Waldsäumen gibt es auch zahlreiche Markstängel krautiger Pflanzen (Doldenblütler, Königskerzen u.a.), die einige Wildbienen für die Nestanlage nutzen.

**Ungenützte Wiesenbereiche**

In ungenutzten Wiesen- und Saumbereichen finden Wildbienen wertvolle Nistplätze, da es hier meist ein reiches Angebot an Markstängeln und leeren Schneckenschalen gibt. Das Förderprogramm ÖPUL schreibt jedoch für Brachen, Wiesen oder Blühflächen vor, dass die Flächen mindestens einmal jährlich gepflegt werden müssen (z.B. durch Häckseln oder Mähen), sofern es keinen Naturschutzplan gibt. Würde man kleinere Bereiche von dieser Maßnahme aussparen, könnte man das Nistplatzangebot für stängel- und schneckenhausnistende Arten wesentlich verbessern.

### 9.3.2 Nisthilfen für Bewohner vorhandener Hohlräume

Eine größere Gruppe von Wildbienen ist bei der Anlage ihrer Brut-

**Unversiegelte Industriebrachen können wichtige Ersatzlebensräume bilden.**

**Männchen der Blauen Mauerbiene (*Osmia caerulescens*) in einer Nisthilfe (l.).**

**Männchen der Roten Mauerbiene (*Osmia bicornis*) beim Nesteingang (Mitte)**

**Das Weibchen der Roten Mauerbiene (*Osmia bicornis*) verschließt das Nest einer künstlichen Nisthilfe (r.).**

zellen auf bestehende Hohlräume im Totholz angewiesen. Häufig handelt es sich bei diesen Hohlräumen um die Fraßgänge anderer Insekten, zum Beispiel Käferlarven. Einige Wildbienen nagen ihre Gänge in markhaltige Stängel oder in bereits morsches Totholz. Da solche Nistmöglichkeiten in unserer Kulturlandschaft Mangelware geworden sind, bietet es sich in manchen Bereichen an, künstliche Nisthilfen aufzustellen. Sie eröffnen auch die Möglichkeit, die Verhaltensweisen häufiger Wildbienen (z.B. *Osmia bicornis* und *O. cornuta*) aus nächster Nähe zu beobachten.

Über den Bau von künstlichen Nisthilfen gibt es zahlreiche Bücher und umfangreiche Informationen im Internet. Besonders zu empfehlen ist die Website www.wildbienen.info des Wildbienenexperten Paul Westrich. Auch im Handel werden unterschiedlichste „Insektenhotels" angeboten, die jedoch teilweise erhebliche Mängel aufweisen.

Eine künstliche Nisthilfe sollte an einem gut besonnten, windgeschützten Standort aufgestellt werden. Um den Lebensraumansprüchen unterschiedlicher Arten zu genügen, bietet es sich an, mehrere Typen von Nisthilfen (Bambusröhrchen, Bündel von Schilfstängeln, Strangfalzziegel, Holzblöcke mit Bohrungen und Totholz mit Käferfraßgängen) zu kombinieren. Günstig ist es, wenn die Nisthilfe mit einem Dach ausgestattet ist und die Einfluglöcher nach Südosten zeigen.

**Ein pollenbeladenes Weibchen der Gehörnten Mauerbiene (*Osmia cornuta*) befindet sich im Landeanflug zum Nest (l.).**

**Auch eine unverputzte Ziegelwand bietet interessante Nistplätze (r.).**

**Die Gehörnte Mauerbiene (*Osmia cornuta*) verschließt das Nest mit Lehm (l.).**

**Die Hohlräume dieser Ziegel werden aufgrund ihrer Größe nicht besiedelt. Im Löss können jene Arten nisten, die ihre Brutröhren selber graben (r.).**

**Bambusrohr und Schilfhalme**

Die einfachste Form einer Nisthilfe besteht darin, mehrere Bambusrohr-Stücke mit einem Innendurchmesser von drei bis neun Millimetern anzubieten. Das Bambusrohr ist so abzuschneiden, dass ein Knoten (Verdickung) den hinteren Abschluss bildet, während das vordere Ende offen und für den Nestbau zugänglich ist. Die etwa zehn bis zwanzig Zentimeter langen Bambusstücke können in die Hohlräume von Lochziegeln gesteckt oder mit einer Schnur gebündelt werden. Bei einem Lochdurchmesser von rund sechs bis acht Millimetern sind die Hohlräume vor allen für die Gehörnte Mauerbiene (*Osmia cornuta*) und die Rote Mauerbiene (*Osmia bicornis*) geeignet.

Auch handelsübliche Schilfmatten können für die Fertigung von Nisthilfen verwendet werden. Die Schilfmatten werden mit einer scharfen Gartenschere quer zu den Halmen in etwa 30 Zentimeter breite Bahnen geschnitten. Entscheidend für die Annahme durch die Insekten ist dabei eine möglichst glatte Schnittkante. Die Teilstücke werden aufgerollt und an einer günstigen Stelle im Insektenhaus horizontal gelagert. Auf diese Weise erhält man eine große Zahl an Hohlräumen auf engem Raum, die für Mauerbienen, Scherenbienen, Löcherbienen, Maskenbienen und diverse Grab- und Faltenwespen geeignet sind.

**Die Taufliege (*Cacoxenus indagator*) ist ein häufiger Brutparasit von Mauerbienen (l.).**

**Wird das Holz in Richtung der Fasern gebohrt (r.), bilden sich Risse, in die Parasiten eindringen können. Besser ist es, das Holz quer zur Faserrichtung zu bohren.**

**Manche „Bienenhotels" schauen zwar nett aus, sind aber als Nistplatz ungeeignet (l.).**

**Besser ist es, die Nisthilfe nach den Bauplänen von Experten selber zu errichten und bei Bedarf zu erweitern. Große Anlagen ziehen aber viele Parasiten an. Günstiger sind kleine, im Garten verteilte Nisthilfen (r.).**

## Gebohrtes Hartholz

Zum Bau einer Nisthilfe sollte nur gut abgelagertes, trockenes Hartholz (wie Esche, Ahorn, Buche, Eiche oder Obstbäume) verwendet werden, das entrindet wird. Günstig sind etwa ziegelgroße Holzblöcke, da sich diese gut stapeln lassen. Um Risse zu vermeiden, sollte quer zur Richtung der Holzfasern gebohrt werden. Löcher mit Rissen werden von den Bienen gemieden, da hier leichter Parasiten eindringen können. Der Bohrlochdurchmesser sollte drei bis acht Millimeter betragen. Die Bohrtiefe entspricht der Länge des jeweiligen Bohrers, das Holzstück darf aber nicht durchbohrt werden. Die meisten Bienenarten bevorzugen einen Durchmesser zwischen vier und sechs Millimetern. Nach dem Bohren wird die Holzoberfläche mit Schleifpapier geglättet, damit die Nesteingänge frei von Holzfasern sind.

Charakteristische Besiedler von Holzbohrgängen und Schilfrohrmatten sind u.a.: Gewöhnliche Maskenbiene (*Hylaeus communis*), Rote Mauerbiene (*Osmia bicornis*), Gehörnte Mauerbiene (*Osmia cornuta*) oder Gewöhnliche Löcherbiene (*Heriades truncorum*).

## Markhaltige Stängel

Einige Wildbienenarten nagen Nistgänge in dürre Markstängel und legen hier ihre Brutzellen an. Besiedelt werden unter anderem abgestorbene Rosen- und Brom-

**Geschnittene Schilfmatten werden von Mauerbienen gerne angenommen, durch die vielen Risse in den Halmen ist der Parasitendruck aber meist sehr hoch (l.).**

**Manche Bienenhotels machen ihrem Namen unfreiwillig Ehre: Sie dienen Wildbienen möglicherweise als Hotel bei Schlechtwetter. Als Nistplatz sind sie aber ungeeignet (r.).**

**Der Stängel einer Königskerze ist im Folgejahr ein begehrter Nistplatz, sofern er dann noch steht (l.).**

**Auch die hohlen Stängel verschiedener Steppenroller werden von manchen Wildbienen als Nest oder zum Überwintern (z.B. Keulhornbienen) genutzt (r.).**

beertriebe, aber auch die Stängel von Königskerzen, Disteln, Beifuß und Kletten. Da diese Pflanzenstängel in der Natur senkrecht stehen, sollte diese Ausrichtung auch in Nisthilfen beibehalten werden. Rosen- und Brombeerzweige können, zu Bündeln geschnürt, auch waagrecht oder schräg aufgehängt werden.

Charakteristische Besiedler von markhaltigen Stängeln sind u.a.: Schwarze Keulhornbiene (*Ceratina cucurbitina*), Blaue Keulhornbiene (*Ceratina cyanea*), Gewöhnliche Maskenbiene (*Hylaeus communis*), Gelbspornige Stängel-Mauerbiene (*Hoplitis claviventris*) oder Dreizahn-Mauerbiene (*Hoplitis tridentata*) sowie unterschiedliche Grab- und Faltenwespen.

## Morsches Holz

Vermorschte Bereiche, Bruchstellen, Risse, Aststümpfe und Höhlen an Bäumen sollten generell nicht versiegelt werden, weil die Besiedelung des Holzes in der Regel von solchen Schwachstellen ausgeht. Auch die Entfernung von abgestorbenen Ästen aus reiner Ordnungsliebe ist ökologisch gesehen nicht sinnvoll.

Auch besonntes Totholz im Kronenbereich bietet Zuflucht für viele seltene und gefährdete Arten. Ob sich neben den Allerweltsarten auch solche Raritäten in einem Garten einstellen, ist natürlich ungewiss und hängt vom Naturraumpotenzial der Umgebung ab.

Eine kleine Gruppe von Wildbienen nagt ihre Gänge im morschen Holz. Auch solche morschen Stammstücke können in eine Nisthilfe integriert oder an einer sonnigen Stelle im Garten gelagert werden. Falls ein Baum abstirbt, sollte zumindest ein Teil des Stamms belassen werden, da sich hier vielfältige Nistmöglichkeiten für Wildbienen entwickeln.

Charakteristische Besiedler von morschem Totholz sind zum Beispiel Wald-Pelzbiene (*Anthophora furcata*), Schwarzbürstige Blattschneiderbiene (*Megachile nigriventris*) oder Blauschwarze Holzbiene (*Xylocopa violacea*) sowie unterschiedliche Grabwespen.

**Oft verlaufen zwischen den Gärten harte Trennlinien, die den einen Teil zu einem Bienenparadies machen, den anderen zu einem Fluchtort.**

## 10 TIPPS FÜR GARTEN UND TERRASSE

Während der vergangenen Jahre hat sich das Leitbild der Gärten vom „grünen Rasenteppich" zu vielfältigen, naturnahen Lebensräumen entwickelt. Anstelle von Thujenhecke, kurz geschorenem Rasen und gestutzten Buchsbäumchen sind nun naturnahe Gehölz- und Staudenpflanzungen „angesagt".

Die positiven Effekte naturnaher Gärten für die Tierwelt hängen nicht nur von der Größe der jeweiligen Anlage ab. Auch auf kleinen Flächen lässt sich viel erreichen, zumal die Blütenbesucher keine Gartengrenzen kennen und alle Naturoasen in ihrem jeweiligen Umfeld nutzen. Wichtig ist, dass der Garten über viele Jahre kontinuierlich nach naturschutzfachlichen Gesichtspunkten betreut wird. Im ersten Jahr ist die Zahl der blütenbesuchenden Insekten meist noch gering. Doch im Laufe der Zeit kann sich eine artenreiche Fauna ausbilden.

Es ist ein langer Weg von einem konventionellen Garten hin zu einem wildbienenreichen Naturgarten. Oft muss man den Boden für Wildstaudenpflanzungen aushagern, indem man humusarme oder -freie Substrate wie Kalk- und Quarzsande, Dolomitsplitt und Mergel einbringt. Dabei ist darauf zu achten, dass vielgestaltige Strukturen entstehen. Um ein wertvolles Blütenangebot zu schaffen, sollten heimische Wildpflanzen nach dem Vorbild naturnaher Pflanzengesellschaften ein-

**Ein vielfältiges Blütenangebot ist der Schlüssel zu einer artenreichen Bienenfauna.**

**Die Wege werden im Gegensatz zur Blumenwiese häufig gemäht.**

**Die Mahd der Blumenwiese erfolgt kleinräumig nach dem Abblühen der Kräuter.**

gebracht werden. Die Pflege des Naturgartens sollte extensiv sein und sich gezielt auf lokale Auflichtungen zur Förderung oder Eindämmung bestimmter Arten sowie auf die behutsame Entnahme von abgestorbenem Material beschränken, um der Überdüngung entgegenzuwirken.

Ich habe selbst keinen Garten, kenne aber einige naturnahe Gärten. Ursprünglich hatte ich das Gefühl, dass die Möglichkeiten, innerhalb dieser kleinen Flächen etwas für Wildbienen zu bewirken, sehr bescheiden sind. Der Garten meines Freundes Karl H. hat mich jedoch eines Besseren belehrt.

## 10.1 Karls Garten oder Das perfekte Bienenhabitat

Näher kennengelernt habe ich Karl, nachdem er mir eines Tages ein Bild von einer Schlupfwespe geschickt hatte. Der Leser möge verzeihen, wenn ich jetzt etwas emotionaler werde, aber: Das war nicht irgendeine Wespenart. Es war die Schlupfwespe *Hoplocryptus femoralis*, eine Spezies, die für Österreich neu war (Determination Martin Schwarz). Sie ist der Parasit der Kleinen Holzbiene *Xylocopa iris*, einer Art, die ihre Nester in Markstängel nagt. Zwei Jahre später erhielt ich dann von Karl eine Aufnahme der Großen Keulhornwespe *Polochrum repandum*, einer in Österreich seit etwa 70 Jahren verschollenen Spezies, welche die Holzbienen *Xylocopa violaceus* und *X. valga* parasitiert. Ich hatte diese Art nur zweimal in Südeuropa gesehen – eine ausgesprochene Rarität. Und auch diese Keulhornwespe hatte er in seinem

Garten gefunden. Nun war mein Forscherinstinkt geweckt, ich musste diesen Garten augenblicklich sehen. Ich meldete mich für einen Besuch an und stand wenige Tage später vor seinem Anwesen im Burgenland. Mit dem Durchschreiten des Hoftors war ich in einer anderen Welt: Draußen auf der Hauptstraße des Dorfes reges Treiben, drinnen eine Naturoase, deren Stille nur durch das Zwitschern der Vögel und das Brummen und Surren der Hummeln, Holzbienen und anderer Insekten unterbrochen wurde. Ein Gartenparadies und Hort der Raritäten. Wohin ich auch blickte: überall Wildbienen!

Worin liegt nun also das Geheimnis von Karl und seinem Garten?

Übliche Nisthilfen gibt es hier nicht. Vielmehr ist das ganze Anwesen eine Nisthilfe, da er den alten Teil des Bauernhauses baulich nicht verändert hat. Aus den angemorschten Holzträgern fliegen Holzbienen, in der Trockenmauer und im alten Ziegelgemäuer nisten unterschiedliche Mauerbienen, in einem Sandhaufen in der Scheune legen diverse Sand- und Seidenbienen ihre Nester an. Die Blumenwiesen des Gartens bieten reichlich Pollen und Nektar.

Karl mäht nur die Wege und einige intensiver genutzte Flächen. Da sich der Garten in einen Hofbereich und einen ehemaligen „Hintaus-Acker" mit einigen Obstbäumen gliedert, gibt es zum Teil auch etwas Schatten, was für Saumpflanzen ideale Bedingungen schafft. Die Blumenwiese wird nur kleinräumig gemäht und hat den Charakter eines Staudenbeets, in dem es kaum Gräser gibt. Die Kräuter werden nach der Blüte händisch geschnitten, was aber kaum stört, da dies nach und nach erfolgt und so stets ein vielfältiges Blütenangebot herrscht.

Die enorme Vielfalt an standortgerechten Pflanzen hat einen großen Vorteil: Sie bewirkt ein ausgewogenes Schädlings-Nützlings-Verhältnis. Dass Karl auf Spritzmittel und Dünger verzichtet, brauche ich wohl nicht zu erwähnen.

## Pflanzen der Umgebung

Karl ist ein guter Naturbeobachter: Er kennt die Lebensraumansprüche der Wildbienen und weiß, was man tun muss, um sie zu fördern. Er ist nicht nur versierter Botaniker, sondern auch ein hervorragender Gärtner. Als er den Hof vor 15 Jahren übernahm, war das Bild der Vegetation ein anderes. Es war ein Bauerngarten, der sich hinsichtlich der Pflege von anderen nur wenig unterschied. Nach und nach brachte Karl eine erstaunliche Vielfalt an Pflanzen ein. Er verwendete nicht irgendwelche Arten aus diversen Gartenkatalogen, sondern orientierte sich an der Pflanzenvielfalt seiner Umgebung. Über Samen siedelte er einige Arten an, die in der Kulturlandschaft sehr selten oder bereits knapp vor dem Aussterben sind. Da viele Kräuter konkurrenzschwach sind, zog er die meisten Arten in Töpfen vor, bevor er sie dann endgültig auspflanzte. Erst nach dem Aussamen und Keimen am Standort bildeten sich halbwegs stabile Vergesellschaftungen. Doch es gibt auch

**Der Gewöhnlich-Natternkopf (*Echium vulgare*) ist eine begehrte Pollen- und Nektarquelle. Das Bild zeigt ein Weibchen der Garten-Wollbiene (*Anthidium manicatum*).**

**Die Echt-Ochsenzunge (*Anchusa officinalis*) zieht viele Bienen an. Die Pflanze gedeiht vorwiegend auf Ruderalstandorten. Im Garten ist die attraktive Blume jedoch nur selten zu finden. Das Bild zeigt ein Männchen der Goldfarbenen Langhornbiene (*Eucera pollinosa*).**

**Der Langfahnen-Tragant (*Astragalus onobrychis*) ist nicht nur eine hübsche Pflanze, sondern auch eine wichtige Pollenquelle spezialisierter Bienen. Das Bild zeigt ein Weibchen der Dreizahn-Stängelbiene (*Hoplitis tridentata*).**

| Monate | 3 | | 4 | | 5 | | 6 | | 7 | | 8 | | 9 | | 10 | |
|---|---|---|---|---|---|---|---|---|---|---|---|---|---|---|---|---|
| **Obstbäume** | | | | | | | | | | | | | | | | |
| Mandel, Marille | x | x | x | | | | | | | | | | | | | |
| Birne, Apfel | | | x | x | | | | | | | | | | | | |
| Quitte | | | | x | x | x | | | | | | | | | | |
| **Schmetterlingsblütler** | | | | | | | | | | | | | | | | |
| Pannonische Wicke (*Vicia pannonica*) | | | | x | x | x | x | | | | | | | | | |
| Großblüten- Wicke (*Vicia grandiflora*) | | | | x | x | x | x | | | | | | | | | |
| Gewöhnlich-Esparsette (*Onobrychis viciifolia*) | | | | | x | x | x | x | | | | | | | | |
| Kicher-Tragant (*Astragalus cicer*) | | | | | | x | x | x | x | x | | | | | | |
| Gewöhnlich-Blasenstrauch (*Colutea arborescens* | | | | | | x | x | x | x | x | x | | | | | |
| Gewöhnlich-Buntkronwicke (*Securigera varia*) | | | | | | x | x | x | x | x | x | x | | | | |
| Langfahnen-Tragant (*Astragalus onobrychis*) | | | | | | | x | x | x | x | x | x | | | | |
| Österreich-Zwerggeißklee (*Chamaecytisus austriacus*) | | | | | | | x | x | x | x | x | | | | | |
| Wild-Platterbse (*Lathyrus sylvestris*) | | | | | | | | x | x | x | x | | | | | |
| **Korbblütler** | | | | | | | | | | | | | | | | |
| Skabiosen-Flockenblume (*Centaurea scabiosa*) | | | | | | x | x | x | x | x | x | x | | | | |
| Rispen-Flockenblume (*Centaurea stoebe*) | | | | | | | x | x | x | x | x | x | x | x | x | |
| Alant (*Inula*; mehrere Arten) | | | | | | | x | x | x | x | x | x | x | | | |
| Bienen-Kugeldistel (*Echinops sphaerocephalus*) | | | | | | | x | x | x | x | x | x | | | | |
| Pippau (*Crepis*, mehrere Arten) | | | | | | | x | x | x | x | x | x | x | | | |
| Disteln (*Cirsium* und *Carduus*, mehrere Arten) | | | | | | | x | x | x | x | x | x | x | | | |
| Wegwarte (*Cichorium intybus*) | | | | | | | x | x | x | x | x | x | x | x | x | |
| Gewöhnlich-Golddistel (*Carlina vulgaris*) | | | | | | | | | x | x | x | x | x | x | | |
| **Lippenblütler** | | | | | | | | | | | | | | | | |
| Österreich-Salbei (*Salvia austriaca*) | | | | | x | x | x | | | | | | | | | |
| Steppen-Salbei (*Salvia nemorosa*) | | | | | | x | x | x | x | x | x | | | | | |
| Quirl-Salbei (*Salvia verticillata*) | | | | | | | x | x | x | x | x | x | | | | |
| Ungarn-Salbei (*Salvia aethiopis*) | | | | | | | x | x | x | | | | | | | |
| **Glockenblumengewächse** | | | | | | | | | | | | | | | | |
| Rapunzel-Glockenblume (*Campanula rapunculus*) | | | | | | x | x | x | | | | | | | | |
| Wald-Glockenblume (*Campanula persicifolia*) | | | | | | x | x | x | x | x | x | | | | | |
| Nessel-Glockenblume (*Campanula trachelium*) | | | | | | | | x | x | x | x | | | | | |
| Filz-Glockenblume (*Campanula bononiensis*) | | | | | | | | | x | x | x | x | x | | | |
| **Raublattgewächse** | | | | | | | | | | | | | | | | |
| Echt-Ochsenzunge (*Anchusa officinalis*) | | | | | x | x | x | x | x | x | | | | | | |
| Echt-Hundszunge (*Cynoglossum officinale*) | | | | | x | x | | | | | | | | | | |
| Gewöhnlich-Natternkopf (*Echium vulgare*) | | | | | | | x | x | x | x | x | x | | | | |
| **Weitere Arten aus unterschiedlichen Familien** | | | | | | | | | | | | | | | | |
| Stadt-Rauke (*Sisymbrium loeselii*) | | | | | x | x | x | x | | | | | | | | |
| Österreich-Lein (*Linum austriacum*) | | | | | x | x | x | x | x | x | | | | | | |
| Klein-Wachsblume (*Cerinthe minor*) | | | | | x | x | x | | | | | | | | | |
| Ruderal-Resede (*Reseda lutea*) | | | | | x | x | x | x | x | x | x | x | x | | | |
| Schopf-Traubenhyazinthe (*Muscari comosum*) | | | | | | x | x | x | | | | | | | | |
| Rindsauge (*Buphthalmum salicifolium*) | | | | | | | x | x | x | x | | | | | | |
| Echt-Leinkraut (*Linaria vulgaris*) | | | | | | | x | x | x | x | x | x | x | x | | |
| Ginster-Leinkraut (*Linaria genistifolia*) | | | | | | | x | x | x | x | x | x | | | | |
| Wiesen-Witwenblume (*Knautia arvensis*) | | | | | | | x | x | x | x | x | x | | | | |
| Elsass-Haarstrang (*Peucedanum alsaticum*) | | | | | | | x | x | x | x | x | | | | | |
| Lauch (*Allium*, mehrere Arten) | | | | | | | | x | x | x | x | | | | | |
| Muscari (*Muscari*, mehrere Arten) | | | | | | | | x | x | x | x | x | | | | |
| Echt-Dost (*Origanum vulgare*) | | | | | | | | | x | x | x | x | | | | |
| Gewöhnlich-Efeu (*Hedera helix*) | | | | | | | | | | | | | x | x | x | x |

**Blütenangbot im Jahresverlauf: ausgewählte Pflanzen des etwa 300 Arten umfassenden Blütenpflanzen-Spektrums im beschriebenen Garten**

**Die Knautien-Sandbiene (*Andrena hattorfiana*) nutzt die Wiesen-Witwenblume (*Knautia arvensis*) als Pollenquelle (l.).**

**Die Kleine Holzbiene (*Xylocopa iris*) fliegt besonders gerne den Ungarn-Salbei (*Salvia aethiopis*) an (r.).**

**Auf den Zwiebelblüten sind meist mehrere Maskenbienen anzutreffen (Bild zeigt ein Männchen der Lauch-Maskenbiene, *Hylaeus punctulatissimus*, l.).**

**Die Buckel-Seidenbiene (*Colletes daviesanus*) nutzt unterschiedliche Korbblütler (Bild zeigt ein Männchen, r.).**

viele Arten, die sich relativ leicht etablieren, etwa der Ungarn-Salbei (*Salvia aethiopis*) und die Bienen-Kugeldistel (*Echinops sphaerocephalus*). Beide Arten sind nicht nur spektakuläre Gartenpflanzen, sondern ziehen auch viele Wildbienen magisch an. Vor dem Ausgraben von Wildpflanzen auf Naturstandorten warnt Karl, da viele Pflanzen schon sehr selten geworden sind.

Bei der Auswahl der Pflanzen achtet Karl auch auf kontinuierliche Blühabfolgen der unterschiedlichen Familien. So startet die Blüte der Schmetterlingsblütler mit der Pannonischen Wicke (*Vicia pannonica*) Ende April. Dann folgen die Großblüten-Wicke (*Vicia grandiflora*), der Österreich-Zwerggeißklee (*Chamaecytisus austriacus*), die Gewöhnlich-Esparsette (*Onobrychis viciifolia*) und der Gewöhnlich-Blasenstrauch (*Colutea arborescens*). Im Hochsommer blühen die Gewöhnlich-Buntkronwicke (*Securigera varia*), der Kicher-Tragant (*Astragalus cicer*), der Langfahnen-Tragant (*Astragalus onobrychis*) und die Wild-Platterbse (*Lathyrus sylvestris*). Durch diese Abfolgen haben auf Schmetterlingsblütler spezialisierte Arten über viele Monate ein günstiges Blütenangebot. Ähnlich durchdacht ist auch die Blühfolge bei den anderen Pflanzenfamilien. Selbst die Auswahl der Obstgehölze (Mandeln, Marillen, Birnen, Äpfel, Quitten) ist so gestaltet, dass sich die Blüte auf viele Wochen ausdehnt.

**Die Kleine Holzbiene (*Xylocopa iris*) beim Nestbau**

**Markstängel mit den Ausbohrlöchern der Dreizähnigen Mauerbiene (*Hoplitis tridentata*) (l.)**

**Die Schwarze Keulhornbiene (*Ceratina cucurbitina*) beim Nagen des Nestes (r.)**

Durch den regionalen Bezug der Pflanzen bietet der Garten von Karl eine große Vielfalt mit typischen Kräutern des pannonischen Raums, die es auch vor der Haustür gibt. Das Ergebnis ist also kein Alpengarten im Tiefland, sondern eine autochthone Flora. Und diese Arten bilden auch zum Großteil wichtige Pollenquellen für Wildbienen.

## Alte Markstängel

Karl kann die Spuren vieler Bienen lesen und hat dabei verschiedene Tricks. Er zieht in seinem Garten mehrere Pflanzenarten mit Markstängel (Kugeldisteln, Karden, Königskerzen u.a.), schneidet sie oben ab und steckt sie an unterschiedlichen Stellen seines Gartens in die Erde. Da die Brachflächen in der Kulturlandschaft einmal im Jahr gehäckselt werden, haben viele Bienen ihre Brutstätte verloren. Im Garten von Karl finden sie wieder entsprechende Niststrukturen, auch viele rare Arten sind darunter.

In manchen Stängeln gibt es ein größeres seitliches Loch, bei anderen sind mehrere Löcher in einer Reihe angeordnet, wieder andere sind nur von oben weg dem weichen Mark folgend ausgehöhlt. Karl kennt seine Mieter: Sind die Stängel von oben angenagt, sind es zumeist Löcherbienen oder Keulhornbienen. Die in einer Linie verlaufenden Ausbohrlöcher zeugen von einer Dreizähnigen Mauerbiene *Hoplitis tridentata*. Ein großes seitliches Loch mit etwa acht Millimeter Durchmesser verursacht die Holzbiene *Xylocopa iris*. Zudem nagt sie vor dem Nestbau den Stängel in einer gewissen Höhe ab, was einige

**Stängelbewohnende Arten mit hohen Nistplatzansprüchen (Auswahl)**

**Kleine Holzbiene (*Xylocopa iris*)**
nutzt meist die Stängel aus dem Vorjahr.
Bevorzugte Pflanzen:
- Drüsenblättrige Kugeldistel (*Echinops sphaerocephalus*) (bevorzugt)
- Wilde Karde (*Dipsacus fullonum*) (selten)
- unterschiedliche Doldenblütler (Apiaceae)

Die Stängel werden oben in einer bestimmten Länge abgenagt, damit sie nicht an der Basis abbrechen. Oberhalb des Eingangs werden mehrere Brutzellen angelegt (Linienbauten), die durch Sägemehl voneinander getrennt sind. Die Bienen nutzen zum Schlüpfen den Eingang.

**Dreizähnige Mauerbiene (*Hoplitis tridentata*)**
nutzt meist ältere (zweijährige) Stängel.
Bevorzugte Pflanzen:
- Drüsenblättrige Kugeldistel (*Echinops sphaerocephalus*)
- Schlitzblatt-Karde (*Dipsacus laciniatus*)
- Wilde Karde (*Dipsacus fullonum*), wenn dick genug
- Königskerzen (*Verbascum* sp.) (selten)

Unterhalb des Eingangs werden mehrere Brutzellen angelegt (Linienbauten), die durch Pflanzenmörtel voneinander getrennt sind. Die schlüpfenden Mauerbienen müssen sich durch den Stängel nagen, sodass die Ausbohrlöcher in einer Linie liegen.

Stunden Arbeit bedeutet. Steht der Stängel auf kurzem Rasen, sind 40 Zentimeter die Maximallänge, befindet er sich in einer höherwüchsigen Blumenwiese, kann die Länge auch 60 Zentimeter und mehr betragen.

Noch nie in meinem Leben hatte ich fünf Weibchen der Kleinen Holzbiene gleichzeitig beim Nestbau beobachten können – im Garten von Karl sind es bei meinem Besuch sicherlich mehr als 25. Für einen Fotografen ein echter Stress! Hier fliegt eine Biene ein, dort sollte sich gleich eine aus dem Nest bewegen. Egal, wohin ich blicke, die Chance auf das perfekte Foto verpasse ich wohl immer.

*Xylocopa iris* ist mittlerweile sehr selten, da die Naturschutzauflagen für die Wiesen und Brachen im Regelfall eine einmalige Bewirtschaftung auf der gesamten Fläche vorsehen. Durch die Mahd oder das Häckseln sind die Markstängel österreichweit aus der Landschaft verschwunden. Dabei sollten die Förderungen des Agrar-Umweltprogramms dazu dienen, eine artengerechte Landbewirtschaftung zu ermöglichen.

Vom Angebot an etwas dünneren Markstängeln profitieren weitere Arten, darunter die Spitzfühler-Stängelbiene (*Hoplitis acuticornis*), die Gelbspornige Stängelbiene (*Hoplitis claviventris*), die Schwarzspornige Stängelbiene (*Hoplitis leucomelana*), verschiedene Löcherbienen (*Heriades*) und Keulhornbienen (*Ceratina*), aber auch Grabwespen (z.B. *Pemphredon* und *Passaloecus*) und solitäre Faltenwespen (z.B. *Odynerus*).

**Die Drüsenblättrige Kugeldistel (*Echinops sphaerocephalus*) ist nicht nur eine wichtige Futterpflanze, sondern auch ein begehrter Nistplatz.**

**Ein abgestorbener Baum bildet vielfältige Nistmöglichkeiten für Wildbienen: Die Ausbohrlöcher der Käfer werden von unterschiedlichen Mauerbienen genutzt, im stark vermorschten Holz legen einige Blattschneiderbienen ihre Nester an.**

**Auch Zwiebelstängel dienen einigen Blattschneiderbienen als Nest.**

**Der Gewöhnlich-Natternkopf (*Echium vulgare*) ist eine attraktive Pflanze, die im Angebot der meisten Gärtnereien fehlt.**

**Lippenblütler sind wichtige Nektarquellen und dienen vielen Bienen als Energiequelle.**

**Durch ein vielfältiges Blütenangebot finden auch spezialisierte Wildbienen entsprechende Pollenquellen.**

Begehrte Nistplätze bilden auch abgestorbene Brombeer- und Rosentriebe, sofern sie glatte Bruchflächen aufweisen.

### Was können wir von Karl lernen?

Karls Garten ist aus faunistischer Sicht außergewöhnlich und kann in dieser Form nicht kopiert werden. Was wir aber lernen können, ist die Herangehensweise:

**Standortbedingungen:** Bevor man an die eigentliche Planung geht, sollten die Standortbedingungen im Garten genauer betrachtet werden. Wie sind die Licht- und Bodenverhältnisse? Gibt es nährstoffarme oder sandige Stellen im Garten, die sich für bodennistenden Arten besonders eignen?

**Naturraumpotenziale im Umfeld:** Auch das nähere und weitere Umfeld, in dem der Garten liegt, ist genauer zu analysieren. Befindet sich der Garten im Tiefland oder auf einem höher gelegenen Standort, gibt es im Nahbereich besondere Lebensräume wie Trockenrasen, Magerwiesen, Waldsäume, Feuchtgebiete?

**Heimische Pflanzen:** Die regionale Flora ist reich an schönen und gartentauglichen Pflanzen, die meist auch für die Bienen des jeweiligen Gebiets wichtig sind. Das soll nicht heißen, dass gebietsfremde Arten gänzlich zu verbannen sind, zumal sie über die Gärtnereien leicht zu bekommen sind. Aber man sollte sich doch vorwiegend am Pflanzenspektrum der Umgebung orientieren. Viele hübsche und für Gärten geeignete Arten sind gleichzeitig Pollenquellen für spezialisierte Wildbienen. Mittlerweile gibt es immer mehr Gärtnereien, die regionale Wildstauden anbieten.

**Defizite in der Umgebung:** Gibt es im Nahbereich Wiesen, die stets zur falschen Zeit gemäht werden? Finden anspruchsvolle Wildbienen nicht genügend passende Nistplatzstrukturen? Wie kann mein Garten beitragen, diese ungünstigen Lebensraumbedingungen für Wildbienen zu verbessern?

**Nistplatzstrukturen:** Man sollte nicht nur häufige Bienenarten durch „Insektenhotels" fördern (die meist viele Parasiten anziehen), sondern auch Nistplatzstrukturen für seltene Arten schaffen, z.B. durch Markstängel, offene Erdstellen, Erdanrisse, Trockenmauern, unverputztes Gemäuer.

**Kontinuierliches Blütenangebot:** Wildbienenfreundliche Blüten sollten vom Frühling bis in den Spätherbst vorhanden sein.

**Nachhaltigkeit:** Es hilft den Wildbienen wenig, wenn eine Blumenwiese angelegt wird, die kurze Zeit später wieder in einen Sportrasen verwandelt wird. Nistplatzstrukturen zu schaffen ist nur sinnvoll, wenn sie lange bestehen bleiben können. Um seltene Arten im Garten zu fördern, braucht es viel Geduld. Oft dauert es mehrere Jahre, bis sich eine bestimmte Art wieder ansiedelt.

## 10.2 Pflanzen für unterschiedliche Gartenbereiche

Wildbienen und andere blütenbesuchende Insekten sind vom zeitigen Frühjahr bis in den späten Herbst aktiv. Nicht immer ist das Nahrungsangebot im Umfeld der Niststandorte günstig, insbesondere für Arten, die auf bestimmte Pflanzen spezialisiert sind. Gärten, begrünte Dachflächen, ja selbst die Topfpflanzen am Balkon oder auf der Terrasse können für Wildbienen eine wichtige Anlaufstelle bei der Nahrungssuche sein und im näheren Umfeld für ein kontinuierliches Blütenangebot sorgen.

Die Tabelle auf den folgenden Seiten gibt einen Überblick über wichtige Blühpflanzen für unterschiedliche Bereiche des Gartens. Das Spektrum umfasst Staudenbeete, Feuchtbiotope, Blumenwiesen, Steingärten, und Terrassen. In der Tabelle wird je nach Boden- und Lichtverhältnissen unterschieden zwischen „Blumenwiese, Boden skelettreich", „Blumenwiese, Boden trocken", „Blumenwiese, Boden frisch" und „Säume, leicht schattig (keine jährliche Mahd oder sehr späte Mahd)". In den Anmerkungen finden sich weitere Hinweise zur Verwendbarkeit. Bei den Pflanzen werden ausschließlich heimische Arten angeführt, da Wildbienen von diesen besonders profitieren.

Das Pollenangebot der Wildbienen kann auch durch Gehölzpflanzungen wesentlich verbessert werden. Wichtige Pollenquellen sind u.a. Sal-Weide (*Salix caprea*), Ahorn-Arten (*Acer*), Weißdorn-Arten (*Crataegus*), Schlehe (*Prunus spinosa*), Berberitze (*Berberis vulgaris*), Brombeere (*Rubus* spp.), Himbeere (*Rubus idaeus*) und Obstgehölze wie Süßkirsche, Mandel, Marille, Birne, Äpfel und Quitte.

Für die Auswahl der Pflanzen sind u.a. folgende Gesichtspunkte wichtig:

- standortgerechte Blühpflanzen (Lichteinstrahlung, Bodenverhältnisse)
- nach Möglichkeit ein jahreszeitlich gestaffeltes Pollenangebot durch Frühlings-, Sommer- und Herbst-Blüher
- heimische, bienenfreundliche Arten (keine gefüllten, gärtnerisch veränderten Blumensorten, da diese keinen oder nur wenig Nektar und Pollen haben)
- spezifische Pollenquellen für im näheren Umfeld vorkommende oligolektische Bienenarten

| | Blumenwiese (Boden skelettreich) (Vegetation lückig) | Blumenwiese (Boden trocken) (nährstoffarm) | Blumenwiese (Boden frisch) (nährstoffreich) | Saum (leicht schattig) (keine od. späte Mahd) | Anm. |
|---|---|---|---|---|---|
| **Alliaceae, Lauchgewächse** | | | | | |
| *Allium carinatum*, Kiel-Lauch | | 2 | | | |
| *Allium cepa*, Küchen-Zwiebel | 1 | | | | G |
| *Allium flavum*, Gelb-Lauch | | 2 | | | |
| *Allium lusitanicum*, Berg-Lauch | 1 | 2 | | | |
| *Allium oleraceum*, Glocken-Lauch | (1) | 2 | 3 | 4 | |
| *Allium scorodoprasum*, Schlangen-Lauch | 1 | 2 | | | |
| *Allium sphaerocephalon*, Kugel-Lauch | | 2 | | | |
| *Allium vineale*, Weinberg-Lauch | 1 | 2 | | 4 | |
| **Apiaceae, Doldenblütler** | | | | | |
| *Anthriscus sylvestris*, Wiesen-Kerbel | | | 3 | 4 | |
| *Bupleurum falcatum*, Sichel-Hasenohr | 1 | 2 | | | |
| *Cervaria rivini*, Hirschwurz | | 2 | 3 | 4 | |
| *Chaerophyllum bulbosum*, Rüben-Kälberkropf | (1) | (2) | | 4 | |
| *Daucus carota*, Wild-Möhre | | 2 | 3 | | |
| *Eryngium campestre*, Feld-Mannstreu | 1 | 2 | | | |
| *Eryngium planum*, Flachblättriger Mannstreu | 1 | | | | |
| *Orlaya grandiflora*, Großblütige Strahldolde | 1 | | | | |
| *Heracleum sphondylium*, Wiesen-Bärenklau | | | 3 | | |
| *Pastinaca sativa*, Echt-Pastinak | (1) | | 3 | | |
| *Peucedanum alsaticum*, Elsass-Haarstrang | (1) | 2 | | 4 | |
| *Seseli libanotis*, Heilwurz | | 2 | | 4 | |
| **Araliaceae, Araliengewächse** | | | | | |
| *Hedera helix*, Efeu | | | | 4 | |
| **Asparagaceae, Spargelgewächse** | | | | | |
| *Asparagus officinalis*, Garten-Spargel | | 2 | | | G |
| **Asteraceae, Korbblütler** | | | | | |
| *Achillea millefolium* agg., Echt-Schafgarbe | 1 | 2 | 3 | | |
| *Anthemis arvensis*, Acker-Hundskamille | 1 | | | | |
| *Anthemis cotula*, Stink-Hundskamille | 1 | | | | |
| *Anthemis tinctoria*, Echte Färberkamille | 1 | 2 | | 4 | |
| *Arctium lappa*, Groß-Klette | (1) | | 3 | 4 | |
| *Aster amellus*, Berg-Aster | (1) | 2 | | 4 | |
| *Echinops sphaerocephalus*, Bienen-Kugeldistel | 1 | 2 | | | |
| *Carduus acanthoides*, Weg-Ringdistel | 1 | 2 | 3 | | |
| *Carduus nutans*, Nick-Ringdistel | 1 | 2 | | | |
| *Carlina vulgaris*, Gewöhnlich-Golddistel | 1 | 2 | | | |
| *Centaurea cyanus*, Kornblume | 1 | 2 | | | |
| *Centaurea jacea*, Wiesen-Flockenblume | | 2 | 3 | | |
| *Centaurea scabiosa*, Skabiosen-Flockenblume | | 2 | 3 | | |
| *Centaurea stoebe*, Rispen-Flockenblume | 1 | 2 | | | |
| *Cichorium intybus*, Wegwarte | 1 | | | | |
| *Cirsium arvense*, Acker-Kratzdistel | 1 | | 3 | | |
| *Cirsium eriophorum*, Wollkopf-Kratzdistel | 1 | | | | |
| *Cirsium pannonicum*, Ungarn-Kratzdistel | | 2 | 3 | | |
| *Cirsium vulgare*, Lanzen-Kratzdistel | 1 | | | | |
| *Crepis biennis*, Wiesen-Pippau | 1 | | 3 | | |
| *Galatella linosyris*, Goldschopf | 1 | 2 | | | |
| *Hypochaeris radicata*, Gewöhnlich-Ferkelkraut | | 2 | 3 | 4 | |
| *Inula conyza*, Dürrwurz-Alant | 1 | | | 4 | |
| *Inula ensifolia*, Schwert-Alant | | 2 | | 4 | |
| *Inula hirta*, Rauhaar-Alant | | 2 | | 4 | |
| *Inula oculus-christi*, Christusaugen-Alant | | 2 | (3) | 4 | |
| *Inula salicina*, Weidenblatt-Alant | | 2 | 3 | | |
| *Leontodon hispidus*, Gewöhnlich-Nickleuenzahn | | 2 | 3 | (4) | |
| *Leucanthemum vulgare* agg., Kleine Wiesen-Margerite | 1 | | 3 | | |
| *Onopordum acanthium*, Eselsdistel | 1 | | | | |
| *Serratula tinctoria*, Färber-Scharte | | | 3 | 4 | |
| *Tanacetum corymbosum*, Strauß-Wucherblume | | 2 | 3 | 4 | |
| *Tanacetum vulgare*, Rainfarn | | | 3 | 4 | |
| **Boraginaceae, Raublattgewächse** | | | | | |
| *Anchusa officinalis*, Echt-Ochsenzunge | 1 | 2 | | | |
| *Buglossoides arvensis*, Acker-Steinsame | 1 | | | | |
| *Buglossoides purpurocaerulea*, Blauroter Steinsame | 1 | | | 4 | |
| *Buphthalmum salicifolium*, Rindsauge | | 2 | | | |
| *Cerinthe minor*, Klein-Wachsblume | 1 | | | | |
| *Cynoglossum officinale*, Echt-Hundszunge | 1 | 2 | | | |

**Ausgewählte Pflanzenarten für Gärten und Parks zur Förderung der Wildbienen**

| | Blumenwiese (Boden skelettreich) (Vegetation lückig) | Blumenwiese (Boden trocken) (nährstoffarm) | Blumenwiese (Boden frisch) (nährstoffreich) | Saum (leicht schattig) (keine od. späte Mahd) | Anm. |
|---|---|---|---|---|---|
| *Echium vulgare*, Gewöhnlich-Natternkopf | 1 | | | | |
| *Pulmonaria officinalis*, Echtes Lungenkraut | | | | 4 | S |
| *Nonea pulla*, Dunkles Runzelnüsschen | 1 | 2 | | | |
| *Symphytum bulbosum*, Klein-Beinwell | | | 3 | | |
| *Symphytum officinale*, Echter Beinwell | | | 3 | | |
| *Symphytum tuberosum*, Knollen-Beinwell | | | 3 | 4 | |
| **Brassicaceae, Kreuzblütler** | | | | | |
| *Alyssum montanum*, Berg-Steinkraut | 1 | | | | |
| *Aurinia saxatilis*, Felsen-Steinkraut | 1 | | | | |
| *Berteroa incana*, Gewöhnlich-Graukresse | 1 | 2 | | | |
| *Erysimum odoratum*, Pannonien-Goldlack | (1) | 2 | | | |
| *Erysimum diffusum*, Grau-Goldlack | 1 | 2 | | | |
| *Sisymbrium loeselii*, Stadt-Rauke | 1 | | | | |
| **Campanulaceae, Glockenblumengewächse** | | | | | |
| *Campanula bononiensis*, Filz-Glockenblume | | (2) | | 4 | |
| *Campanula patula*, Wiesen-Glockenblume | | | 3 | | |
| *Campanula persicifolia*, Wald-Glockenblume | | | (3) | 4 | |
| *Campanula rapunculoides*, Acker-Glockenblume | 1 | | | | |
| *Campanula rotundifolia* agg., Rundblatt-Glockenblume | | 2 | (3) | | |
| *Campanula sibirica*, Steppen-Glockenblume | | 2 | | | |
| *Campanula trachelium*, Nessel-Glockenblume | | | 3 | 4 | |
| *Jasione montana*, Berg-Sandknöpfchen | 1 | | | | sa |
| **Cucurbitaceae, Kürbisgewächse** | | | | | |
| *Bryonia dioica*, Rot-Zaunrübe | | | | 4 | r |
| **Crassulaceae, Dickblatt-Gewächse** | | | | | |
| *Sedum acre*, Scharf-Mauerpfeffer | 1 | | | | |
| *Sedum album*, Weiß-Mauerpfeffer | 1 | | | | |
| *Sedum maximum*, Quirl-Waldfetthenne | 1 | | | | |
| *Sedum rupestre*, Felsen-Fetthenne | 1 | | | | |
| *Sedum sexangulare*, Mild-Mauerpfeffer | 1 | | | | |
| **Dipsacaceae, Kardengewächse** | | | | | |
| *Dipsacus fullonum*, Wild-Karde | 1 | (2) | 3 | | |
| *Dipsacus laciniatum*, Schlitzblatt-Karde | 1 | (2) | 3 | | |
| *Dipsacus pilosus*, Borsten-Karde | 1 | (2) | 3 | | |
| *Knautia arvensis*, Wiesen-Witwenblume | | 2 | 3 | | |
| *Scabiosa canescens*, Duft-Skabiose | | 2 | (3) | | |
| *Scabiosa columbaria*, Tauben-Skabiose | | 2 | 3 | | |
| *Scabiosa ochroleuca*, Gelb-Skabiose | | 2 | | | |
| **Fabaceae, Schmetterlingsblütler** | | | | | |
| *Astragalus cicer*, Kicher-Tragant | 1 | 2 | | | |
| *Astragalus onobrychis*, Langfahnen-Tragant | | 2 | | | |
| *Chamaecytisus austriacus*, Österr.-Zwerggeißklee | 1 | 2 | | | |
| *Lathyrus pratensis*, Wiesen-Platterbse | | | 3 | | |
| *Lathyrus sylvestris*, Wild-Platterbse | | | | 4 | |
| *Lotus corniculatus*, Gewöhnlicher Hornklee | (1) | 2 | 3 | | |
| *Onobrychis viciifolia*, Gewöhnlich-Esparsette | (1) | 2 | 3 | | |
| *Ononis spinosa*, Hauhechel | (1) | 2 | | (4) | |
| *Securigera varia*, Gewöhnlich-Buntkronwicke | 1 | 2 | | 4 | |
| *Vicia grandiflora*, Großblüten-Wicke | 1 | | | | |
| *Vicia pannonica*, Pannonische Wicke | 1 | | | 4 | |
| *Vicia sepium*, Zaun-Wicke | | | 3 | | |
| **Geraniaceae, Storchschnabelgewächse** | | | | | |
| *Geranium sanguineum*, Blut-Storchschnabel | | (2) | | 4 | |
| **Hyacinthaceae, Hyazinthengewächse** | | | | | |
| *Honorius boucheanus*, Grünl. Honoriusmilchstern | 1 | | 3 | | |
| *Muscari comosum*, Schopf-Traubenhyazinthe | 1 | 2 | | (4) | |
| *Muscari neglectum*, Weinberg-Traubenhyazinthe | | 2 | | | |
| *Ornithogalum pannonicum*, Schopf-Milchstern | | 2 | | | |
| *Ornithogalum umbellatum*, Dolden-Milchstern | | 2 | 3 | | |
| *Scilla bifolia*, Zweiblatt-Blaustern | | | 3 | 4 | S |

**Ausgewählte Pflanzenarten für Gärten und Parks zur Förderung der Wildbienen (Fortsetzung)**

| | Blumenwiese (Boden skelettreich) (Vegetation lückig) | Blumenwiese (Boden trocken) (nährstoffarm) | Blumenwiese (Boden frisch) (nährstoffreich) | Saum (leicht schattig) (keine od. späte Mahd) | Anm. |
|---|---|---|---|---|---|
| **Lamiaceae, Lippenblütler** | | | 3 | (4) | |
| *Ajuga reptans*, Kriech-Günsel | | | 3 | (4) | |
| *Ballota nigra*, Schwarznessel | 1 | 2 | | 4 | |
| *Betonica officinalis*, Echt-Betonie | (1) | 2 | 3 | | |
| *Lamium maculatum*, Taub-Nessel | | | | 4 | S |
| *Leonurus cardiaca*, Herzgespann | 1 | | 3 | | r |
| *Marrubium peregrinum*, Grau-Andorn | 1 | 2 | | | |
| *Origanum vulgare*, Echt-Dost | | 2 | 3 | 4 | |
| *Salvia aethiopis*, Ungarn-Salbei | 1 | 2 | | | |
| *Salvia austriaca*, Österreich-Salbei | 1 | 2 | | | |
| *Salvia nemorosa*, Steppen-Salbei | 1 | 2 | | | |
| *Salvia verticillata*, Quirl-Salbei | 1 | 2 | | | |
| *Stachys recta*, Aufrechter Ziest | 1 | 2 | | | T |
| *Teucrium chamaedrys*, Edel-Gamander | 1 | 2 | | | T |
| *Thymus praecox*, Kriech-Quendel | 1 | 2 | | | T |
| *Thymus pulegioides*, Arznei-Quendel | 1 | 2 | | | T |
| **Linaceae, Leingewächse** | | | | | |
| *Linum austriacum*, Österreich-Lein | 1 | 2 | | | |
| *Linum flavum*, Gelb-Lein | | 2 | | 4 | |
| *Linum perenne*, Stauden-Lein | 1 | | | | |
| **Lythraceae, Weiderichgewächse** | | | | | |
| *Lythrum salicaria*, Gewöhnlicher Blutweiderich | | | | | F |
| *Lythrum virgatum*, Ruten-Blutweiderich | | | | | F |
| **Malvaceae, Malvengewächse** | | | | | |
| *Lavatera thuringiaca*, Thüringen-Lavatere | 1 | 2 | | 4 | |
| *Malva alcea*, Spitzblatt-Malve | | | 3 | 4 | |
| *Malva moschata*, Moschus-Malve | | 2 | 3 | | |
| *Malva neglecta*, Weg-Malve | 1 | | | | |
| *Malva sylvestris*, Wild-Malve | 1 | | | | |
| **Plantaginaceae, Wegerichgewächse** | | | | | |
| *Digitalis purpurea*, Roter Fingerhut | | | | 4 | |
| *Linaria genistifolia*, Ginster-Leinkraut | 1 | 2 | | | |
| *Linaria vulgaris*, Echt-Leinkraut | 1 | 2 | | | |
| *Veronica chamaedrys*, Gamander-Ehrenpreis | | | 3 | | |
| **Primulaceae, Primelgewächse** | | | | | |
| *Lysimachia vulgaris*, Gewöhnlicher Gilbweiderich | | | | | F |
| *Lysimachia punctata*, Punkt-Gilbweiderich | | | | | F |
| **Ranunculaceae, Hahnenfußgewächse** | | | | | |
| *Nigella arvensis*, Acker-Schwarzkümmel | 1 | | | | |
| *Papaver rhoeas*, Klatschmohn | 1 | | | | |
| *Ranunculus acris*, Scharfer Hahnenfuß | | | 3 | | |
| *Ranunculus bulbosus*, Knolliger Hahnenfuß | | 2 | | | |
| *Ranunculus polyanthemos* agg., Vielblüten-Hahnenfuß | | 2 | | | |
| **Resedaceae, Resedagewächse** | | | | | |
| *Reseda lutea*, Ruderal-Resede | 1 | 2 | | | |
| **Rosaceae, Rosengewächse** | | | | | |
| *Potentilla alba*, Weiß-Fingerkraut | (1) | 2 | | | |
| *Potentilla argentea*, Silber-Fingerkraut | 1 | 2 | | | sa |
| *Potentilla recta*, Hoch-Fingerkraut | 1 | 2 | | | |
| *Potentilla verna* agg., Frühlings-Fingerkraut | 1 | 2 | | | |
| *Fragaria vesca*, Wald-Erdbeere | | (2) | | 4 | S |
| *Fragaria viridis*, Knack-Erdbeere | | (2) | | 4 | |
| **Scrophulariaceae, Braunwurzgewächse** | | | | | |
| *Verbascum lychnitis*, Heide-Königskerze | 1 | | | | |
| *Verbascum phlomoides*, Gewöhnlich-Königskerze | 1 | | | | |
| *Verbascum speciosum*, Pracht-Königskerze | 1 | | | | |
| *Verbascum* spp., weitere Königskerzen-Arten | 1 | | | | |

**Anmerkungen:**

| | | | |
|---|---|---|---|
| | | w | stark wuchernd |
| | | k | kletternd |
| G | Gemüsebeet | r | rankend |
| F | Feuchstandorte | sa | Boden sauer |
| S | Schatten | ba | Boden basisch |

**Ausgewählte Pflanzenarten für Gärten und Parks zur Förderung der Wildbienen (Fortsetzung)**

# Artenporträts

**Familie: Apidae** (Anordnung der Gattungen nach Verwandtschaftsbeziehungen) Seite

**Inhaltsverzeichnis** ........ Seite

## EINLEITUNG

Der Artenteil behandelt alle heimischen Bienengattungen. Obwohl eine Vielzahl an Arten aufgenommen wurde, ist es nur ein Teil der heimischen Bienenvielfalt.

Vorgestellt werden Bienen mit auffälligeren Merkmalen oder spezialisiertem Blütenbesuch. Gattungen mit vielen, sehr ähnlichen Arten werden nur anhand einiger Spezies besprochen. Dies betrifft insbesondere artenreiche Gattungen wie Sandbienen (*Andrena*), Furchenbienen (*Halictus* und *Lasioglossum*), Wespenbienen (*Nomada*) und Maskenbienen (*Hylaeus*).

Die Fotos wurden so gewählt, dass sie wichtige Merkmale der jeweiligen Art zeigen. Behandelt werden meist nur die Weibchen, da sie für das Erkennen einer Art im Feld besser geeignet sind als die Männchen.

Das Buch ist kein Bestimmungsbuch, sondern ein Bildband über die heimischen Wildbienen. Bei den meisten Arten werden Merkmale angeführt, die das Erkennen im Feld erleichtern sollen. Eine sichere Bestimmung ist aber meist nur mit dem Binokular auf Basis der einschlägigen Literatur möglich.

### Schematischer Aufbau und Quellen

Die Artenporträts behandeln die Biologie (Pollenquellen, Nestbau, Kuckucksbienen bzw. Wirtsbeziehungen, Lebensraumpräferenzen, Flugzeit u.a.) und Verbreitung in prägnanter Form.

In den Kurztexten wird auf eine durchgängige, wissenschaftliche Zitierweise zugunsten einer besseren Lesbarkeit verzichtet. Die wichtigsten Quellen werden im Folgenden angeführt.

**Einleitende Gattungstexte:** Die Beschreibung der Merkmale und Angaben zur Biologie orientieren sich u.a. an Amiet & al. (1999, 2001, 2004, 2007, 2010), Scheuchl (1995, 2006), Schmid-Egger & Scheuchl (1997) sowie Scheuchl & Willner (2016). Im Text angeführt wird auch die empfohlene Bestimmungsliteratur zu den jeweiligen Gattungen.

**Wissenschaftliche und deutsche Namen:** Die Nomenklatur orientiert sich im Wesentlichen an der Checkliste Österreichs (Gusenleitner & al. 2012). Bei vielen Arten werden zudem Synonyme angegeben (http://fauna-eu.org). Die deutschen Namen sind Scheuchl & Willner (2016) entnommen.

**Kennzeichen:** Angeführt werden v.a. Merkmale, die auch ohne starke Vergrößerung sichtbar sind. Eine exakte Determination ist meist nur mit Binokular auf Basis der einschlägigen Bestimmungsliteratur möglich. Bei den Angaben zur Haarfärbung ist zu beachten, dass die Farben bei älteren Tieren stets verblassen. Die Merkmale der Männchen wurden nur in wenigen Fällen angeführt. Oft ist zur Bestimmung der Männchen die Präparation der Genitalien notwendig. Die Beschreibung der Merkmale orientiert sich an Amiet & al. (1999, 2001, 2004, 2007, 2010), Scheuchl (1995, 2006) und Schmid-Egger & Scheuchl (1997).

**Pollenquellen:** Bei den nestbauenden Bienen wird, je nach Spezialisierungsgrad beim Pollensammeln, unterschieden zwischen oligolektischen und polylektischen Arten. Für oligolektische Bienen finden sich zudem Angaben über die Hauptpollenquellen. Die Einstufungen basieren auf der Grundlage von Westrich (1990, 2017), Amiet & al. (1999, 2001, 2004, 2007, 2010), Müller & Kuhlmann (2008), Scheuchl & Willner (2016). Neben der angeführten Literatur sind bei einigen Arten auch eigene Beobachtungen zum Blütenbesuch eingeflossen.

**Nestbau**: Die Nistweise und das Sozialverhalten werden knapp umrissen. Grundlage für die Beschreibungen bilden u.a. Westrich (1990, 2017), Amiet & al. (1999, 2001, 2004, 2007, 2010) und Scheuchl & Willner (2016). Neben der angeführten Literatur sind auch eigene Beobachtungen zum Nestbau eingeflossen.

**Kuckucksbienen:** Erwähnt werden nur sichere Wirtsbeziehungen. Einbezogen wurden Veröffentlichungen von Westrich (1990), Amiet & al. (1999, 2001, 2004, 2007, 2010), Bogusch & al. (2006) und Scheuchl & Willner (2016).

**Lebensraum:** Angeführt werden die typischen Lebensräume einer bestimmten Art. Der Großteil der Bienen ist im Tief- und Hügelland verbreitet. Nur wenige Arten leben in Bereichen über 1000 Meter Seehöhe. Auf Höhenangaben der Verbreitung wurde verzichtet, da diese für die Nord- und Südalpen sehr unterschiedlich ausfallen. Bei Arten, die auch in höheren Gebirgslagen vorkommen, finden sich entsprechende Hinweise.

**Verbreitung:** Die Verbreitungsangaben berücksichtigen nur die Vorkommen in Österreich und den Nachbarstaaten. Eine großräumige Betrachtung der Verbreitungsgebiete wird aus Platzgründen ausgeklammert.
Maßgebliches Kriterium für die Verbreitung einer Art ist, ob es für ein bestimmtes Gebiet einen sicheren Nachweis gibt. Dieser kann auch lange Zeit zurückliegen und das Vorkommen kann in der Zwischenzeit bereits erloschen sein. Eingeflossen sind u.a. die Checklisten der unterschiedlichen Länder (Přidal 2004, Józan 2011, Gusenleitner & al. 2012, Scheuchl & Schwenninger 2015, Zettel & al. 2015, Gogala 2017) sowie Scheuchl & Willner (2016) und zahlreiche Veröffentlichungen über neuere Funde.

*Abkürzungen Nachbarstaaten*

DE Deutschland
CH Schweiz (inkl. Liechtenstein)
IT Italien
SL Slowenien
HU Ungarn
SK Slowakei
CZ Tschechien

*Abkürzungen Bundesländer*

B Burgenland
K Kärnten
N Niederösterreich
O Oberösterreich
S Salzburg
St Steiermark
T Tirol
V Vorarlberg
W Wien

**Flugzeit**: Angegeben wird die typische Zeitspanne des Auftretens einer Art. Bei Arten mit einer zweiten Generation werden die Zeiträume getrennt angeführt. Bei Arten mit Überwinterung wird die Flugzeit im Folgejahr und das Erscheinen der neuen Generation angegeben. Bei Hummeln wird erwähnt, wann die überwinternden Königinnen im Folgejahr erscheinen und wann die Drohnen und Jungköniginnen schlüpfen.

**Häufigkeit:** Die Einstufung bezieht sich auf Österreich und ist eine subjektive Einschätzung auf Basis eigener Erfahrungen und der Befragung von Experten (u.a. A.W. Ebmer, J. Neumayer, H. Zettel)

## Körperbau der Bienen

Der Bienenkörper gliedert sich in drei Teile, den Kopf, die Brust (Thorax und Propodeum) und den Hinterleib. Die Körperhülle besteht aus Chitinringen. Sie bilden das äußere Stützskelett, mit dem alle Muskeln verbunden sind. Der Hinterleib der Biene besteht aus Segmenten, die beweglich sind.

Am Brustteil befinden sich vier Flügel und sechs Beine, die aus mehreren Gliedern bestehen.

Am Kopf befinden sich zwei Komplexaugen. Zudem haben Bienen auf der Stirn drei Punktaugen (Ocellen), die zum Messen der Helligkeit dienen.

Nestbauende Weibchen besitzen Vorrichtungen zum Pollentransport (Beinsammler, Bauchsammler und Kropfsammler).

Um die Beschreibungen im Artenteil auch für Laien leicht lesbar zu gestalten, wurden nur die wirklich notwendigen Fachbegriffe verwendet.

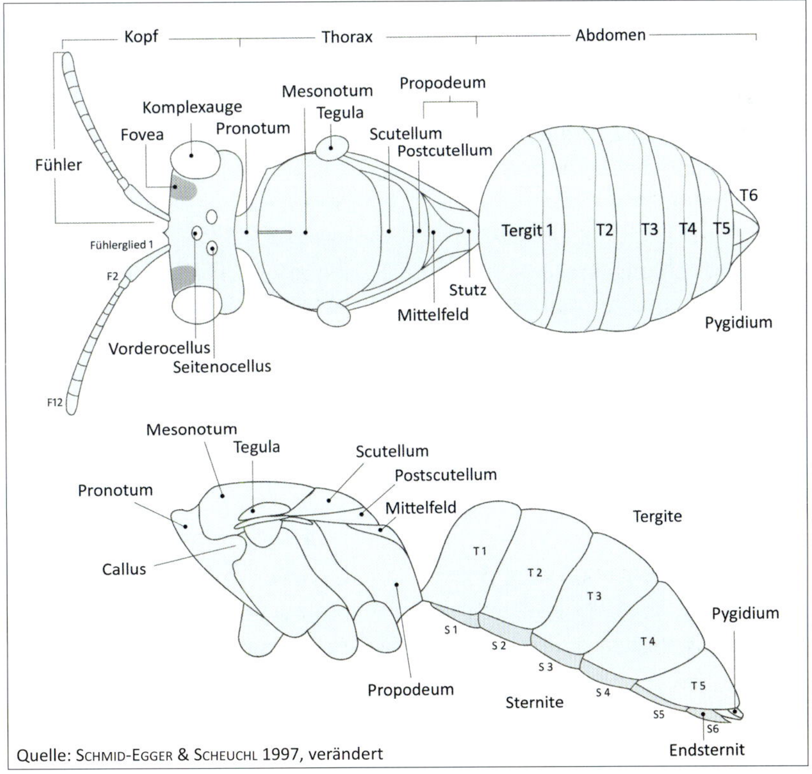

Quelle: Schmid-Egger & Scheuchl 1997, verändert

**Körperbau der Bienen**

## SUCHHILFE FÜR LAIEN ZUM AUFFINDEN DER RICHTIGEN GATTUNG

Auf die Einbeziehung eines Gattungsschlüssels wird verzichtet, da es für eine Anfängerin/einen Anfänger nicht einfach ist, die entsprechenden Merkmale zu erkennen. Um ihr/ihm die Orientierung im Buch zu erleichtern, werden die Gattungen in mehrere Gruppen gegliedert, die die Suche vereinfachen sollen. Geordnet wird nach den Sammeleinrichtungen der Weibchen und der Zahl der Cubitalzellen im Vorderflügel. Innerhalb der Gruppen sind die Gattungen nach dem jeweiligen Artenreichtum gereiht, sodass man mit etwas Blättern rasch bei der richtigen Gattung landet und die Suche dann im entsprechenden Kapitel fortsetzen kann.

Kann man die Sammeleinrichtungen nicht erkennen (z.B. bei Kropfsammlerbienen oder Kuckucksbienen), lässt sich das Geschlecht einer Biene fast immer über die Zahl der Fühlerglieder eruieren (Weibchen haben 12 Fühlerglieder, Männchen 13).

Mit etwas Übung lassen sich die Arten aufgrund ihrer äußeren Erscheinung einer bestimmten Gattung zuordnen, sodass dieser etwas mühsame Prozess entfällt.

### 3 Cubitalzellen im Vorderflügel

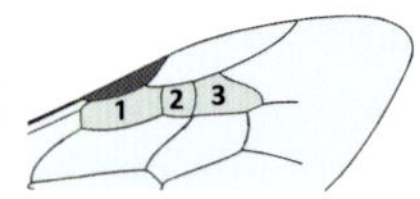


Beinsammlerbienen mit 3 Cubitalzellen und „Furche" am Hinterleibsende

Schmalbienen, S. 277
Furchenbienen, S. 259

Beinsammlerbienen mit 3 Cubitalzellen und hummelartigem Aussehen

Hummeln, Kuckuckshummeln, S. 197
Pelzbienen, Bindenpelzbienen, S. 188
Holzbienen, S. 194

Weitere Beinsammlerbienen mit 3 Cubitalzellen:

Sandbienen, S. 154
Seidenbienen, S. 231
Langhornbienen (*Tetralonia*), S. 357
Sägehornbienen, S. 302
Spiralhornbienen, S. 355
Steppenbienen, S. 315
Schwebebienen, S. 306
Schienenbienen, S. 341
Honigbienen, S. 194

Kropfsammlerbienen (ohne Sammelbürste) mit 3 Cubitalzellen:

Keulhornbienen, S. 217

Kuckucksbienen mit 3 Cubitalzellen:

Wespenbienen, S. 307
Blutbienen, S. 345
Filzbienen, S. 250
Trauerbienen, S. 300
Fleckenbienen, S. 362
Schmuckbienen, S. 249

### 2 Cubitalzellen im Vorderflügel

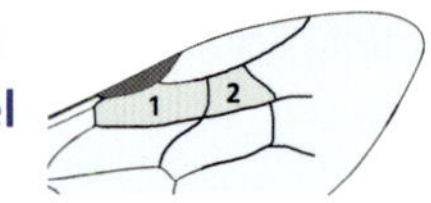


Beinsammlerbienen mit 2 Cubitalzellen:

Langhornbienen (*Eucera*), S. 254
Hosenbienen, S. 241
Zottelbienen, S. 339
Schenkelbienen, S. 287
Scheinlappenbienen, S. 338
Buntbienen, S. 215
Schlürfbienen und Graubienen, S. 342
Glanzbienen, S. 247
(Sandbiene *Andrena lagopus*)

Bauchsammlerbienen mit 2 Cubitalzellen:

Mauerbienen, S. 317
Battschneider- u. Mörtelbienen, S. 289
Woll- und Harzbienen, S. 181
Scherenbienen, S. 220
Löcherbienen, S. 268
Steinbienen, S. 285

Kropfsammlerbienen (ohne Sammelbürste) mit 2 Cubitalzellen:

Maskenbienen, S. 271

Kuckucksbienen mit 2 Cubitalzellen:

Kegelbienen, S. 224
Düsterbienen, S. 350
Zweizahnbienen, S. 244
Kraftbienen, S. 195
Sandgängerbienen, S. 151
Kurzhornbienen, S. 340
Steppenglanzbienen, S. 153

Anm.: Suchhilfe nur für ♀

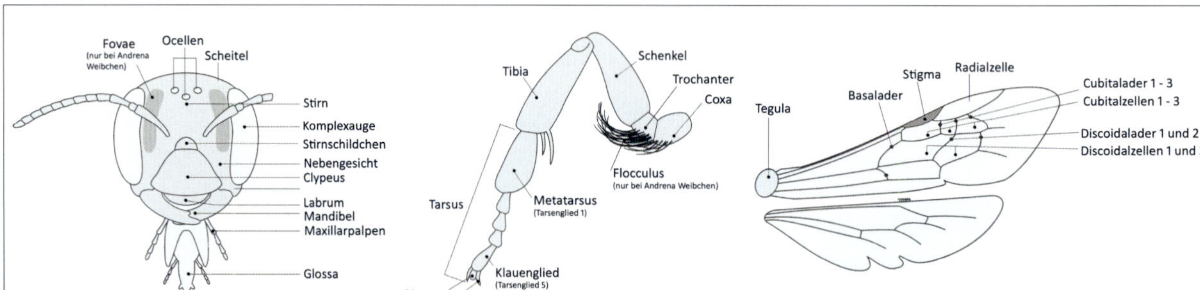


Quelle: Schmid-Egger & Scheuchl 1997, verändert

**Körperbau der Bienen**

***Ammobates vinctus***
**Kleine Sandgänger-biene, Weibchen**

## *AMMOBATES* SANDGÄNGERBIENEN

Die Gattungen *Ammobates, Pasites* und *Parammobatodes* sind eng miteinander verwandt. Aus diesem Grund herrschte über den systematischen Status der Gattung lange Zeit Unklarheit.

**Kennzeichen:** Kleine Bienen, Körper gedrungen. Vorderflügel mit zwei, etwa gleich großen Cubitalzellen. Radialzelle abgestutzt oder abgerundet, mit Anhangzelle. Scutellum gehöckert. Kopf und Thorax schwarz gefärbt, die ersten Tergite und Sternite meist rot. Weiße Filzflecken auf Thorax und Tergiten. Das sechste Sternit der Weibchen zu einer deutlichen Gabel reduziert. Keine Sammelhaare. Männchen mit 13 Fühlergeißelgliedern (bei *Pasites* 12). Bestimmung: Scheuchl (2000), Amiet & al. (2007)

In Österreich 2 Arten (DE: 1, CH: 1)

**Biologie:** Sandgängerbienen sind Kuckucksbienen, die im einen Fall bei Pelzbienen (*Anthophora*), im anderen bei Langhornbienen (*Tetralonia*) parasitieren. Eine Generation pro Jahr, die im Sommer aktiv ist.

### *Ammobates punctatus* (Fabricius, 1804) Große Sandgängerbiene

**Kennzeichen:** 7–8 mm. Hinterleib des Weibchens an der Basis rot und an der Hinterleibsspitze schwarz gefärbt. Bei manchen Tieren ist der gesamte Hinterleib stark verdunkelt. Die Tergite 2–5 weisen auffällige breite Haarflecken auf, die auf den Tergiten 4–5 durchgängig sind.

**Lebensräume:** Sanddünen, Flugsandgebiete, Sandbrachen und Sandgruben. Die Große Sandgängerbiene sucht hier u.a. an schütter bewachse-

***Ammobates punctatus***
**Große Sandgängerbiene, Weibchen (l.) Männchen (r.)**

***Ammobates vinctus***
**Kleine Sandgängerbiene, Männchen (l., r.o) Weibchen (r.u.)**

nen Bodenstellen nach den Nestern ihres Wirts. Zum Nektartrinken nutzt sie meist auch die Futterpflanzen ihres Wirts.
**Wirte:** Pelzbiene *Anthophora bimaculata*
**Verbreitung:** Nachbarländer: DE, CH, IT, HU, SK, CZ; Österreich: B, K, N, St, W
**Flugzeit:** VI–VIII
**Häufigkeit:** selten

### *Ammobates vinctus* Gerstaecker, 1869
### Kleine Sandgängerbiene

**Kennzeichen:** 7–8 mm. Im Gegensatz zur Großen Sandgängerbiene ist beim Weibchen der gesamte Hinterleib rot gefärbt. Die Tergite 4–5 weisen durchgängige weiße Haarbinden auf. Das letzte Tergit hat eine abstehende, dunkle Behaarung.
**Lebensräume:** in Abhängigkeit von der Wirtsart in trockenen oder mäßig feuchten Lebensräumen. Die Kleine Sandgängerbiene sucht hier u.a. an schütter bewachsenen Bodenstellen nach den Nestern ihres Wirts. Zum Nektartrinken nutzt sie meist auch dessen Futterpflanzen.
**Wirte:** Langhornbienen *Tetralonia alticincta, T. dentata* und *T. fulvescens*
**Verbreitung:** Nachbarländer: IT, HU, SK; Österreich: B, N
**Flugzeit:** VI–VIII
**Häufigkeit:** sehr selten

***Ammobatoides abdominalis***
**Steppenglanzbiene, Männchen (l.o., l. Mitte) Weibchen (l.u., r.)**

## *AMMOBATOIDES* STEPPENGLANZBIENEN

**Kennzeichen:** Mittelgroße Bienen. Drittes Fühlerglied etwa so lang wie der Fühlerschaft. Vorderflügel mit zwei Cubitalzellen, wobei die erste wesentlich größer als die zweite ist. Radialzelle am Ende abgerundet, ohne Anhangzelle. Die Tergite teilweise mit filzigen Endbinden. Die Weibchen mit fünf sichtbaren Sterniten, das sechste, meist nicht sichtbar, gegabelt und die Enden mit krallenartigen Anhängen. Keine Sammelhaare. Das siebte Tergit der Männchen mit schmaler, vorragender Pygidialplatte. Bestimmung: Scheuchl (2000), Amiet & al. (2007)

In Österreich 1 Art (DE: 1, CH: 0)

**Biologie:** Die Steppenglanzbiene schmarotzt bei Schwebebienen (*Melitturga*). Eine Generation pro Jahr, die im Sommer aktiv ist.

### ***Ammobatoides abdominalis*** (Eversmann, 1852) **Steppenglanzbiene**

**Kennzeichen:** 10–12 mm. Die Färbung der Geschlechter unterscheidet sich stark: Der Hinterleib des Weibchens ist mit Ausnahme der Hinterleibspitze rot gefärbt. Die Männchen sind ganz schwarz.
**Lebensräume:** unterschiedliche Trockenstandorte, wo ihr Wirt, die Schwebebiene *Melitturga clavicornis*, noch größere Bestände hat. Zum Schlafen beißen sich beide Geschlechter mit ihren Mandibeln an Grashalmen fest.
**Wirte:** Schwebebiene *Melitturga clavicornis*
**Verbreitung:** Nachbarländer: IT, HU, SK; Österreich: B, N; die letzten Funde liegen etwa 70 Jahre zurück.
**Flugzeit:** VI–VIII
**Häufigkeit:** sehr selten

***Andrena vaga***
**Große Weiden-Sandbiene, Weibchen**

## *ANDRENA* SANDBIENEN

Kennzeichen: Kleine, mittelgroße oder große Bienen. Vorderflügel mit drei Cubitalzellen, die erste am größten, die mittlere am kleinsten (Ausnahme *A. lagopus* mit nur zwei Cubitalzellen). Basalader gerade. Radialzelle zugespitzt, die Spitze liegt am vorderen Flügelrand. Weibchen haben im Gegensatz zu allen anderen Bienenarten innen neben den Augen je eine samtartig behaarte flache Grube (Fovea facialis). Hinterbeine im Bereich der Tibien mit Sammelbürste (Scopa) und an der Basis mit auffälliger Haarlocke (Flocculus). Männchen meist schlank, einige Arten mit hell geflecktem Gesicht oder stark verlängerten Mandibeln. Bestimmung: Schmid-Egger & Scheuchl (1997), Amiet & al. (2010)

In Österreich 143 Arten (DE: 126, CH: 123)

Sandbienen bilden eine besonders artenreiche Gattung. Die Bestimmung ist oft schwierig, da viele Arten über keine ausgeprägten Strukturmerkmale verfügen. Im Folgenden werden vor allem Arten mit auffälligeren Merkmalen oder spezialisiertem Blütenbesuch vorgestellt.

Biologie: Die Weibchen graben die Nester meist an vegetationslosen bis wenig bewachsenen Bodenstellen. Einige Arten nisten bevorzugt in lockerem Sand. Die meisten Sandbienen sind Frühjahrsarten und haben nur eine Generation pro Jahr. Es gibt aber auch Sommerarten und Arten mit einer partiellen zweiten Generation. Etwa 40 Prozent der heimischen Sandbienen sind beim Blütenbesuch spezialisiert (oligolektisch). Als Kuckucksbienen treten unterschiedliche Wespenbienen (*Nomada*) und Blutbienen (*Sphecodes*) auf.

### *Andrena agilissima* (Scopoli, 1770)
### Senf-Blauschillersandbiene

**Kennzeichen:** Weibchen 13–15 mm. Beide Geschlechter durch den spezialisierten Blütenbesuch, die verdunkelten Flügel, den schwarzen Hinterleib und die weißen Haarflecken an den Tergiten 3–5 bereits im Feld erkennbar.
**Pollenquellen:** oligolektisch, sammelt auf Kreuzblütlern (Brassicaceae), gelegentlich auch auf Resede (*Reseda*)
**Nestbau:** gräbt Nester an schütter bewachsenen Bodenstellen
**Lebensräume:** Magerwiesen, blütenreiche Wegränder, Sand- und Lösslebensräume
**Kuckucksbienen:** Wespenbiene *Nomada melathoracica*
**Verbreitung:** Nachbarländer: DE, CH, IT, SL, HU, SK, CZ; Österreich: B, K, N, O, S, St, T, W
**Flugzeit:** V–VI
**Häufigkeit:** mäßig häufig

***Andrena agilissima***
**Senf-Blauschiller-sandbiene, Weibchen**

***Andrena agilissima***
**Senf-Blauschiller-sandbiene, Männchen**

### *Andrena apicata* Smith, 1847
### Dunkle Lockensandbiene

**Kennzeichen:** Weibchen 12–13 mm. Behaarung am Thorax braungelb, auf den Tergiten 1–3 gelbbraun, 4–6 schwarz. Scopa zweifarbig, außen schwarzbraun, innen gelbbraun. Im Feld nicht von ähnlichen Sandbienen-Arten unterscheidbar.
**Pollenquellen:** oligolektisch, sammelt auf Weiden (*Salix* sp.)
**Nestbau:** gräbt Nester an schütter bewachsenen Bodenstellen
**Lebensräume:** lichte Wälder, Waldränder
**Kuckucksbienen:** Wespenbienen *Nomada leucophthalma* und *N. ferruginata*
**Verbreitung:** Nachbarländer: DE, CH, IT, SL, HU, SK, CZ; Österreich: alle Bundesländer
**Flugzeit:** II–V
**Häufigkeit:** mäßig häufig

***Andrena apicata***
**Dunkle Lockensandbiene, Weibchen**

***Andrena barbilabris***
**Bärtige Sandbiene, Weibchen (l.) Männchen (r.)**

***Andrena bicolor***
**Zweifarbige Sandbiene, Weibchen (l., r.)**

## *Andrena barbilabris* (Kirby, 1802)
## Bärtige Sandbiene

Kennzeichen: Weibchen 9–12 mm. Behaarung vorwiegend gelbbraun, am Kopf und Thorax braun bis rotbraun. Scopa zweifarbig, weißlich und dunkelbraun. Endbinden schmal. Im Feld nicht von ähnlichen Sandbienen unterscheidbar.
Pollenquellen: polylektisch
Nestbau: gräbt Nester an unbewachsenen Bodenstellen, vorzugsweise im losen, unbefestigten Sand
Lebensräume: Sandlebensräume, Sandgruben, Ruderalstandorte
Kuckucksbienen: Wespenbienen *Nomada alboguttata* und *N. baccata*, Blutbienen *Sphecodes pellucidus* und *S. reticulatus*
Verbreitung: Nachbarländer: DE, CH, IT, SL, HU, SK, CZ; Österreich: alle Bundesländer
Flugzeit: III–V, zweite Generation VI–VII
Häufigkeit: häufig

## *Andrena bicolor* Fabricius, 1775
## Zweifarbige Sandbiene

Kennzeichen: Weibchen 8–10 mm. Behaarung vorwiegend schwarz, auf dem Thoraxrücken und den ersten Tergiten rotbraun. Endfranse schwarz. Scopa braungelb. Frisch geschlüpfte Tiere im Feld erkennbar.
Pollenquellen: polylektisch
Nestbau: gräbt Nester an schütter bewachsenen Bodenstellen
Lebensräume: keine Bindung an einen bestimmten Lebensraumtyp
Kuckucksbienen: Wespenbiene *Nomada fabriciana* und Blutbiene *Sphecodes ephippius*
Verbreitung: Nachbarländer: DE, CH, IT, SL, HU, SK, CZ; Österreich: alle Bundesländer
Flugzeit: III–V, zweite Generation VI–VIII
Häufigkeit: mäßig häufig

***Andrena chrysopus***
**Spargel-Sandbiene, Weibchen (l., r.)**

***Andrena chrysopyga***
**Goldafter-Bindensandbiene, Weibchen (l., r.)**

## *Andrena chrysopus* Pérez, 1903
## Spargel-Sandbiene

Kennzeichen: Weibchen 8–10 mm. Behaarung gelbbraun, auf Thoraxseiten und Propodeum weiß. Endfranse und Scopa gelb. Tergite mit breiten weißen Haarbinden. Aufgrund des spezialisierten Blütenbesuchs und der genannten Merkmale im Feld erkennbar.
Pollenquellen: oligolektisch, sammelt auf Spargel (*Asparagus*)
Nestbau: gräbt Nester an schütter bewachsenen Bodenstellen, vorzugsweise Sandböden
Lebensräume: Sandlebensräume, Trockenstandorte
Kuckucksbienen: unbekannt
Verbreitung: Nachbarländer: DE, CH, IT, SL, HU, SK, CZ; Österreich: B, N, W
Flugzeit: V–VI
Häufigkeit: selten

## *Andrena chrysopyga* Schenck, 1853
## Goldafter-Bindensandbiene

Kennzeichen: Weibchen 12–14 mm. Behaarung vorwiegend weiß, auf den Scheiben der Tergite 3–4 schwarz. Endfranse und Scopa goldgelb. Tergite 2–4 mit durchgehenden weißen Haarbinden. Im Feld nicht von ähnlichen Sandbienen unterscheidbar.
Pollenquellen: polylektisch
Nestbau: gräbt Nester an schütter bewachsenen Bodenstellen
Lebensräume: unterschiedliche Trockenstandorte, Magerrasen, Sandlebensräume
Kuckucksbienen: Wespenbiene *Nomada mutabilis*, möglicherweise auch andere *Nomada*- und *Sphecodes*-Arten
Verbreitung: Nachbarländer: DE, CH, IT, SL, HU, SK, CZ; Österreich: B, N, O, St, W
Flugzeit: IV–VI
Häufigkeit: selten

***Andrena cineraria***
**Grauschwarze Düstersandbiene, Weibchen (l., r.)**

***Andrena clarkella***
**Rotbeinige Lockensandbiene, Weibchen (l., r.)**

## *Andrena cineraria* (Linnaeus, 1758) Grauschwarze Düstersandbiene

**Kennzeichen:** Weibchen 13–14 mm. Behaarung vorwiegend schwarz. Thoraxbeginn und -ende mit grauen Haaren. Scopa und Endfranse schwarz. Im Gegensatz zu *A. danuvia* nicht metallisch blau glänzend.
**Pollenquellen:** polylektisch
**Nestbau:** gräbt Nester an schütter bewachsenen Bodenstellen
**Lebensräume:** keine Bindung an einen bestimmten Lebensraumtyp, vom Tiefland bis in höhere Lagen
**Kuckucksbienen:** Wespenbienen *Nomada lathburiana und N. goodeniana*
**Verbreitung:** Nachbarländer: DE, CH, IT, SL, HU, SK, CZ; Österreich: B, K, N, O, S, St, T, V, W?
**Flugzeit:** III–V
**Häufigkeit:** häufig

## *Andrena clarkella* (Kirby, 1802) Rotbeinige Lockensandbiene

**Kennzeichen:** Weibchen 12–13 mm. Behaarung vorwiegend schwarz, Thoraxrücken rotbaun. Scopa goldgelb, Endfranse schwarz. Tergite lang und dicht behaart. Tibien und Tarsen der Hinterbeine orange. Dank des spezialisierten Blütenbesuchs und der angeführten Merkmale im Feld erkennbar.
**Pollenquellen:** oligolektisch, sammelt auf Weiden (*Salix*)
**Nestbau:** gräbt Nester an schütter bewachsenen Bodenstellen
**Lebensräume:** Waldsäume, Lichtungen, vom Tiefland bis in höhere Lagen
**Kuckucksbienen:** Wespenbiene *Nomada leucophthalma*
**Verbreitung:** Nachbarländer: DE, CH, IT, SL, HU, SK, CZ; Österreich: alle Bundesländer
**Flugzeit:** III–V
**Häufigkeit:** mäßig häufig

**_Andrena curvungula_ Braune Schuppensandbiene, Weibchen (l., r.)**

**_Andrena danuvia_ Donau-Düstersandbiene, Männchen (l.) Weibchen (r.)**

### *Andrena curvungula* Thomson, 1870
### Braune Schuppensandbiene

**Kennzeichen:** Weibchen 12–13 mm. Thoraxrücken rostbraun beschuppt. Scopa gelb, Endfranse rotbraun. Tergite 2–4 mit weißen Binden, 2 und 3 in der Mitte unterbrochen. Dank des spezialisierten Blütenbesuchs nur mit *Andrena pandellei* und *A. paucisquama* zu verwechseln.
**Pollenquellen:** oligolektisch, sammelt auf Glockenblumen (*Campanula*)
**Nestbau:** gräbt Nester an schütter bewachsenen Bodenstellen
**Lebensräume:** Magerrasen, Extensivgrünland, Waldsäume
**Kuckucksbienen:** Wespenbiene *Nomada braunsiana*
**Verbreitung:** Nachbarländer: DE, CH, IT, HU, SK, CZ; Österreich: B, K, N, O, St, T, W
**Flugzeit:** V–VII
**Häufigkeit:** mäßig häufig

### *Andrena danuvia* Stöckhert, 1950
### Donau-Düstersandbiene

**Kennzeichen:** Weibchen 12–14 mm. Behaarung vorwiegend schwarz. Thoraxbeginn und -ende mit grauen Haaren. Scopa und Endfranse schwarz. Im Gegensatz zu *A. cineraria* Hinterleib metallisch blau glänzend und schwarze Thoraxbinde schmäler
**Pollenquellen:** polylektisch, nutzt v.a. frühblühende Gehölze wie Ahorn (*Acer*)
**Nestbau:** gräbt Nester an schütter bewachsenen Bodenstellen
**Lebensräume:** unterschiedliche Trockenstandorte, Parks, Gärten, Straßenböschungen
**Kuckucksbienen:** Wespenbienen *Nomada lathburiana* und *N. goodeniana*
**Verbreitung:** Nachbarländer: IT, HU, SK, CZ; Österreich: N, W
**Flugzeit:** III–V
**Häufigkeit:** häufig, im Wiener Raum sehr häufig

***Andrena dorsata***
**Rotbeinige Körbchensandbiene, Weibchen**

***Andrena flavipes***
**Gewöhnliche Bindensandbiene, Weibchen**

***Andrena florea***
**Zaunrüben-Sandbiene, Weibchen (l.) Männchen (r.)**

### *Andrena dorsata* (Kirby, 1802) Rotbeinige Körbchensandbiene

**Kennzeichen:** Weibchen 9–10 mm. Behaarung vorwiegend gelbbraun, auf Thoraxrücken rotbraun. Endfranse hellbraun. Scopa außen gelb bis braun. Tergite 2–4 mit schmalen weißen Endbinden. Tarsen der Hinterbiene orange. Im Feld nicht sicher von ähnlichen Sandbienen unterscheidbar.
**Pollenquellen:** polylektisch
**Nestbau:** gräbt Nester an schütter bewachsenen Bodenstellen
**Lebensräume:** weites Lebensraumspektrum, Magerrasen, Waldränder
**Kuckucksbienen:** Wespenbiene *Nomada zonata*
**Verbreitung:** Nachbarländer: DE, CH, IT, SL, HU, SK, CZ; Österreich: alle Bundesländer
**Flugzeit:** IV–V, zweite Generation VI–VIII
**Häufigkeit:** mäßig häufig

### *Andrena flavipes* Panzer, 1799 Gewöhnliche Bindensandbiene

**Kennzeichen:** Weibchen 11–12 mm. Behaarung vorwiegend braungelb oder grau. Endfranse dunkel. Aufgrund der durchgängigen, breiten Tergitbinden in Mitteleuropa im Feld nur mit *Anderea gravida* zu verwechseln. Diese hat jedoch eine weiße Behaarung am Kopf und fliegt nur im zeitigen Frühjahr.
**Pollenquellen:** polylektisch
**Nestbau:** gräbt Nester an schütter bewachsenen Bodenstellen
**Lebensräume:** weites Lebensraumspektrum
**Kuckucksbienen:** Wespenbiene *Nomada fucata*
**Verbreitung:** Nachbarländer: DE, CH, IT, SL, HU, SK, CZ; Österreich: alle Bundesländer
**Flugzeit:** III–V, zweite Generation VI–IX
**Häufigkeit:** sehr häufig

### *Andrena florea* Fabricius, 1793 Zaunrüben-Sandbiene

**Kennzeichen:** Weibchen 11–12 mm. Behaarung vorwiegend braungelb, im Gesicht seitlich und oben sowie auf den Tergiten 3–5 schwarz. Endfranse

schwarz. Scopa zweifarbig, schwarz und weiß. Aufgrund des spezialisierten Blütenbesuchs und des teilweise rot gefärbten Hinterleibs (Ausmaß kann variieren) bereits im Feld erkennbar.
**Pollenquellen:** oligolektisch, sammelt auf Zaunrübe (*Bryonia*)
**Nestbau:** gräbt Nester an schütter bewachsenen Bodenstellen
**Lebensräume:** Gärten, Brachflächen und andere Standorte mit Zaunrübe
**Kuckucksbienen:** unbekannt
**Verbreitung:** Nachbarländer: DE, CH, IT, SL, HU, SK, CZ; Österreich: B, N, O, St, W
**Flugzeit:** V–VIII
**Häufigkeit:** mäßig häufig

### *Andrena fulva* (Müller, 1766)
### Fuchsrote Lockensandbiene

**Kennzeichen:** Weibchen 12–14 mm. Thoraxrücken und Abdomen lang und dicht rotbraun behaart. Kopf und Thoraxseiten vorwiegend schwarz behaart. Scopa und Endfranse schwarz. Dank dieser Merkmale ist das Weibchen bereits im Feld erkennbar.
**Pollenquellen:** polylektisch, häufig auf Johannisbeeren (*Ribes*) und Berberitze (*Berberis vulgaris*)
**Nestbau:** gräbt Nester an schütter bewachsenen Bodenstellen
**Lebensräume:** weites Lebensraumspektrum, Gärten, Waldränder
**Kuckucksbienen:** Wespenbienen *Nomada signata* und *N. panzeri*
**Verbreitung:** Nachbarländer: DE, CH, IT, SL, HU, SK, CZ; Österreich: alle Bundesländer
**Flugzeit:** III–V
**Häufigkeit:** mäßig häufig

### *Andrena fuscipes* (Kirby, 1802)
### Heidekraut-Sandbiene

**Kennzeichen:** Weibchen 9–11 mm. Behaarung lang, gelbbraun, auf dem Thoraxrücken braun. Endfranse dunkelbraun. Scopa zweifarbig, braun und weiß. Aufgrund der späten Flugzeit und des spezialisierten Blütenbesuchs bereits im Feld erkennbar.
**Pollenquellen:** oligolektisch, sammelt auf Heidekraut (*Calluna vulgaris*)
**Nestbau:** gräbt Nester an schütter be-

***Andrena fulva***
**Fuchsrote Lockensandbiene, Weibchen**

***Andrena fulva***
**Fuchsrote Lockensandbiene, Weibchen**

***Andrena fuscipes***
**Heidekraut-Sandbiene, Weibchen**

***Andrena gravida***
**Weiße Bindensandbiene, Weibchen**

***Andrena gravida***
**Weiße Bindensandbiene, Weibchen (l.)**

***Andrena haemorrhoa***
**Rotschopfige Sandbiene, Männchen (r.)**

***Andrena haemorrhoa***
**Rotschopfige Sandbiene, Weibchen**

wachsenen Bodenstellen, vorzugsweise in Sandböden
**Lebensräume:** lichte Wälder und andere Standorte mit Heidekraut
**Kuckucksbienen:** Wespenbiene *Nomada rufipes*
**Verbreitung:** Nachbarländer: DE, CH, IT, SL, HU, SK, CZ; Österreich: B, K, N, O, S, St, T
**Flugzeit:** VIII–IX
**Häufigkeit:** mäßig häufig

## *Andrena gravida* IMHOFF, 1832
## Weiße Bindensandbiene

**Kennzeichen:** Weibchen 12–14 mm. Behaarung vorwiegend weiß. Aufgrund der durchgängigen, breiten Tergitbinden und der frühen Flugzeit in Mitteleuropa im Feld nur mit *Andrena flavipes* zu verwechseln. Diese hat jedoch eine bräunliche Behaarung am Kopf.
**Pollenquellen:** polylektisch
**Nestbau:** gräbt Nester an schütter bewachsenen Bodenstellen
**Lebensräume:** weites Spektrum
**Kuckucksbienen:** Wespenbiene *Nomada fucata*
**Verbreitung:** Nachbarländer: DE, CH, IT, SL, HU, SK, CZ; Österreich: alle Bundesländer
**Flugzeit:** III–V
**Häufigkeit:** sehr häufig

## *Andrena haemorrhoa* (FABRICIUS, 1781)
## Rotschopfige Sandbiene

**Kennzeichen:** Weibchen 10–12 mm. Behaarung vorwiegend weiß, auf dem Thoraxrücken (kurz und dicht) rotbraun. Hinterleib weitgehend kahl. Endfranse orange. Scopa zweifarbig, gelb und weiß. Tibien und Tarsen der Hinterbeine gelborange. Weibchen aufgrund dieser Merkmale und der frühen Flugzeit im Feld erkennbar.
**Pollenquellen:** polylektisch
**Nestbau:** gräbt Nester an schütter bewachsenen Bodenstellen, vorzugsweise in Sandböden
**Lebensräume:** weites Lebensraumspektrum
**Kuckucksbienen:** Wespenbiene *Nomada ruficornis* und möglicherweise auch *N. moeschleri*

**Verbreitung:** Nachbarländer: DE, CH, IT, SL, HU, SK, CZ; Österreich: alle Bundesländer
**Flugzeit:** III–VI
**Häufigkeit:** häufig

### *Andrena hattorfiana* (Fabricius, 1775) Knautien-Sandbiene

**Kennzeichen:** Weibchen 14–16 mm. Behaarung vorwiegend weißlich. Endfranse orangegelb. Tergite 1 und 2 meist hellrot gefärbt, ab Tergit 3 schwarz. Tergitbinden 2–4 unterbrochen. Weibchen aufgrund des spezialisierten Blütenbesuchs und der angeführten Merkmale im Feld erkennbar.
**Pollenquellen:** oligolektisch, sammelt auf Kardengewächsen (Dipsacaceae), insbesondere auf Knautie (*Knautia*)
**Nestbau:** gräbt Nester an schütter bewachsenen Bodenstellen
**Lebensräume:** Magerwiesen, Extensivgrünland, Waldränder; vom Tiefland bis in höhere Lagen
**Kuckucksbienen:** Wespenbiene *Nomada armata*
**Verbreitung:** Nachbarländer: DE, CH, IT, SL, HU, SK, CZ; Österreich: alle Bundesländer
**Flugzeit:** VI–VIII
**Häufigkeit:** mäßig häufig

### *Andrena humilis* Imhoff, 1832 Gewöhnliche Dörnchensandbiene

**Kennzeichen:** Weibchen 10–12 mm. Behaarung braungelb. Endfranse und Scopa gelbbraun. Weibchen im Feld nicht sicher von ähnlichen Sandbienen (z.B. *Andrena taraxaci*) unterscheidbar.
**Pollenquellen:** oligolektisch, sammelt auf Korbblütlern (Asteraceae) der Unterfamilie Cichorioideae wie Pippau (*Crepis*), Habichtskräuter (*Hieracium*), Ferkelkraut (*Hypochaeris*) oder Löwenzahn (*Leontodon*)
**Nestbau:** gräbt Nester an schütter bewachsenen Bodenstellen
**Lebensräume:** Lichtungen, Waldränder, Magerwiesen; vom Tiefland bis in höhere Lagen
**Kuckucksbienen:** Wespenbienen *Nomada femoralis, N. integra, N. stigma* und möglicherweise *N. facilis*

***Andrena hattorfiana***
**Knautien-Sandbiene, Weibchen**

***Andrena hattorfiana***
**Knautien-Sandbiene, Männchen**

***Andrena humilis***
**Gewöhnliche Dörnchensandbiene, Weibchen**

***Andrena labiata***
**Rote Ehrenpreis-Sandbiene, Weibchen**

***Andrena labiata***
**Rote Ehrenpreis-Sandbiene, Weibchen (l.)**

***Andrena lapponica***
**Heidelbeer-Lockensandbiene, Weibchen (r.)**

***Andrena lapponica***
**Heidelbeer-Lockensandbiene, Weibchen**

**Verbreitung:** Nachbarländer: DE, CH, IT, SL, HU, SK, CZ; Österreich: alle Bundesländer
**Flugzeit:** IV–VII
**Häufigkeit:** häufig

## *Andrena labiata* Fabricius, 1781
## Rote Ehrenpreis-Sandbiene

**Kennzeichen:** Weibchen 8–10 mm. Behaarung vorwiegend weißlich, auf dem Thoraxrücken bräunlich. Endfranse braun. Scopa zweifarbig, dunkelbraun und weiß. Tergite 2 und 3 hellrot gefärbt, restliche Tergite schwarz. Weibchen aufgrund der angeführten Merkmale nur mit der sehr früh fliegenden *Andrena potentillae* zu verwechseln.
**Pollenquellen:** polylektisch
**Nestbau:** gräbt Nester an schütter bewachsenen Bodenstellen
**Lebensräume:** unterschiedliche Trockenstandorte, Magerwiesen; vom Tiefland bis in höhere Lagen
**Kuckucksbienen:** Wespenbiene *Nomada guttatula*
**Verbreitung:** Nachbarländer: DE, CH, IT, SL, HU, SK, CZ; Österreich: alle Bundesländer
**Flugzeit:** IV–VI
**Häufigkeit:** mäßig häufig

## *Andrena lapponica* Zetterstedt, 1838
## Heidelbeer-Lockensandbiene

**Kennzeichen:** Weibchen 12–13 mm. Behaarung vorwiegend braunschwarz, auf dem Thoraxrücken braungelb. Endfranse schwarz. Scopa zweifarbig, schwarz und weiß. Im Feld nicht sicher von ähnlichen Sandbienen unterscheidbar.
**Pollenquellen:** oligolektisch, sammelt auf unterschiedlichen Heidekrautgewächsen (Ericaceae) wie Heidelbeere (*Vaccinium myrtillus*), Preiselbeere (*Vaccinium vitis-idaea*) und Alpenrose (*Rhododendron)*
**Nestbau:** gräbt Nester an schütter bewachsenen Bodenstellen
**Lebensräume:** lückige Wälder, Waldränder, alpine Rasen, Moorgebiete, Sandheiden; Verbreitungsschwerpunkt in mittleren und höheren Lagen
**Kuckucksbienen:** Wespenbienen

*Nomada panzeri* und *N. glabella*
**Verbreitung:** Nachbarländer: DE, CH, IT, SL, SK, CZ; Österreich: K, N, O, S, St, T, V
**Flugzeit:** IV–VII
**Häufigkeit:** mäßig häufig

### *Andrena lathyri* Alfken, 1899
### Zaunwicken-Sandbiene

**Kennzeichen:** Weibchen 13–14 mm. Behaarung vorwiegend weißlich, auf dem Thoraxrücken braungelb. Endfranse und Scopa goldgelb. Pygidialplatte am Ende mit zwei Spitzen. Tibien und Tarsen der Hinterbiene orange. Aufgrund der angeführten Merkmale und des spezialisierten Blütenbesuchs im Feld erkennbar.
**Pollenquellen:** oligolektisch, sammelt auf Platterbsen (*Lathyrus*) und Wicken (*Vicia*)
**Nestbau:** gräbt Nester an schütter bewachsenen Bodenstellen
**Lebensräume:** Magerrasen, Extensivgrünland, Waldränder, Gärten und Parks
**Kuckucksbienen:** Wespenbiene *Nomada villosa*
**Verbreitung:** Nachbarländer: DE, CH, IT, SL, HU, SK, CZ; Österreich: alle Bundesländer
**Flugzeit:** IV–VII
**Häufigkeit:** mäßig häufig

### *Andrena limata* Smith, 1853
### Schwarzhaarige Düstersandbiene

**Kennzeichen:** Weibchen 12–14 mm. Behaarung auf dem Thoraxrücken rotbraun, den Tergiten 1 und 2 gelbbraun bis weißlich und den restlichen Tergiten schwarz. Endfranse und Scopa schwarz. Im Feld allenfalls mit *Andrena nitida* zu verwechseln.
**Pollenquellen:** polylektisch
**Nestbau:** gräbt Nester an schütter bewachsenen Bodenstellen
**Lebensräume:** unterschiedliche Trockenstandorte, Magerrasen
**Kuckucksbienen:** Wespenbiene *Nomada trapeziformis*
**Verbreitung:** Nachbarländer: DE, CH, IT, SL, HU, SK, CZ; Österreich: B, K, N, O, St, W
**Flugzeit:** IV–VI, zweite Generation VII–IX
**Häufigkeit:** mäßig häufig

***Andrena lathyri*** **Zaunwicken-Sandbiene, Weibchen**

***Andrena lathyri*** **Zaunwicken-Sandbiene, Weibchen (l.)**

***Andrena limata*** **Schwarzhaarige Düstersandbiene, Weibchen (r.)**

***Andrena limata*** **Schwarzhaarige Düstersandbiene, Weibchen**

***Andrena marginata*** **Skabiosen-Sandbiene Weibchen (l., r.)**

***Andrena mocsaryi*** **Milchstern-Schuppensandbiene, Weibchen (l.) Paarung (r.)**

## *Andrena marginata* Fabricius, 1776
## Skabiosen-Sandbiene

**Kennzeichen:** Weibchen 9–10 mm. Behaarung vorwiegend weißlich, auf dem Thoraxrücken gelblich. Tergite 2 bis 5 rotgelb gefärbt. Endfranse gelb. Scopa zweifarbig, braunschwarz und weiß. Rüssel lang. Aufgrund des spezialisierten Blütenbesuchs und der angegebenen Merkmale bereits im Feld erkennbar.
**Pollenquellen:** oligolektisch, sammelt auf Kardengewächsen (Dipsacaceae), insbesondere auf Skabiosen (*Scabiosa*)
**Nestbau:** gräbt Nester an schütter bewachsenen Bodenstellen
**Lebensräume:** unterschiedliche Trockenstandorte, Magerrasen
**Kuckucksbienen:** Wespenbiene *Nomada argentata*
**Verbreitung:** Nachbarländer: DE, CH, IT, SL, HU, SK, CZ; Österreich: B, K, N, O, S?, St, T, V, W
**Flugzeit:** VII bis IX
**Häufigkeit:** mäßig häufig

## *Andrena mocsaryi* Schmiedeknecht, 1884
## Milchstern-Schuppensandbiene

**Kennzeichen:** Weibchen 9–11 mm. Thoraxrücken braun beschuppt. Scopa gelbbraun, Endfranse rötlich. Tergite 2–4 mit weißen Binden, jene von Tergit 2 und 3 sind in der Mitte unterbrochen. Dank des spezialisierten Blütenbesuchs im Feld erkennbar.
**Pollenquellen:** oligolektisch, nutzt Milchstern (*Ornithogalum*)
**Nestbau:** gräbt Nester an schütter bewachsenen Bodenstellen
**Lebensräume:** unterschiedliche Trockenstandorte
**Kuckucksbienen:** unbekannt
**Verbreitung:** Nachbarländer: IT, SL, HU, SK, CZ; Österreich: B, N, W
**Flugzeit:** IV–V
**Häufigkeit:** sehr selten

***Andrena mucida***
**Schnabel-Sandbiene**
**Weibchen (l., r.)**

***Andrena nasuta***
**Ochsenzungen-Sandbiene,**
**Weibchen (l., r.)**

### *Andrena mucida* Kriechbaumer, 1873
### Schnabel-Sandbiene

**Kennzeichen:** Weibchen 9–11 mm. Behaarung vorwiegend weiß, auf dem Thoraxrücken gelblich. Endfranse schwarzbraun. Scopa weiß. Durch langen Rüssel, geringe Größe und schwarze Chitinhülle im Feld erkennbar.
**Pollenquellen:** oligolektisch, die erste Generation nutzt v.a. Milchstern (*Ornithogalum*), die zweite Skabiosen (*Scabiosa*)
**Nestbau:** gräbt Nester an schütter bewachsenen Bodenstellen
**Lebensräume:** unterschiedliche Trockenstandorte, Magerrasen
**Kuckucksbienen:** unbekannt
**Verbreitung:** Nachbarländer: IT, SL, HU, SK, CZ; Österreich: B, N, W
**Flugzeit:** IV–V, zweite Generation VII–IX
**Häufigkeit:** sehr selten

### *Andrena nasuta* Giraud, 1863
### Ochsenzungen-Sandbiene

**Kennzeichen:** Weibchen 15–17 mm. Clypeus auffällig vorgezogen und ebenso wie der Rüssel verlängert. Behaarung schwarz. Flügel verdunkelt. Endfranse und Scopa schwarzbraun. Aufgrund des spezialisierten Blütenbesuchs im Feld erkennbar.
**Pollenquellen:** oligolektisch, sammelt auf Ochsenzunge (*Anchusa officinalis*)
**Nestbau:** gräbt Nester an schütter bewachsenen Bodenstellen
**Lebensräume:** unterschiedliche Trockenstandorte, Sand- und Lösslebensräume
**Kuckucksbienen:** Wespenbiene *Nomada rostrata*
**Verbreitung:** Nachbarländer: DE, IT, HU, SK, CZ; Österreich: B, K, N, St, T, W
**Flugzeit:** V–VI
**Häufigkeit:** selten

***Andrena nigroaenea***
**Erzfarbene Düstersandbiene, Weibchen (l.) und Männchen mit Pollinien der Spinnenragwurz (r.)**

***Andrena nitida***
**Glänzende Düstersandbiene, Weibchen (l., r.)**

## *Andrena nigroaenea* (Kirby, 1802)
## Erzfarbene Düstersandbiene

Kennzeichen: Weibchen 13–15 mm. Behaarung vorwiegend gelbbraun, im Gesicht und auf Tergit 4 schwarzbraun. Endfranse schwarz. Scopa rotgelb. Im Feld nicht von ähnlichen Sandbienen unterscheidbar
Pollenquellen: polylektisch
Nestbau: gräbt Nester an schütter bewachsenen Bodenstellen
Lebensräume: weites Lebensraumspektrum
Kuckucksbienen: Wespenbienen *Nomada fulvicornis, N. goodeniana, N. marshamella* und *N. succincta*
Verbreitung: Nachbarländer: DE, CH, IT, SL, HU, SK, CZ; Österreich: alle Bundesländer
Flugzeit: III–VII
Häufigkeit: häufig

## *Andrena nitida* (Müller, 1776)
## Glänzende Düstersandbiene

Kennzeichen: Weibchen 12–14 mm. Behaarung auf dem Thoraxrücken rotbraun, den Tergiten 1 und 2 gelbbraun bis weißlich und den restlichen Tergiten schwarz. Endfranse dunkel. Scopa zweifarbig, dunkel und hell. Im Feld nicht sicher von ähnlichen Sandbienen (*Andrena limata*) unterscheidbar.
Pollenquellen: polylektisch
Nestbau: gräbt Nester an schütter bewachsenen Bodenstellen
Lebensräume: breites Lebensraumspektrum
Kuckucksbienen: Wespenbienen *Nomada succincta, N. flava, N. fulvicornis, N. goodeniana* und *N. marshamella*
Verbreitung: Nachbarländer: DE, CH, IT, SL, HU, SK, CZ; Österreich: alle Bundesländer
Flugzeit: III–V
Häufigkeit: mäßig häufig

### *Andrena nobilis* Morawitz, 1874
### Schwarze Rauken-Sandbiene

**Kennzeichen:** Weibchen 12–14 mm. Behaarung vorwiegend weiß. Tergitbinden 2 bis 4 weiß, in der Mitte unterbrochen. Endfranse leuchtend orangerot. Scopa weiß. Aufgrund des spezialisierten Blütenbesuchs und der angegebenen Merkmale im Feld erkennbar.
**Pollenquellen:** oligolektisch, sammelt auf Kreuzblütlern (Brassicaceae)
**Nestbau:** gräbt Nester an schütter bewachsenen Bodenstellen
**Lebensräume:** unterschiedliche Trockenstandorte, Sand- und Lössböden
**Kuckucksbienen:** vermutlich *Nomada fulvicornis*
**Verbreitung:** Nachbarländer: IT, HU, SK, CZ; Österreich: B, N, W
**Flugzeit:** IV–VI
**Häufigkeit:** selten

***Andrena nobilis***
**Schwarze Rauken-Sandbiene, Weibchen**

### *Andrena nuptialis* Pérez, 1902
### Große Möhren-Sandbiene

**Kennzeichen:** Weibchen 12–14 mm. Behaarung vorwiegend braungelb, im Gesicht seitlich und auf den Tergiten 4–5 schwarz. Endfranse schwarz. Scopa zweifarbig, dunkelbraun und goldgelb. Im Feld nicht sicher von ähnlichen Sandbienen unterscheidbar.
**Pollenquellen:** zweite Generation sammelt ausschließlich auf Doldenblütlern (Apiaceae)
**Nestbau:** gräbt Nester an schütter bewachsenen Bodenstellen
**Lebensräume:** unterschiedliche Trockenstandorte
**Kuckucksbienen:** Wespenbiene *Nomada flavilabris*
**Verbreitung:** Nachbarländer: DE, CH, IT, SL, HU, SK, CZ; Österreich: B, K, N
**Flugzeit:** IV–V, zweite Generation VII–VIII
**Häufigkeit:** sehr selten

***Andrena nuptialis***
**Große Möhren-Sandbiene, Weibchen**

### *Andrena oralis* Morawitz 1876
### Feindornige Sandbiene

**Kennzeichen:** Weibchen 10–11 mm. Behaarung hellgelb. Endfranse leuchtend orange. Scopa gelb. Im Feld nicht sicher von ähnlichen Sandbienen

***Andrena oralis***
**Feindornige Sandbiene, Weibchen**

***Andrena ovatula***
**Ovale Kleesandbiene, Weibchen**

***Andrena ovatula***
**Ovale Kleesandbiene, Weibchen (l.)**

***Andrena paucisquama***
**Kahle Schuppensandbiene, Weibchen (r.)**

***Andrena paucisquama***
**Kahle Schuppensandbiene, Weibchen**

unterscheidbar
**Pollenquellen:** oligolektisch, sammelt auf Kreuzblütlern (Brassicaceae)
**Nestbau:** gräbt Nester an schütter bewachsenen Bodenstellen
**Lebensräume:** unterschiedliche Trockenstandorte
**Kuckucksbienen:** unbekannt
**Verbreitung:** Nachbarländer: HU, SK, CZ; Österreich: B, N, W
**Flugzeit:** IV–VI
**Häufigkeit:** mäßig häufig

## *Andrena ovatula* (Kirby, 1802) Ovale Kleesandbiene

**Kennzeichen:** Weibchen 12–14 mm. Kopf breit. Behaarung weiß, auf dem Thoraxrücken gelblich. Endfranse schmutzig braun. Scopa weiß. Tergite 1–4 mit hellen Endbinden, die beiden letzten durchgehend. Im Feld nicht sicher von ähnlichen Sandbienen unterscheidbar.
**Pollenquellen:** polylektisch
**Nestbau:** gräbt Nester an schütter bewachsenen Bodenstellen
**Lebensräume:** Fett- und Magerwiesen, Waldränder
**Kuckucksbienen:** Wespenbiene *Nomada rhenana*, möglicherweise auch *Sphecodes*-Arten
**Verbreitung:** Nachbarländer: DE, CH, IT, SL, HU, SK, CZ; Österreich: alle Bundesländer
**Flugzeit:** III–VI, zweite Generation VII–VIII
**Häufigkeit:** häufig

## *Andrena paucisquama* Noskiewicz, 1924 Kahle Schuppensandbiene

**Kennzeichen:** Weibchen 8–10 mm. Thoraxrücken braun beschuppt, weniger dicht als *Andrena pandellei*. Scopa gelbbraun, Endfranse dunkelbraun. Tergite 2–4 mit gelblichen Binden. Dank des spezialisierten Blütenbesuchs nur mit *Andrena pandellei* und *A. curvungula* zu verwechseln.
**Pollenquellen:** oligolektisch, sammelt auf Glockenblumen (*Campanula*)
**Nestbau:** gräbt Nester an schütter bewachsenen Bodenstellen
**Lebensräume:** Steppenrasen, Magerrasen, Extensivgrünland

Kuckucksbienen: Wespenbiene *Nomada braunsiana*
Verbreitung: Nachbarländer: DE, IT, SL, HU, SK, CZ; Österreich: B, K, N, O, St, W
Flugzeit: V–VI
Häufigkeit: mäßig häufig

## *Andrena pilipes* Fabricius, 1781
## Schwarze Köhlersandbiene

Kennzeichen: Weibchen 13–15 mm. Behaarung vorwiegend schwarz (manchmal im Gesicht, auf dem Thorax und den Tergite 1 und 2 auch hell). Endfranse schwarz. Scopa weiß. Im Feld nicht von ähnlichen Sandbienen unterscheidbar
Pollenquellen: polylektisch, sammelt häufig auf Kreuzblütlern (Brassicaceae)
Nestbau: gräbt Nester an schütter bewachsenen Bodenstellen
Lebensräume: unterschiedliche Trockenstandorte
Kuckucksbienen: Wespenbiene *Nomada fulvicornis*
Verbreitung: Nachbarländer: DE, CH, IT, SL, HU, SK, CZ; Österreich: B, K, N, O, S?, St?, W
Flugzeit: IV–V, zweite Generation VII–IX
Häufigkeit: mäßig häufig

## *Andrena polita* Smith, 1847
## Polierte Sandbiene

Kennzeichen: Weibchen 13–15 mm. Behaarung vorwiegend gelbbraun, auf dem Thorax braungelb. Tergite 2–4 mit Haarbinden. Endfranse goldgelb. Scopa gelb. Im Feld nicht von ähnlichen Sandbienen unterscheidbar
Pollenquellen: oligolektisch, sammelt auf Korbblütlern (Asteraceae)
Nestbau: gräbt Nester an schütter bewachsenen Bodenstellen
Lebensräume: Magerwiesen, Ruderalflächen, Waldsäume, Trockenstandorte
Kuckucksbienen: Wespenbiene *Nomada pleurosticta*
Verbreitung: Nachbarländer: DE, CH, IT, HU, SK, CZ; Österreich: B, K, N, O, St, T, W
Flugzeit: V–VIII
Häufigkeit: selten

***Andrena pilipes***
**Schwarze Köhlersandbiene, Weibchen**

***Andrena pilipes***
**Schwarze Köhlersandbiene, Weibchen (l., r.o.)**

***Andrena polita***
**Polierte Sandbiene, Weibchen (r.u.)**

***Andrena polita***
**Polierte Sandbiene, Weibchen**

***Andrena potentillae***
**Rote Fingerkraut-Sandbiene, Weibchen (l.) Paarung (r.)**

***Andrena proxima***
**Frühe Doldensandbiene, Weibchen (l.)**

***Andrena potentillae***
**Rote Fingerkraut-Sandbiene, Männchen (r.)**

### *Andrena potentillae* Panzer, 1809
### Rote Fingerkraut-Sandbiene

**Kennzeichen:** Weibchen 6–8 mm. Behaarung vorwiegend hellbraun bis weißlich, auf dem Thoraxrücken dunkelbraun. Endfranse und Scopa braun. Tergite 2 und 3 hellrot gefärbt, restliche Tergite schwarz. Weibchen aufgrund der angeführten Merkmale nur mit der etwas größeren und später fliegenden *Andrena labiata* zu verwechseln.
**Pollenquellen:** oligolektisch, sammelt auf Fingerkraut (*Potentilla*)
**Nestbau:** gräbt Nester an schütter bewachsenen Bodenstellen
**Lebensräume:** unterschiedliche Trockenstandorte, Magerwiesen
**Kuckucksbienen:** Wespenbiene *Nomada guttatula*
**Verbreitung:** Nachbarländer: DE, CH, IT, SL, HU, SK, CZ; Österreich: B, N, O?, St?, T, W
**Flugzeit:** III–IV (V)
**Häufigkeit:** selten

### *Andrena proxima* (Kirby, 1802)
### Frühe Doldensandbiene

**Kennzeichen:** Weibchen 9–12 mm. Tergite 2–4 seitlich mit weißen nach außen gerichteten Haarfransen. Scopa weiß, oben bräunlich. Endfranse gelbbraun. Im Feld nicht sicher von ähnlichen Sandbienen unterscheidbar.
**Pollenquellen:** oligolektisch, sammelt auf Doldenblütlern (Apiaceae)
**Nestbau:** gräbt Nester an schütter bewachsenen Bodenstellen
**Lebensräume:** Mager- und Fettwiesen, Waldränder, Gärten, Parks. Vom Tiefland bis in höhere Lagen.
**Kuckucksbienen:** Wespenbiene *Nomada conjungens*
**Verbreitung:** Nachbarländer: DE, CH, IT, SL, HU, SK, CZ; Österreich: alle Bundesländer

***Andrena rogenhoferi***
**Alpenrosen-Lockensandbiene, Weibchen (l., r.)**

***Andrena rosae***
**Bärenklau-Sandbiene, Weibchen (l., r.)**

**Flugzeit:** IV–VI
**Häufigkeit:** mäßig häufig

### *Andrena rogenhoferi* Morawitz, 1872
### Alpenrosen-Lockensandbiene

**Kennzeichen:** Weibchen 12–14 mm. Behaarung auf Kopf und Thorax schwarz, Abdomen braungelb. Scopa braungelb, Endfranse braun. Tergite lang und dicht behaart. Im Hochgebirge aufgrund der genannten Merkmale erkennbar.
**Pollenquellen:** polylektisch
**Nestbau:** gräbt Nester an schütter bewachsenen Bodenstellen
**Lebensräume:** alpine Rasen und Schuttfluren; vorwiegend in höheren Lagen
**Kuckucksbienen:** unbekannt
**Verbreitung:** Nachbarländer: DE, CH, IT, SL; Österreich: K, N, O, S, St, T, V
**Flugzeit:** V–VIII
**Häufigkeit:** mäßig häufig

### *Andrena rosae* Panzer, 1801
### Bärenklau-Sandbiene

**Kennzeichen:** Weibchen 12–13 mm. Behaarung vorwiegend gelbbraun, auf den Tergiten 3–5 und am Scheitel oft etwas dunkler. Endfranse braunschwarz. Scopa zweifarbig, braunschwarz und weiß. Tergite 1–3 manchmal teilweise rot gefärbt.
**Pollenquellen:** polylektisch
**Nestbau:** gräbt Nester an schütter bewachsenen Bodenstellen
**Lebensräume:** unterschiedliche Trockenstandorte
**Kuckucksbienen:** Wespenbiene *Nomada marshamella*
**Verbreitung:** Nachbarländer: DE, CH, IT, SL, HU, SK, CZ; Österreich: B, K, N, O, S, St, T, W
**Flugzeit:** III–V, zweite Generation VII–VIII
**Häufigkeit:** selten

***Andrena rufizona***
**Rote Schuppen-sandbiene, Weibchen (l.) Männchen (r.)**

***Andrena saxonica***
**Sächsische Zwergsandbiene, Weibchen (l., r.)**

### *Andrena rufizona* IMHOFF, 1834
### Rote Schuppensandbiene

**Kennzeichen:** Weibchen 11–12 mm. Thoraxrücken undeutlich braun beschuppt. Endfranse und Scopa goldgelb. Tergite 1–3 teilweise rot gefärbt. Dank des spezialisierten Blütenbesuchs und der genannten Merkmale im Feld erkennbar.
**Pollenquellen:** oligolektisch, sammelt auf Glockenblumen (*Campanula*)
**Nestbau:** gräbt Nester an schütter bewachsenen Bodenstellen
**Lebensräume:** Magerrasen und Extensivgrünland in höheren Lagen
**Kuckucksbienen:** unbekannt
**Verbreitung:** Nachbarländer: DE, IT, SK, CZ; Österreich: O, T
**Flugzeit:** V–VIII
**Häufigkeit:** selten

### *Andrena saxonica* STÖCKHERT, 1935
### Sächsische Zwergsandbiene

**Kennzeichen:** Weibchen 7–8 mm. Clypeus flach. Thoraxrücken mit dichter, filzartiger Unterbehaarung, dazwischen längere Haare. Endfranse braungelb. Scopa weiß. Im Feld schwer von ähnlichen, kleineren Sandbienen unterscheidbar. Ein Indiz bildet aber der spezialisierte Blütenbesuch.
**Pollenquellen:** oligolektisch, sammelt auf Milchstern (*Ornithogalum*)
**Nestbau:** gräbt Nester an schütter bewachsenen Bodenstellen
**Lebensräume:** unterschiedliche Trockenstandorte
**Kuckucksbienen:** Wespenbiene *Nomada guttulata*
**Verbreitung:** Nachbarländer: DE, IT, SL, HU, SK, CZ; Österreich: B, N, St, W
**Flugzeit:** IV–VI
**Häufigkeit:** mäßig häufig

***Andrena schencki***
**Schencks Sandbiene, Männchen (l.) Weibchen (r.)**

***Andrena scita***
**Rote Rauken-Sandbiene, Männchen (l.) Weibchen (r.)**

## *Andrena schencki* Morawitz, 1866
## Schencks Sandbiene

Kennzeichen: Weibchen 11–12 mm. Behaarung vorwiegend weiß, im Gesicht und am Thoraxrücken gelb. Endfranse braun. Scopa gelb. Tergite 1–3 teilweise rot gefärbt. Im Feld von ähnlichen Sandbienen unterscheidbar.
Pollenquellen: polylektisch, häufig auf Schmetterlingsblütlern (Fabaceae)
Nestbau: gräbt Nester an schütter bewachsenen Bodenstellen
Lebensräume: extensiv genutztes Grünland, Waldränder, Trockenwiesen
Kuckucksbienen: Wespenbiene *Nomada stigma*
Verbreitung: Nachbarländer: DE, CH, IT, SL, HU, SK, CZ; Österreich: B, K, N, O, S, St, T, W
Flugzeit: V–VII
Häufigkeit: selten

## *Andrena scita* Eversmann, 1852
## Rote Rauken-Sandbiene

Kennzeichen: Weibchen 16–17 mm. Behaarung vorwiegend gelbbraun. Endfranse und Scopa orangegelb. Tergite 1–3 teilweise rot gefärbt. Aufgrund des spezifischen Blütenbesuchs und der angeführten Merkmale im Feld erkennbar.
Pollenquellen: oligolektisch, sammelt auf Kreuzblütlern (Brassicaceae)
Nestbau: gräbt Nester an schütter bewachsenen Bodenstellen
Lebensräume: unterschiedliche Trockenstandorte
Kuckucksbienen: Wespenbiene *Nomada cruenta* und vermutlich auch *N. hungarica*
Verbreitung: Nachbarländer: IT, HU, SK, CZ; Österreich: B, N, W
Flugzeit: V–VII
Häufigkeit: selten

***Andrena susterai***
**Susteras Körbchen-sandbiene, Weibchen (l., r.)**

***Andrena symphyti***
**Beinwell-Sandbiene, Weibchen (l., r.)**

## ***Andrena susterai*** **Alfken, 1914**
## Susteras Körbchensandbiene

**Kennzeichen:** Weibchen 9–11 mm. Thoraxrücken mit hellbrauner Behaarung. Endfranse braungelb. Scopa weiß. Mittelfeld mit einem erhabenen Mittelkiel, von dem seitlich Runzeln abgehen. Im Feld nicht von ähnlichen Sandbienen (z.B. *Andrena dorsata*) unterscheidbar.
**Pollenquellen:** polylektisch mit Vorliebe für Kreuzblütler (Brassicaceae)
**Nestbau:** gräbt Nester an schütter bewachsenen Bodenstellen
**Lebensräume:** unterschiedliche Trockenstandorte
**Kuckucksbienen:** unbekannt
**Verbreitung:** Nachbarländer: DE, IT, SL, HU, SK, CZ; Österreich: B, N, O, St, W
**Flugzeit:** IV–V, zweite Generation VI–VIII
**Häufigkeit:** mäßig häufig

## ***Andrena symphyti*** **Schmiedeknecht, 1883**
## Beinwell-Sandbiene

**Kennzeichen:** Weibchen 9–10 mm. Thoraxrücken rotbraun behaart. Endfranse braunschwarz. Scopa gelblich. Ein Indiz für das Erkennen im Feld bildet der spezialisierte Blütenbesuch.
**Pollenquellen:** oligolektisch, sammelt auf Borretschgewächsen (Boraginaceae), zeigt eine besondere Vorliebe für Beinwell (*Symphytum*)
**Nestbau:** gräbt Nester an schütter bewachsenen Bodenstellen
**Lebensräume:** Auwälder, Waldlichtungen
**Kuckucksbienen:** Wespenbiene *Nomada symphyti*
**Verbreitung:** Nachbarländer: DE, CH, IT, SL, HU, SK, CZ; Österreich: B, K, N, O, S, St, W
**Flugzeit:** IV–VI
**Häufigkeit:** mäßig häufig

***Andrena taraxaci***
**Löwenzahn-Dörnchensandbiene, Männchen (l.) Paarung (r.)**

***Andrena taraxaci***
**Löwenzahn-Dörnchensandbiene, Weibchen (l.)**

***Andrena trimmerana***
**Atlantische Sandbiene, Weibchen (r.)**

### *Andrena taraxaci* Giraud, 1861
### Löwenzahn-Dörnchensandbiene

**Kennzeichen:** Weibchen 10–12 mm. Behaarung braungelb. Endfranse und Scopa gelbbraun. Weibchen im Feld nicht sicher von ähnlichen Sandbienen (z.B. *Andrena humilis*) unterscheidbar.
**Pollenquellen:** oligolektisch, sammelt auf Korbblütlern (Asteraceae) der Unterfamilie Cichorioideae wie Pippau (*Crepis*), Habichtskräuter (*Hieracium*) oder Löwenzahn (*Taraxacum*)
**Nestbau:** gräbt Nester an schütter bewachsenen Bodenstellen
**Lebensräume:** Lichtungen, Waldränder, Mager- und Fettwiesen
**Kuckucksbienen:** Wespenbienen *Nomada integra* und *N. trispinosa*
**Verbreitung:** Nachbarländer: DE, IT, SL, HU, SK, CZ; Österreich: B, N, O, S, St, W
**Flugzeit:** III–VI
**Häufigkeit:** häufig

### *Andrena trimmerana* (Kirby, 1802)
### Atlantische Sandbiene

**Kennzeichen:** Weibchen 12–15 mm. Behaarung vorwiegend gelbbraun, Gesicht etwas dunkler. Endfranse schwarzbraun. Scopa zweifarbig, außen schwarzbraun, innen gelblich. Tergite 1 bis 3 teilweise rot gefärbt. Im Feld nicht von ähnlichen Sandbienen unterscheidbar.
**Pollenquellen:** polylektisch, sammelt auf Sträuchern und Bäumen
**Nestbau:** gräbt Nester an schütter bewachsenen Bodenstellen
**Lebensräume:** Auwälder, Waldsäume, Magerrasen
**Kuckucksbienen:** Wespenbiene *Nomada marshamella*
**Verbreitung:** Nachbarländer: DE, CH, IT, SL, HU, SK, CZ; Österreich: N
**Flugzeit:** IV–VI
**Häufigkeit:** sehr selten

***Andrena tscheki***
**Steinkraut-Sandbiene, Weibchen (l., r.)**

***Andrena vaga***
**Große Weiden-Sandbiene, Weibchen (l., r.)**

### *Andrena tscheki* Morawitz, 1872
### Steinkraut-Sandbiene

**Kennzeichen:** Weibchen 11–13 mm. Behaarung vorwiegend schwarz, am Thoraxrücken und den Tergiten 1 und 2 sowie am Endrand von Tergit 3 braungelb. Endfranse schwarz. Scopa gelbbraun. Im Feld durch die frühe Flugzeit und den spezifischen Blütenbesuch erkennbar.
**Pollenquellen:** oligolektisch, sammelt auf Kreuzblütlern (Brassicaceae), insbesondere auf Steinkraut (*Alyssum*)
**Nestbau:** gräbt Nester an schütter bewachsenen Bodenstellen
**Lebensräume:** unterschiedliche Trockenstandorte, Magerrasen
**Kuckucksbienen:** vermutlich Wespenbiene *Nomada verna*
**Verbreitung:** Nachbarländer: DE, CH, IT, SL, HU, SK, CZ; Österreich: B, N, W
**Flugzeit:** III–V
**Häufigkeit:** selten

### *Andrena vaga* Panzer, 1799
### Große Weiden-Sandbiene

**Kennzeichen:** Weibchen 13–15 mm. Behaarung am Thoraxrücken grau, auf den Beinen braunschwarz. Tergite fast kahl. Endfranse und Scopa braunschwarz. Aufgrund der frühen Flugzeit und des spezifischen Blütenbesuchs im Feld erkennbar.
**Pollenquellen:** oligolektisch, sammelt auf Weiden (*Salix*)
**Nestbau:** gräbt Nester an schütter bewachsenen Bodenstellen
**Lebensräume:** Auen, Sandlebensräume
**Kuckucksbienen:** Wespenbiene *Nomada lathburiana*, möglicherweise auch Blutbiene *Sphecodes gibbus*
**Verbreitung:** Nachbarländer: DE, CH, IT, SL, HU, SK, CZ; Österreich: alle Bundesländer
**Flugzeit:** III–VI
**Häufigkeit:** häufig

***Andrena ventralis***
**Rotbauch-Sandbiene, Weibchen**

***Andrena viridescens***
**Blaue Ehrenpreis-Sandbiene, Weibchen (l., r.)**

## *Andrena ventralis* IMHOFF, 1832
## Rotbauch-Sandbiene

**Kennzeichen:** Weibchen 8–9 mm. Behaarung vorwiegend weiß, auf Scheitel und Thoraxrücken gelbbraun. Endfranse braungelb. Scopa zweifarbig, gelb und weiß. Im Feld nicht sicher von der seltenen und etwas größeren *Andrena sericata* unterscheidbar.
**Pollenquellen:** oligolektisch, sammelt auf Weiden (*Salix*)
**Nestbau:** gräbt Nester an schütter bewachsenen Sandstellen
**Lebensräume:** Auen, Sandlebensräume
**Kuckucksbienen:** Wespenbiene *Nomada alboguttata*, möglicherweise auch *Nomada panzeri*
**Verbreitung:** Nachbarländer: DE, CH, IT, SL, HU, SK, CZ; Österreich: K, N, O, S, St, T, V, W
**Flugzeit:** III–VI
**Häufigkeit:** häufig

## *Andrena viridescens* VIERECK, 1916
## Blaue Ehrenpreis-Sandbiene

**Kennzeichen:** Weibchen 6–8 mm. Behaarung vorwiegend weiß, auf Scheitel und Thoraxrücken gelbbraun. Endfranse braungelb. Scopa weiß. Kopf und Thorax mit metallisch blaugrünem Glanz. Aufgrund des spezialisierten Blütenbesuchs und der angeführten Merkmale im Feld erkennbar.
**Pollenquellen:** oligolektisch, sammelt auf Ehrenpreis (*Veronica*)
**Nestbau:** gräbt Nester an schütter bewachsenen Bodenstellen
**Lebensräume:** extensiv genutztes Grünland, Parks, Waldränder
**Kuckucksbienen:** Wespenbiene *Nomada atroscutellaris*
**Verbreitung:** Nachbarländer: DE, CH, IT, SL, HU, SK, CZ; Österreich: alle Bundesländer
**Flugzeit:** IV–VI
**Häufigkeit:** mäßig häufig

***Andrena wilkella***
**Grobpunktierte Kleesandbiene, Weibchen (l., r.)**

## *Andrena wilkella* (Kirby, 1802)
## Grobpunktierte Kleesandbiene

Kennzeichen: Weibchen 11–12 mm. Behaarung vorwiegend gelblich, auf Kopf und Thoraxunterseite weiß. Endfranse gelbbraun. Scopa gelblich. Im Feld nicht von ähnlichen Sandbienen unterscheidbar.
Pollenquellen: oligolektisch, sammelt auf Schmetterlingsblütlern (Fabaceae)
Nestbau: gräbt Nester an schütter bewachsenen Sandstellen
Lebensräume: extensiv genutztes Grünland, Parks, Waldränder; vom Tiefland bis in höhere Lagen
Kuckucksbienen: Wespenbiene *Nomada striata*
Verbreitung: Nachbarländer: DE, CH, IT, SL, HU, SK, CZ; Österreich: alle Bundesländer
Flugzeit: IV bis VI
Häufigkeit: mäßig häufig

***Anthidium tenellum***
**Salzsteppen-Zwergwollbiene, Weibchen**

## *ANTHIDIUM* (inkl. *ANTHIDIELLUM, PSEUDOANTHIDIUM, TRACHUSA, RHODANTIDIUM*) HARZ- UND WOLLBIENEN

Kennzeichen: Kleine bis große Bienen. Die meisten Arten dieses Gattungskomplexes mit schwarz-gelb oder schwarz-weiß gefärbtem Körper. Kopf hinter den Augen gelb oder weiß gefleckt, ausgenommen bei *Anthidium byssinum*. Hinterleib an der Oberseite nicht oder nur wenig behaart. Vorderflügel mit zwei Cubitalzellen. Die zweite Discoidalader mündet bei oder nach der zweiten Cubitalquerader ein. Weibchen mit Bauchbürste. Männchen meist mit gelber Gesichtszeichnung und Dornen oder Lappen am siebten Tergit. Neuere phylogenetische Erkenntnisse zur Gattung finden sich bei Müller (1996). Bestimmung: Scheuchl (2006), Amiet & al. (2004)
In Österreich 13 Arten (DE: 9, CH 15)

Biologie: Die heimischen Woll- und Harzbienen sind Sommertiere mit nur einer Generation pro Jahr. Die Nistplatzansprüche sind sehr unterschiedlich: Die meisten Arten legen die Nester in vorhandenen Hohlräumen an, einige graben Gänge in den Boden oder errichten Nester an Steinen oder Pflanzen. Eine Art nutzt leere Schneckenschalen für die Nestanlage. Einige Arten kleiden die Nester mit Pflanzenhaaren aus (daher der Name „Wollbiene") und imprägnieren diese mit Drüsensekreten verschiedener Pflanzen (Müller & al. 1996). Manche Arten verwenden nur Harz, andere benützen Harz und Pflanzenhaare oder Harz und Blattstücke. Mehr als ein Drittel der Arten ist beim Pollensammeln auf bestimmte Pflanzen spezialisiert. Die Männchen haben ein ausgeprägtes Territorialverhalten. Als Kuckucksbienen treten unterschiedliche Düsterbienen (*Stelis*) und Kegelbienen (*Coelioxys*) auf.

***Anthidium byssinum*** **Große Harzbiene, Männchen (l., r.)**

***Anthidium florentinum*** **Florentiner-Wollbiene, Weibchen (l.) Männchen (r.)**

## *Anthidium byssinum* (Panzer, 1798) Große Harzbiene

Synonym: *Trachusa byssinum* (Panzer, 1798)
**Kennzeichen:** 11–12 mm. Weibchen mit dichter orangeroter Behaarung auf Thoraxrücken und Hinterleib, Bauchbürste weiß. Gedrungener Körperbau.
**Pollenquellen:** oligolektisch, sammelt auf Schmetterlingsblütlern (Fabaceae), meist auf *Lotus* bzw. *Onobrychis*
**Nestbau:** nistet in selbst gegrabenen Bodennestern. Brutzellen bestehen außen aus einer Lage Laubblätter, innen aus einer dünnen Harzschicht.
**Kuckucksbienen:** Kegelbiene *Coelioxys quadridentata* und Zweizahnbiene *Dioxys tridentata*
**Lebensräume:** Magerwiesen, blütenreiche Säume; auch in höheren Lagen
**Verbreitung:** Nachbarländer: DE, CH, IT, SL, SK, CS; Österreich: alle Bundesländer
**Flugzeit:** VI–VIII
**Häufigkeit:** mäßig häufig

## *Anthidium florentinum* (Fabricius, 1775) Florentiner-Wollbiene

**Kennzeichen:** Weibchen 13–15 mm; Männchen 14–20 mm. Die Art ist nur schwer von *Anthidium septemspinosum* unterscheidbar. Von *Anthidium florentinum* gibt es aber nur wenige Nachweise in Mitteleuropa.
**Pollenquellen:** polylektisch, mit einer Vorliebe für Lippenblütler (Lamiaceae)
**Nestbau:** nistet in hohlen Markstängeln und anderen Hohlräumen
**Kuckucksbienen:** Düsterbiene *Stelis punctulatissima*
**Lebensräume:** unterschiedliche Trockenstandorte, Ruderalflächen
**Verbreitung:** Nachbarländer: DE, CH, IT, SL, HU, SK; Österreich: W
**Flugzeit:** VI–VIII
**Häufigkeit:** sehr selten

***Anthidium interruptum***
**Skabiosen-Wollbiene, Weibchen (l., r.)**

***Anthidium manicatum***
**Garten-Wollbiene, Männchen (l.) Weibchen (r.)**

## *Anthidium interruptum* (Fabricius, 1781) Skabiosen-Wollbiene

Synonym: *Trachusa interruptum* (Fabricius,1781)
Kennzeichen: 11–14 mm. Weibchen mit hellgelben Flecken auf Abdomen. Bauchbürste weiß. Aufgrund des spezialisierten Blütenbesuchs im Feld erkennbar.
Pollenquellen: oligolektisch, sammelt auf Skabiosen (*Scabiosae*)
Nestbau: selbst gegrabene Bodennester. Die Brutzellen bestehen außen aus einer Lage Laubblätter, innen aus einer dünnen Harzschicht.
Kuckucksbienen: unbekannt
Lebensräume: unterschiedliche Trockenstandorte, Magerwiesen, lichte Kiefernwälder
Verbreitung: Nachbarländer: CH, IT, SL, HU, SK; Österreich: K?
Flugzeit: VI–VIII
Häufigkeit: sehr selten

## *Anthidium manicatum* (Linnaeus, 1758) Garten-Wollbiene

Kennzeichen: Weibchen 10–13 mm; Männchen 10–16 mm. Weibchen mit auffälliger schwarz-gelber Zeichnung und dichten Haarpolstern an den Metatarsen der Vorder- und Hinterbeine. Aufgrund der Zeichnung allenfalls mit *Anthidium oblongatum* zu verwechseln. Diese ist aber kleiner.
Pollenquellen: polylektisch, mit Vorliebe für Schmetterlingsblütler (Fabaceae), Lippenblütler (Lamiaceae) und Braunwurzgewächse (Scrophulariaceae)
Nestbau: in unterschiedlichen Hohlräumen. Brutzellen werden mit Pflanzenwolle ausgekleidet und mit Drüsensekreten unterschiedlicher Pflanzen imprägniert. Der Nesteingang wird mit kleinen Steinen und anderen Materialien verschlossen.
Kuckucksbienen: Düsterbiene *Stelis punctulatissima*

***Anthidium nanum*** **Westliche Zwergwollbiene, Weibchen (l., r.o.) Männchen (r.u.)**

***Anthidium oblongatum*** **Felsspalten-Wollbiene, Weibchen (l.) Männchen (r.)**

Lebensräume: Gärten, Parks, unterschiedliche Trockenstandorte
Verbreitung: Nachbarländer: DE, CH, IT, SL, HU, SK, CZ; Österreich: alle Bundesländer
Flugzeit: VI–VIII
Häufigkeit: häufig

### ***Anthidium nanum*** Mocsáry, 1881 Westliche Zwergwollbiene

Synonym: *Pseudoanthidium nanum* (Mocsáry, 1881); wurde früher fälschlich als *Anthidium scapulare* bezeichnet.
Kennzeichen: 7–8 mm. Weibchen mit jeweils zwei gelben Flecken hinter den Augen und an den Tergiten 1–4(5). Letztere sind mehr oder weniger in einer Linie angeordnet (bei *Anthidium strigatum* ab Tergit 3 stark nach innen versetzt). Bauchbürste weiß.
Pollenquellen: oligolektisch, sammelt auf Korbblütlern (Asteraceae)
Nestbau: nagt Gänge in Pflanzenstängel und kleidet die Brutzellen mit Pflanzenwolle aus.
Kuckucksbiene: Düsterbienen *Stelis ornatula*, *S. punctulatissima* und *S. signata*
Lebensräume: unterschiedliche Trockenstandorte, Waldsäume, Brachflächen
Verbreitung: Nachbarländer: DE, CH, IT, SL, HU, SK, CZ; Österreich: B, K, N, St, W, T
Flugzeit: VI–IX
Häufigkeit: selten

### ***Anthidium oblongatum*** (Illiger, 1806) Felsspalten-Wollbiene

Kennzeichen: Weibchen 8–10 mm; Männchen 9–13 mm. Weibchen durch auffällige schwarz-gelbe Zeichnung und eine gelbe Haarbürste (randlich weiß) allenfalls mit *Anthidium manicatum* zu verwechseln. Letztere ist aber bedeutend größer.

Pollenquellen: polylektisch
Nestbau: in unterschiedlichen Hohlräumen. Brutzellen werden mit Pflanzenwolle ausgekleidet.
Kuckucksbienen: Düsterbiene *Stelis punctulatissima*
Lebensräume: Gärten, Parks, unterschiedliche Trockenstandorte
Verbreitung: Nachbarländer: DE, CH, IT, SL, HU, SK, CZ; Österreich: alle Bundesländer
Flugzeit: V–IX
Häufigkeit: häufig

***Anthidium punctatum*** **Weißfleckige Wollbiene, Weibchen**

## *Anthidium punctatum* Latreille, 1809
## Weißfleckige Wollbiene

Kennzeichen: 8–9 mm. Weibchen an den Tergiten mit zwei bis vier weißlichen strichförmigen Flecken. Bauchbürste weiß. Dank der Tergitzeichnung unverwechselbar.
Pollenquellen: polylektisch, Vorliebe für Schmetterlingsblütler (Fabaceae)
Nestbau: in Erdlöchern und Felsspalten. Brutzellen werden mit Pflanzenwolle ausgekleidet und mit Drüsensekreten unterschiedlicher Pflanzen imprägniert.
Kuckucksbienen: unbekannt
Lebensräume: unterschiedliche Trockenstandorte, blütenreiche Magerwiesen
Verbreitung: Nachbarländer: DE, CH, IT, SL, HU, SK, CZ; Österreich: B, K, N, O, S?, St, T, V, W
Flugzeit: V–IX
Häufigkeit: mäßig häufig

***Anthidium punctatum*** **Weißfleckige Wollbiene, Männchen**

***Anthidium septemdentatum*** **Schneckenhaus-Wollbiene, Männchen**

## *Anthidium septemdentatum* Latreille, 1809
## Schneckenhaus-Wollbiene

Synonym: *Rhodanthidium septemdentatum* (Latreille, 1809)
Kennzeichen: Weibchen 11–14 mm, Männchen 13–15 mm. Weibchen mit jeweils zwei weißen Flecken an den Tergiten 1–6, Bauchbürste orangebraun.
Pollenquellen: polylektisch
Nestbau: nistet in leeren Schneckenschalen (v.a. der Schnirkelschnecken). Nestverschluss besteht aus einem Gemisch von Harz, Erde und kleinen Steinchen.

***Anthidium septemdentatum*** **Schneckenhaus-Wollbiene, Weibchen**

***Anthidium septemspinosum***
**Siebendornige Wollbiene, Weibchen (l.) Männchen (Mitte) Paarung (r.)**

***Anthidium strigatum***
**Zwergharzbiene, Männchen (l.) Weibchen (r.)**

**Kuckucksbiene:** unbekannt
**Lebensräume:** unterschiedliche Trockenstandorte, Felstrockenrasen, Lesesteinhaufen
**Verbreitung:** Nachbarländer: CH, IT, SL, HU, SK, CZ; Österreich: B, K, N, St, T
**Flugzeit:** V–VIII
**Häufigkeit:** selten

### *Anthidium septemspinosum* Lepeletier, 1841
### Siebendornige Wollbiene

**Kennzeichen:** Weibchen 13–14 mm, Männchen 13–16 mm. Weibchen mit jeweils zwei gelben Flecken auf den Tergiten 1–5, die Flecken auf den Tergiten 3–5 nach innen versetzt. Endtergit mit unregelmäßiger Außenkante. Bauchbürste gelb.
**Pollenquellen:** polylektisch, sammelt u.a. auf Blutweiderich (*Lythrum*), Flockenblumen (*Centaurea*) und verschiedenen Lippenblütlern (Lamiaceae)
**Nestbau:** nistet in hohlen Markstängeln, verlassenen Schilfgallen und anderen Hohlräumen
**Parasiten:** u.a. Erzwespen der Gattung *Monodontomerus*
**Lebensräume:** mäßig trockene bis mäßig feuchte Standorte, Ruderalstandorte, Gärten
**Verbreitung:** Nachbarländer: DE, CH, IT, SL, HU, SK, CZ; Österreich: B, N, St, W
**Flugzeit:** VII–IX
**Häufigkeit:** mäßig häufig, breitet sich derzeit in Ostösterreich stark aus

### *Anthidium strigatum* (Panzer, 1805)
### Zwergharzbiene

**Synonym:** *Anthidiellum strigatum* (Panzer, 1805)
**Kennzeichen:** 6–7 mm. Weibchen mit jeweils zwei gelben Flecken auf den Tergiten 1–5, die Flecken auf den Tergiten 3–5 sind, anders als bei *Anthidium nanum,* deutlich nach innen versetzt. Bauchbürste gelb.
**Pollenquellen:** polylektisch, häufig auf Hornklee (*Lotus corniculatus*)
**Nestbau:** errichtet an Felsstrukturen

***Anthidium strigatum***
**Zwergharzbiene, Harznest (l.)**

***Anthidium tenellum***
**Salzsteppen-Zwergwollbiene, Weibchen (r.)**

***Anthidium tenellum***
**Salzsteppen-Zwergwollbiene, Weibchen (l.) Männchen (r.)**

und Baumstämmen tropfenförmige Brutzellen, die aus Harz und kleinen Steinchen bestehen. Zur Tarnung arbeitet sie auch kleine Rindenstücke oder Steine in die Zellwand ein. Das Innere der Zelle wird mit Pflanzenhaaren ausgekleidet. Die Röhre an der Unterseite der Brutzelle dient zur Versorgung mit Luft.
**Kuckucksbiene:** Düsterbiene *Stelis signata*
**Lebensräume:** unterschiedliche Trockenstandorte, lichte Kiefernwälder, felsdurchsetztes Gelände, Steinbrüche
**Verbreitung:** Nachbarländer: DE, CH, IT, SL, HU, SK, CZ; Österreich: alle Bundesländer
**Flugzeit:** VI–VIII
**Häufigkeit:** mäßig häufig

### *Anthidium tenellum* Mocsáry, 1881
### Salzsteppen-Zwergwollbiene

Synonym: *Pseudoanthidium tenellum* (Mocsary 1881)
**Kennzeichen:** 8–9 mm. Weibchen mit weißen Flecken auf den Tergiten 1–5, Bauchbürste weiß. Männchen mit weißen Flecken auf den Tergiten 1–5, Tergit 6 orange gefärbt.
**Pollenquellen:** oligolektisch, sammelt auf Korbblütlern (Asteraceae)
**Nestbau:** unbekannt
**Kuckucksbienen:** unbekannt
**Lebensräume:** unterschiedliche Salzlebensräume
**Verbreitung:** Nachbarländer: DE, IT?, HU, SK; Österreich: B, N
**Flugzeit:** VI–IX
**Häufigkeit:** sehr selten

***Anthophora retusa***
**Rotbürstige Pelzbiene, Männchen**

## *ANTHOPHORA* und *AMEGILLA* PELZBIENEN und BINDENPELZBIENEN

Die Pelzbienen werden in jüngerer Zeit meist in die Gattungen *Anthophora* und *Amegilla* aufgespalten.

Kennzeichen: Kleine bis große, stark behaarte Bienen. Gedrungene, hummelähnliche Gestalt. Einige Arten mit auffälligen Endbinden auf den Tergiten. Clypeus stark vorgewölbt. Vorderflügel mit drei fast gleich großen Cubitalzellen. Radialzelle am Ende abgerundet, mit Anhangzelle. Weibchen mit Haarbürste an den Hinterbeinen, manchmal mit heller Gesichtszeichnung. Männchen immer mit heller Gesichtszeichnung, manchmal mit auffälliger Behaarung an den Mittelbeinen. Bestimmung: Scheuchl (2000), Amiet & al. (2007)

In Österreich 15 Arten (DE: 12, CH: 18)

Biologie: Pro Jahr gibt es eine Generation, die je nach Art im Frühling oder Sommer aktiv ist. Die Weibchen errichten die Nester im Boden, in Erdabbrüchen, in weichem Sandstein oder in morschem Holz. Sie graben kurze Gänge, an deren Ende eine oder mehrere Kammern für die Zellen angelegt werden. Diese sind auf der Innenseite fein verputzt. Für die Verproviantierung wird Pollen verschiedenster Pflanzen genutzt.

Als Kuckucksbienen treten Sandgängerbienen (*Ammobates*), Kegelbienen (*Coelioxys*), Trauerbienen (*Melecta*) und Fleckenbienen (*Thyreus*) auf.

***Anthophora aestivalis***
**Gebänderte Pelzbiene, Weibchen (l., r.)**

***Amegilla albigena Weißwangen-Bindenpelzbiene,***
**Weibchen (l., r.)**

## *Anthophora aestivalis* (PANZER, 1801) Gebänderte Pelzbiene

Kennzeichen: 14–15 mm. Das Weibchen hat am Thorax eine dunkle Querbinde. Tergite 2–4 am Ende mit hellen Haarbinden. Scopa weiß. Weibchen im Feld von anderen *Anthophora*-Arten unterscheidbar.
Pollenquellen: polylektisch
Nestbau: an offenen Bodenstellen, Steilwänden und Erdabbrüchen
Kuckucksbienen: Trauerbiene *Melecta luctuosa*
Lebensräume: unterschiedliche Trockenstandorte, Sand- und Kiesgruben
Verbreitung: Nachbarländer: DE, CH, IT, SL, HU, SK, CZ; Österreich: alle Bundesländer
Flugzeit: IV–VII
Häufigkeit: verbreitet, aber nirgends häufig

## *Amegilla albigena* (LEPELETIER, 1841) Weißwangen-Bindenpelzbiene

Kennzeichen: 9–11 mm. Beim Weibchen sind Stirnschildchen, Nebengesicht und Teile des Clypeus weiß gezeichnet. Tergite 1–5 mit breiten, anliegenden, weißen Haarbinden. Scopa weiß. Die Art kann im Feld nicht von *Amegilla salviae* unterschieden werden (sehr seltene Art, von der es in Österreich nur einen Einzelfund gibt).
Pollenquellen: polylektisch mit Vorliebe für Lippenblütler (Lamiaceae) und Raublattgewächse (Boraginaceae).
Nestbau: an offenen Bodenstellen, Steilwänden und Erdabbrüchen
Kuckucksbienen: Fleckenbiene *Thyreus ramosus*
Lebensräume: unterschiedliche Trockenstandorte, Löss- und Sandgebiete
Verbreitung: Nachbarländer: CH, IT, SL, HU, SK, CZ; Österreich: B, N, O?
Flugzeit: VI–IX
Häufigkeit: selten

***Anthophora bimaculata***
**Dünen-Pelzbiene, Weibchen (l.) Männchen (r.)**

***Anthophora bimaculata***
**Dünen-Pelzbiene, Männchen (l.)**

***Anthophora crinipes***
**Haarschopf-Pelzbiene, Männchen (r.)**

### *Anthophora bimaculata* (Panzer, 1798)
### Dünen-Pelzbiene, Sand-Pelzbiene

Kennzeichen: 8–9 mm. Weibchen mit heller Gesichtszeichnung und grünen Augen. Tergite 2–5 mit anliegenden Filzhaaren und am Ende mit anliegenden Haarbinden. Scopa weiß. Aufgrund der geringen Größe, des hohen Flugtons und der angeführten Merkmale im Feld erkennbar.
Pollenquellen: polylektisch
Nestbau: unbewachsene oder spärlich bewachsene Sandstandorte
Kuckucksbienen: Sandgängerbiene *Ammobates punctatus*
Lebensräume: Sandlebensräume, Sand- und Kiesgruben
Verbreitung: Nachbarländer: DE, CH, IT, SL, HU, SK, CZ; Österreich: B, K, N, O, St, W
Flugzeit: V–VIII
Häufigkeit: selten

### *Anthophora crinipes* Smith, 1854
### Haarschopf-Pelzbiene

Kennzeichen: 12–13 mm. Weibchen mit dunkler Gesichtszeichnung. Im Feld nicht sicher von anderen *Anthophora*-Arten mit schwarzem Clypeus und weißer Scopa unterscheidbar.
Pollenquellen: polylektisch mit einer Vorliebe für Lippenblütler (Lamiaceae) und Raublattgewächse (Boraginaceae).
Nestbau: an vegetationsarmen Bodenstellen und Erdabbrüchen
Kuckucksbienen: Trauerbiene *Melecta luctuosa*
Lebensräume: unterschiedliche Trockenstandorte
Verbreitung: Nachbarländer: DE, CH, IT, SL, HU, SK, CZ; Österreich: B, K, N, O, S, St, T?, W
Flugzeit: IV–VI, in Südeuropa zwei Generationen.
Häufigkeit: verbreitet, aber nirgends häufig

***Anthophora furcata*** **Wald-Pelzbiene, Männchen (l.o.)**

***Anthophora plumipes*** **Frühlings-Pelzbiene, dunkle Form des Weibchens (l.u.)**

***Anthophora furcata*** **Wald-Pelzbiene, Weibchen (r.)**

***Anthophora plumipes*** **Frühlings-Pelzbiene, Männchen (l.) Weibchen (r.)**

## *Anthophora furcata* (Panzer, 1798) Wald-Pelzbiene

**Kennzeichen:** 11–12 mm. Weibchen durch den einfarbig braun behaarten Thorax und die orange Behaarung am Hinterleibsende im Feld von anderen Arten unterscheidbar. Männchen mit gelber Gesichtszeichnung.
**Pollenquellen:** polylektisch mit einer Vorliebe für Lippenblütler (Lamiaceae) und Raublattgewächse (Boraginaceae).
**Nestbau:** in selbst genagten Hohlräumen im morschen Holz
**Kuckucksbienen:** Kegelbiene *Coelioxys rufescens,* möglicherweise auch *Coelioxys alata*
**Lebensräume:** Wälder, totholzreiche Waldsäume
**Verbreitung:** Nachbarländer: DE, CH, IT, SL, HU, SK, CZ; Österreich: alle Bundesländer
**Flugzeit:** VI–IX
**Häufigkeit:** verbreitet, aber nirgends häufig

## *Anthophora plumipes* (Pallas, 1772) Frühlings-Pelzbiene

**Kennzeichen:** 14–15 mm. Es gibt eine dunkle und eine helle Form. Die Weibchen der hellen Form haben eine grau- bis schwarzbraune Behaarung, rostrote Beinbürsten und angedeutete Haarbinden an den Tergiten. Nur sie sind im Feld von anderen *Anthophora*-Arten unterscheidbar.
**Pollenquellen:** polylektisch
**Nestbau:** an vegetationsarmen Bodenstellen und Erdabbrüchen
**Kuckucksbienen:** Trauerbiene *Melecta punctata*
**Lebensräume:** weites Lebensraumspektrum, Trockenstandorte, Waldsäume, Gärten
**Verbreitung:** Nachbarländer: DE, CH, IT, SL, HU, SK, CZ;

***Amegilla quadrifasciata* Weiße Bindenpelzbiene, Weibchen (l.)**

***Anthophora quadrimaculata* Vierfleck-Pelzbiene, Männchen (r.)**

***Anthophora quadrimaculata* Vierfleck-Pelzbiene, Weibchen (l.) Männchen (r.)**

Österreich: alle Bundesländer
**Flugzeit:** III–VI
**Häufigkeit:** häufig

## ***Amegilla quadrifasciata*** (de Villers, 1789) **Weiße Bindenpelzbiene**

**Kennzeichen:** 12–14 mm. Tergite 1–4 mit breiten, anliegenden, weißen Haarbinden. Scopa weiß, an der Vorderkante schwarz. Aufgrund der weißen Binden und der bedeutenden Größe von anderen Bindenpelzbienen im Feld unterscheidbar.
**Pollenquellen:** polylektisch mit einer Vorliebe für Lippenblütler (Lamiaceae) und Raublattgewächse (Boraginaceae).
**Nestbau:** an offenen Bodenstellen, Steilwänden und Erdabbrüchen
**Kuckucksbienen:** Fleckenbiene *Thyreus histrionicus*
**Lebensräume:** unterschiedliche Trockenstandorte
**Verbreitung:** Nachbarländer: DE?, CH, IT, SL, HU, SK; Österreich: B, N
**Flugzeit:** VII–IX
**Häufigkeit:** sehr selten

## ***Anthophora quadrimaculata*** (Panzer, 1798) **Vierfleck-Pelzbiene**

**Kennzeichen:** 10–12 mm. Behaarung des Weibchens vorwiegend gelbbraun, an Kopf und Thorax auch mit schwarzen Haaren vermischt. Tergite 2–4 mit lockeren Haarbinden. Scopa weiß.
**Pollenquellen:** polylektisch
**Nestbau:** an vegetationsarmen Bodenstellen und Erdabbrüchen
**Kuckucksbienen:** Fleckenbiene *Thyreus orbatus* und Kegelbiene *Coelioxys rufescens*
**Lebensräume:** unterschiedliche Tro-

***Anthophora retusa***
**Rotbürstige Pelzbiene, Männchen (l., r.)**

ckenstandorte. Vom Tiefland bis in höhere Lagen.
**Verbreitung:** Nachbarländer: DE, CH, IT, SL, HU, SK, CZ; Österreich: alle Bundesländer
**Flugzeit:** V–VIII
**Häufigkeit:** verbreitet, aber nirgends häufig

### *Anthophora retusa* (Linnaeus, 1758) Rotbürstige-Pelzbiene

**Kennzeichen:** 10–12 mm. Es gibt eine dunkle und eine helle Form. Im Feld nicht sicher von anderen *Anthophora*-Arten unterscheidbar.
**Pollenquellen:** polylektisch mit Vorliebe für Kreuzblütler (Brassicaceae) und Lippenblütler (Lamiaceae)
**Nestbau:** an vegetationsarmen Bodenstellen und Erdabbrüchen
**Kuckucksbienen:** Trauerbiene *Melecta luctosa*
**Lebensräume:** trockene bis mäßig feuchte Standorte, extensiv genutztes Grünland, Waldsäume. Vom Tiefland bis in höhere Lagen.
**Verbreitung:** Nachbarländer: DE, CH, IT, SL, HU, SK, CZ; Österreich: B, K, N, O?, S?, St?, W
**Flugzeit:** IV–VII
**Häufigkeit:** selten

***Apis mellifera***
**Westliche Honigbiene, Königin**

**Drohne (l.)**
**Arbeiterin (Mitte)**
**Bienenstock (r.)**

## *APIS MELLIFERA*
### Westliche Honigbiene

Die Westliche Honigbiene (*Apis mellifera*) ist im Gegensatz zu allen anderen besprochenen Arten keine Wildbiene, sondern ein Haustier.

**Kennzeichen:** Königin 15–18 mm; Arbeiterin 11–13 mm; Männchen 13–16 mm. Die Honigbiene ist durch die lang gestreckte Radialzelle im Vorderflügel und den an der Unterseite etwas gekielten Hinterleib leicht zu erkennen. Färbung des Hinterleibs meist braun, bei einigen Rassen an der Basis rötlich aufgehellt. Weibchen auf der Außenseite der Hinterbeine mit Körbchen zum Pollensammeln. Männchen durch die großen, sich am Scheitel berührenden Augen unverwechselbar.

**Vorkommen:** Durch die Imkerei ist die Westliche Honigbiene auf allen Kontinenten und in fast allen Höhenlagen verbreitet. Ihr ursprüngliches Verbreitungsgebiet war Europa, Afrika und Vorderasien. In Asien kommen acht weitere *Apis*-Arten vor.

**Lebensweise:** Die Honigbiene hat eine hochentwickelte eusoziale Lebensweise (vgl. Kap. 2). Der Bienenstaat besteht zur Hochsaison aus einer Königin, einigen Hundert Drohnen (Männchen) und bis zu 50.000 Arbeiterinnen. Die Königin erreicht ein Alter von vier bis fünf Jahren und wird von den Arbeiterinnen mit Bienenmilch gefüttert. Sie legt als einzige Biene im Stock Eier, pro Tag bis zu 1500 Stück. Durch ein Pheromon schafft sie den inneren Zusammenhalt im Staat und unterdrückt bei ihren Töchtern die Entwicklung von Eiern. Die Arbeiterinnen leisten mit Ausnahme des Eierlegens alle übrigen Tätigkeiten. Im Frühsommer legen sie Königinnenzellen an. Nach dem Schlupf der Jungköniginnen teilt sich der Staat.

***Biastes emarginatus***
**Filzige Kraftbiene, Weibchen**

## *BIASTES* KRAFTBIENEN

**Kennzeichen:** Kleine Bienen mit gedrungenem Körperbau. Vorderflügel mit zwei Cubitalzellen, von denen die zweite größer ist. Clypeus stark vorstehend. Hinterleib schwarz, braunrot oder rot, mit Filzflecken auf den Tergiten. Weibchen ohne Sammelbürste, auf dem sechsten Tergit beidseits mit vorstehenden Ecken, dazwischen tief ausgeschnitten. Männchen auf dem siebten Tergit mit Pygidialplatte, Fühler von *B. emarginatus* und *B. truncatus* mit 12 Gliedern, jene von *B. brevicornis* mit 13. Bestimmung: Scheuchl (2000), Amiet & al. (2007)

In Österreich 3 Arten (DE: 3, CH: 2)

**Biologie:** Kraftbienen sind Kuckucksbienen, die sich je nach Art in den Nestern von Glanzbienen (*Dufourea*), Schlürfbienen (*Rophites*) oder Spiralhornbienen (*Systropha*) entwickeln. Die Larven spinnen keinen Kokon. Eine Generation pro Jahr, die im späten Frühling bzw. Frühsommer aktiv ist.

### *Biastes brevicornis* (Panzer, 1798) Kurzfühler-Kraftbiene

**Kennzeichen:** 7–8 mm. Im Gegensatz zu den beiden anderen Kraftbienen-Arten hat *Biastes brevicornis* keine Haarflecken an den Tergiträndern. Die Färbung der Geschlechter unterscheidet sich stark: Der Hinterleib des Weibchens ist rot gefärbt. Die Männchen sind ganz schwarz.
**Lebensräume:** unterschiedliche Trockenstandorte, wo ihre Wirtsarten, die Spiralhornbiene *Systropha curvicornis* und *Systropha planidens*, noch größere Bestände haben. Zum Schla-

***Biastes brevicornis***
**Kurzfühler-Kraftbiene**
**Weibchen (l. und l.o.)**
***Männchen* (r.u.)**

***Biastes emarginatus***
**Filzige Kraftbiene,**
**Weibchen (l., r.)**

fen beißen sich beide Geschlechter mit ihren Mandibeln an der Vegetation fest.
**Wirte:** Spiralhornbienen *Systropha curvicornis* und *S. planidens*
**Verbreitung:** Nachbarländer: DE, CH, IT, SL, HU, SK, CZ; Österreich: B, N, St, W
**Flugzeit:** VI–VIII
**Häufigkeit:** selten

### *Biastes emarginatus* (Schenck, 1853) Filzige Kraftbiene

**Kennzeichen:** 7–8 mm. Anhand der weiß befilzten Brustseiten lässt sich die Filzige Kraftbiene von den beiden anderen mitteleuropäischen Kraftbienen-Arten unterschieden. Charakteristisch sind auch die weißen Haarflecken an den Seiten des rot gefärbten Hinterleibes ausgebildet, der beim Männchen in geringem, beim Weibchen in deutlich stärkerem Ausmaß schwarz gefleckt ist.
**Lebensräume:** unterschiedliche Trockenstandorte, wo ihre Wirtsarten noch größere Bestände haben. Zum Schlafen beißen sich beide Geschlechter mit ihren Mandibeln an der Vegetation fest.
**Wirte:** Schlürfbienen *Rophites algirus* und *R. quinquespinosus*
**Verbreitung:** Nachbarländer: DE, CH, IT, SL, HU, SK, CZ; Österreich: B, K, N, O, St, W
**Flugzeit:** VI–VIII
**Häufigkeit:** sehr selten

***Bombus confusus***
**Samthummel, Männchen**

## *BOMBUS* (inkl. *PSITHYRUS*) HUMMELN

Kennzeichen: Charakteristisch sind die bedeutende Größe, die starke Behaarung, die auf einer Linie liegenden Punktaugen sowie drei gleich große Cubitalzellen am Vorderflügel.

Die stark variierenden Farbmuster erschweren das Erkennen mancher Arten erheblich. Bestimmung: Mauss (1987), Amiet & al. (1996), Gokcezade & al. (2017)

In Österreich 46 Arten (DE: 41, CH: 40)

Biologie: Aufgrund des Sozialverhaltens und der damit verbundenen morphologischen Anpassungen lassen sich Hummeln in zwei Gruppen unterteilen: die sozialen Hummeln und die sozialparasitischen Kuckuckshummeln. Bei den sozialen Hummeln gründet eine einzelne befruchtete Königin im Frühjahr einen Staat und ist dabei zunächst auf sich allein gestellt. Mit dem Heranwachsen ihrer Töchter übernehmen diese als Arbeiterinnen wichtige Aufgaben (Versorgung der Larven und der Königin, Sammeln von Pollen und Nektar usw.). Die Königin ist nur noch für die Eiablage zuständig.

Im Gegensatz zu den sozialen Hummeln bilden Kuckuckshummeln keine eigenen Staaten. Die Weibchen dringen in Nester einer Wirtsart ein, unterwerfen das Volk und beginnen mit der Eiablage. Da sie keine Einrichtungen zum Pollensammeln und -transportieren besitzen und keine Arbeiterinnen produzieren, sind sie auf Arbeiterinnen der Wirtskolonie angewiesen, die ihre Nachkommen (Jungköniginnen und Drohnen) aufziehen.

***Bombus alpinus***
**Alpen-Hummel,**
**Arbeiterin (l.)**
**Männchen (r.o., r.u.)**

***Bombus argillaceus***
**Tonerdhummel,**
**Königin (l.)**
**Arbeiterin (r.o)**
**Männchen (r.u.)**

## *Bombus alpinus* (Linnaeus, 1758) Alpen-Hummel

Kennzeichen: Arbeiterin 14–16 mm, Königin 22–26 mm. Thorax der Königin und der Arbeiterinnen zur Gänze schwarz. Abdomen ab Tergit 2 orange behaart. Kopf kurz.
Pollenquellen: polylektisch, nutzt v.a. Polsterpflanzen und andere kleinwüchsige Pflanzen der Trümmerschuttflur wie Steinbrech-Arten (*Saxifraga rudolfiana* und *S. oppositifolia*), Stängelloses Leimkraut (*Silene acaulis*) und Farnblättriges Läusekraut (*Pedicularis asplenifolia*)
Nestbau: unterirdisch in Kleinsäugernestern
Kuckuckshummel: keine
Lebensweise: sozial, bildet individuenarme Völker
Lebensräume: alpine Rasen, Trümmerschuttfluren. Im Alpenraum in der nivalen bis alpinen Stufe (2500–3000 m Seehöhe).
Verbreitung: Nachbarländer: DE (historische Funde), CH, IT; Österreich: K, S, St, T, V
Flugzeit: überwinternde Königinnen ab V, Jungköniginnen und Drohnen ab VII
Häufigkeit: sehr selten

## *Bombus argillaceus* (Scopoli, 1763) Tonerdhummel, Lehmhummel

Kennzeichen: Arbeiterin 8–19 mm, Königin 24–28 mm. Thoraxbehaarung gelb-schwarz-gelb, wobei die schwarze Querbinde schmal ist. Flügel dunkel. Abdomen der Königin zur Gänze schwarz. Abdomen der Arbeiterin: Tergit 1 gelb, Tergite 2–3 schwarz, Tergite 4–5 weiß. Kopf sehr lang. Metatarsus der Mittelbeine mit Spitze.
Pollenquellen: polylektisch mit einer Bevorzugung langröhriger Blüten
Nestbau: unterirdisch in Kleinsäugernestern

Kuckuckshummel: *Bombus barbutellus*
**Lebensweise:** sozial, bildet individuenreiche Völker
**Lebensräume:** unterschiedliche Trockenstandorte, Magerwiesen, Waldränder. Vom Tiefland bis in die Bergwaldstufe.
**Verbreitung:** Nachbarländer: CH, IT, SL, HU, SK, CZ; Österreich: B, K, N, S, St, T
**Flugzeit:** überwinternde Königinnen ab IV, Jungköniginnen und Drohnen ab VIII
**Häufigkeit:** selten

### *Bombus bohemicus* Seidl, 1838
### Böhmische Kuckuckshummel

Synonym: *Psithyrus bohemicus*
**Kennzeichen:** Weibchen 23–25 mm. Thoraxbehaarung des Weibchens vorne strohgelb, hinten schwarz. Abdomen vorne schwarz, Hinterrand von Tergit 3 und Tergite 4–5 weiß, Hinterleibsende schwarz.
**Lebensweise:** sozialparasitisch, Weibchen dringt in fremdes Hummelnest ein und übernimmt dieses samt Arbeiterinnen
**Wirt:** *Bombus lucorum*
**Lebensräume:** als Brutparasit ohne besondere Lebensraumansprüche. Vom Tiefland bis in die Bergwaldstufe.
**Verbreitung:** Nachbarländer: DE, CH, IT, SL, HU, SK, CZ; Österreich: alle Bundesländer
**Flugzeit:** überwinternde Weibchen ab IV, junge Weibchen und Drohnen ab VIII
**Häufigkeit:** häufig

### *Bombus campestris* (Panzer, 1801)
### Feld-Kuckuckshummel

Synonym: *Psithyrus campestris*
**Kennzeichen:** Weibchen 15–18 mm. Thoraxbehaarung gelb-schwarz-gelb. Abdomen ab dem Hinterrand von Tergit 3 gelb behaart, in der Mitte durch schwarze Haare unterbrochen oder kahl.
**Lebensweise:** sozialparasitisch, Weibchen dringt in fremdes Hummelnest ein und übernimmt dieses samt Arbeiterinnen
**Wirt:** *Bombus pascuorum, B. humilis*
**Lebensräume:** als Brutparasit ohne

***Bombus bohemicus***
**Böhmische Kuckuckshummel, Weibchen**

***Bombus campestris***
**Feld-Kuckuckshummel, Weibchen**

***Bombus campestris***
**Feld-Kuckuckshummel, Weibchen**

***Bombus confusus***
**Samthummel,**
**Männchen (l., r.)**

***Bombus gerstaeckeri***
**Eisenhut-Hummel,**
**Arbeiterin (l.)**
**Männchen (r.)**

besondere Lebensraumansprüche. Vom Tiefland bis in die Bergwaldstufe.
**Verbreitung:** Nachbarländer: DE, CH, IT, SL, HU, SK, CZ; Österreich: alle Bundesländer
**Flugzeit:** überwinternde Weibchen ab IV, junge Weibchen und Drohnen ab VII
**Häufigkeit:** häufig

## *Bombus confusus* Schenck, 1861 Samthummel

**Kennzeichen:** 12–20 mm. Behaarung am Thorax samtartig kurz, wie geschoren. Abdomen ab Tergit 4 orange behaart, ebenso auf der Abdomenunterseite. Fühlerglied 3 länger als 4 + 5 zusammen. Männchen durch große Komplexaugen und das auffällige Verhalten (rascher Flug, Verteidigung bestimmter Sitzwarten, „hilltopping“) unverkennbar.
**Pollenquellen:** polylektisch
**Nestbau:** unterirdisch in Kleinsäugernestern, nur wenige Nestbeobachtungen
**Kuckuckshummel:** keine
**Lebensweise:** sozial, bildet individuenarme Völker
**Lebensräume:** unterschiedliche Trockenstandorte, Magerwiesen, Offenland. Vom Tiefland bis in mittlere Lagen.
**Verbreitung:** Nachbarländer: DE, CH, IT, SL, HU, SK, CZ; Österreich: alle Bundesländer
**Flugzeit:** überwinternde Königinnen meist erst ab V, Jungköniginnen und Drohnen ab VIII
**Häufigkeit:** sehr selten

## *Bombus gerstaeckeri* Morawitz, 1882 Eisenhut-Hummel

**Kennzeichen:** Arbeiterin 15–17 mm, Königin 20–26 mm. Thorax und Tergit 1 des Abdomens braun behaart, Tergite 2–3 schwarz und ab Tergit 4 weiß behaart. Kopf sehr lang. Dank dieser

***Bombus confusus*** **Samthummel, Männchen (l.)**

***Bombus haematurus*** **Bluthummel, Königin (r.)**

***Bombus haematurus*** **Bluthummel, Männchen (l., r.)**

Merkmale und des spezialisierten Blütenbesuchs beide Geschlechter bereits im Feld erkennbar.
Pollenquellen: oligolektisch, sammelt auf Eisenhut (*Aconitum*)
Nestbau: unterirdisch in Kleinsäugernestern, gelegentlich auch in Felsspalten mit Material für den Nestbau
Kuckuckshummel: keine
Lebensweise: sozial, bildet individuenarme Völker
Lebensräume: Bergwiesen, Geröllfelder, Waldsäume. Besiedelt montane bis alpine Lagen.
Verbreitung: kommt nur in den Pyrenäen, Alpen und Karpaten vor; Nachbarländer: DE, CH, IT, SL; Österreich: K, N, O, S, St, T, V
Flugzeit: überwinternde Königinnen meist erst ab V, Jungköniginnen und Drohnen ab VIII
Häufigkeit: selten

## *Bombus haematurus* Kriechbaumer, 1870 Bluthummel

Kennzeichen: Arbeiterin 10–12 mm, Königin 14–18 mm. Thoraxbehaarung vorne gelb, hinten schwarz. Tergite 2–3 gelb behaart. Hinterleibende meist rotbraun behaart.
Pollenquellen: polylektisch
Nestbau: unterirdisch in Kleinsäugernestern
Kuckuckshummel: unbekannt
Lebensweise: sozial, bildet individuenarme Völker
Lebensräume: Auwälder, Waldsäume, gehölzreiches Offenland. Vom Tiefland bis in mittlere Lagen.
Verbreitung: Nachbarländer: SL, HU, SK, CZ; Österreich: B, N, St, W
Flugzeit: überwinternde Königinnen ab III, Jungköniginnen und Drohnen ab VII
Häufigkeit: selten; breitet sich derzeit in Österreich von Südosten her aus.

**Bombus hortorum**
**Gartenhummel, Königin**

***Bombus hortorum***
**Gartenhummel, Arbeiterin (l.)**

***Bombus humilis***
**Veränderliche Hummel Königin (r.o.) Arbeiterin (r.u.)**

***Bombus humilis***
**Veränderliche Hummel, Arbeiterin**

## *Bombus hortorum* (Linnaeus, 1761)
## Gartenhummel

**Kennzeichen:** Arbeiterin 11–16 mm, Königin 17–22 mm. Thoraxbehaarung gelb-schwarz-gelb, wobei die schwarze Querbinde in der Mitte sehr breit und hinten abgerundet ist. Tergit 1 gelb, Tergite 2–3 schwarz, Hinterleibsende weiß behaart. Leicht zu verwechseln mit *Bombus ruderatus*.
**Pollenquellen:** polylektisch
**Nestbau:** unterirdisch in Kleinsäugernestern, oberirdisch in Nistkästen und anderen Hohlräumen
**Kuckuckshummel:** *Bombus barbutellus*
**Lebensweise:** sozial, bildet individuenarme Völker
**Lebensräume:** weites Lebensraumspektrum. Vom Tiefland bis in höhere Lagen.
**Verbreitung:** Nachbarländer: DE, CH, IT, SL, HU, SK, CZ; Österreich: alle Bundesländer
**Flugzeit:** überwinternde Königinnen meist erst ab III, Jungköniginnen und Drohnen ab VI; unter günstigen Umständen eine zweite Generation möglich
**Häufigkeit:** häufig

## *Bombus humilis* Illiger, 1806
## Veränderliche Hummel

**Kennzeichen:** Arbeiterin 9–15 mm, Königin 16–18 mm. Große Variabilität im Färbungsmuster. Thoraxbehaarung braun bis schwarz, seitlich oft mit hellen Haaren. Im Gegensatz zur Ackerhummel ist auf der Thoraxoberseite kein dreieckiger schwarzer Haarfleck ausgebildet. Behaarung des Abdomens ist zum Ende hin sukzessive aufgehellt, Tergit 6 mit schwarzen Haaren.
**Pollenquellen:** polylektisch
**Nestbau:** erfolgt meist oberirdisch in der Krautschicht oder unter einem Moospolster, selten unterirdisch.
**Kuckuckshummel:** *Bombus campestris*
**Lebensweise:** sozial, bildet individuenarme Völker
**Lebensräume:** weites Lebensraumspektrum. Vom Tiefland bis in höhere Lagen, mäßig wärme- und trockenheitsliebend (meidet niederschlagsreiche

Gebiete des nördlichen Alpenrandes).
**Verbreitung:** Nachbarländer: DE, CH, IT, SL, HU, SK, CZ; Österreich: alle Bundesländer
**Flugzeit:** überwinternde Königinnen ab IV, Jungköniginnen und Drohnen ab VII
**Häufigkeit:** mäßig häufig

### *Bombus hypnorum* (Linnaeus, 1758)
### Baumhummel

**Kennzeichen:** Arbeiterin 8–18 mm, Königin 17–20 mm. Thorax einfärbig braun oder schwarz behaart. Die Behaarung des Abdomens bis Tergit 3 schwarz, dann weiß.
**Pollenquellen:** polylektisch
**Nestbau:** erfolgt oberirdisch in Baumhöhlen, aber auch in Vogelnistkästen und anderen bestehenden Hohlräumen mit Nistmaterial
**Kuckuckshummel:** *Bombus norvegicus*
**Lebensweise:** sozial, bildet individuenreiche Völker
**Lebensräume:** Wälder, Waldränder, lockere Baum- und Gehölzbestände. Vom Hügelland bis in höhere Lagen.
**Verbreitung:** Nachbarländer: DE, CH, IT, SL, HU, SK, CZ; Österreich: alle Bundesländer
**Flugzeit:** überwinternde Königinnen ab III, Jungköniginnen und Drohnen ab VII
**Häufigkeit:** mäßig häufig

### *Bombus laesus* Morawitz, 1875
### Laesus-Hummel

**Kennzeichen:** 16–26 mm. Gesamter Körper dunkelgelb behaart. Thorax mit verdunkeltem, rundem Haarfleck in der Mitte. Behaarung kurz.
**Pollenquellen:** polylektisch
**Nestbau:** unbekannt
**Kuckuckshummel:** unbekannt
**Lebensweise:** sozial, bildet individuenarme Völker
**Lebensräume:** großflächige Trockenstandorte und Steppen. Vorwiegend im Tiefland.
**Verbreitung:** Nachbarländer: CH, HU, SK, CZ; Österreich: B, N, W
**Flugzeit:** überwinternde Königinnen ab V, Jungköniginnen und Drohnen ab VIII
**Häufigkeit:** sehr selten (in Österreich ausgestorben)

***Bombus hypnorum***
**Baumhummel, Königin**

***Bombus hypnorum***
**Baumhummel, Arbeiterin**

***Bombus laesus***
**Laesus-Hummel, Königin**

***Bombus lapidarius***
**Steinhummel, Königin (l.) Arbeiterin (r.)**

***Bombus lucorum***
**Helle Erdhummel, Königin (l.) Männchen (r.)**

## ***Bombus lapidarius*** (Linnaeus, 1758) **Steinhummel**

**Kennzeichen:** Arbeiterin 12–16 mm, Königin 20–22 mm. Thorax und Abdomen bis einschließlich Tergit 3 schwarz, dann rot behaart. Sammelhaare am Rand der Hinterschiene schwarz. Metatarsus der mittelbeine abgerundet. Antennenglied 3 kürzer als 4 und 5 zusammen.
**Pollenquellen:** polylektisch
**Nestbau:** meist unterirdisch, bevorzugt in Kleinsäugernestern und auch in oberirdischen Hohlräumen
**Kuckuckshummel:** *Bombus rupestris*
**Lebensweise:** sozial, bildet in der Regel individuenreiche Völker
**Lebensräume:** weites Lebensraumspektrum. Vom Tiefland bis in höhere Lagen, meidet regenreiche Regionen.
**Verbreitung:** Nachbarländer: DE, CH, IT, SL, HU, SK, CZ; Österreich: alle Bundesländer
**Flugzeit:** überwinternde Königinnen ab III, Jungköniginnen und Drohnen ab VII
**Häufigkeit:** häufig

## ***Bombus lucorum*** (Linnaeus, 1761) **Helle Erdhummel**

**Kennzeichen:** Arbeiterin 9–16 mm, Königin 18–21 mm. Thoraxbehaarung vorne zitronengelb, hinten schwarz. Behaarung am Abdomen: schwarz-zitronengelb-schwarz-weiß. Im Feld nicht sicher von *Bombus cryptarum* und *B. magnus* unterscheidbar.
**Pollenquellen:** polylektisch
**Nestbau:** unterirdisch in Kleinsäugernestern
**Kuckuckshummel:** *Bombus bohemicus*
**Lebensweise:** sozial, bildet mäßig individuenreiche Völker
**Lebensräume:** weites Lebensraumspektrum. Vom Tiefland bis in höhere Lagen, bevorzugt in waldreichen Gegenden.
**Verbreitung:** Nachbarländer: DE, CH, IT, SL, HU, SK, CZ;

***Bombus mendax***
**Trughummel,**
**Arbeiterin (l., r.)**

***Bombus mesomelas***
**Berghummel,**
**Arbeiterin (l., r.)**

Österreich: alle Bundesländer
**Flugzeit:** überwinternde Königinnen ab III, Jungköniginnen und Drohnen ab VII
**Häufigkeit:** häufig

## *Bombus mendax* Gerstaecker, 1869
## Trughummel

**Kennzeichen:** Arbeiterin 14–17 mm, Königin 18–20 mm. Gelbe Binden am Thoraxbeginn und -ende sowie auf Tergit 1 können deutlich sein, aber auch fehlen. Weibchen mit hellem Haarbüschel im Gesicht. Abdomen ab Tergit 4 orange behaart. Sammelhaare am Rand der Hinterschiene orange. Metatarsus der Mittelbeine abgerundet. Antennenglied 3 kürzer als 4, 5 und 6 zusammen.
**Pollenquellen:** polylektisch
**Nestbau:** unterirdisch in verlassenen Kleinsäugerbauten
**Kuckuckshummel:** unbekannt
**Lebensweise:** sozial, bildet individuenarme Völker
**Lebensräume:** alpine Rasen, Hochgebirge
**Verbreitung:** Nachbarländer: DE, CH, IT, SL; Österreich: K, N, O, S, St, T, V
**Flugzeit:** überwinternde Königinnen ab IV, Jungköniginnen und Drohnen ab VIII
**Häufigkeit:** mäßig häufig

## *Bombus mesomelas* Gerstaecker, 1869
## Berghummel

**Kennzeichen:** Arbeiterin 13–15 mm, Königin 20–24 mm. Körper gelblichgrau behaart. Thorax mit einem unscharf begrenzten, querovalen Mittelfleck mit dunklen Haaren. Haare an den Hinterrändern der Tergite 3–5 aufgehellt. Tergit 2 etwas dunkler, aber nicht schwarz behaart.
**Pollenquellen:** polylektisch
**Nestbau:** meist unterirdisch in Kleinsäugernestern
**Kuckuckshummel:** keine
**Lebensweise:** sozial, bildet individuen-

***Bombus monticola*** **Bergland-Hummel, Arbeiterin**

***Bombus muscorum*** **Mooshummel, Königin**

***Bombus muscorum*** **Mooshummel, Königin**

arme Völker
**Lebensräume:** extensiv genutztes Grünland, Offenlandstandorte. Im Mittel- und Hochgebirge, bevorzugt in trockenwarmen Regionen.
**Verbreitung:** Nachbarländer: DE, CH, IT, SK, CZ; Österreich: K, N, O, S, St, T, V
**Flugzeit:** überwinternde Königinnen ab IV, Jungköniginnen und Drohnen ab VII
**Häufigkeit:** sehr selten

### *Bombus monticola* SMITH, 1849
### Bergland-Hummel

**Kennzeichen:** Arbeiterin 9–16 mm, Königin 18–23 mm. Thorax vorne und hinten (schmal, v-förmig) mit hellen Haaren. Orange Behaarung des Abdomens ab Tergit 2 oder Vorderrand von Tergit 3.
**Pollenquellen:** polylektisch
**Nestbau:** unterirdisch in verlassenen Kleinsäugerbauten, aber auch oberirdisch in Baumhöhlen und anderen Hohlräumen
**Kuckuckshummel:** *Bombus flavidus*
**Lebensweise:** sozial, bildet individuenarme Völker
**Lebensräume:** extensiv genutztes Grünland, lichte Wälder, alpine Matten. Im Mittel- und Hochgebirge.
**Verbreitung:** Nachbarländer: DE, CH, IT, SL; Österreich: K, N, O, S, St, T, V
**Flugzeit:** überwinternde Königinnen ab III, Jungköniginnen und Drohnen ab VIII
**Häufigkeit:** selten

### *Bombus muscorum* (LINNAEUS, 1758)
### Mooshummel

**Kennzeichen:** Arbeiterin 10–16 mm, Königin 17–19 mm. Thorax rotbraun, seitlich gelb behaart. Hinterränder der Tergite sind heller behaart. Behaarung gleichmäßig und sehr kurz.
**Pollenquellen:** polylektisch
**Nestbau:** erfolgt oberirdisch in der Krautschicht oder unter einem Moos- oder Graspolster
**Kuckuckshummel:** *Bombus campestris*
**Lebensweise:** sozial, bildet individuenarme Völker
**Lebensräume:** bevorzugt auf feuchten Offenlandstandorten. Vom Tiefland

bis in mittlere Lagen.
**Verbreitung:** Nachbarländer: DE, CH, IT, SL, HU, SK, CZ; Österreich: B, K, N, O, S?, St, T, V, W
**Flugzeit:** überwinternde Königinnen ab III, Jungköniginnen und Drohnen ab VIII
**Häufigkeit:** sehr selten

## *Bombus norvegicus* (Sparre-Schneider, 1918) Norwegische Hummel

**Synonym:** *Psithyrus norvegicus*
**Kennzeichen:** Weibchen 18–22 mm. Thorax vorne gelb, hinten schwarz behaart. Tergite 1–3 mit schwarzen Haaren, Endrand von Tergit 3 sowie Tergit 4 mit weißer Haarbinde. Tergit 5 mit schwarzen Haaren. Hinterleib stark nach vorne gekrümmt, letztes Sternit überragt letztes Tergit. Im Freiland nicht von *Bombus sylvestris* und *Bombus flavidus* unterscheidbar.
**Lebensweise:** sozialparasitisch. Das Weibchen dringt in das fremde Hummelnest ein und übernimmt dieses samt Arbeiterinnen.
**Wirt:** *Bombus hypnorum*
**Lebensräume:** als Brutparasit ohne besondere Lebensraumansprüche. Vom Hügelland bis in höhere Lagen.
**Verbreitung:** Nachbarländer: DE, CH, IT, SL, HU, SK, CZ; Österreich: alle Bundesländer
**Flugzeit:** überwinternde Weibchen ab IV, junge Weibchen und Drohnen ab VII
**Häufigkeit:** selten

## *Bombus pascuorum* (Scopoli, 1763) Ackerhummel

**Kennzeichen:** Arbeiterin 9–15 mm, Königin 15–18 mm. Große Variabilität im Färbungsmuster. Meist ist der Thorax gelblich bis rötlichbraun, manchmal mit einem dreieckigen schwarzen Haarfeld. Abdomen der Tergite 1–4 grauschwarz, ab Tergit 5 meist braun. Im Feld manchmal schwer von den hellen Formen der Veränderlichen Hummel *B. humilis* zu unterscheiden
**Pollenquellen:** polylektisch
**Nestbau:** erfolgt meist oberirdisch in der Krautschicht oder unter einem Moos- oder Graspolster, selten unterirdisch. Genutzt werden auch beste-

***Bombus norvegicus*** **Norwegische Hummel, Weibchen**

***Bombus pascuorum*** **Ackerhummel, Arbeiterin**

***Bombus pascuorum*** **Ackerhummel, Arbeiterin**

***Bombus pomorum*** **Obsthummel, Königin (l., r.o., r.u.)**

hende Hohlräume wie z.B. Baumhöhlen.
**Kuckuckshummel:** *Bombus campestris*
**Lebensweise:** sozial, bildet individuenarme Völker
**Lebensräume:** weites Lebensraumspektrum. Vom Tiefland bis in höhere Lagen.
**Verbreitung:** Nachbarländer: DE, CH, IT, SL, HU, SK, CZ; Österreich: alle Bundesländer
**Flugzeit:** überwinternde Königinnen ab III, Jungköniginnen und Drohnen ab VII
**Häufigkeit:** sehr häufig

## *Bombus pomorum* (Panzer, 1805) Obsthummel

**Kennzeichen:** Arbeiterin 12–14 mm, Königin 18–20 mm. Thorax und Abdomen bis Tergit 2 bzw. 3 schwarz, dann orange behaart. Behaarung von Tergit 2 bzw. 3 meist mit schwarzen Haaren durchmischt. Kopf lang.
**Pollenquellen:** polylektisch
**Nestbau:** meist unterirdisch in verlassenen Kleinsäugerbauten
**Kuckuckshummel:** Bombus campestris
**Lebensweise:** sozial, bildet individuenreiche Völker
**Lebensräume:** extensiv genutztes Grünland, Ruderalstandorte, Waldränder. Vom Tiefland bis in mittlere Lagen.
**Verbreitung:** Nachbarländer: DE, CH, IT, SL, HU, SK, CZ; **Österreich:** alle Bundesländer
**Flugzeit:** überwinternde Königinnen ab IV, Jungköniginnen und Drohnen ab VII
**Häufigkeit:** selten, starker Rückgang

## *Bombus pratorum* (Linnaeus, 1761) Wiesenhummel

**Kennzeichen:** Arbeiterin 9–14 mm, Königin 15–17 mm. Thorax vorne gelb, hinten schwarz. Abdomen variabel ge-

färbt, entweder: schwarz-gelb-schwarz und ab Tergit 4 orange. Oder: schwarz und ab Tergit 4 orange. Mandibel mit zwei Zähnen und geradem Kaurand.
**Pollenquellen:** polylektisch
**Nestbau:** erfolgt meist in ober- und unterirdischen Hohlräumen oder in Moos- oder Graspolstern.
**Kuckuckshummel:** *Bombus sylvestris*
**Lebensweise:** sozial, bildet individuenarme Völker
**Lebensräume:** weites Lebensraumspektrum. Vom Tiefland bis in höhere Lagen.
**Verbreitung:** Nachbarländer: DE, CH, IT, SL, HU, SK, CZ; Österreich: alle Bundesländer
**Flugzeit:** überwinternde Königinnen ab III, Jungköniginnen und Drohnen ab VI
**Häufigkeit:** häufig

### *Bombus pyrenaeus* Pérez, 1879
### Pyrenäenhummel

**Kennzeichen:** Arbeiterin 9–12 mm, Königin 18–20 mm. Thoraxbehaarung weißgelb-schwarz-weißgelb, wobei die schwarze Querbinde breit ist. Behaarung am Abdomen von vorne beginnend: weißgelb-schwarz-orange. Die orange Behaarung beginnt in der Mitte von Tergit 3. Unterseite von Thorax und Abdomen hell behaart.
**Pollenquellen:** polylektisch
**Nestbau:** in unter- oder oberirdischen Hohlräumen mit Nistmaterial
**Kuckuckshummel:** keine
**Lebensweise:** sozial, bildet individuenarme Völker
**Lebensräume:** alpine Rasen, extensiv genutztes Grünland, lichte Wälder. Hochgebirge.
**Verbreitung:** Nachbarländer: DE, CH, IT, SL, SK; Österreich: K, N, O, S, St, T, V
**Flugzeit:** überwinternde Königinnen ab V, Jungköniginnen und Drohnen ab VII
**Häufigkeit:** mäßig häufig

### *Bombus ruderatus* (Fabricius, 1775)
### Feldhummel

**Kennzeichen:** Arbeiterin 11–18 mm, Königin 21–24 mm. Thoraxbehaarung gelbbraun-schwarz-gelbbraun, wobei

***Bombus pratorum***
**Wiesenhummel, Königin**

***Bombus pratorum***
**Wiesenhummel, Königin**

***Bombus pyrenaeus***
**Pyrenäenhummel, Arbeiterin**

***Bombus ruderatus*** **Feldhummel, Arbeiterin (l.) und Männchen (r.)**

***Bombus rupestris*** **Felsen-Kuckuckshummel, Weibchen (l., r.)**

die schwarze Querbinde im Gegensatz zur Gartenhummel schmal und hinten gerade ist. Tergit 1 gelb, Tergite 2–3 schwarz, Hinterleibsende weiß behaart.
Pollenquellen: polylektisch
Nestbau: meist unterirdisch in Kleinsäugernestern
Kuckuckshummel: *Bombus barbutellus barbutellus* und *B. barbutellus maxillosus*
Lebensweise: sozial, bildet individuenarme Völker
Lebensräume: extensiv genutztes Grünland, Offenlandstandorte. Vom Tiefland bis in mittlere Lagen.
Verbreitung: Nachbarländer: DE, CH, IT, SL, HU, SK, CZ; Österreich: B, K, N, O?, S?, St, T?, V, W
Flugzeit: überwinternde Königinnen ab IV, Jungköniginnen und Drohnen ab VII
Häufigkeit: sehr selten

### *Bombus rupestris* (Fabricius, 1793) Felsen-Kuckuckshummel, Rotschwarze Kuckuckshummel

Synonym: *Psithyrus rupestris*
Kennzeichen: Weibchen 18–22 mm. Thorax und Abdomen bis einschließlich Tergit 3 schwarz, dann orange behaart. Bei manchen Tieren am kopfnahen Thorax mit einer gelben Binde.
Lebensweise: sozialparasitisch. Das Weibchen dringt in das fremde Hummelnest ein und übernimmt dieses samt Arbeiterinnen.
Wirt: *Bombus lapidarius* und *B. sichelii*, seltener auch *B. sylvarum* und *B. pascuorum*
Lebensräume: als Brutparasit ohne besondere Lebensraumansprüche. Vom Tiefland bis in höchste Lagen.
Verbreitung: Nachbarländer: DE, CH, IT, SL, HU, SK, CZ; Österreich: alle Bundesländer
Flugzeit: überwinternde Weibchen ab IV, junge Weibchen und Drohnen ab VIII
Häufigkeit: selten

### *Bombus sichelii* Radoszkowski, 1859
### Höhenhummel

**Kennzeichen:** Arbeiterin 13–16 mm, Königin 17–20 mm. Thoraxbehaarung weißgelb-schwarz-weißgelb, wobei die schwarze Querbinde breit ist. Behaarung am Abdomen von vorne beginnend: weißgelb-schwarz-orange. Die orange Behaarung erst ab Tergit 4. Unterseite des Abdomens dunkel behaart. Sehr ähnlich wie *Bombus pyrenaeus.*
**Pollenquellen:** polylektisch
**Nestbau:** unterirdisch in verlassenen Mäusenestern
**Kuckuckshummel:** *Bombus rupestris*
**Lebensweise:** sozial, bildet individuenarme Völker
**Lebensräume:** alpine Rasen, extensiv genutztes Grünland im Bereich der Waldgrenze. Hochgebirge.
**Verbreitung:** Nachbarländer: DE, CH, IT, SL, SK, CZ; Österreich: K, N, O, S, St, T, V
**Flugzeit:** überwinternde Königinnen ab IV, Jungköniginnen und Drohnen ab VIII
**Häufigkeit:** mäßig häufig

***Bombus sichelii***
**Höhen-Hummel, Königin**

### *Bombus soroeensis* (Fabricius, 1776)
### Distelhummel

**Kennzeichen:** Arbeiterin 10–14 mm, Königin 15–17 mm. Thorax und Abdomen bis zur Mitte von Tergit 4 schwarz, dann orange behaart. Am Thoraxvorderrand und auf Tergit 2 können gelbe Binden vorhanden sein, diese sind aber meist schwächer als bei *B. pratorum.* Sammelhaare am Rand der Hinterschiene dunkel. Metatarsus der Mittelbeine abgerundet, außen nur mit kurzen Haaren.
**Pollenquellen:** polylektisch
**Nestbau:** unterirdisch in verlassenen Kleinsäugerbauten
**Kuckuckshummel:** *Bombus quadricolor*
**Lebensweise:** sozial, bildet individuenarme Völker
**Lebensräume:** im Flachland eher kühlere Lebensräume wie Wälder und Moore, im Gebirge lichte Wälder und Extensivgrünland. Von der Hügelstufe bis in höhere Lagen.
**Verbreitung:** Nachbarländer: DE, CH,

***Bombus soroeensis***
**Distelhummel, Königin**

***Bombus soroeensis***
**Distelhummel, Königin**

***Bombus sylvarum*** **Bunte Hummel, Königin**

***Bombus sylvarum*** **Bunte Hummel, Königin**

***Bombus sylvestris*** **Wald-Kuckuckshummel, Weibchen**

IT, SL, HU, SK, CZ; Österreich: alle Bundesländer
**Flugzeit:** überwinternde Königinnen ab IV, Jungköniginnen und Drohnen ab VIII
**Häufigkeit:** mäßig häufig

### *Bombus sylvarum* (Linnaeus, 1761) Bunte Hummel, Waldhummel

**Kennzeichen:** 10–18 mm. Thorax in der Mitte verdunkelt, vorne und hinten hell. Tergite 4–5 orange behaart, Hinterrand der Tergite 2–5 strohgelb. Metatarsus der Mittelbeine mit Spitze.
**Pollenquellen:** polylektisch
**Nestbau:** meist oberirdisch unter einem Gras- oder Moospolster
**Kuckuckshummel:** keine gesicherten Hinweise, möglicherweise *Bombus rupestris*
**Lebensweise:** sozial, bildet individuenarme Völker
**Lebensräume:** Extensivgrünland, lichte Wälder, Ruderalstandorte. Vom Flachland bis in die Hügelstufe, bevorzugt in klimatisch wärmeren Regionen.
**Verbreitung:** Nachbarländer: DE, CH, IT, SL, HU, SK, CZ; Österreich: B, K, N, O, St, T, V, W
**Flugzeit:** überwinternde Königinnen ab IV, Jungköniginnen und Drohnen ab VIII
**Häufigkeit:** mäßig häufig

### *Bombus sylvestris* (Lepeletier, 1832) Wald-Kuckuckshummel

**Synonym:** *Psithyrus sylvestris*
**Kennzeichen:** Arbeiterin 10–15 mm, Königin 16–18 mm. Thorax vorne gelb, hinten schwarz behaart. Tergite 1–3 mit schwarzen Haaren, Endrand von Tergit 3 sowie Tergit 4 mit weißer Haarbinde. Tergit 5 mit schwarzen Haaren. Im Freiland nicht von *Bombus norvegicus* und *B. flavidus* unterscheidbar.
**Lebensweise:** sozialparasitisch. Das Weibchen dringt in das fremde Hummelnest ein und übernimmt dieses samt Arbeiterinnen.
**Wirt:** *Bombus pratorum,* gelegentlich auch *B. jonellus*
**Lebensräume:** als Brutparasit ohne besondere Lebensraumansprüche
**Verbreitung:** Nachbarländer: DE, CH,

IT, SL, HU, SK, CZ; Österreich: alle Bundesländer
Flugzeit: überwinternde Weibchen ab III, junge Weibchen und Drohnen ab VII
Häufigkeit: mäßig häufig

### ***Bombus terrestris*** (Linnaeus, 1758)
### Dunkle Erdhummel

Kennzeichen: Arbeiterin 11–17 mm, Königin 20–23 mm. Thoraxbehaarung vorne braungelb, hinten schwarz. Behaarung am Abdomen von vorne beginnend: schwarz-braungelb-schwarz-weiß. Nur schwer von *Bombus cryptarum* und *Bombus magnus* unterscheidbar. Diese Arten sind jedoch sehr selten. Die gebe Thoraxbinde reicht beim *B. cryptarum*-Weibchen deutlich unter die Tegulae (Foto unten links).
Pollenquellen: polylektisch
Nestbau: unterirdisch in Kleinsäugernestern, selten auch oberirdisch
Kuckuckshummel: *Bombus vestalis*
Lebensweise: sozial, bildet individuenreiche Völker
Lebensräume: weites Lebensraumspektrum. Vom Tiefland bis in mittlere Lagen.
Verbreitung: Nachbarländer: DE, CH, IT, SL, HU, SK, CZ; Österreich: alle Bundesländer
Flugzeit: überwinternde Königinnen meist erst ab III, Jungköniginnen und Drohnen ab VII
Häufigkeit: häufig

### ***Bombus vestalis*** (Geoffroy, 1785)
### Keusche Kuckuckshummel, Gefleckte Kuckuckshummel

Synonym: *Psithyrus vestalis*
Kennzeichen: Weibchen 20–22 mm. Thorax vorne gelb, hinten schwarz behaart. Endrand von Tergit 3 seitlich mit schmaler, gelber Haarbinde. Tergite 4 und 5 mit weißen Haaren.
Lebensweise: sozialparasitisch. Das Weibchen dringt in das fremde Hummelnest ein und übernimmt dieses samt Arbeiterinnen.
Wirt: *Bombus terrestris* und möglicherweise *B. lucorum*

**_Bombus terrestris_
Dunkle Erdhummel, Königin**

**_Bombus terrestris_
Dunkle Erdhummel, Königin**

**_Bombus cryptarum_
Heide-Erdhummel, Königin (l.)**

**_Bombus terrestris_
Dunkle Erdhummel, Männchen (r.)**

**Lebensräume:** als Brutparasit ohne besondere Lebensraumansprüche. Vom Tiefland bis in mittlere Lagen.
**Verbreitung:** Nachbarländer: DE, CH, IT, SL, HU, SK, CZ; Österreich: B, K, N, O, S?, St, T, V, W
**Flugzeit:** überwinternde Weibchen ab IV, junge Weibchen und Drohnen ab VII
**Häufigkeit:** mäßig häufig

### *Bombus wurflenii* Radoszkowski, 1859
### Bergwald-Hummel

**Kennzeichen:** Arbeiterin 13–16 mm, Königin 19–22 mm. Thorax und Abdomen bis zur Mitte von Tergit 3 schwarz, dann orange behaart. Kopf kurz. Mandibel mit 6 Zähnen, kein gerader Kaurand.
**Pollenquellen:** polylektisch
**Nestbau:** unterirdisch in verlassenen Kleinsäugerbauten
**Kuckuckshummel:** unbekannt
**Lebensweise:** sozial, bildet individuenarme Völker
**Lebensräume:** alpine Rasen, lockere Baum- und Gehölzbestände. Von der Bergwaldstufe bis in höchste Lagen.
**Verbreitung:** Nachbarländer: DE, CH, IT, SL, HU, SK, CZ; Österreich: B, K, N, O, S, St, T, V
**Flugzeit:** überwinternde Königinnen ab IV, Jungköniginnen und Drohnen ab VII
**Häufigkeit:** mäßig häufig

***Bombus vestalis***
**Keusche Kuckuckshummel, Weibchen**

***Bombus vestalis***
**Keusche Kuckuckshummel, Weibchen**

***Bombus wurflenii***
**Bergwald-Hummel, Arbeiterin**

***Camptopoeum frontale*** **Steppen-Buntbiene, Weibchen**

## *CAMPTOPOEUM* BUNTBIENEN

**Kennzeichen:** Kleine bis mittelgroße Bienen. Körper schwarz, teilweise gelb gezeichnet. Vorderflügel mit zwei Cubitalzellen. Anhand der durchgehenden gelben Binden auf dem Hinterleib und den gelben Flecken auf Gesicht und Thorax leicht zu erkennen. Bestimmung: SCHMID-EGGER & SCHEUCHL (1997)

In Österreich 2 Arten (DE: 1, CH: 0)

**Biologie:** Buntbienen fliegen im Hochsommer und haben eine Generation pro Jahr. Sie nisten in selbst gegrabenen Bodennestern an ebenen bis stark geneigten, lückig bewachsenen Stellen.

Die Sammelbürste an den Hinterbeinen besteht aus locker stehenden Haaren. Der mit Nektar benetzte Pollen wird auf der Außenseite der Hinterbeine transportiert, wo er zuweilen große Klumpen bildet. Die beiden mitteleuropäischen Arten sind auf Flockenblumen (*Centaurea*) und Disteln (*Carduus*) spezialisiert.

## *Camptopoeum friesei* Mocsary, 1894 Salz-Buntbiene

**Kennzeichen:** 7–9 mm. Thorax des Weibchens gelbbraun behaart. Pygidium mit konvexen Seiten. Aufgrund der engen Bindung an Salzlebensräume von *C. frontale* im Feld leicht unterscheidbar.
**Pollenquellen:** oligolektisch, sammelt auf Korbblütlern (Asteraceae) der Unterfamilie Carduoideae, vornehmlich Flockenblumen (*Centaurea*) und Ringdisteln (*Carduus*)
**Nestbau:** Nester werden an unbewachsenen Salzstandorten angelegt,

***Camptopoeum friesei***
**Salz-Buntbiene, Weibchen (l.) Paarung (r.o.) Männchen (r.u.)**

***Camptopoeum frontale***
**Steppen-Buntbiene, Weibchen (l., r.)**

meist in Solontschak-Böden. An günstigen Stellen entstehen oft größere Nestaggregationen.
**Lebensräume:** unterschiedliche Salzstandorte, in Österreich nur vom Neusieder See und Pulkau-Tal bekannt
**Kuckucksbienen:** Kurzhornbiene *Parammobatodes minutus* (= *Parammobatodes schmidti*)
**Verbreitung:** Nachbarländer: IT, HU, SK; Österreich: B, N
**Flugzeit:** VII–VIII
**Häufigkeit:** selten

## ***Camptopoeum frontale*** (Fabricius, 1804) Steppen-Buntbiene

**Kennzeichen:** 7–9 mm. Thorax des Weibchens weitgehend kahl. Pygidium mit konkaven Seiten. Aufgrund der unterschiedlichen Lebensraumpräferenzen von *C. friesei* im Feld unterscheidbar.
**Pollenquellen:** oligolektisch, sammelt auf Korbblütlern (Asteraceae) der Unterfamilie Carduoideae, Hauptpollenquelle ist die Rispen-Flockenblume (*Centaurea stoebe*)
**Nestbau:** an schütter bewachsenen Löss- und Sandstandorten, zumeist in steil geneigten Lösswänden
**Lebensräume:** Lösslebensräume und andere Trockenstandorte
**Kuckucksbienen:** Kurzhornbiene *Parammobatodes minutus*
**Verbreitung:** Nachbarländer: DE, IT, SL, HU, SK, CZ; Österreich: B, N, W
**Flugzeit:** VII–VIII
**Häufigkeit:** selten

***Ceratina chalybea***
**Metallische Keulhornbiene, Männchen**

## *CERATINA* KEULHORNBIENEN

Kennzeichen: Kleine bis mittelgroße Bienen. Körper schwarz oder metallisch grün bis blau glänzend, kaum behaart. Fühler kurz, keulenförmig. Zunge sehr lang. Abdomen nach hinten verbreitert, die einzelnen Segmente an der Basis eingeschnürt. Vorderflügel mit drei Cubitalzellen. Das sechste Tergit der Weibchen meist mit einem Längskiel, am Ende mit einer Spitze. Hinterbeine teilweise mit lockeren Sammelhaaren. Das siebte Tergit der Männchen nach unten gerichtet. Nimmt man die Tiere zwischen die Finger, sondern sie ein nach Zitrone riechendes Sekret ab. Bestimmung: Amiet & al. (2004), Scheuchl (2006)

In Österreich 7 Arten (DE: 3, CH: 5)

Biologie: Eine Generation pro Jahr. Im Sommer schlüpfen die Bienen und überwintern oft in größeren Gruppen in hohlen Pflanzenstängeln. Die Verpaarung erfolgt im Frühling. Anschließend beginnen die Weibchen mit dem Nestbau. Meist nagen sie in markhaltigen Stängeln lange Gänge aus, wo sie mehrere Brutzellen anlegen. Die Zellen werden durch Markpartikel voneinander getrennt. Keulhornbienen nutzen unterschiedliche Pollenquellen. Der Pollen wird vorwiegend im Kropf und in geringerem Ausmaß auf den Haarbürsten der Hinterbeine gespeichert.

***Ceratina chalybea***
**Metallische Keulhornbiene, Weibchen (l.) Männchen (r.o.) Nest (r.u.)**

***Ceratina cucurbitina***
**Schwarze Keulhornbiene, Weibchen (l., Mitte) Nest mit Männchen und Puppe (r.)**

## *Ceratina chalybea* Chevrier, 1872
## Metallische Keulhornbiene

Kennzeichen: 8–10 mm. Metallisch blau bis blaugrün, beim Weibchen sind Clypeus, Calli und Tibien an der Basis weiß gefleckt. Aufgrund der bedeutenden Größe im Feld von *Ceratina cyanea* unterscheidbar.
Pollenquellen: polylektisch
Nestbau: in selbst genagten Gängen in Brombeer- und Rosentrieben oder anderen markhaltigen Zweigen
Kuckucksbienen: unbekannt
Lebensräume: unterschiedliche Trockenstandorte, Magerwiesen, totholzreiche Waldsäume
Verbreitung: Nachbarländer: DE, CH, IT, SL, HU, SK, CZ; Österreich: B, K, N, St, W
Flugzeit: IV–IX. Beide Geschlechter erscheinen im Spätsommer und überwintern in hohlen Brombeer- und Rosenzweigen.
Häufigkeit: mäßig häufig

## *Ceratina cucurbitina* (Rossi, 1792)
## Schwarze Keulhornbiene

Kennzeichen: 8–10 mm. Körper schwarz, beim Weibchen sind Clypeus, Calli und Tibien an der Basis weiß gefleckt. Aufgrund ihres schwarzen, nicht metallisch schimmernden Körpers im Feld leicht erkennbar.
Pollenquellen: polylektisch
Nestbau: in selbst genagten Gängen von dürren Markstängeln
Kuckucksbienen: unbekannt
Lebensräume: unterschiedliche Trockenstandorte, Magerwiesen, Ruderalflächen, totholzreiche Waldsäume
Verbreitung: Nachbarländer: DE, CH, IT, SL, HU, SK, CZ; Österreich: B, N, O?, St, W
Flugzeit: IV–IX. Beide Geschlechter erscheinen im Spätsommer und überwintern in Hohlräumen dürrer

Markstängel.
**Häufigkeit:** mäßig häufig

### *Ceratina cyanea* (Kirby, 1802)
### Gewöhnliche Keulhornbiene

**Kennzeichen:** 6–7 mm. Metallisch blau. Aufgrund der geringen Größe im Feld von *Ceratina chalybea* unterscheidbar, nicht jedoch von *Ceratina nigrolabiata.*
**Pollenquellen:** polylektisch
**Nestbau:** in selbst genagten Gängen dürrer Markstängel oder Zweige
**Kuckucksbienen:** unbekannt
**Lebensräume:** unterschiedliche Trockenstandorte, Magerwiesen, Ruderalflächen, totholzreiche Waldsäume
**Verbreitung:** Nachbarländer: DE, CH, IT, SL, HU, SK, CZ; Österreich: alle Bundesländer
**Flugzeit:** IV–X. Beide Geschlechter erscheinen im Spätsommer und überwintern in Hohlräumen dürrer Markstängel.
**Häufigkeit:** mäßig häufig

### *Ceratina nigrolabiata* Friese, 1896
### Schwarzlippige Keulhornbiene

**Kennzeichen:** 6–7 mm. Körper metallisch blau bis blaugrün, Kopf und Thorax zum Teil schwarz. Aufgrund der geringen Größe im Feld von *Ceratina chalybea* unterscheidbar, nicht jedoch von *Ceratina cyanea*. Meist weniger stark blau schimmernd als diese.
**Pollenquellen:** polylektisch
**Nestbau:** in selbst genagten Gängen in Brombeer- und Rosentrieben oder anderen markhaltigen Zweigen
**Kuckucksbienen:** unbekannt
**Lebensräume:** unterschiedliche Trockenstandorte, Magerwiesen, totholzreiche Waldsäume
**Verbreitung:** Nachbarländer: IT, HU, SK, CZ; Österreich: B, N, O, W
**Flugzeit:** IV–IX. Beide Geschlechter erscheinen im Spätsommer und überwintern in hohlen Brombeer- und Rosenzweigen.
**Häufigkeit:** mäßig häufig. Hat sich im letzten Jahrzehnt von Südosteuropa her stark ausgebreitet.

***Ceratina cucurbitina*** **Schwarze Keulhornbiene, Paarung**

***Ceratina cyanea*** **Gewöhnliche Keulhornbiene, Männchen**

***Ceratina nigrolabiata*** **Schwarzlippige Keulhornbiene, Weibchen**

***Chelostoma rapunculi*** **Glockenblumen-Scherenbiene, Männchen**

## *CHELOSTOMA* SCHERENBIENEN

Kennzeichen: Scherenbienen haben einen lang gestreckten Körper, der nur spärlich behaart ist. Einige Arten weisen am Hinterleib helle Haarbinden auf. Vorderflügel mit zweiten Cubitalzellen. Scutellum, Postscutellum und horizontale Fläche des Propodeum liegen in einer Ebene. Scutellum ohne Dornen. Weibchen auf der Unterseite des Hinterleibs mit weißer Sammelbürste.

Im Unterschied zu den nah verwandten Gattungen *Osmia* und *Hoplitis* sind die Maxillarpalpen der Scherenbienen dreigliedrig (*Osmia* und *Hoplitis* viergliedrig) und das Labrum ist weitgehend unbehaart. Im Gegensatz zur Gattung *Heriades* ist das erste Tergit ohne Quergrat. Bestimmung: Amiet & al. (2004), Scheuchl (2006)

In Österreich 10 Arten (DE: 5; CH: 7)

Biologie: Die Scherenbienen erscheinen im späten Frühling oder Frühsommer und haben nur eine Generation pro Jahr. Sie nisten in alten Fraßgängen im Totholz, seltener in hohlen Pflanzenstängeln. Die Wände zwischen den Zellen werden aus Erde gemauert, ebenso der Nestverschluss, dem oft auch Steinchen beigefügt werden. Alle Scherenbienen sind beim Pollensammeln auf bestimmte Pflanzen spezialisiert. Zu den Brutparasiten zählen Düsterbienen (*Stelis*) und Keulenwespen (*Sapyga*).

***Chelostoma campanularum*** **Kurzfransige Scherenbiene, Männchen (l.) Weibchen (r.)**

***Chelostoma emarginatum*** **Kerben-Scherenbiene, Weibchen (l., r.)**

## *Chelostoma campanularum* (Kirby, 1802) Kurzfransige Scherenbiene

**Kennzeichen:** 5–6 mm. Weibchen ohne Binden an den Tergiten. Bauchbürste weiß. Clypeus stark gewölbt. Im Feld nicht von anderen kleinen *Chelostoma*-Arten unterscheidbar.
**Pollenquellen:** oligolektisch, sammelt auf Glockenblumen (*Campanula*)
**Nestbau:** nutzt vorhandene Hohlräume in Holz und Pflanzenstängeln. Zellwände und Nestverschluss werden aus lehmiger Erde gemörtelt.
**Kuckucksbienen:** Düsterbiene *Stelis minima*
**Lebensräume:** Magerwiesen, Waldsäume, Auwälder, Gärten, Parks
**Verbreitung:** Nachbarländer: DE, CH, IT, SL, HU, SK, CZ; Österreich: alle Bundesländer
**Flugzeit:** VI–VIII
**Häufigkeit:** häufig

## *Chelostoma emarginatum* Nylander, 1856 Kerben-Scherenbiene

**Kennzeichen:** 7–8 mm. Weibchen mit schmalen weißen Haarfransen an den Tergiträndern. Bauchbürste weiß. Clypeusvorderrand gerade. Im Feld nicht von anderen mittelgroßen *Chelostoma*-Arten unterscheidbar.
**Pollenquellen:** oligolektisch, sammelt auf Hahnenfuß (*Ranunculus*)
**Nestbau:** nutzt vorhandene Hohlräume in Holz und Pflanzenstängeln. Zellwände und Nestverschluss werden aus lehmiger Erde gemörtelt.
**Kuckucksbienen:** unbekannt
**Lebensräume:** Magerwiesen, Waldsäume, Auwälder, Gärten, Parks
**Verbreitung:** Nachbarländer: DE, CH, IT, SL, HU, SK, CZ; Österreich: B, N, O, St, W
**Flugzeit:** IV–VI
**Häufigkeit:** selten

***Chelostoma florisomne*** **Hahnenfuß-Scherenbiene, Weibchen (l., r.)**

***Chelostoma foveolatus*** **Gruben-Scherenbiene, Männchen (l.) Weibchen (r.)**

## *Chelostoma florisomne* (Linnaeus, 1758) Hahnenfuß-Scherenbiene

**Kennzeichen:** 7–11 mm. Weibchen mit schmalen weißen Haarfransen an den Tergiträndern, Kiefer auffallend lang und schmal, Kopfschild am Vorderrand mit einer abstehenden Lamelle. Bauchbürste gelbweiß. Aufgrund des spezialisierten Blütenbesuchs nur mit *Chelostoma emarginatum*-Weibchen zu verwechseln. Diese haben aber keine abstehende Lamelle am Kopfschild.
**Pollenquellen:** oligolektisch, sammelt auf Hahnenfuß (*Ranunculus*)
**Nestbau:** nutzt lineare Hohlräume, insbesondere Käferfraßgänge. Zellwände und Nestverschluss werden aus lehmiger Erde gemörtelt.
**Brutparasiten:** Keulhornwespen *Sapyga clavicornis* und *Sapyga quinquepunctata,* Schmalbauchwespe *Gasteruption jaculator,* Goldwespe *Trichrysis cyanea* u.a.
**Lebensräume:** Magerwiesen, Waldsäume, Auwälder
**Verbreitung:** Nachbarländer: DE, CH, IT, SL, HU, SK, CZ; Österreich: alle Bundesländer
**Flugzeit:** IV–VI
**Häufigkeit:** häufig

## *Chelostoma foveolatus* (Morawitz, 1868) Gruben-Scherenbiene

**Kennzeichen:** 6–7 mm. Weibchen ohne Binden an den Tergiträndern, Clypeus am Vorderrand in der Mitte mit einem Zähnchen. Bauchbürste gelblich. Männchen ohne Binden an den Tergiträndern, Tergit 7 mit einer Spitze endend, in der Mitte mit einer Grube. Sternit 2 mit einem Höcker. Im Feld nicht von anderen *Chelostoma*-Arten unterscheidbar.
**Pollenquellen:** oligolektisch, sammelt auf Glockenblumen (*Campanula*)
**Nestbau:** nutzt lineare Hohlräume,

insbesondere Käferfraßgänge
**Brutparasiten:** unbekannt
**Lebensräume:** Magerwiesen, Waldsäume
**Verbreitung:** Nachbarländer: DE, CH, IT, SL, HU, SK; Österreich: B, N
**Flugzeit:** VI–VIII
**Häufigkeit:** selten

### *Chelostoma rapunculi* (Lepeletier, 1841) Glockenblumen-Scherenbiene

**Kennzeichen:** 8–10 mm. Weibchen mit Binden an den Tergiten. Bauchbürste gelblich-weiß. Clypeus schwach gewölbt. Im Feld nicht von anderen mittelgroßen *Chelostoma*-Arten unterscheidbar. Leicht erkennbar ist hingegen das Männchen durch das breite, dreilappige Endtergit.
**Pollenquellen:** oligolektisch, sammelt auf Glockenblumen (*Campanula*)
**Nestbau:** nutzt vorhandene Hohlräume in Holz und Pflanzenstängeln. Zellwände und Nestverschluss werden aus lehmiger Erde gemörtelt.
**Brutparasiten:** Düsterbiene *Stelis minima*; weitere Brutparasiten sind die Keulhornwespen *Sapyga quinquepunctata* und *S. similis*
**Lebensräume:** Magerwiesen, Waldsäume, Auwälder, Gärten, Parks
**Verbreitung:** Nachbarländer: DE, CH, IT, SL, HU, SK, CZ; Österreich: alle Bundesländer
**Flugzeit:** V–VIII
**Häufigkeit:** häufig

***Chelostoma rapunculi*** **Glockenblumen-Scherenbiene, Weibchen**

***Chelostoma rapunculi*** **Glockenblumen-Scherenbiene, Männchen**

***Chelostoma rapunculi*** **Glockenblumen-Scherenbiene, Männchen**

***Coelioxys afra***
**Schuppenhaarige Kegelbiene, Weibchen**

## *COELIOXYS* KEGELBIENEN

Kennzeichen: Kleine bis mittelgroße Bienen. Körper schwarz, mit auffälligen hellen Binden oder Flecken auf den Tergitenden. Vorderflügel mit zwei Cubitalzellen. Zweite Discoidalader mündet vor der zweiten Cubitalquerader. Scutellum seitlich mit je einem Dorn. Klauen der Beine ohne Haftlappen. Die Weibchen sind am kegelförmigen Abdomen (daher der Name „Kegelbiene") und an der fehlenden Sammelbürste, die Männchen an den sechs bis acht Dornen am sechsten Tergit gut erkennbar. Bestimmung: Amiet & al. (2004), Scheuchl (2006)

In Österreich 15 Arten (DE: 12, CH: 12)

Biologie: Kegelbienen sind Kuckucksbienen, die bei Blattschneider-, Pelz-, Mauer- und Harzbienen (*Megachile*, *Anthophora*, *Osmia*, *Hoplitis* sowie *Trachusa*) parasitieren. Sie haben eine Generation pro Jahr, die vorwiegend in den Sommermonaten aktiv ist. Das Ei wird in eine noch unverschlossene Wirtszelle gelegt. Belegen mehrere Kegelbienen die gleiche Zelle, entwickelt sich dennoch nur eine Larve. Zum Übernachten klammern sich Kegelbienen mit den Mandibeln oft an Pflanzenstängeln oder anderen Vegetationsstrukturen fest.

***Coelioxys afra***
**Schuppenhaarige Kegelbiene, Weibchen (l.o., r.) Männchen (l.u.)**

***Coelioxys alata***
**Geflügelte Kegelbiene, Weibchen (l.o, l.u., r.)**

### *Coelioxys afra* Lepeletier, 1841
### Schuppenhaarige Kegelbiene

**Kennzeichen:** 7–9 mm. Endbinden der Tergite bestehen aus Schuppen. Beim Weibchen sind die Mandibeln und die Spitze des Hinterleibs rot gefärbt, letztes Sternit zweispitzig.
**Wirte:** Blattschneiderbienen *Megachile pilidens, M. dorsalis* und *M. deceptoria*
**Lebensräume:** unterschiedliche Trockenstandorte, Magerrasen, Brachflächen, Sandlebensräume
**Verbreitung:** Nachbarländer: DE, CH, IT, SL, HU, SK, CS; Österreich: B, K, N, St, T, W
**Flugzeit:** VI–VIII
**Häufigkeit:** mäßig häufig

### *Coelioxys alata* Förster, 1853
### Geflügelte Kegelbiene

**Kennzeichen:** 11–12 mm. Weibchen dank des stark verbreiterten Hinterleibsendes (Sternit 5) von anderen *Coelioxys*-Arten leicht unterscheidbar.
**Wirt:** Blattschneiderbiene *Megachile ligniseca,* nach Literaturangaben auch die Pelzbiene *Anthophora furcata*
**Lebensräume:** strukturreiche Waldränder, Auwälder
**Verbreitung:** Nachbarländer: DE, CH, IT, SL, HU, SK, CS; Österreich: B, K, N, O, S, T?, W;
**Flugzeit:** VII–VIII
**Häufigkeit:** sehr selten

***Coelioxys aurolimbata*** **Goldsaum-Kegelbiene, Weibchen (l.) Männchen (r.o.)**

***Coelioxys brevis*** **Kurze Kegelbiene, Männchen (r.u.)**

***Coelioxys brevis*** **Kurze Kegelbiene, Weibchen (l., r.)**

## *Coelioxys aurolimbata* Förster, 1853
## Goldsaum-Kegelbiene

**Kennzeichen:** 11–12 mm. Endbinden der Tergite bestehen aus Haaren. Sternit 6 des Weibchen dreispitzig (nur mit Lupe sichtbar) und überragt Tergit 6 nur wenig.
**Wirt:** Blattschneiderbiene *Megachile ericetorum*
**Lebensräume:** Magerrasen, Brachflächen, Waldsäume
**Verbreitung:** Nachbarländer: DE, CH, IT, SL, HU, SK, CS; Österreich: B, K, N, O, S, St, V, W
**Flugzeit:** V–VIII
**Häufigkeit:** verbreitet, aber nirgends häufig

## *Coelioxys brevis* Eversmann, 1852
## Kurze Kegelbiene

**Kennzeichen:** 7–9 mm. Endbinden der Tergite bestehen aus Schuppen. Beim Weibchen sind die Mandibeln schwarz, das Hinterleibsende rot, letztes Sternit überragt letztes Tergit. Beine rotgelb.
**Wirte:** Blattschneiderbiene *Megachile leachella,* möglicherweise auch *M. apicalis* und *M. pilidens*
**Lebensräume:** unterschiedliche Trockenstandorte, Magerrasen, Brachflächen, Sandlebensräume
**Verbreitung:** Nachbarländer: DE, IT, SL, HU, SK, CS; Österreich: B, N
**Flugzeit:** VI–VIII
**Häufigkeit:** selten

***Coelioxys conoidea***
**Sandrasen-Kegelbiene, Männchen (l.) Weibchen (r.)**

***Coelioxys echinata***
**Stacheltragende Kegelbiene, Männchen (l.) Weibchen (r.)**

### *Coelioxys conoidea* (Illiger, 1806) Sandrasen-Kegelbiene

Kennzeichen: 14–15 mm. Tergite des Weibchens mit dreieckigen Haarflecken, Sternit 6 breit, überragt letztes Tergit nur wenig.
Wirte: Blattschneiderbienen *Megachile maritima* und *M. lagopoda*
Lebensräume: unterschiedliche Trockenstandorte, Magerrasen, Brachflächen, Sand- und Lösslebensräume
Verbreitung: Nachbarländer: DE, CH, IT, SL, HU, SK, CS; Österreich: B, K, N, O, S?, St, T, V, W
Flugzeit: VI–IX
Häufigkeit: mäßig häufig

### *Coelioxys echinata* Förster, 1853 Stacheltragende Kegelbiene

Kennzeichen: 6–8 mm. Tergite des Weibchens mit schuppenförmigen Haaren. Tergit 6 und Sternit 6 rot, letztes Sternit überragt Tergit deutlich. Beine dunkelbraun.
Wirt: Blattschneiderbiene *Megachile rotundata*
Lebensräume: unterschiedliche Trockenstandorte, Magerrasen, Brachflächen, Sandlebensräume
Verbreitung: Nachbarländer: DE, CH, IT, SL, HU, SK, CS; Österreich: B, K, N, St, T, W
Flugzeit: VII–VIII
Häufigkeit: selten

***Coelioxys haemorrhoa***
**Rotschwanz-Kegelbiene, Weibchen (l.) Männchen (r.)**

***Coelioxys inermis***
**Unbewehrte Kegelbiene, Weibchen (l.) Männchen (r.)**

### *Coelioxys haemorrhoa* Förster, 1853
### Rotschwanz-Kegelbiene

**Kennzeichen:** 8–9 mm. Tergite 1 und 6 sowie die Beine des Weibchens rot gefärbt. Durch diese Färbung unverkennbar.
**Wirt:** vermutlich Blattschneiderbiene *Megachile flabellipes*
**Lebensräume:** unterschiedliche Trockenstandorte, Felstrockenrasen, Steppen
**Verbreitung:** Nachbarländer: DE, IT, HU, SK; Österreich: N
**Flugzeit:** VI–VIII
**Häufigkeit:** sehr selten

### *Coelioxys inermis* (Kirby, 1802)
### Unbewehrte Kegelbiene

**Kennzeichen:** 8–9 mm. Endbinden der Tergite bestehen aus Haaren. Sternit 6 des Weibchens ist schlank und überragt Tergit 6. Im Feld nicht von ähnlichen *Coelioxys*-Arten unterscheidbar
**Wirte:** Blattschneiderbienen *Megachile centuncularis, M. versicolor, M. alpicola* und *M. lapponica*
**Lebensräume:** unterschiedliche Trockenstandorte, Magerwiesen, Waldsäume, auch in höheren Lagen
**Verbreitung:** Nachbarländer: DE, CH, IT, SL, HU, SK, CZ; Österreich: B, K, N, O, St, T, V, W
**Flugzeit:** VI–VIII
**Häufigkeit:** mäßig häufig

***Coelioxys mandibularis***
**Mandibel-Kegelbiene, Weibchen (l., r.)**

***Coelioxys polycentris***
**Salzsteppen-Kegelbiene, Weibchen (l., r.)**

### *Coelioxys mandibularis* Nylander, 1848
### Mandibel-Kegelbiene

Kennzeichen: 8–9 mm. Endbinden der Tergite bestehen aus Haaren. Tergit 5 ohne Binde. Endsternit überragt Endtergit deutlich. Mandibeln an der Außenkante fast rechtwinkelig. Weibchen anhand dieses Merkmals im Feld unterscheidbar.
Wirte: Mauerbiene *Osmia villosa* und Blattschneiderbiene *Megachile leachella,* möglicherweise auch *M. centuncularis, M. circumcincta* und *M. pyrenaea*
Lebensräume: unterschiedliche Trockenstandorte, Magerwiesen, Waldsäume, auch in höheren Lagen
Verbreitung: Nachbarländer: DE, CH, IT, SL, HU, SK, CZ; Österreich: B, K, N, O, St, T, W
Flugzeit: VI bis VIII
Häufigkeit: selten

### *Coelioxys polycentris* Förster, 1853
### Salzsteppen-Kegelbiene

Kennzeichen: 9–10 mm. Endbinden der Tergite bestehen aus schuppenförmigen Haaren. Endsternit des Weibchens überragt Endtergit stark, an der Spitze dreieckig eingeschnitten. Im Feld nicht von ähnlichen *Coelioxys*-Arten unterscheidbar.
Wirt: Blattschneiderbiene *Megachile deceptoria*
Lebensräume: unterschiedliche Salzlebensräume
Verbreitung: Nachbarländer: DE, IT, SL, HU, SK, CZ; Österreich: B
Flugzeit: VI bis VIII
Häufigkeit: sehr selten

***Coelioxys quadridentata*** **Vierzähnige Kegelbiene, Weibchen (l.) Männchen (r.)**

***Coelioxys rufescens*** **Rötliche Kegelbiene, Weibchen (l.) Männchen (r.o., r.u.)**

### ***Coelioxys quadridentata*** (Linnaeus, 1758) Vierzähnige Kegelbiene

**Synonym:** *Coelioxys conica*
**Kennzeichen:** 11–13 mm. Endbinden der Tergite bestehen aus Haaren, die Binde auf Tergit 1 in der Mitte unterbrochen. Weibchen im Feld nicht von ähnlichen *Coelioxys*-Arten unterscheidbar.
**Wirte:** Pelzbiene *Anthophora furcata*, möglicherweise *A. plagiata* und Blattschneiderbiene *Megachile circumcincta*
**Lebensräume:** Waldsäume, Magerwiesen, Gärten
**Verbreitung:** Nachbarländer: DE, CH, IT, SL, HU, SK, CZ; Österreich: B, K, N, O, S?, St, T, V, W
**Flugzeit:** V bis VIII
**Häufigkeit:** mäßig häufig

### ***Coelioxys rufescens*** Lepeletier & Serville, 1825 Rötliche Kegelbiene

**Kennzeichen:** 11–13 mm. Endbinden der Tergite bestehen aus Haaren, die Binde auf Tergit 1 in der Mitte unterbrochen. Behaarung braungelb. Endsternit des Weibchens endet mit drei stumpfen Ecken. Im Feld von ähnlichen *Coelioxys*-Arten nicht sicher unterscheidbar.
**Wirte:** Pelzbienen *Anthophora furcata* und *A. plagiata*
**Lebensräume:** Waldsäume, Trockenwiesen, Gärten
**Verbreitung:** Nachbarländer: DE, CH, IT, SL, HU, SK, CZ; Österreich: B, K, N, O, St, T, V, W
**Flugzeit:** V bis VIII
**Häufigkeit:** mäßig häufig

***Colletes chengtehensis***
**Bleiche Seidenbiene, Weibchen**

## *COLLETES* SEIDENBIENEN

Kennzeichen: Die meisten Seidenbienen haben einen kegelförmigen, hell gebänderten Hinterleib. Die Zunge ist zweilappig und vergleichsweise kurz. *Colletes* ist eine sehr einheitliche Gattung. Deshalb ist es schwer, die einzelnen Arten voneinander zu trennen. Eine sichere Bestimmung ist oft nur mit Vergleichstieren möglich. Oft lassen sich die Arten aber anhand des spezifischen Blütenbesuchs, des Lebensraums und der Höhenverbreitung zuordnen oder eingrenzen.

Bestimmung: Noskiewicz 1936, Amiet & al. (1999), Kuhlmann & Proshchalykin (2014)

In Österreich 20 Arten (DE: 15, CH: 15)

Biologie: Seidenbienen haben eine solitäre Lebensweise. Sie errichten ihre Nester an spärlich bewachsenen Bodenstellen, Erdabbrüchen und Lössböschungen. Die Brutzellen werden mit einer seidenpapierähnlichen Substanz ausgekleidet, die das Weibchen mit der Dufourdrüse am Hinterleib abgibt. Dieser Umstand fand bei der Namensgebung seinen Niederschlag. Abgesehen von der Frühlings-Seidenbiene *Colletes cunicularius*, die bereits im März erscheint, treten die heimischen Seidenbienen erst im Sommer oder Herbst auf. Seidenbienen haben in Mitteleuropa pro Jahr nur eine Generation. Die meisten Arten sind beim Pollensammeln auf bestimmte Pflanzenfamilien spezialisiert (Amiet & al. 1999, Müller & Kuhlmann 2008). Der Pollen wird auf den Sammelbürsten der Hinterbeine transportiert.

***Colletes albomaculatus*** **Weißfleckige Seidenbiene, Weibchen (l.) Männchen (r.)**

***Colletes brevigena*** **Kurzwangen-Seidenbiene, Weibchen**

### *Colletes albomaculatus* (Lucas, 1849) Weißflecken-Seidenbiene

**Kennzeichen:** 12–14 mm. Charakteristisch sind die bedeutende Größe und die weißen, beim Weibchen unterbrochenen Haarflecken am Hinterleib.
**Pollenquellen:** polylektisch, mit einer starken Präferenz für Resedagewächse (Resedaceae)
**Nestbau:** gräbt Nester an spärlich bewachsenen Löss- und Sandstandorten
**Lebensräume:** unterschiedliche Trockenstandorte
**Verbreitung:** Nachbarländer: IT, SL, HU, SK?, CZ; Österreich: N; letzter Fund vor 80 Jahren
**Flugzeit:** VI–VII
**Häufigkeit:** sehr selten

### *Colletes brevigena* Noskiewicz, 1936 Kurzwangen-Seidenbiene

**Kennzeichen:** 10–12 mm. Im Feld nicht sicher von ähnlichen *Colletes*-Arten zu unterscheiden.
**Pollenquellen:** polylektisch, mit einer Vorliebe für Korbblütler (Asteraceae), Resedagewächse (Resedaceae) und Zahntrost (Odontites)
**Nestbau:** gräbt Nester in Steilwänden und Böschungen aus Löss und Sand
**Lebensräume:** unterschiedliche Trockenstandorte
**Verbreitung:** Nachbarländer: IT, HU; Österreich: B, N, W
**Flugzeit:** VIII–IX
**Häufigkeit:** selten

### *Colletes chengtehensis* Yasumatsu, 1935 Bleiche Seidenbiene

Synonym: *Colletes pallescens* Noskiewicz, 1936
**Kennzeichen:** 9–11 mm. Beim Weibchen sind die breiten durchgängigen Tergitbinden, die helle Behaarung und die breite Kopfform charakteristisch. Im Feld nicht sicher von ähnlichen *Col-*

***Colletes chengtehensis***
**Bleiche Seidenbiene, Weibchen (l., r.)**

***Colletes collaris***
**Goldaster-Seidenbiene, Männchen (l.) Weibchen (r.)**

*letes*-Arten zu unterscheiden.
**Pollenquellen:** polylektisch, mit einer Vorliebe für Zahntrost (*Odontites*), in der Literatur werden auch Kreuzblütler (Brassicaceae) und Schmetterlingsblütler (Fabaceae) als Pollenquellen angegeben
**Nestbau:** gräbt Nester an spärlich bewachsenen Sandstandorten
**Lebensräume:** unterschiedliche Trockenstandorte, Sandlebensräume
**Verbreitung:** Nachbarländer: HU; Österreich: B, N. Die Art breitet sich möglicherweise derzeit aus. Die Erstnachweise für Österreich stammen aus den Jahren 2004 (N) und 2014 (B).
**Flugzeit:** VII–VIII
**Häufigkeit:** sehr selten

### *Colletes collaris* DOURS, 1872
### Goldaster-Seidenbiene

**Kennzeichen:** 10–12 mm. Im Feld nicht sicher von ähnlichen *Colletes*-Arten zu unterscheiden.
**Pollenquellen:** eingeschränkt polylektisch, mit einer Vorliebe für Korbblütler (Asteraceae), gelegentlich auch auf Resedagewächsen (Resedaceae)
**Nestbau:** gräbt Nester in Steilwänden und Böschungen aus Löss und Sand
**Lebensräume:** unterschiedliche Trockenstandorte, Salzstandorte u.a.
**Kuckucksbiene:** Filzbiene *Epeolus tarsalis*
**Verbreitung:** Nachbarländer: DE, CH, IT, HU, SK, CZ; Österreich: B, N, W
**Flugzeit:** VIII–X
**Häufigkeit:** selten

***Colletes cunicularius*** **Frühlings-Seidenbiene, Paarung (l.) Weibchen (r.)**

***Colletes daviesanus*** **Buckel-Seidenbiene, Weibchen (l., r.)**

## ***Colletes cunicularius*** (Linnaeus, 1761) Frühlings-Seidenbiene

Kennzeichen: 13–14 mm. Von anderen *Colletes*-Arten im Feld aufgrund der frühen Flugzeit, der bedeutenden Größe und der fehlenden Hinterleibs-Haarbinden zu unterscheiden.
Pollenquellen: eingeschränkt polylektisch, im zeitigen Frühjahr fast ausschließlich auf Weiden (*Salix*), später auch auf anderen Pflanzen.
Nestbau: gräbt Nester vorzugsweise an unbewachsenen Sandstandorten, bei günstigen Bedingungen oft in großen Aggregationen
Lebensräume: Flussauen, Sandgebiete, Sand- und Kiesgruben u.a.
Kuckucksbiene: Blutbiene *Sphecodes albilabris*
Verbreitung: Nachbarländer: DE, CH, IT, SL, HU, SK, CZ; Österreich: alle Bundesländer
Flugzeit: III–IV
Häufigkeit: sehr häufig

## ***Colletes daviesanus*** Smith, 1846 Buckel-Seidenbiene

Kennzeichen: 7–9 mm. Beim Weibchen sind der hellbraun behaarte Thorax und die breiten, hellen Haarbinden an den Tergit-Endrändern des Hinterleibs charakteristisch. Im Feld nicht sicher von anderen *Colletes*-Arten zu unterscheiden.
Pollenquellen: oligolektisch, sammelt auf Korbblütlern (Asteraceae), insbesondere auf Kamille-Arten (z.B. Hundskamille, *Anthemis* sp.) und Rainfarn (*Tanacetum vulgare*)
Nestbau: gräbt Nester in Steilwänden, Böschungen und anderen spärlich bewachsenen Stellen. Vorzugsweise in Löss- und Sandböden.
Lebensräume: unterschiedliche Trockenstandorte, Sand- und Lösslebensräume, Ruderalstellen, Feldflur, als

Kulturfolger auch in Gärten und Parks
**Kuckucksbiene:** Filzbiene *Epeolus variegatus*
**Verbreitung:** Nachbarländer: DE, CH, IT, SL, HU, SK, CZ; Österreich: B, K, N, O, St, T, V, W
**Flugzeit:** VI–VIII
**Häufigkeit:** sehr häufig

### *Colletes floralis* Eversman, 1852
### Berg-Seidenbiene, Dolden-Seidenbiene

**Kennzeichen:** 9–11 mm. Beim Weibchen sind der hellbraun behaarte Thorax und die schmalen, hellen Haarbinden an den Tergit-Endrändern des Hinterleibs charakteristisch. Da es in der subalpinen Höhenlage nur eine weitere *Colletes*-Art gibt, die aber vorwiegend auf Schmetterlingsblütlern sammelt, ist die Art im Feld ansprechbar, wenn auch nicht mit letzter Sicherheit.
**Pollenquellen:** polylektisch, sammelt in den Alpen häufig auf Bach-Steinbrech (*Saxifraga aizoides*), in Nordeuropa auf Doldenblütlern (Apiaceae)
**Nestbau:** gräbt Nester an unbewachsenen Sandstandorten, die es im Gebirge meist nur kleinräumig im Nahbereich der Gebirgsbäche gibt
**Lebensräume:** alpine Rasen, Magerwiesen; in Mitteleuropa eine ausgesprochene Gebirgsart (1000–2200 m), in Nordeuropa auch auf Küstendünen
**Kuckucksbiene:** in Mitteleuropa die Filzbiene *Epeolus alpinus*
**Verbreitung:** Nachbarländer: DE, CH, IT, SL, CZ; Österreich: T
**Flugzeit:** VI–VIII
**Häufigkeit:** sehr selten

### *Colletes fodiens* (Fourcroy, 1785)
### Filzbindige-Seidenbiene

**Kennzeichen:** 9–11 mm. Beim Weibchen sind der dicht behaarte *Clypeus* (Kopfschild) und die breiten Hinterleibs-Endbinden charakteristisch. Im Feld nicht von ähnlichen *Colletes*-Arten unterscheidbar.
**Pollenquellen:** oligolektisch, sammelt auf Korbblütlern (Asteraceae), insbesondere Rainfarn (*Tanacetum vulgare*)
**Nestbau:** gräbt Nester an unbewach-

***Colletes floralis***
**Berg-Seidenbiene, Weibchen**

***Colletes fodiens***
**Filzbindige-Seidenbiene, Männchen**

***Colletes fodiens***
**Filzbindige-Seidenbiene, Weibchen**

**Colletes graeffei** Lauch-Seidenbiene, Weibchen

**Colletes hederae** Efeu-Seidenbiene, Weibchen (l.) Männchen (r.)

senen Löss- und Sandstandorten
**Lebensräume:** unterschiedliche Trockenstandorte, Sand- und Lösslebensräume, Ruderalstellen
**Kuckucksbiene:** Filzbiene *Epeolus variegatus*
**Verbreitung:** Nachbarländer: DE, CH, IT, SL, HU, SK, CZ; Österreich: B, K, N, O, W
**Flugzeit:** VI–VIII
**Häufigkeit:** häufig

### *Colletes graeffei* Alfken, 1900
### Lauch-Seidenbiene

**Kennzeichen:** 10–12 mm. Beim Weibchen sind der fuchsrot behaarte Thorax und die breiten Filzbinden auf den Tergitenden auffällig. Durch den spezifischen Blütenbesuch im Feld von anderen *Colletes*-Arten unterscheidbar.
**Pollenquellen:** oligolektisch, sammelt auf Lauch (Alliaceae), insbesondere Gelb-Lauch (*Allium flavum*)
**Nestbau:** gräbt Nester an unbewachsenen Löss- und Sandstandorten
**Lebensräume:** unterschiedliche Trockenstandorte, Lösslebensräume, Felssteppen
**Kuckucksbiene:** Filzbiene *Epeolus cruciger*
**Verbreitung:** Nachbarländer: IT, SL, HU, SK, CZ; Österreich: N
**Flugzeit:** VII–VIII
**Häufigkeit:** sehr selten

### *Colletes hederae* Schmidt & Westrich, 1993
### Efeu-Seidenbiene

**Kennzeichen:** 9–14 mm. Aufgrund der späten Flugzeit, der starken Bindung an die Futterpflanze (Efeu), der dichten, scharf abgegrenzten hellbraunen Filzbinden und der Größe von anderen *Colletes*-Arten unterscheidbar.
**Pollenquellen:** weitgehend oligolektisch, sammelt auf Efeu (*Hedera helix*). Wenn es keinen Efeu gibt, werden auch andere Pflanzen genutzt.

**_Colletes hylaeiformis_ Mannstreu-Seidenbiene, Weibchen (l., r.)**

**_Colletes impunctatus_ Alpen-Seidenbiene, Männchen (l.o.) Nest (l.u.) Weibchen (r.)**

**Nestbau:** gräbt Nester an schütter bewachsenen Standorten, vorzugsweise in Löss- und Sandböden
**Lebensräume:** Waldränder, Gärten, Parks und andere Standorte mit Efeu
**Kuckucksbienen:** Filzbienen *Epeolus cruciger* und *E. fallax*
**Verbreitung:** Süd- und Mitteleuropa; Nachbarländer: DE, CH, IT, SL; Österreich: B, N, S, St, W. Die Erstnachweise für Österreich liegen nur wenige Jahre zurück. Die Art breitet sich seither rasch aus.
**Flugzeit:** VIII–X
**Häufigkeit:** häufig

### *Colletes hylaeiformis* EVERSMANN, 1852
### Mannstreu-Seidenbiene

**Kennzeichen:** 9–12 mm. Weibchen aufgrund der starken Bindung an die Futterpflanze (Feldmannstreu) und der kurzen Behaarung am Thorax (dicke, federartig verbreiterte Haare) von anderen *Colletes*-Arten unterscheidbar.
**Pollenquellen:** streng oligolektisch, sammelt auf Mannstreu (*Eryngium*, Fam. Apiaceae)
**Nestbau:** gräbt Nester an schütter bewachsenen Stellen, vorzugsweise in Löss- und Sandböden
**Lebensräume:** unterschiedliche Trockenstandorte
**Kuckucksbiene:** unbekannt
**Verbreitung:** Süd- und Mitteleuropa; Nachbarländer: DE, IT, SL, HU, SK, CZ; Österreich: B, N, W
**Flugzeit:** VII–IX
**Häufigkeit:** selten

### *Colletes impunctatus* NYLANDER, 1852
### Alpen-Seidenbiene

**Kennzeichen:** 9–11 mm. Charakteristisch sind der hellbraun behaarte Thorax und die schmalen hellen Haarbinden an den Tergit-Endrändern des

***Colletes mlokossewiczi***
**Östliche Seidenbiene, Weibchen (l.) Männchen (r.)**

***Colletes nasutus***
**Ochsenzungen-Seidenbiene, Weibchen auf Ochsenzunge (l.) und beim Nest (r.)**

Hinterleibs. Da es in der subalpinen Höhenlage nur eine weitere *Colletes*-Art gibt, allenfalls mit *Colletes floralis* zu verwechseln.
**Pollenquellen:** eingeschränkt polylektisch, mit Vorliebe für Schmetterlingsblütler (Fabaceae)
**Nestbau:** gräbt Nester an unbewachsenen Sandstandorten, die es im Gebirge meist nur kleinräumig im Nahbereich der Gebirgsbäche gibt
**Lebensräume:** alpine Rasen, Magerwiesen; in Mitteleuropa eine ausgesprochene Gebirgsart (1000–2500 m), in Nordeuropa auch auf Küstendünen
**Kuckucksbiene:** in Mitteleuropa die Filzbiene *Epeolus alpinus*
**Verbreitung:** Nachbarländer: DE, CH, IT, SK, CZ; Österreich: T
**Flugzeit:** VI–VIII
**Häufigkeit:** selten

## *Colletes mlokossewiczi* Radoszkowski, 1891
## Östliche Seidenbiene

**Kennzeichen:** 7–9 mm. Beim Weibchen sind die nach unten stark konvergierenden Augen, die grobe Punktierung und die weißen Binden am Abdomen auffallend, beim Männchen die helle Behaarung am Thorax. Im Feld nicht sicher unterscheidbar.
**Pollenquellen:** oligolektisch, sammelt auf Korbblütlern (Asteraceae), insbesondere Schafgarbe (*Achillea*)
**Nestbau:** gräbt Nester an schütter bewachsenen Bodenstellen
**Lebensräume:** unterschiedliche Trockenstandorte
**Kuckucksbiene:** unbekannt
**Verbreitung:** Nachbarländer: DE, CH, IT, HU, SK, CZ; Österreich: B, N, W. Die Erstnachweise für Österreich liegen nur wenige Jahre zurück.
**Flugzeit:** VI–VIII
**Häufigkeit:** sehr selten

***Colletes pannonicus*** **Pannonische Seidenbiene, Weibchen**

### *Colletes nasutus* Smith, 1853
### Ochsenzungen-Seidenbiene

Kennzeichen: 12–14 mm. Auffallend sind die langen Wangen. Aufgrund der starken Bindung an die Futterpflanze (Ochsenzunge) und der frühen Flugzeit von anderen *Colletes*-Arten unterscheidbar.
Pollenquellen: oligolektisch, sammelt auf Ochsenzunge (*Anchusa*, Boraginaceae)
Nestbau: gräbt Nester an schütter bewachsenen Lösswänden und -böschungen
Lebensräume: unterschiedliche Trockenstandorte, Lösslebensräume
Kuckucksbiene: Filzbiene *Epeolus schummeli*
Verbreitung: Südosteuropa und Mitteleuropa; Nachbarländer: DE, CH, HU, SK, CZ; Österreich: B, N, W
Flugzeit: VI–VIII
Häufigkeit: selten

### *Colletes pannonicus* Hölzler & Mazzucco, 2011
### Pannonische Seidenbiene

Kennzeichen: 9–13 mm. Nur anhand der Mikroskulptur von anderen Arten der *succinctus*-Gruppe unterscheidbar.
Pollenquellen: vermutlich oligolektisch, sammelt auf Korbblütlern (Asteraceae), insbesondere auf der Pannonischen Salzaster (*Tripolium pannonicum = Aster tripolium*)
Nestbau: gräbt Nester an schütter bewachsenen Salz- bzw. Sandstandorten
Lebensräume: Salzwiesen und Salzstandorte im pannonischen Raum
Kuckucksbiene: am Nistplatz beobachtet wurde die Filzbiene *Epeolus tarsalis*
Verbreitung: pannonischer Raum; Nachbarländer: HU?; Österreich: B
Flugzeit: VIII–IX
Häufigkeit: selten

***Colletes similis***
**Rainfarn-Seidenbiene, Weibchen**

***Colletes similis***
**Rainfarn-Seidenbiene, Weibchen (l.)**

***Colletes succinctus***
**Heidekraut-Seidenbiene, Männchen (r.)**

***Colletes succinctus***
**Heidekraut-Seidenbiene, Weibchen**

## *Colletes similis* Schenk, 1853
## Rainfarn-Seidenbiene

**Kennzeichen:** 8–10 mm. Im Gegensatz zu *Colletes fodiens* ist der *Clypeus* (Kopfschild) des Weibchens weniger stark behaart.
Im Feld nicht von ähnlichen *Colletes*-Arten unterscheidbar.
**Pollenquellen:** oligolektisch, sammelt auf Korbblütlern (Asteraceae), insbesondere Rainfarn (*Tanacetum vulgare*)
**Nestbau:** gräbt Nester an unbewachsenen Löss- und Sandstandorten, häufig auch im Bereich von Steilwänden
**Lebensräume:** unterschiedliche Trockenstandorte, Sand- und Lösslebensräume, Ruderalstellen
**Kuckucksbiene:** Filzbiene *Epeolus variegatus*
**Verbreitung:** Nachbarländer: DE, CH, IT, SL, HU, SK, CZ; Österreich: B, K, N, O, St, T, V, W
**Flugzeit:** VI–VIII
**Häufigkeit:** häufig

## *Colletes succinctus* (Linnaeus, 1758)
## Heidekraut-Seidenbiene

**Kennzeichen:** 9–13 mm. Von anderen Arten der *succinctus*-Gruppe morphologisch nur schwer unterscheidbar. Im Feld durch den spezifischen Blütenbesuch (*Calluna vulgaris*) mit hoher Wahrscheinlichkeit erkennbar.
**Pollenquellen:** oligolektisch, sammelt auf spätblühenden Heidekrautgewächsen (Ericaceae). Hauptpollenquelle ist Heidekraut (*Calluna vulgaris*).
**Nestbau:** gräbt Nester an schütter bewachsenen Sandstandorten
**Lebensräume:** Sandheiden, Waldsäume, Trockenrasen auf silikatischem Grund
**Kuckucksbiene:** Filzbiene *Epeolus cruciger*
**Verbreitung:** Nachbarländer: DE, CH, IT, SL, HU, SK, CZ; Österreich: B, K, N, O?, S?, St
**Flugzeit:** VIII–IX
**Häufigkeit:** mäßig häufig

***Dasypoda argentata***
**Skabiosen-Hosenbiene, Weibchen**

## *DASYPODA* HOSENBIENEN

Kennzeichen: Mittelgroße bis große Bienen. Stark behaarter Körper; auf dem Hinterleib in der Regel bindenartig ausgebildet. Färbung innerhalb der einzelnen Arten sehr variabel. Vorderflügel mit zwei Cubitalzellen. Klauen der Beine mit Haftlappen. Auffällige Sammelbürste auf den Hinterbeinen, die nicht nur auf den Hintertibien, sondern auch auf den Metatarsen ausgebildet ist. Bestimmung: Scheuchl (2006), Amiet & al. (2007)

In Österreich 5 Arten (DE: 4, CH: 2)

Biologie: Hosenbienen nisten zumeist an sandigen Standorten, wo sie Erdnester graben und dabei den Aushub kegelförmig um den Eingang ablagern. Im Gegensatz zu den meisten anderen Bienen kleiden Hosenbienen die Brutzellen nicht aus. Um den Pollenvorrat vor Feuchtigkeit und Schimmelbefall zu schützen, wird die Pollenmasse so geformt, dass sie den Boden nur an drei Punkten berührt.

Alle einheimischen Arten sind beim Pollensammeln auf bestimmte Pflanzenfamilien spezialisiert. Kuckucksbienen sind nicht bekannt.

***Dasypoda argentata***
**Skabiosen-Hosenbiene,**
**Weibchen (l., r.o.)**
**Männchen (r.u.)**

***Dasypoda hirtipes***
**Dunkelfransige Hosenbiene,**
**Weibchen (l.)**
**Männchen (r.)**

### ***Dasypoda argentata*** **Panzer, 1809**
### **Skabiosen-Hosenbiene**

Kennzeichen: 13–16 mm. Weibchen mit stark entwickelten Haarbürsten an den Hinterbeinen und orangerot behaarter Endfranse. Binde von Tergit 4 durchgängig. Durch den spezialisierten Blütenbesuch im Feld erkennbar. Die ähnlich aussehenden und ebenfalls auf Dipsacaceae spezialisierten *Dasypoda braccata* und *Dasypoda suripes* sind in Österreich seit vielen Jahrzehnten verschollen.
Pollenquellen: oligolektisch, sammelt auf Karden (Dipsacaceae). Hauptpollenquelle in Mitteleuropa sind Skabiosen (*Scabiosa*).
Nestbau: errichtet die Nester an offenen Bodenstellen
Kuckucksbienen: unbekannt
Lebensräume: unterschiedliche Trockenstandorte, Flugsand- und Lössgebiete
Verbreitung: Nachbarländer: DE, CH, IT, SL, HU, SK, CS; Österreich: B, N, W
Flugzeit: VI–VIII
Häufigkeit: sehr selten

### ***Dasypoda hirtipes*** **(Fabricius, 1793)**
### **Dunkelfransige Hosenbiene**

Synonym: *Dasypoda altercator* (Harris, 1780), *Dasypoda plumipes* Panzer, 1797
Kennzeichen: 13–15 mm. Weibchen mit stark entwickelten Haarbürsten an den Hinterbeinen, weißer Behaarung an den Tergiträndern und schwarzbraun behaarter Endfranse. Im Feld nicht sicher von der erst kürzlich beschriebenen, etwas kleineren Hosenbiene *Dasypoda morawitzi* (Radschenko, 2016) unterscheidbar.
Pollenquellen: oligolektisch, sammelt auf Korbblütlern (Asteraceae)

***Dasypoda hirtipes***
**Dunkelfransige Hosenbiene, Männchen (l.) Weibchen (r.)**

***Dasypoda suripes***
**Knautien-Hosenbiene, Weibchen (l.o., r.) Männchen (l.u.)**

**Nestbau:** errichtet die Nester an offenen Bodenstellen
**Kuckucksbienen:** unbekannt
**Lebensräume:** unterschiedliche Trockenstandorte, Flugsand- und Lössgebiete
**Verbreitung:** Nachbarländer: DE, CH, IT, SL, HU, SK, CS; Österreich: B, K, N, O, S?, St, T?, W
**Flugzeit:** VII–IX
**Häufigkeit:** selten

## *Dasypoda suripes* (Christ, 1791) Knautien-Hosenbiene

Synonym: *Dasypoda thomsoni* Schletterer, 1890
**Kennzeichen:** 14–17 mm. Weibchen mit stark entwickelten Haarbürsten an den Hinterbeinen und orangerot behaarter Endfranse. Binde von Tergit 4 unterbrochen. Die Art ist in Österreich seit vielen Jahrzehnten verschollen.
**Pollenquellen:** oligolektisch, sammelt auf Karden (Dipsacaceae). Hauptpollenquelle in Mittel- und Südeuropa sind Skabiosen (*Scabiosa*).
**Nestbau:** errichtet die Nester an offenen Bodenstellen
**Kuckucksbienen:** unbekannt
**Lebensräume:** unterschiedliche Trockenstandorte, Flugsand- und Lössgebiete
**Verbreitung:** Nachbarländer: DE, IT, HU, SK, CS; Österreich: B, N
**Flugzeit:** VI–VIII
**Häufigkeit:** sehr selten

***Dioxys cincta***
**Stumpfe Zweizahnbiene, Weibchen**

## *DIOXYS*
## ZWEIZAHNBIENEN

**Kennzeichen:** Kleine bis mittelgroße Bienen. Vorderflügel mit zwei Cubitalzellen, wobei die erste wesentlich größer ist als die zweite. Scutellum seitlich mit je einem Zahn. Postscutellum in der Mitte mit einem spitzen Fortsatz. Klauen der Beine ohne Haftlappen. Abdomen am Ende stumpf. Tergite mit Endbinden. Weibchen ohne Sammeleinrichtung. Bei den Männchen die letzten Segmente nach unten gekrümmt, das siebte Tergit kaum sichtbar.

Bestimmung: Amiet & al. (2004), Scheuchl (2006)

In Österreich 3 Arten (DE: 1, CH: 2)

**Biologie:** Zweizahnbienen sind Kuckucksbienen, die bei Blattschneiderbienen (*Megachile*) und Mauerbienen (*Osmia, Hoplitis*) parasitieren.

***Dioxys cincta***
**Stumpfe Zweizahnbiene, Männchen (l.) Weibchen (r.)**

***Dioxys pannonica***
**Pannonische Zweizahnbiene, Weibchen (l., r.)**

### *Dioxys cincta* (Jurine, 1807)
### Stumpfe Zweizahnbiene

**Kennzeichen:** 8–12 mm. Scutellum in der Mitte abgerundet, Tergite 1–2 meist rot, Weibchen ohne Bauchbürste, sehr ähnlich dem Männchen. Im Feld durch die charakteristische Färbung von anderen *Dioxys*-Arten leicht unterscheidbar.
**Wirte:** Mauerbienen *Hoplitis adunca* und *H. anthocopoides,* Blattschneiderbienen *Megachile parietina* und *M. pyrenaica*
**Lebensräume:** unterschiedliche Trockenstandorte mit Felsstrukturen, Steinbrüche
**Verbreitung:** Nachbarländer: CH, IT, SL, HU, SK, CS; Österreich: B, N, O, T, W
**Flugzeit:** IV–VII
**Häufigkeit:** selten

### *Dioxys pannonica* Mocsáry, 1877
### Pannonische Zweizahnbiene

**Synonym:** *Paradioxys pannonica* (Mocsáry, 1877)
**Kennzeichen:** 9–11 mm. Abdomen des Weibchens größtenteils rot gefärbt, endet mit einem verlängerten Tergit. Im Feld durch die charakteristische Färbung von anderen *Dioxys*-Arten leicht unterscheidbar.
**Wirte:** Mauerbiene *Megachile parietina,* möglicherweise auch noch andere Blattschneider- und Mauerbienen
**Lebensräume:** unterschiedliche Trockenstandorte
**Verbreitung:** Nachbarländer: IT, HU, SK; Österreich: B, N
**Flugzeit:** VI–VIII
**Häufigkeit:** sehr selten

***Dioxys tridentata***
**Dunkle Zweizahnbiene, Weibchen**

***Dioxys tridentata***
**Dunkle Zweizahnbiene, Männchen**

## ***Dioxys tridentata*** **(Nylander, 1848)**
## **Dunkle Zweizahnbiene**

Synonym: *Aglaoapis tridentata* (Nylander 1848)
**Kennzeichen:** 7–10 mm. Scutellum in der Mitte mit einem Dorn, alle Tergite schwarz, Weibchen ohne Bauchbürste, sehr ähnlich dem Männchen. Im Feld durch die charakteristische Färbung von anderen *Dioxys*-Arten leicht unterscheidbar.
**Wirte:** Mauerbienen *Hoplitis adunca, H. anthocopoides* und *H. ravouxi,* Blattschneiderbiene *Megachile parietina,* möglicherweise auch *M. leachella*
**Lebensräume:** unterschiedliche Trockenstandorte mit Felsstrukturen, Steinbrüche
**Verbreitung:** Nachbarländer: DE, CH, IT, SL, HU, SK, CS; Österreich: B, N, O, St?, W
**Flugzeit:** V–VIII
**Häufigkeit:** selten

***Dufourea inermis***
**Ungezähnte Glanzbiene, Männchen**

## *DUFOUREA* GLANZBIENEN

**Kennzeichen:** Kleine, locker behaarte Tiere. Körper meist schwarz gefärbt, bei einigen Arten mit metallischem Schimmer. Hinterbeine der Weibchen mit Sammelbürsten. Vorderflügel mit zwei Cubitalzellen, Radialzelle zugespitzt, Spitze am Flügelrand. Die Männchen besitzen meist knotige Fühlerglieder mit Filzflecken. Bestimmung: Amiet & al. (1999)

In Österreich 6 Arten (DE: 6, CH: 6)

**Biologie:** Glanzbienen sind in den Sommermonaten aktiv und haben nur eine Generation pro Jahr. Die Nester werden in den Boden gegraben. Die meisten Arten sind beim Pollensuchen streng an bestimmte Pflanzen gebunden (ausgenommen die Hochgebirgsarten). Beide Geschlechter kann man beim Übernachten häufig in den entsprechenden Blüten finden. Als Brutparasit tritt bei einigen Arten die Kraftbiene *Biastes truncatus* auf.

### *Dufourea alpina* Morawitz, 1865
### Alpen-Glanzbiene

**Kennzeichen:** 6 mm. Kopf und Thorax mit grün-bläulichem Schimmer. Im Feld nicht von anderen *Dufourea*-Arten unterscheidbar.
**Pollenquellen:** polylektisch mit Vorliebe für Korbblütler (Asteraceae), Rapunzel (*Phyteuma*) und Glockenblumen (*Campanula*)
**Nestbau:** errichtet Erdnester
**Kuckucksbiene:** unbekannt
**Lebensräume:** Waldsäume, alpine Rasen
**Verbreitung:** Nachbarländer: DE, CH,

***Dufourea alpina***
**Alpen-Glanzbiene, Weibchen (l.)**

***Dufourea inermis***
**Ungezähnte Glanzbiene, Männchen (r.)**

***Dufourea inermis***
**Ungezähnte Glanzbiene, Männchen (l.)**

***Dufourea paradoxa***
**Gebirgs-Glanzbiene, Weibchen (r.)**

IT, SL, HU, SK, CZ; Österreich: K, O, S, St, T, V
**Flugzeit:** VI–VIII
**Häufigkeit:** mäßig häufig

### ***Dufourea inermis*** (Nylander, 1848)<br>Ungezähnte Glanzbiene

**Kennzeichen:** 7–8 mm. Weibchen im Feld nicht von anderen *Dufourea*-Arten unterscheidbar.
Fühlerglieder des Männchens knotig und mit Filzecken, etwa 1,5 x so lang wie breit.
**Pollenquellen:** oligolektisch, sammelt auf Glockenblumen (*Campanula*)
**Nestbau:** errichtet Erdnester
**Kuckucksbiene:** genannt wird *Biastes truncatus*
**Lebensräume:** unterschiedliche Trockenstandorte, Waldsäume, Ruderalstandorte, Weingärten
**Verbreitung:** Nachbarländer: DE, CH, IT, SL, HU, SK, CZ; Österreich: K, N, O, T
**Flugzeit:** VII–VIII
**Häufigkeit:** selten

### ***Dufourea paradoxa*** (Morawitz, 1867)<br>Gebirgs-Glanzbiene

**Kennzeichen:** 9–10 mm. Weibchen am Kopf und Thorax mit einem bläulichen Metallschimmer. Auf den Tibien der Mittelbeine mit einer Längsfurche. Aufgrund der Färbung, der alpinen Verbreitung und der bedeutenderen Größe im Feld von anderen *Dufourea*-Arten unterscheidbar.
**Pollenquellen:** polylektisch
**Nestbau:** errichtet Erdnester
**Kuckucksbiene:** unbekannt
**Lebensräume:** alpine Rasen
**Verbreitung:** Nachbarländer: DE, CH, IT; Österreich: K, S, T
**Flugzeit:** VII–VIII
**Häufigkeit:** selten

## *EPEOLOIDES*
## SCHMUCKBIENEN

**Kennzeichen:** Kleine Bienen. Körper schwarz und rot gefärbt, mit weißen Haarflecken. Vorderflügel mit drei Cubitalzellen, von denen die erste die größte ist. Die Radialzelle ist am Ende breit abgestutzt, die Spitze weit vom Flügelvorderrand entfernt. Maxillarpalpen sechsgliedrig. Weibchen ohne Sammelapparat. Das sechste Sternit lang und schmal. Männchen mit schmalem Pygidialfeld auf dem siebten Tergit und türkis gefärbten Augen. Bestimmung: Scheuchl (2000), Amiet & al. (2007)

In Österreich 1 Art (DE: 1, CH: 1)

**Biologie:** Die Schmuckbiene ist der Brutparasit von Schenkelbienen (*Macropis*). Sie ist in den Sommermonaten aktiv und hat nur eine Generation pro Jahr.

### *Epeoloides coecutiens* (Fabricius,, 1775)
### Schmuckbiene

**Kennzeichen:** 8–9 mm. Charakteristisch sind die schwarz-rote Färbung des Hinterleibs und die weißen Haarflecken. Das Männchen ist dank der braun-orangen Behaarung von Kopf und Brust und der türkis gefärbten Augen unverwechselbar.
**Lebensräume:** unterschiedliche Feuchtstandorte mit größeren Gilbweiderich-Beständen, die ihr Wirt für die Versorgung der Brutzellen nutzt. Die Filzbiene sucht hier meist auf schütter bewachsenen Bodenstellen nach den Nestern ihres Wirts.
**Wirte:** Schenkelbienen *Macropis europaea* und *M. fulvipes*
**Verbreitung:** Nachbarländer: DE, CH, IT, SL, HU, SK, CZ; Österreich: B, K, N, S, St, V, W
**Flugzeit:** VI–VIII
**Häufigkeit:** verbreit, aber nirgends häufig

***Epeoloides coecutiens***
**Schmuckbiene, Männchen**

***Epeoloides coecutiens***
**Schmuckbiene, Weibchen**

***Epeoloides coecutiens***
**Schmuckbiene, Weibchen**

***Epeolus variegatus***
**Gewöhnliche Filzbiene, Weibchen**

## *EPEOLUS* (inkl. *TRIEPEOLUS*) FILZBIENEN

Kennzeichen: Kleine Bienen. Körper schwarz oder schwarz und rot gefärbt, mit weißen Haarflecken. Scutellum seitlich mit rückwärts gerichteten Zähnen. Vorderflügel mit drei Cubitalzellen, von denen die erste viel größer als die anderen ist. Weibchen mit fünf normalen Sterniten. Vom sechsten Sternit, das gegabelt ist und an den Enden Zähnchen oder Krallen hat, sind meist nur die Spitzen zu sehen. Keine Sammelhaare. Männchen mit abstehenden Fransenhaaren auf dem vierten und fünften Sternit beziehungsweise dem dritten bis fünften bei *Triepeolus tristis*. Bestimmung: Scheuchl (2000), Amiet & al. (2007)

In Österreich sieben *Epeolus*-Arten (DE: 5, CH: 4) und eine *Triepeolus*-Art (DE: 0, CH: 1)

Biologie: Alle Arten sind Kuckucksbienen, die bei Seidenbienen (*Colletes*) und, im Falle von *Triepeolus*, bei Langhornbienen (*Tetralonia*) schmarotzen. Die Weibchen bohren mit den Enden des sechsten Sternits ein Loch durch die verschlossene Wand der Wirtszelle. Das Ei wird so weit hindurchgeschoben, bis die abgeflachte Spitze die Innenseite der Zelle erreicht. Filzbienen sind im Sommer bzw. Herbst aktiv und haben nur eine Generation pro Jahr.

***Epeolus alpinus***
**Alpen-Filzbiene, Männchen (l.) Weibchen (r.)**

***Epeolus cruciger***
**Heide-Filzbiene, Männchen (l.) Weibchen (r.)**

## *Epeolus alpinus* Friese, 1893
## Alpen-Filzbiene

Kennzeichen: 6–7 mm. Im Alpenraum aufgrund ihrer höhenmäßigen Verbreitung mit keiner anderen Filzbiene verwechselbar.
Lebensräume: In Mitteleuropa eine ausgesprochene Gebirgsart (1500–2500 m), in Nordeuropa auch Küstendünen. In den Alpen ist die Art meist an unbewachsenen Sandstandorten zu finden, die es kleinräumig im Nahbereich der Gebirgsbäche gibt.
Wirte: Seidenbienen *Colletes floralis* und *C. impunctatus*
Verbreitung: Nachbarländer: DE, CH, IT; Österreich: T
Flugzeit: VI–VII
Häufigkeit: selten

## *Epeolus cruciger* (Panzer, 1799)
## Heide-Filzbiene

Kennzeichen: 6–8 mm. Im Feld nicht von ähnlichen *Epeolus*-Arten unterscheidbar.
Lebensräume: unterschiedliche Trockenstandorte wie Sandbrachen, Sandheiden und Trockenrasen. Die Filzbiene sucht hier meist an schütter bewachsenen Bodenstellen nach den Nestern ihres Wirts. Zum Nektartrinken nutzt sie meist auch dessen Futterpflanzen.
Wirte: Seidenbienen *Colletes succinctus, C. hederae, C. fodiens* und *C. marginatus.* Eine besonders große Form entwickelt sich bei *Colletes graeffei.*
Verbreitung: Nachbarländer: DE, CH, IT, HU, SK, CZ; Österreich: B, K, N, O?, W
Flugzeit: VI–VIII
Häufigkeit: selten

***Epeolus schummeli***
**Steppen-Filzbiene, Weibchen (l.) Männchen (r.)**

***Epeolus tarsalis***
**Tarsen-Filzbiene, Weibchen (l.) Männchen (r.)**

## *Epeolus schummeli* Schilling, 1849
## Steppen-Filzbiene

**Kennzeichen:** 8–11 mm. Aufgrund der bedeutenden Größe und der charakteristischen Rotfärbung bereits im Feld von den anderen *Epeolus*-Arten unterscheidbar.
**Lebensräume:** unterschiedliche Trockenstandorte mit Ochsenzunge (*Anchusa*). Die Filzbiene sucht hier meist an schütter bewachsenen Lösswänden und -böschungen nach den Nestern ihres Wirts. Zum Nektartrinken nutzt sie oft die Blüten der Ochsenzunge.
**Wirte:** Seidenbiene *Colletes nasutus*
**Verbreitung:** Nachbarländer: DE, HU, SK, CZ; Österreich: B, N, W
**Flugzeit:** VI–VIII
**Häufigkeit:** sehr selten; nur wenige Funde in Mitteleuropa

## *Epeolus tarsalis* Morawitz, 1874
## Tarsen-Filzbiene

**Kennzeichen:** 7–8 mm. Im Feld nicht von ähnlichen *Epeolus*-Arten unterscheidbar. Die späte Flugzeit und die charakteristische Färbung (u.a. die braunen Tarsen) sind aber dennoch ein gutes Indiz.
**Lebensräume:** unterschiedliche Trockenstandorte wie Sandbrachen, Sandheiden und Trockenrasen. Die Filzbiene sucht hier meist an schütter bewachsenen Bodenstellen nach den Nestern ihres Wirts. Zum Nektartrinken nutzt sie oft auch dessen Futterpflanzen.
**Wirte:** Seidenbienen *Colletes brevigena*, *C. collaris* und *C. pannonicus*
**Verbreitung:** Nachbarländer: IT, HU, SK, CZ; Österreich: B, N, T, W
**Flugzeit:** VIII–IX
**Häufigkeit:** selten

***Triepeolus tristis***
**Schwarze Filzbiene, Weibchen (l.o, l.u., r.)**

***Epeolus variegatus***
**Gewöhnliche Filzbiene, Weibchen (l., r.)**

## *Triepeolus tristis* SMITH, 1854
## Schwarze Filzbiene

Synonym: *Epeolus tristis* Smith, 1854
Kennzeichen: 7–11 mm. Charakteristisch ist die Schwarz-Weiß-Färbung (ohne Rotfärbung). Aufgrund der krallenartigen Fortsätze am Sternit 6 ist das Weibchen unverkennbar (siehe Bild oben links: Krallen im ausgefahrenen Zustand).
Lebensräume: unterschiedliche Trockenstandorte
Wirte: Langhornbienen *Tetralonia malvae, T. dentata, T. salicariae* und vermutlich auch *T. nana*
Verbreitung: Nachbarländer: DE, CH, IT, HU, SK; Österreich: B, N, St
Flugzeit: VII–VIII
Häufigkeit: sehr selten; nur wenige Funde in Mitteleuropa

## *Epeolus variegatus* (LINNAEUS, 1758)
## Gewöhnliche Filzbiene

Kennzeichen: 7–8 mm. Im Feld nicht von ähnlichen *Epeolus*-Arten unterscheidbar.
Lebensräume: unterschiedliche Trockenstandorte wie Sandbrachen, Sandheiden und Trockenrasen. Die Filzbiene sucht hier meist an schütter bewachsenen Bodenstellen nach den Nestern ihres Wirts. Zum Nektartrinken nutzt sie meist auch dessen Futterpflanzen.
Wirte: Seidenbienen *Colletes fodiens, C. similis* und *C. daviesanus*
Verbreitung: Nachbarländer: DE, CH, IT, HU, SK, CZ; Österreich: B, K, N, O, St, W
Flugzeit: VI–VIII
Häufigkeit: häufigste *Epeolus*-Art

**Die Männchen einiger Langhornbienen-Arten werden von der Ragwurz angezogen (vgl. Kap. 4.4.1). Das Bild zeigt die Mai-Langhornbiene (*Eucera nigrescens*) mit den Pollinien der Hummel-Ragwurz (*Ophrys holoserica*).**

## *EUCERA* (inkl. *CUBITALIA*) LANGHORNBIENEN

Die europäischen Langhornbienen wurden ursprünglich in die Gattungen *Eucera* und *Tetralonia* geteilt, wobei *Tetralonia* alle Arten mit drei, *Eucera* alle Arten mit zwei Cubitalzellen umfasste.

In jüngerer Zeit wurden beide Gattungen weiter aufgeteilt – *Eucera* in *Eucera* und *Cubitalia*; *Tetralonia* in *Tetralonia*, *Tetraloniella* und *Synhalonia*, wobei letztere als Untergattung zu *Eucera* gestellt wird (Michener 2000).

Kennzeichen: Mittelgroße bis große Bienen mit breitem Hinterleib. Punktaugen fast auf einer Linie. Vorderflügel mit zwei Cubitalzellen, von denen die zweite die größere ist. Abdomen mit Binden oder Haarflecken. Hinterbeine der Weibchen mit verbreitertem Metatarsus, Tibien mit breiter Sammelbürste. Männchen mit etwa körperlangen Fühlern, daher der Name „Langhornbiene". Bestimmung: Scheuchl (2000), Amiet & al. (2007)

In Österreich zehn Eucera-Arten (DE: 4, CH: 4) und eine Cubitalia-Art (DE: 0, CH: 0)

Biologie: Die Arten haben eine Generation pro Jahr, die je nach Art im Frühling oder im Sommer aktiv ist. Die Nester werden in den Boden gegraben. In kurzen Abzweigungen vom Hauptgang werden eine, selten zwei bis drei Zellen angelegt. Die meisten Arten sind auf bestimmte Pflanzenfamilien spezialisiert. Als Kuckucksbienen treten Wespenbienen (*Nomada*) auf.

***Cubitalia parvicornis***
**Ochsenzungen-Langhornbiene, Männchen (l.) Weibchen (r.)**

***Eucera cineraria***
**Graue Langhornbiene, Männchen (l.) Weibchen (r.)**

### *Cubitalia parvicornis* (Mocsáry, 1878) Ochsenzungen-Langhornbiene

Synonym: *Eucera parvicornis* Mocsáry, 1878
Kennzeichen: 12–14 mm. Vordertarsen beider Geschlechter auffällig verbreitert. Im Feld von ähnlichen Langhornbienen unterscheidbar.
Pollenquellen: oligolektisch, sammelt auf Raublattgewächsen (Boraginaceae), insbesondere auf Mönchskraut (*Nonnea*) und Ochsenzunge (*Anchusa*)
Nestbau: an schütter bewachsenen Bodenstellen
Kuckucksbienen: unbekannt
Lebensräume: unterschiedliche Trockenstandorte
Verbreitung: Nachbarländer: IT, HU, SK; Österreich: B; der letzte Nachweis liegt mehr als acht Jahrzehnte zurück
Flugzeit: VI–VII
Häufigkeit: sehr selten; nur wenige Funde in Mitteleuropa

### *Eucera cineraria* Eversmann, 1852 Graue Langhornbiene

Kennzeichen: 9–11 mm. Hinterleib filzig, gelbbraun behaart. Aufgrund ihrer geringen Größe und der filzigen Behaarung von anderen *Eucera*-Arten im Feld unterscheidbar.
Pollenquellen: vermutlich oligolektisch, sammelt auf Schmetterlingsblütlern (Fabaceae)
Nestbau: an schütter bewachsenen Bodenstellen
Kuckucksbienen: unbekannt
Lebensräume: unterschiedliche Trockenstandorte
Verbreitung: Nachbarländer: DE, IT, HU, SK, CZ; Österreich: B, N
Flugzeit: V–VII
Häufigkeit: sehr selten; nur wenige Funde in Mitteleuropa

***Eucera interrupta***
**Wicken-Langhornbiene, Weibchen (l.) Männchen (r.)**

***Eucera longicornis***
**Juni-Langhornbiene, Männchen (l.) Weibchen (r.)**

## *Eucera interrupta* Baer, 1850
## Wicken-Langhornbiene

**Kennzeichen:** 12–14 mm. Das Weibchen hat seitlich auf den Tergiten 2 und 3 auffällige Haarflecken. Im Feld nicht sicher von ähnlichen *Eucera*-Arten unterscheidbar.
**Pollenquellen:** oligolektisch, sammelt auf Schmetterlingsblütlern (Fabaceae)
**Nestbau:** an schütter bewachsenen Bodenstellen
**Kuckucksbienen:** Wespenbiene *Nomada sexfasciata* und vermutlich auch *Nomada nobilis*
**Lebensräume:** unterschiedliche Trockenstandorte, Magerrasen, Säume
**Verbreitung:** Nachbarländer: DE, CH, IT, SL, HU, SK, CZ; Österreich: B, K, N, O, St, W
**Flugzeit:** V–VII
**Häufigkeit:** mäßig häufig

## *Eucera longicornis* (Linnaeus, 1758)
## Juni-Langhornbiene

**Kennzeichen:** 13–15 mm. Das Weibchen hat auf den Tergiten 2 und 3 seitlich keine auffälligen Haarflecken. Im Feld nicht sicher von ähnlichen *Eucera*-Arten unterscheidbar.
**Pollenquellen:** oligolektisch, sammelt auf Schmetterlingsblütlern (Fabaceae). Die Männchen sind die Bestäuber der Hummel-Ragwurz (vgl. S. 41).
**Nestbau:** an schütter bewachsenen Bodenstellen
**Kuckucksbienen:** Wespenbiene *Nomada sexfasciata*
**Lebensräume:** unterschiedliche Trockenstandorte, Magerrasen, Säume
**Verbreitung:** Nachbarländer: DE, CH, IT, SL, HU, SK, CZ; Österreich: alle Bundesländer, Vorkommen in S ist aber fraglich
**Flugzeit:** V–VII
**Häufigkeit:** mäßig häufig

***Eucera nigrescens***
**Mai-Langhornbiene, Weibchen (l.) Männchen (r.)**

***Eucera pollinosa***
**Goldfarbene Langhornbiene, Weibchen (l.) Männchen (r.)**

## *Eucera nigrescens* PEREZ, 1879
## Mai-Langhornbiene

**Kennzeichen:** 13–15 mm. Das Weibchen hat seitlich auf Tergit 3 auffällige Haarflecken. Im Feld nicht sicher von ähnlichen *Eucera*-Arten unterscheidbar.
**Pollenquellen:** nutzt vorwiegend Schmetterlingsblütler (Fabaceae), aber auch Raublattgewächse (Boraginaceae), z.B. Beinwell (*Symphytum*). Männchen sind die Bestäuber der Hummel-Ragwurz (vgl. S. 41).
**Nestbau:** an schütter bewachsenen Bodenstellen
**Kuckucksbienen:** Wespenbiene *Nomada sexfasciata*
**Lebensräume:** breites Lebensraumspektrum, Trockenstandorte und mäßig feuchte Wiesen
**Verbreitung:** Nachbarländer: DE, CH, IT, SL, HU, SK, CZ; Österreich: B, K, N, O, S?, St, V, W
**Flugzeit:** V–VII
**Häufigkeit:** mäßig häufig

## *Eucera pollinosa* SMITH, 1854
## Goldfarbene Langhornbiene

**Kennzeichen:** 13–16 mm. Hinterleib beider Geschlechter filzig, gelbbraun behaart. Aufgrund der bedeutenden Größe und der filzigen Behaarung von anderen *Eucera*-Arten unterscheidbar.
**Pollenquellen:** oligolektisch, sammelt auf Schmetterlingsblütlern (Fabaceae), die Männchen saugen häufig bei Mönchskraut (*Nonnea*) und Ochsenzunge (*Anchusa*)
**Nestbau:** an schütter bewachsenen Bodenstellen
**Kuckucksbienen:** unbekannt
**Lebensräume:** unterschiedliche Trockenstandorte
**Verbreitung:** Nachbarländer: CH, IT, SL, HU, SK, CZ; Österreich: B, N, W
**Flugzeit:** V–VI

***Eucera punctulata***
**Punktierte Langhornbiene, Weibchen**

***Eucera punctulata***
**Punktierte Langhornbiene, Männchen**

***Eucera seminuda***
**Breitsporn-Langhornbiene, Weibchen**

**Häufigkeit:** selten; nur wenige Funde in Mitteleuropa

### *Eucera punctulata* Alfken, 1942
### Punktierte Langhornbiene

**Kennzeichen:** 13–15 mm. Im Feld von anderen *Eucera*-Arten nicht unterscheidbar.
**Pollenquellen:** oligolektisch, sammelt auf Schmetterlingsblütlern (Fabaceae)
**Nestbau:** an schütter bewachsenen Bodenstellen
**Kuckucksbienen:** unbekannt
**Lebensräume:** unterschiedliche Trockenstandorte
**Verbreitung:** Nachbarländer: HU, SK, CZ; Österreich: St
**Flugzeit:** V–VI
**Häufigkeit:** sehr selten, nur wenige Funde in Mitteleuropa

### *Eucera seminuda* Brullé, 1832
### Breitsporn-Langhornbiene

**Kennzeichen:** 11–13 mm. Tergite an der Basis schwarz behaart, Endränder von Tergit 3 und 4 mit einer durchgehenden hellen Binde.
**Pollenquellen:** polylektisch, sammelt u.a. auf Ochsenzunge (*Anchusa*)
**Nestbau:** an schütter bewachsenen Bodenstellen
**Kuckucksbienen:** unbekannt
**Lebensräume:** unterschiedliche Trockenstandorte
**Verbreitung:** Nachbarländer: HU, SK, CZ; Österreich: B
**Flugzeit:** VI–VII
**Häufigkeit:** sehr selten; nur wenige Funde in Mitteleuropa

***Halictus sexcinctus***
**Sechsbindige Furchenbiene, Paarung**

## *HALICTUS* FURCHENBIENEN

Kennzeichen: Kleine bis große Bienen. Vorderflügel mit drei Cubitalzellen und eine am Grunde auffällig gebogene Basalader. Tergite vor allem am Ende mit Haarbinden; bei zwei heimischen Arten sind die Tergite der Weibchen befilzt. Weibchen am Hinterleibsende (fünftes Tergit) – ähnlich wie *Lasioglossum*-Weibchen – mit beidseits behaarter, innen aber kahler Längszone, die eine Furche vortäuscht. Männchen meist mit einem verlängerten Clypeus, der am Vorderrand gelb gefleckt ist. Das Aussehen der Furchenbienen ist sehr unterschiedlich, ihre Färbung kann schwarzbraun oder grünlich metallfarben sein. Bestimmung: Ebmer (1987, 1988), Amiet & al. (2007)

In Österreich 26 Arten (DE: 18, CH: 17). Da es viele sehr ähnlich aussehende Arten gibt, die im Feld meist nicht bestimmbar sind, werden im Folgenden nur wenige Spezies vorgestellt.

Biologie: *Halictus*-Arten nisten im Boden. Damit in die Brutzellen keine Feuchtigkeit eindringt, werden seitlich Hohlräume ausgehoben. So haben die Brutzellen nur an wenigen Stellen Kontakt mit dem umgebenden Boden. Im Sommer erscheinen Männchen und die jungen Weibchen. Nach der Paarung überwintern die jungen Weibchen und legen im folgenden Jahr neue Brutzellen an. Die alten Weibchen und die Männchen sterben noch im Herbst.

Es gibt Furchenbienen-Arten, die einsiedlerisch leben, und andere, die in der ersten Generation Arbeiterinnen nachziehen, die bei Nestbau, Pollensammeln und Nestbewachung mithelfen (vgl. Amiet & al. 2001).

***Halictus confusus***
**Verkannte Goldfurchenbiene, Weibchen (l., r.)**

***Halictus gavarnicus***
**Heide-Goldfurchenbiene, Weibchen (l., r.)**

## *Halictus confusus* Smith, 1853
## Verkannte Goldfurchenbiene

**Kennzeichen:** 6–8 mm. Im Feld nicht von ähnlichen *Halictus*-Arten zu unterscheiden.
**Pollenquellen:** polylektisch
**Nestbau:** errichten Erdnester bevorzugt in Sand- und Lössböden
**Kuckucksbiene:** vermutet wird die Blutbiene *Sphecodes scabricollis*
**Lebensweise:** primitiv eusozial
**Lebensräume:** Sanddünen, Flugsandgebiete, Sandgruben, Magerrasen. Vom Flachland bis in höhere Lagen.
**Verbreitung:** Nachbarländer: DE, CH, IT, SL, HU, SK, CZ; Österreich: alle Bundesländer
**Flugzeit:** Weibchen IV–IX, Männchen ab VII
**Häufigkeit:** selten

## *Halictus gavarnicus* Pérez, 1903
## Heide-Goldfurchenbiene

**Kennzeichen:** 6–7 mm. Im Feld nicht von ähnlichen *Halictus*-Arten zu unterscheiden. In Österreich die Unterart *H. g. tataricus* Blüthgen 1933.
**Pollenquellen:** polylektisch
**Nestbau:** errichten Erdnester
**Kuckucksbiene:** unbekannt
**Lebensweise:** vermutlich eusozial
**Lebensräume:** unterschiedliche Trockenstandorte, Magerrasen, Felssteppen. Vom Flachland bis in höhere Lagen.
**Verbreitung:** Nachbarländer: DE, IT, SL, HU, SK; Österreich: B, N, St, W
**Flugzeit:** Weibchen V–VI, Männchen ab VIII
**Häufigkeit:** sehr selten

***Halictus kessleri*** **Kesslers Goldfurchenbiene, Weibchen (l., r.)**

***Halictus langobardicus*** **Langobarden-Furchenbiene, Weibchen (l., r.)**

## *Halictus kessleri* BRAMSON, 1879
## Kesslers Goldfurchenbiene

Kennzeichen: 6–7 mm. Im Feld nur schwer von ähnlichen *Halictus*-Arten zu unterscheiden. Charakteristisch ist die dunkle, metallisch-grüne Färbung und beim Weibchen die Endspitze des Clypeus.
Pollenquellen: polylektisch
Nestbau: errichten Erdnester an spärlich bewachsenen Standorten. Eingang wird von einer Arbeiterin bewacht.
Kuckucksbiene: unbekannt
Lebensweise: eusozial
Lebensräume: unterschiedliche Trockenstandorte, Sandlebensräume, Magerrasen. Vom Flachland bis in höhere Lagen.
Verbreitung: Nachbarländer: CH, IT, SL, HU, SK, CZ; Österreich: B, N, O, W
Flugzeit: Weibchen V–X, Männchen ab VII
Häufigkeit: selten

## *Halictus langobardicus* BLÜTHGEN, 1944
## Langobarden-Furchenbiene

Kennzeichen: 9–10 mm. Im Feld nicht von ähnlichen *Halictus*-Arten zu unterscheiden. (Weibchen sind von *Halictus simplex* und *H. eurygnathus* kaum zu trennen.)
Pollenquellen: polylektisch
Nestbau: errichten Erdnester an spärlich bewachsenen Standorten. Eingang wird von einer Arbeiterin bewacht.
Kuckucksbiene: unbekannt
Lebensweise: unbekannt
Lebensräume: unterschiedliche Trockenstandorte, Sandlebensräume, Magerrasen. Vom Flachland bis in höhere Lagen.
Verbreitung: Nachbarländer: DE, CH, IT, SL, HU, SK, CZ; Österreich: B, K, St
Flugzeit: Weibchen V–IX, Männchen ab VII
Häufigkeit: selten

***Halictus maculatus*** **Dickkopf-Furchenbiene, Weibchen**

***Halictus patellatus*** **Gelappte Furchenbiene, Weibchen**

***Halictus pollinosus*** **Große Filzfurchenbiene, Weibchen (l.) Männchen (r.)**

## *Halictus maculatus* Smith, 1848 Dickkopf-Furchenbiene

**Kennzeichen:** 8–10 mm. Im Feld nicht von ähnlichen *Halictus*-Arten zu unterscheiden.
**Pollenquellen:** polylektisch
**Nestbau:** errichten Erdnester an spärlich bewachsenen Bodenstellen, oft auch in größeren Aggregationen.
**Kuckucksbiene:** Blutbiene *Sphecodes rufiventris,* vielleicht auch *S. ephippius* und *S. gibbus*
**Lebensweise:** primitiv eusozial
**Lebensräume:** unterschiedliche Trockenstandorte, Magerrasen. Vom Tiefland bis in höhere Lagen, im Mittelgebirge jedoch nur mehr selten.
**Verbreitung:** Nachbarländer: DE, CH, IT, SL, HU, SK, CZ; Österreich: alle Bundesländer
**Flugzeit:** Weibchen IV–IX, Männchen ab VII
**Häufigkeit:** mäßig häufig

## *Halictus patellatus* Morawitz, 1873 Gelappte Furchenbiene

**Kennzeichen:** 11–12 mm. Im Feld nicht von ähnlichen *Halictus*-Arten zu unterscheiden.
**Pollenquellen:** polylektisch
**Nestbau:** errichten Erdnester an spärlich bewachsenen Bodenstellen
**Kuckucksbiene:** unbekannt
**Lebensweise:** vermutlich primitiv eusozial
**Lebensräume:** Steppen
**Verbreitung:** Nachbarländer: IT, SL, HU, SK, CZ; Österreich: B, N, W
**Flugzeit:** Weibchen IV–IX, Männchen ab VI
**Häufigkeit:** sehr selten

## *Halictus pollinosus* Sichel, 1860 Große Filzfurchenbiene

**Kennzeichen:** 8–9 mm. Körper des Weibchens wirkt, als wäre er mit Mehl bestäubt. Weibchen im Feld nur mit Erfahrung durch die deutliche Befilzung der Tergite von der deutlich kleineren *Halictus tectus* unterscheidbar.
**Pollenquellen:** polylektisch
**Nestbau:** errichten Erdnester an spär-

lich bewachsenen Bodenstellen
**Kuckucksbiene:** vermutet wird die Blutbiene *Sphecodes intermedius*
**Lebensweise:** vermutlich eusozial
**Lebensräume:** unterschiedliche Trockenstandorte, Magerrasen, Felssteppen
**Verbreitung:** Nachbarländer: DE, CH, IT, SL, HU, SK, CZ; Österreich: B, N, W
**Flugzeit:** Weibchen V–IX, Männchen ab VII
**Häufigkeit:** mäßig häufig im pannonischen Raum

### *Halictus quadricinctus* (Fabricius, 1776)
### Vierbindige Furchenbiene

**Kennzeichen:** 15–16 mm. Endbinden des Weibchens randlich breit, in der Mitte sehr schmal.
**Pollenquellen:** polylektisch
**Nestbau:** errichten Erdnester an spärlich bewachsenen Bodenstellen, oft in größeren Aggregationen
**Kuckucksbiene:** Blutbiene *Sphecodes gibbus*
**Lebensweise:** solitär
**Lebensräume:** unterschiedliche Trockenstandorte, Magerrasen, Ruderalstandorte, Brachen
**Verbreitung:** Nachbarländer: DE, CH, IT, SL, HU, SK, CZ; Österreich: B, N, O, St, T, W
**Flugzeit:** Weibchen IV–IX, Männchen ab VII
**Häufigkeit:** mäßig häufig im pannonischen Raum, ansonsten selten

### *Halictus rubicundus* (Christ, 1791)
### Rotbeinige Furchenbiene

**Kennzeichen:** 13–14 mm. Endbinden der Tergite des Weibchens nur halb so breit wie der Endrand.
**Pollenquellen:** polylektisch
**Nestbau:** errichten Erdnester an spärlich bewachsenen Bodenstellen
**Kuckucksbiene:** unbekannt
**Lebensweise:** eusozial, an ungünstigen Standorten auch solitär
**Lebensräume:** Magerrasen, Feuchtstandorte, Waldränder, Ruderalstandorte. Vom Flachland bis in höhere Lagen, vereinzelt bis zur Baumgrenze.
**Verbreitung:**
Nachbarländer: DE, CH, IT, SL, HU, SK,

***Halictus quadricinctus*** **Vierbindige Furchenbiene, Weibchen**

***Halictus quadricinctus*** **Vierbindige Furchenbiene, Männchen (l.)**

***Halictus rubicundus*** **Rotbeinige Furchenbiene, Männchen (r.)**

***Halictus rubicundus*** **Rotbeinige Furchenbiene, Weibchen**

***Halictus sajoi***
**Sajos Furchenbiene, Weibchen (l.) Männchen (r.)**

***Halictus scabiosae***
**Skabiosen-Furchenbiene, Weibchen (l., r.)**

CZ; Österreich: alle Bundesländer
**Flugzeit:** Weibchen IV–IX, Männchen ab VII
**Häufigkeit:** häufig

## *Halictus sajoi* Blüthgen, 1923
## Sajos Furchenbiene

**Kennzeichen:** 10–12 mm. Im Feld nicht von ähnlichen *Halictus*-Arten zu unterscheiden.
**Pollenquellen:** polylektisch
**Nestbau:** errichten Erdnester an spärlich bewachsenen Bodenstellen
**Kuckucksbiene:** unbekannt
**Lebensweise:** unbekannt
**Lebensräume:** unterschiedliche Trockenstandorte. Vom Flachland bis in höhere Lagen.
**Verbreitung:** Nachbarländer: DE, IT, SL, HU, SK, CZ; Österreich: B, N, W
**Flugzeit:** VI bis IX
**Häufigkeit:** sehr selten

## *Halictus scabiosae* (Rossi, 1790)
## Skabiosen-Furchenbiene

**Kennzeichen:** 13–14 mm. Weibchen an den Tergiten 2 und 3 mit sichtbaren Binden auch an der Basis. Die Endbinden der Tergite 2–4 bedecken den gesamten Endrand.
**Pollenquellen:** polylektisch
**Nestbau:** errichten Erdnester an spärlich bewachsenen Bodenstellen
**Kuckucksbiene:** unbekannt
**Lebensweise:** eusozial, gut erforscht
**Lebensräume:** unterschiedliche Trockenstandorte, Magerrasen, Ruderalstandorte, Brachen. Vom Flachland bis in höhere Lagen.
**Verbreitung:** Nachbarländer: DE, CH, IT, SL, HU, SK, CZ; Österreich: B, St, W
**Flugzeit:** Weibchen IV bis IX, Männchen ab VII
**Häufigkeit:** selten

***Halictus semitectus***
**Steppen-Goldfurchenbiene, Weibchen (l., r.)**

***Halictus sexcinctus***
**Sechsbindige Furchenbiene, Männchen (l.) Weibchen (r.)**

### *Halictus semitectus* Morawitz, 1873
### Steppen-Goldfurchenbiene

**Kennzeichen:** 6–8 mm. Im Feld nicht von ähnlichen *Halictus*-Arten zu unterscheiden.
**Pollenquellen:** polylektisch
**Nestbau:** errichten Erdnester an spärlich bewachsenen Sandstellen
**Kuckucksbiene:** unbekannt
**Lebensweise:** vermutlich eusozial
**Lebensräume:** Sandtrockenrasen, Steppen, unterschiedliche Trockenstandorte
**Verbreitung:** Nachbarländer: DE, HU, SK, CZ; Österreich: B, N, W
**Flugzeit:** VII bis VIII
**Häufigkeit:** sehr selten

### *Halictus sexcinctus* (Fabricius, 1775)
### Sechsbindige Furchenbiene

**Kennzeichen:** 14–15 mm. Weibchen mit durchgängigen Endbinden an den Tergiten 1–4, die ersten drei in der Mitte geringfügig verschmälert.
**Pollenquellen:** polylektisch
**Nestbau:** errichten Erdnester an spärlich bewachsenen Bodenstellen, oft in größeren Aggregationen
**Kuckucksbiene:** Blutbiene *Sphecodes gibbus,* vermutlich auch *S. albilabris*
**Lebensweise:** solitär (kommunaler Nestbau ist die Ursache, dass die Art in der Literatur vereinzelt irrtümlich als sozial bezeichnet wurde)
**Lebensräume:** unterschiedliche Trockenstandorte, Magerrasen, Ruderalstandorte, Brachen. Vom Flachland bis in höhere Lagen.
**Verbreitung:** Nachbarländer: DE, CH, IT, SL, HU, SK, CZ; Österreich: B, K, N, O, St, T, V
**Flugzeit:** Weibchen IV bis IX, Männchen ab VII
**Häufigkeit:** häufig

***Halictus simplex***
**Gewöhnliche Furchenbiene, Weibchen**

***Halictus simplex***
**Gewöhnliche Furchenbiene, Weibchen (l.) Männchen (r.)**

***Halictus smaragdulus***
**Smaragdgrüne Goldfurchenbiene, Weibchen**

## ***Halictus simplex*** Blüthgen, 1923
## Gewöhnliche Furchenbiene

**Kennzeichen:** 9–10 mm. Im Feld nicht von ähnlichen *Halictus*-Arten zu unterscheiden. Weibchen sind von *Halictus langobardicus* kaum, von *H. eurygnathus* nicht zu trennen.
**Pollenquellen:** polylektisch
**Nestbau:** errichten Erdnester an spärlich bewachsenen Bodenstellen, oft in größeren Aggregationen
**Kuckucksbiene:** unbekannt
**Lebensweise:** nicht hinlänglich geklärt
**Lebensräume:** unterschiedliche Trockenstandorte, Magerrasen, Ruderalstandorte, Brachen. Vom Flachland bis in höhere Lagen.
**Verbreitung:** Nachbarländer: DE, CH, IT, SL, HU, SK, CZ; Österreich: B, K, N, O, St, T, W
**Flugzeit:** Weibchen IV–X, Männchen ab VII
**Häufigkeit:** häufig

## ***Halictus smaragdulus*** Vachal, 1895
## Smaragdgrüne Goldfurchenbiene

**Name:** Die als variabel bekannte Art hat jüngst Pauly (2015) nach genetischen Untersuchungen in sechs Arten aufgeteilt, die morphologisch nach den Männchen überhaupt nicht, nach den Weibchen nur unsicher determiniert werden können. Die in Ostösterreich vorkommende Form bekam den Namen *Halictus submediterranes.*
**Kennzeichen:** 5–6 mm. Metallisch grün. Gesicht wenig kürzer als breit mit vorstehendem Clypeus. Im Feld nicht von ähnlichen *Halictus*-Arten zu unterscheiden.
**Pollenquellen:** polylektisch
**Nestbau:** errichten Erdnester an spärlich bewachsenen Sandstellen
**Kuckucksbiene:** Blutbiene *Sphecodes cristatus*
**Lebensweise:** eusozial
**Lebensräume:** unterschiedliche Trockenstandorte, Magerrasen. Vom Flachland bis in höhere Lagen.
**Verbreitung:** Nachbarländer: DE, CH, IT, SL, HU, SK, CZ; Österreich: B, N, W
**Flugzeit:** Weibchen V–X, Männchen ab VI
**Häufigkeit:** sehr selten

***Halictus subauratus***
**Dichtpunktierte Goldfurchenbiene, Weibchen (l., r.)**

***Halictus tumulorum***
**Gewöhnliche Goldfurchenbiene, Weibchen (l., r.)**

## *Halictus subauratus* (Rossi, 1792)
## Dichtpunktierte Goldfurchenbiene

**Kennzeichen:** 7–8 mm. Metallisch grünlich-golden schimmernd. Gesicht queroval bis rundlich, mit vorstehendem Clypeus. Im Feld nicht von ähnlichen *Halictus*-Arten zu unterscheiden.
**Pollenquellen:** polylektisch
**Nestbau:** errichten Erdnester an spärlich bewachsenen Sandstellen
**Kuckucksbiene:** Blutbiene *Sphecodes cristatus*
**Lebensweise:** eusozial
**Lebensräume:** unterschiedliche Trockenstandorte, Magerrasen. Vom Flachland bis in höhere Lagen.
**Verbreitung:** Nachbarländer: DE, CH, IT, SL, HU, SK, CZ; Österreich: B, K, N, O, St, T, W
**Flugzeit:** Weibchen IV–X, Männchen ab VII
**Häufigkeit:** mäßig häufig

## *Halictus tumulorum* (Linnaeus, 1758)
## Gewöhnliche Goldfurchenbiene

**Kennzeichen:** 6–8 mm. Metallisch grün schimmernd. Gesicht rundlich. Im Feld nicht von ähnlichen *Halictus*-Arten zu unterscheiden.
**Pollenquellen:** polylektisch
**Nestbau:** errichten Erdnester an spärlich bewachsenen Bodenstellen
**Kuckucksbiene:** Blutbiene *Sphecodes ephippius*
**Lebensweise:** eusozial
**Lebensräume:** unterschiedliche Trockenstandorte, Magerrasen, Waldränder, Auen. Vom Flachland bis in höhere Lagen.
**Verbreitung:** Nachbarländer: DE, CH, IT, SL, HU, SK, CZ; Österreich: alle Bundesländer
**Flugzeit:** Weibchen IV–IX, Männchen ab VII
**Häufigkeit:** selten

***Heriades truncorum***
**Gewöhnliche Löcherbiene, Weibchen**

## *HERIADES* LÖCHERBIENEN

Kennzeichen: Kleine, schwarz gefärbte Bienen. Vorderflügel mit zwei Cubitalzellen. Zweite Discoidalader mündet vor der zweiten Cubitalquerader. Scutellum seitlich mit je einem nach hinten gerichteten Dorn. Postscutellum in der Mitte mit Höcker, mehr oder weniger deutlich zweispitzig. Propodeum mit einer horizontalen Fläche. Beim ersten Tergit ist die abfallende Basis durch eine Querkante von der Scheibe abgetrennt. Tergite am Ende mit Haarbinden. Klauen der Beine mit Haftlappen. Weibchen mit Bauchbürste. Männchen mit gekrümmtem Abdomenende. Nur sechs Tergite sichtbar, das sechste ist auffällig helmförmig. Bestimmung: Amiet & al. (2004), Scheuchl (2006)

In Österreich 3 Arten (DE: 2, CH: 3)

Biologie: Löcherbienen sind in den Sommermonaten aktiv und haben nur eine Generation pro Jahr. Für die Nestanlage werden Käferfraßgänge im Totholz, hohle Pflanzenstängel sowie verlassene Schilfgallen genutzt. Alle Arten sammeln den Pollen ausschließlich auf Korbblütlern (Asteraceae). Als Brutparasiten treten *Stelis breviuscula* und die Keulhornwespe *Sapygina decemguttata* auf.

***Heriades crenulatus***
**Gekerbte Löcherbiene,**
**Männchen (l.)**
**Weibchen (r.)**

***Heriades rubicola***
**Stängel-Löcherbiene,**
**Weibchen (l.u., r.)**
**Männchen (l.o.)**

### *Heriades crenulatus* Nylander, 1856
### Gekerbte Löcherbiene

**Kennzeichen:** 6–7 mm. Clypeus des Weibchens mit einem Doppelhöcker. Bauchbürste rötlichgelb. Im Feld nicht von anderen *Heriades*-Arten unterscheidbar.
**Pollenquellen:** oligolektisch, sammelt auf Korbblütlern (Asteraceae)
**Nestbau:** nistet in Pflanzenstängeln und in Käferfraßgängen im Holz. Trennwände der Brutzellen aus Harz, mit Steinchen vermischt.
**Kuckucksbiene:** *Stelis breviuscula*
**Lebensräume:** unterschiedliche Trockenstandorte, Magerwiesen, Waldsäume, Brachflächen, Auwälder
**Verbreitung:**
Österreich: Nachbarländer: DE, CH, IT, SL, HU, SK, CZ; B, K, N, O, St, T, W
**Flugzeit:** VI–IX
**Häufigkeit:** mäßig häufig

### *Heriades rubicola* Pérez, 1890
### Stängel-Löcherbiene

**Kennzeichen:** 5–6 mm. Clypeus des Weibchens am Vorderrand undeutlich gezähnelt. Bauchbürste rötlichgelb. Im Feld nicht von anderen *Heriades*-Arten unterscheidbar.
**Pollenquellen:** oligolektisch, sammelt auf Korbblütlern
**Nestbau:** nistet in Schilfgallen. Trennwände der Brutzellen aus einer Mischung von Harz und Erde.
**Kuckucksbiene:** unbekannt
**Lebensräume:** Schilfstandorte, Salzwiesen, Auwälder, Ruderalstandorte
**Verbreitung:** Nachbarländer: CH, IT, SL, HU, SK, CZ; Österreich: B, O;
**Flugzeit:** VI–IX
**Häufigkeit:** selten

***Heriades truncorum***
**Gewöhnliche Löcherbiene, Weibchen**

***Heriades truncorum***
**Gewöhnliche Löcherbiene, Weibchen**

## ***Heriades truncorum*** (Linnaeus, 1758) Gewöhnliche Löcherbiene

Kennzeichen: 6–7 mm. Clypeus des Weibchens am Vorderrand gezähnelt. Bauchbürste rötlichgelb. Im Feld nicht von anderen *Heriades*-Arten unterscheidbar.
Pollenquellen: oligolektisch, sammelt auf Korbblütlern
Nestbau: nistet in Pflanzenstängeln und in Käferfraßgängen im Holz. Trennwände der Brutzellen aus Harz, mit Steinchen vermischt.
Kuckucksbiene: *Stelis breviuscula* und *S. minuta*
Lebensräume: Magerwiesen, Brachflächen, Waldsäume, Auwälder
Verbreitung: Nachbarländer: DE, CH, IT, SL, HU, SK, CZ; Österreich: alle Bundesländer
Flugzeit: VI–IX
Häufigkeit: häufig

***Hylaeus variegatus***
**Rote Maskenbiene, Weibchen**

## *HYLAEUS* MASKENBIENEN

Kennzeichen: Kleine, schlanke Arten, die nicht oder nur wenig behaart sind. Vorwiegend schwarz gefärbt, bei wenigen Arten ist das Abdomen teilweise rot. Im Gesicht meist mit weißen oder gelben Flecken, daher der Name „Maskenbiene". Vorderflügel mit zwei Cubitalzellen. Zunge kurz, zweilappig. Durch dieses Merkmal, das auch Seidenbienen kennzeichnet, unterscheiden sich Maskenbienen von allen anderen Gattungen. Weibchen haben keine Haarbürsten für den Transport des Pollens, sondern speichern diesen im Kropf. Bestimmung: Amiet & al. (1999), Dathe (2016)

In Österreich 41 Arten (DE: 39, CH: 38). Da es viele sehr ähnlich aussehende Arten gibt, die im Feld meist nicht bestimmbar sind, werden im Folgenden nur wenige Spezies vorgestellt.

Biologie: Maskenbienen nisten zumeist in bestehenden Hohlräumen (z.B. in hohlen Pflanzenstängeln, Käferfraßgängen, in Höhlungen in Lehm- oder Lösswänden, verlassenen Schilfgallen, in Felsritzen und Erdlöchern) oder nagen Nester in Markstängel. Für die Brutzellen werden feine häutige Zellen aus Drüsensekreten hergestellt. Je nach Nistort liegen sie in einer Reihe hintereinander oder auch nebeneinander. Bei einigen Arten wird der Zugang zum Nest durch häutige Streifen erschwert. Pollen und Nektar werden im Kropf zum Nest transportiert.

Als Brutparasiten wurden u.a. Erzwespen (Chalcidoidea) der Gattungen *Coelopencyrtus* (Encyrtidae) und *Melittobia* (Eulophidae) sowie Schmal-

***Hylaeus communis*** **Gewöhnliche Maskenbiene, Weibchen**

***Hylaeus difformis*** **Beulen-Maskenbiene, Weibchen**

***Hylaeus difformis*** **Beulen-Maskenbiene, Weibchen**

bauchwespen der Gattung *Gasteruption* und Fächerflügler der Gattung *Hylechtrus* beobachtet. Kuckucksbienen sind nicht bekannt.

Die Mehrzahl der Arten ist polylektisch, nur wenige Arten sind beim Pollensammeln spezialisiert. Normalerweise gibt es nur eine Generation pro Jahr.

## *Hylaeus communis* Nylander, 1852 Gewöhnliche Maskenbiene

**Kennzeichen:** 5,5–7 mm. Im Feld nicht von anderen *Hylaeus*-Arten unterscheidbar.
**Pollenquellen:** polylektisch
**Nestbau:** erfolgt in bestehenden Hohlräumen (in Pflanzenstängeln und Käferfraßgängen im Holz) und selbst genagten Höhlen in Markstängeln
**Lebensräume:** breites Lebensraumspektrum, Magerwiesen, Brachflächen, Waldsäume, Auwälder, Siedlungen
**Verbreitung:** Nachbarländer: DE, CH, IT, SL, HU, SK, CZ; Österreich: alle Bundesländer
**Flugzeit:** V–X, teilweise zwei Generationen pro Jahr
**Häufigkeit:** häufig

## *Hylaeus difformis* (Eversmann, 1852) Beulen-Maskenbiene

**Kennzeichen:** 7–8 mm. Im Feld nicht von anderen *Hylaeus*-Arten unterscheidbar.
**Pollenquellen:** polylektisch
**Nestbau:** erfolgt in bestehenden Hohlräumen (in Pflanzenstängeln, Lehmwänden und Käferfraßgängen im Holz) und selbst genagten Höhlen in Markstängeln
**Lebensräume:** Waldsäume, lichte Wälder, Hecken
**Verbreitung:** Nachbarländer: DE, CH, IT, SL, HU, SK, CZ; Österreich: alle Bundesländer
**Flugzeit:** VI–VIII
**Häufigkeit:** mäßig häufig

## *Hylaeus dilatatus* (Kirby, 1802)
## Rundfleck-Maskenbiene

**Kennzeichen:** 5,5–6,5 mm. Gesicht des Weibchens mit zwei runden Flecken. Im Feld nicht von anderen *Hylaeus*-Arten unterscheidbar.
**Pollenquellen:** polylektisch
**Nestbau:** erfolgt in bestehenden Hohlräumen (in Pflanzenstängeln und Käferfraßgängen im Holz) und selbst genagten Höhlen in Markstängeln
**Lebensräume:** Sandlebensräume, Magerwiesen, Brachflächen, Waldsäume
**Verbreitung:** Nachbarländer: DE, CH, IT, SL, HU, SK, CZ; Österreich: alle Bundesländer
**Flugzeit:** VI–IX
**Häufigkeit:** häufig

## *Hylaeus hyalinatus* Smith, 1842
## Mauer-Maskenbiene

**Kennzeichen:** 5,5–8 mm. Im Feld nicht von anderen *Hylaeus*-Arten unterscheidbar.
**Pollenquellen:** polylektisch
**Nestbau:** erfolgt in bestehenden Hohlräumen wie Mauerfugen, hohlen Pflanzenstängeln, Käferfraßgängen im Holz, verlassenen Nestern, in Hohlräumen im Bereich von Erdabbrüchen u.a.
**Lebensräume:** breites Lebensraumspektrum, Magerwiesen, Brachflächen, Sandgruben, Waldsäume, Siedlungen
**Verbreitung:** Nachbarländer: DE, CH, IT, SL, HU, SK, CZ; Österreich: alle Bundesländer
**Flugzeit:** V–IX, mit einer partiellen zweiten Generationen
**Häufigkeit:** häufig

***Hylaeus dilatatus***
**Rundfleck-Maskenbiene, Weibchen**

***Hylaeus dilatatus***
**Rundfleck-Maskenbiene, Weibchen**

***Hylaeus hyalinatus***
**Mauer-Maskenbiene, Paarung**

***Hylaeus* *leptocephalus***
**Schmalkopf-Maskenbiene, Weibchen**

***Hylaeus lineolatus***
**Linien-Maskenbien, Weibchen**

***Hylaeus meridionalis***
**Südliche Maskenbiene, Weibchen**

## ***Hylaeus leptocephalus*** (Morawitz, 1870) Schmalkopf-Maskenbiene

**Kennzeichen:** 4,5–6 mm. Im Feld nicht von anderen *Hylaeus*-Arten unterscheidbar.
**Pollenquellen:** polylektisch
**Nestbau:** erfolgt in bestehenden Hohlräumen (in Pflanzenstängeln, Käferfraßgängen im Holz, Mauerfugen, verlassenen Nestern in Steilwänden u.a.)
**Lebensräume:** Magerwiesen, Brachflächen, Waldsäume, Siedlungen
**Verbreitung:** Nachbarländer: DE, CH, IT, SL, HU, SK, CZ; Österreich: B, K, N, O, S, St, T, W
**Flugzeit:** V–IX, mit einer partiellen zweiten Generationen
**Häufigkeit:** häufig

## ***Hylaeus lineolatus*** (Schenck, 1861) Linien-Maskenbiene

**Kennzeichen:** 5–5,5 mm. Im Feld nicht von anderen *Hylaeus*-Arten unterscheidbar.
**Pollenquellen:** polylektisch
**Nestbau:** erfolgt in dürren Pflanzenstängeln, Brombeertrieben und Eichengallen
**Lebensräume:** Sandlebensräume, Magerwiesen, Brachflächen, Waldsäume, Siedlungen
**Verbreitung:** Nachbarländer: DE, IT, SL, HU, SK, CZ; Österreich: B, N, W
**Flugzeit:** VI–IX
**Häufigkeit:** häufig

## ***Hylaeus meridionalis*** Förster, 1871 Südliche Maskenbiene

**Kennzeichen:** 7–8 mm. Im Feld nicht unterscheidbar von *Hylaeus variegatus*, die in Mitteleuropa wesentlich häufiger und weiter verbreitet ist.
**Pollenquellen:** polylektisch
**Nestbau:** unbekannt
**Lebensräume:** unterschiedliche Trockenstandorte
**Verbreitung:** Nachbarländer: CH, IT, HU; Österreich: B, N, O
**Flugzeit:** VI–VII
**Häufigkeit:** sehr selten

### *Hylaeus nigritus* (Fabricius, 1798)
### Rainfarn-Maskenbiene

**Kennzeichen:** 7–8,5 mm. Im Feld nicht von anderen *Hylaeus*-Arten unterscheidbar.
**Pollenquellen:** polylektisch, sammelt u.a. auf Rainfarn (*Tanacetum*), Margerite (*Leucanthemum*), Schafgarbe (*Achillea*), Flockenblumen (*Centaurea*)
**Nestbau:** erfolgt in Hohlräumen und Spalten von Erdabbrüchen und Gemäuer
**Lebensräume:** Magerwiesen, Brachflächen, Extensivgrünland, Waldsäume, Siedlungen; auch in höheren Lagen
**Verbreitung:** Nachbarländer: DE, CH, IT, SL, HU, SK, CZ; Österreich: alle Bundesländer
**Flugzeit:** V–IX
**Häufigkeit:** häufig

***Hylaeus nigritus***
**Rainfarn-Maskenbiene, Männchen**

### *Hylaeus punctulatissimus* Smith, 1842
### Lauch-Maskenbiene

**Kennzeichen:** 7–8 mm. Im Feld nicht von anderen *Hylaeus*-Arten unterscheidbar.
**Pollenquellen:** Vorliebe für Lauch (*Allium*), sammelt aber auch auf Dickblattgewächsen (Crassulaceae), etwa Hauswurz (*Sempervivum*) (siehe Bild, Mitte, r.) oder Fetthenne (*Sedum*) (Schoder & Wiesbauer, in Druck)
**Nestbau:** erfolgt in Käferfraßgängen im Totholz und anderen bestehenden Hohlräumen
**Lebensräume:** unterschiedliche Trockenstandorte, aber auch in Gärten mit Lauch
**Verbreitung:** Nachbarländer: DE, CH, IT, SL, HU, SK, CZ; Österreich: B, K?, N, O, S, St, V, W
**Flugzeit:** V–VIII, möglicherweise mit einer partiellen zweiten Generationen
**Häufigkeit:** mäßig häufig

***Hylaeus punctulatissimus***
**Lauch-Maskenbiene, Männchen (l.)**

***Hylaeus punctulatissimus***
**Lauch-Maskenbiene, Weibchen (r.)**

***Hylaeus punctulatissimus***
**Lauch-Maskenbiene, Weibchen**

**_Hylaeus signatus_**
**Reseden-Maskenbiene, Weibchen**

**_Hylaeus signatus_**
**Reseden-Maskenbiene, Männchen**

**_Hylaeus variegatus_**
**Rote Maskenbiene, Weibchen**

## ***Hylaeus signatus*** (Panzer, 1798)
## Reseden-Maskenbiene

**Kennzeichen:** 7–8 mm. Im Feld nicht von anderen *Hylaeus*-Arten unterscheidbar.
**Pollenquellen:** oligolektisch, sammelt auf Reseda (*Reseda*)
**Nestbau:** erfolgt in Käferfraßgängen im Totholz, hohlen Markstängeln und anderen bestehenden Hohlräumen, verlassenen Nestern
**Lebensräume:** Waldsäume, lichte Wälder, Hecken, Ruderalflächen, Ackersäume, Wegränder, Siedlungsgebiete
**Verbreitung:** Nachbarländer: DE, CH, IT, SL, HU, SK, CZ; Österreich: B, K, N, O, S?, St, T, V, W
**Flugzeit:** IV–IX, möglicherweise mit einer partiellen zweiten Generation
**Häufigkeit:** häufig

## ***Hylaeus variegatus*** (Fabricius, 1798)
## Rote Maskenbiene

**Kennzeichen:** 6,5–7,5 mm. Tergit 1 zur Gänze und Tergit 2 teilweise rot gefärbt. Im Feld allenfalls zu verwechseln mit *Hylaeus meridionalis*, die in Ostösterreich und der Schweiz ebenfalls vorkommt, aber eine ausgesprochene Rarität darstellt.
**Pollenquellen:** polylektisch
**Nestbau:** erfolgt in bestehenden Hohlräumen in der Erde auf ebenen Flächen und in Steilwänden
**Lebensräume:** unterschiedliche Trockenstandorte, Sandlebensräume, Brachflächen, Magerrasen, Sand- und Kiesgruben
**Verbreitung:** Nachbarländer: DE, CH, IT, SL, HU, SK, CZ; Österreich: alle Bundesländer
**Flugzeit:** VI–IX, mit einer partiellen zweiten Generation
**Häufigkeit:** häufig

***Lasioglossum elegans***
**Pracht-Schmalbiene, Weibchen**

## *LASIOGLOSSUM* SCHMALBIENEN (FURCHENBIENEN)

**Kennzeichen:** Vorderflügel mit drei Cubitalzellen und einer am Grunde stark gebogenen Basalader. Die zweite bzw. zweite und dritte Cubitalader reduziert, meist nur halb so breit wie die erste Cubitalader. Endrand der ersten beiden Tergite im Gegensatz zu Halictus ohne Haarbinde, allenfalls mit lockeren Wimpernhaaren seitlich. Weibchen am Hinterleibsende (fünftes Tergit) – ähnlich wie *Halictus*-Weibchen – mit beidseits behaarter, innen aber kahler Längszone, die eine Furche vortäuscht. Männchen manchmal mit verlängertem Clypeus, der am Vorderrand meist gelb gefleckt ist. Das Aussehen der Furchenbienen ist sehr unterschiedlich: Es gibt große und kleine Arten und ihre Färbung kann schwarzbraun oder grünlich metallfarben sein. Bestimmung: Ebmer (1988), Amiet & al. (2007)

In Österreich 78 Arten (DE: 72, CH: 77). Da es viele sehr ähnlich aussehende Arten gibt, die im Feld meist nicht bestimmbar sind, werden im Folgenden nur wenige Spezies vorgestellt.

**Biologie:** Schmalbienen nisten im Boden, manche Arten auch in größeren Kolonien mit einigen Tausend Tieren. Einige Spezies leben solitär, andere sind sozial. Das Alter kann von Art zu Art sehr unterschiedlich sein. Die meisten Arten sind kurzlebig (mit einem einjährigen Zyklus vom Ei bis zur Imago), einige wenige erreichen ein höheres Alter (*Lasioglossum marginatum* vier bis fünf Jahre). Bei den meisten Furchenbienen erscheinen die Männchen und die jungen Weibchen im Spätsommer. Nach der Paarung überwintern die jungen Weibchen und legen im folgenden Jahr neue Brutzellen an.

***Lasioglossum calceatum***
**Gewöhnliche Schmalbiene, Paarung (l.) Weibchen (r.)**

***Lasioglossum clypeare***
**Glatte Langkopf-Schmalbiene, Weibchen (l., r.)**

## *Lasioglossum calceatum* (Scopoli, 1763) Gewöhnliche Schmalbiene

**Kennzeichen:** 8–10 mm. Im Feld nicht von ähnlichen *Lasioglossum*-Arten zu unterscheiden.
**Pollenquellen:** polylektisch
**Nestbau:** errichten Erdnester an spärlich bewachsenen Bodenstellen
**Kuckucksbiene:** Blutbiene *Sphecodes monilicornis*
**Lebensweise:** eusozial, gut erforscht
**Lebensräume:** sowohl an trockenwarmen als auch an feuchtkühlen Standorten. Als Kulturfolger auch auf Fettwiesen und in den Städten. Vom Flachland bis in höhere Lagen.
**Verbreitung:** Nachbarländer: DE, CH, IT, SL, HU, SK, CZ; Österreich: alle Bundesländer
**Flugzeit:** Weibchen III–X, Männchen ab VI
**Häufigkeit:** häufig

## *Lasioglossum clypeare* (Schenck, 1853) Glatte Langkopf-Schmalbiene

**Kennzeichen:** 6–7 mm. Gesicht auffällig schmal und lang, bei Fühlerbasis eingedrückt. Im Feld nicht von ähnlichen *Lasioglossum*-Arten zu unterscheiden.
**Pollenquellen:** polylektisch mit Vorliebe für Lippenblütler (Lamiaceae)
**Nestbau:** errichten Erdnester
**Kuckucksbiene:** unbekannt
**Lebensweise:** wahrscheinlich solitär
**Lebensräume:** unterschiedliche Trockenstandorte
**Verbreitung:** Nachbarländer: DE, CH, IT, SL, HU, SK, CZ; Österreich: B, N, St, W
**Flugzeit:** Weibchen III–X, Männchen ab VI
**Häufigkeit:** sehr selten

## *Lasioglossum costulatum* (Kriechbaumer, 1873) Glockenblumen-Schmalbiene

**Kennzeichen:** 10 mm. Tergite 2–3 des Weibchens mit basalen Haarflecken,

Tergit 4 mit weißer Basalbinde. Aufgrund dieser Merkmale und des spezialisierten Blütenbesuchs im Feld von anderen *Lasioglossum*-Arten unterscheidbar.
**Pollenquellen:** **oligo**lektisch, sammelt auf Glockenblumen
**Nestbau:** errichten Erdnester
**Kuckucksbiene:** unbekannt
**Lebensweise:** solitär
**Lebensräume:** Magerrasen, Waldsäume, Extensivgrünland
**Verbreitung:** Nachbarländer: DE, CH, IT, SL, HU, SK, CZ; Österreich: B, K, N, O, St, T, W
**Flugzeit:** Weibchen IV–VIII, Männchen ab VII
**Häufigkeit:** selten, starke Rückgänge

***Lasioglossum costulatum***
**Glockenblumen-Schmalbiene, Weibchen**

### *Lasioglossum discum* (Smith, 1853)
### Glanzrücken-Schmalbiene

**Kennzeichen:** 8–11 mm. Tergite 2–4 mit weißen Basalbinden. Im Feld nicht von ähnlichen *Lasioglossum*-Arten zu unterscheiden.
**Pollenquellen:** polylektisch, häufig auf Disteln und Flockenblumen
**Nestbau:** errichten Erdnester
**Kuckucksbiene:** Blutbiene *Sphecodes schencki*
**Lebensweise:** vermutlich solitär
**Lebensräume:** unterschiedliche Trockenstandorte
**Verbreitung:** Nachbarländer: CH, IT, SL, HU, SK, CZ; Österreich: B, K, N, St
**Flugzeit:** Weibchen VI–VIII, Männchen ab VII
**Häufigkeit:** selten

***Lasioglossum discum***
**Glanzrücken-Schmalbiene, Weibchen**

### *Lasioglossum elegans* (Lepeletier, 1841)
### Pracht-Schmalbiene

**Kennzeichen:** 7–8 mm. Tergite 1–3 des Weibchens rot gefärbt. Dank der Färbung, des schlanken Kopfes und des spezialisierten Blütenbesuchs im Feld erkennbar.
**Pollenquellen:** oligolektisch, sammelt auf Salbei (*Salvia*)
**Nestbau:** errichten Erdnester in spärlich bewachsenen Lössböschungen
**Kuckucksbiene:** unbekannt
**Lebensweise:** vermutlich solitär
**Lebensräume:** unterschiedliche Tro-

***Lasioglossum elegans***
**Pracht-Schmalbiene, Weibchen**

***Lasioglossum elegans***
**Pracht-Schmalbiene, Männchen (l.) Weibchen (r.)**

***Lasioglossum laevigatum***
**Bezahnte Schmalbiene, Weibchen**

***Lasioglossum malachurum***
**Feldweg-Schmalbiene, Weibchen**

ckenstandorte, Lösslandschaften mit Steilwänden
**Verbreitung:** Nachbarländer: CH, IT, HU, SK, CZ; Österreich: B, N
**Flugzeit:** Weibchen V–VII, Männchen im VII
**Häufigkeit:** sehr selten

## ***Lasioglossum laevigatum*** (Kirby, 1802) Bezahnte Schmalbiene

**Kennzeichen:** 8–9 mm. Tergite 2–4 des Weibchens mit cremefarbigen Basalbinden, die erste unterbrochen. Stutzkante seitlich oben zugespitzt. Im Feld nicht von anderen *Lasioglossum*-Arten zu unterscheiden.
**Pollenquellen:** polylektisch
**Nestbau:** errichten Erdnester an schütter bewachsenen Bodenstellen
**Kuckucksbiene:** unbekannt
**Lebensweise:** solitär
**Lebensräume:** Magerwiesen, Waldsäume, Extensivgrünland. Vom Flachland bis in höhere Lagen.
**Verbreitung:** Nachbarländer: DE, CH, IT, SL, HU, SK, CZ; Österreich: alle Bundesländer
**Flugzeit:** Weibchen IV–X, Männchen ab VII
**Häufigkeit:** mäßig häufig

## ***Lasioglossum malachurum*** (Kirby, 1802) Feldweg-Schmalbiene

**Kennzeichen:** 8–9 mm. Im Feld nicht von ähnlichen *Lasioglossum*-Arten zu unterscheiden.
**Pollenquellen:** polylektisch
**Nestbau:** errichten Erdnester an schütter bewachsenen Bodenstellen wie Feldwegen, meist in sehr großen Aggregationen.
**Kuckucksbiene:** *Sphecodes monilicornis*
**Lebensweise:** eusozial auf einer hohen Stufe
**Lebensräume:** unterschiedliche Trockenstandorte, Magerwiesen, Waldsäume, Auwälder, Siedlungen.
**Verbreitung:** Nachbarländer: DE, CH, IT, SL, HU, SK, CZ; Österreich: B, K, N, O, St, V, W
**Flugzeit:** Weibchen III–X, Männchen ab VII
**Häufigkeit:** häufig

***Lasioglossum marginatum***
**Langlebige Schmalbiene, Weibchen (l., r.)**

***Lasioglossum marginatum***
**Langlebige Schmalbiene, Weibchen (l.)**

***Lasioglossum nitidulum***
**Grünglanz-Schmalbiene, Weibchen (r.)**

## *Lasioglossum marginatum* (Brullé, 1832)
## Langlebige Schmalbiene

Kennzeichen: 8 mm. Im Feld nicht von ähnlichen *Lasioglossum*-Arten zu unterscheiden.
Pollenquellen: polylektisch
Nestbau: errichten Erdnester an schütter bewachsenen Bodenstellen wie Feldwegen, meist in sehr großen Aggregationen. Nester durch kleine Erdkegel sehr auffällig.
Kuckucksbiene: unbekannt
Lebensweise: eusozial auf einer hohen Stufe
Lebensräume: unterschiedliche Trockenstandorte, Magerwiesen, Waldsäume
Verbreitung: Nachbarländer: DE, CH, IT, SL, HU, SK, CZ; Österreich: B, N, O, St, W
Flugzeit: Weibchen III–V, Männchen VIII–X
Häufigkeit: häufig

## *Lasioglossum nitidulum* (Fabricius, 1804)
## Grünglanz-Schmalbiene

Kennzeichen: 6 mm. Metallisch grün. Gesicht länglich. Im Feld nicht von ähnlichen *Lasioglossum*-Arten zu unterscheiden. Formenreich mit verschiedenen Unterarten.
Pollenquellen: polylektisch
Nestbau: errichten Erdnester bevorzugt in Steilwänden, Mörtelfugen, oft in kleineren Aggregationen
Kuckucksbiene: Blutbiene *Sphecodes alternatus,* vermutlich auch *S. pellucidus*
Lebensweise: unbekannt, vermutlich eusozial
Lebensräume: unterschiedliche Habitate, Magerwiesen, Waldsäume, Auwälder, Siedlungen. Vom Flachland bis in höhere Lagen.
Verbreitung: Nachbarländer: DE, CH, IT, SL, HU, SK, CZ; Österreich: B, K, N,

***Lasioglossum pallens***
**Frühlings-Schmalbiene, Männchen**

***Lasioglossum pallens***
**Frühlings-Schmalbiene, Männchen**

***Lasioglossum parvulum***
**Dunkle Schmalbiene, Weibchen**

O, St, T, V, W
**Flugzeit:** Weibchen IV–X, Männchen ab VII
**Häufigkeit:** mäßig häufig

### *Lasioglossum pallens* (Brullé, 1832) Frühlings-Schmalbiene

**Kennzeichen:** 8 mm. Im Feld nicht von ähnlichen *Lasioglossum*-Arten zu unterscheiden. Das Männchen fliegt bereits von März bis April und kann bereits im Feld sicher erkannt werden, da es zu diesem Zeitpunkt in Mitteleuropa noch keine anderen *Lasioglossum*-Männchen gibt.
**Pollenquellen:** polylektisch, sammelt bevorzugt den Pollen windblütiger Pflanzen, insbesondere den der Eichen (*Quercus*)
**Nestbau:** errichten Erdnester an offenen Bodenstellen oft in kleineren Aggregationen.
**Kuckucksbiene:** Blutbiene *Sphecodes majalis*
**Lebensweise:** solitär
**Lebensräume:** unterschiedliche Habitate, Magerwiesen, Waldsäume, Auwälder
**Verbreitung:** Nachbarländer: DE, CH, IT, SL, HU, SK, CZ; Österreich: K, N, O, St, W
**Flugzeit:** III–V
**Häufigkeit:** mäßig häufig

### *Lasioglossum parvulum* (Schenck, 1853) Dunkle Schmalbiene

**Kennzeichen:** 6 mm. Im Feld nicht von ähnlichen *Lasioglossum*-Arten zu unterscheiden.
**Pollenquellen:** polylektisch
**Nestbau:** errichten Erdnester vorzugsweise in Steilwänden
**Kuckucksbiene:** Wespenbiene *Nomada distinguenda*, vermutet werden auch mehrere *Sphecodes*-Arten
**Lebensweise:** solitär
**Lebensräume:** unterschiedliche Habitate, Magerwiesen, Waldsäume, Auwälder. Vom Flachland bis in höhere Lagen.
**Verbreitung:** Nachbarländer: DE, CH, IT, SL, HU, SK, CZ; Österreich: alle Bundesländer

***Lasioglossum quadrinotatulum*** **Vierfleck-Schmalbiene, Weibchen (l., r.)**

***Lasioglossum sexnotatum*** **Spargel-Schmalbiene, Weibchen (l., r.)**

Flugzeit: Weibchen IV–IX, Männchen ab VII
Häufigkeit: mäßig häufig

### *Lasioglossum quadrinotatulum* (Schenck, 1861) Vierfleck-Schmalbiene

Kennzeichen: 7 mm. Die Tergite 2–3 des Weibchens mit basalen Haarflecken. Im Feld nicht von ähnlichen *Lasioglossum*-Arten zu unterscheiden.
Pollenquellen: polylektisch
Nestbau: errichten Erdnester in Sand- und Lössböden sowie in Uferanbrüchen der Fließgewässer
Kuckucksbiene: unbekannt
Lebensweise: vermutlich solitär
Lebensräume: unterschiedliche Trockenstandorte, Sandlebensräume, Magerwiesen, Auen
Verbreitung: Nachbarländer: DE, CH, IT, SL, HU, SK, CZ; Österreich: B, K, N, O, St, T, W
Flugzeit: Weibchen V–IX, Männchen ab VII
Häufigkeit: mäßig häufig

### *Lasioglossum sexnotatum* (Kirby, 1802) Spargel-Schmalbiene

Kennzeichen: 10–11 mm. Die Tergite 2–3 des Weibchens mit basalen Haarflecken. Im Feld nicht von ähnlichen *Lasioglossum*-Arten zu unterscheiden.
Pollenquellen: polylektisch
Nestbau: errichten Erdnester
Kuckucksbiene: unbekannt
Lebensweise: solitär
Lebensräume: unterschiedliche Trockenstandorte, Magerwiesen, Brachen, Ruderalstandorte
Verbreitung: Nachbarländer: DE, CH, IT, SL, HU, SK, CZ; Österreich: B, K, N, O, S, St, T, W
Flugzeit: Weibchen V–IX, Männchen ab VII
Häufigkeit: selten

***Lasioglossum xanthopus***
**Große Salbei-Schmalbiene, Weibchen**

***Lasioglossum xanthopus***
**Große Salbei-Schmalbiene, Weibchen**

***Lasioglossum zonulum***
**Breitbindige Schmalbiene, Weibchen**

## *Lasioglossum xanthopus* (Kirby, 1802) Große Salbei-Schmalbiene

**Kennzeichen:** 10–11 mm. Die Tergite 2–4 des Weibchens mit breiten, basalen Haarflecken. Tibien und Tarsen der Hinterbeine rötlichgelb. Im Feld ist das Weibchen durch das schlanke Gesicht und die rot gefärbten Hinterbeine gut zu erkennen.
**Pollenquellen:** polylektisch mit Vorliebe für Wiesen-Salbei (*Salvia pratensis*)
**Nestbau:** errichten Erdnester an spärlich bewachsenen Bodenstellen
**Kuckucksbiene:** Blutbiene *Sphecodes spinulosus*
**Lebensweise:** solitär
**Lebensräume:** unterschiedliche Trockenstandorte, Magerwiesen, Brachen, Ruderalstandorte, Waldsäume. Vom Flachland bis in montane Lagen.
**Verbreitung:** Nachbarländer: DE, CH, IT, SL, HU, SK, CZ; Österreich: B, N, O, St, W
**Flugzeit:** Weibchen IV–X, Männchen ab IX
**Häufigkeit:** selten

## *Lasioglossum zonulum* (Smith, 1848) Breitbindige-Schmalbiene

**Kennzeichen:** 9–10 mm. Die Tergite 2–4 des Weibchens mit breiten, basalen Haarbinden. Im Feld nicht von ähnlichen *Lasioglossum*-Arten zu unterscheiden.
**Pollenquellen:** polylektisch
**Nestbau:** errichten Erdnester an spärlich bewachsenen Bodenstellen, häufig in größeren Aggregationen
**Kuckucksbiene:** Blutbiene *Sphecodes monilicornis*, vermutlich auch *S. scabricollis*
**Lebensweise:** solitär
**Lebensräume:** unterschiedliche Trockenstandorte, Magerwiesen, Brachen, Ruderalstandorte, Waldsäume. Vom Flachland bis in montane Lagen.
**Verbreitung:** Nachbarländer: DE, CH, IT, SL, HU, SK, CZ; Österreich: alle Bundesländer
**Flugzeit:** Weibchen IV–IX, Männchen ab VII
**Häufigkeit:** mäßig häufig

***Lithurgus chrysurus***
**Goldene Steinbiene, Männchen**

## *LITHURGUS* STEINBIENEN

Kennzeichen: Mittelgroße bis große Bienen, die eine gewisse Ähnlichkeit mit Blattschneiderbienen haben. Von diesen unterscheiden sie sich durch die nach außen schmäler werdenden Mandibeln. Weibchen unterhalb der Fühlerbasis mit auffälligem kantigem Stirnhöcker. Männchen mit zahnartigem Fortsatz am letzten Tergit. Vorderflügel mit zwei Cubitalzellen. Zweite Discoidalader mündet vor der zweiten Cubitalquerader. Tergite am Ende mit hellen Haarbinden. Weibchen mit Bauchbürste. Bestimmung: Amiet & al. (2004), Scheuchl (2006)

In Österreich 2 Arten (DE: 1, CH: 1)

Biologie: Die beiden heimischen Steinbienen sind wärmeliebende Arten, die erst im Sommer auftreten und ausschließlich auf Korbblütlern (Asteraceae) Pollen sammeln. Die Nestanlage erfolgt in morschem Holz. Die Brutzellen werden in kurzen Seitengängen errichtet. Als Baumaterial für die Zwischenwände dienen Holzspäne. Eine Generation pro Jahr.

### ***Lithurgus chrysurus*** Fonscolombe, 1834 **Goldene Steinbiene**

Kennzeichen: 13–14 mm. Weibchen mit Stirnhöcker unter den Fühlern, Tergite 2–5 des Abdomens mit hellen Binden. Tergit 6 rot behaart. Bauchbürste orange. Im Feld von *Lithurgus cornutus* auch aufgrund der geringeren Größe unterscheidbar.
Pollenquellen: oligolektisch, sammelt auf Korbblütlern (Asteraceae), insbesondere auf Disteln und Flockenblumen
Nestbau: nagt Gänge in morsches Totholz. Nach der Verproviantierung wird

***Lithurgus chrysurus***
**Goldene Steinbiene, Männchen (l.) Weibchen (r.)**

***Lithurgus cornutus***
**Gehörnte Steinbiene, Weibchen (l., r.)**

das Nest mit Sägemehl und den anfallenden Holzpartikeln verschlossen.
**Kuckucksbienen:** Düsterbienen *Stelis simillima* und *S. punctatissimus*
**Lebensräume:** Magerwiesen, Brachflächen, Waldsäume, Auwälder
**Verbreitung:** Nachbarländer: DE, CH, IT, SL, HU, SK, CZ; Österreich: B, N, W
**Flugzeit:** VI–VIII
**Häufigkeit:** mäßig häufig

### *Lithurgus cornutus* (Fabricius, 1787) Gehörnte Steinbiene

**Kennzeichen:** 16–19 mm. Weibchen mit Stirnhöcker unter den Fühlern, Tergitränder 2–5 des Abdomens mit gelben Haaren. Tergit 6 schwarzbraun behaart. Bauchbürste orange. Im Feld von *Lithurgus chrysurus* auch aufgrund der bedeutenden Größe unterscheidbar.
**Pollenquellen:** oligolektisch, sammelt auf Korbblütlern (Asteraceae), insbesondere auf Disteln und Flockenblumen
**Nestbau:** nagt Gänge in morsches Totholz. Nach der Verproviantierung wird das Nest mit Sägemehl und den anfallenden Holzpartikeln verschlossen.
**Kuckucksbienen:** Düsterbienen *Stelis simillima* und *S. punctatissimus*
**Lebensräume:** Trockenstandorte, Magerwiesen, Waldsäume, Auwälder
**Verbreitung:** Nachbarländer: IT, SL, HU, SK, CZ; Österreich: B, N, W
**Flugzeit:** VI–VIII
**Häufigkeit:** selten

***Macropis europaea***
**Auen-Schenkelbiene, Weibchen**

## *MACROPIS* SCHENKELBIENEN

Kennzeichen: Mittelgroße Bienen. Vorderflügel mit zwei etwa gleich großen Cubitalzellen, Radialzelle zugespitzt und Spitze am Flügelrand anliegend. Hinterleib schwarz und abgesehen von den weißen Haarbinden kaum behaart. Weibchen an den Hinterbeinen mit stark verbreitertem Metatarsus. Vordere Tarsenglieder der Vorder- und Mittelbeine mit dichten samtartigen Haarpolstern zur Aufnahme des Öls. Männchen mit gelbem Kopfschild und verdickten Hinterbeinen. Bestimmung: Scheuchl (2006), Amiet & al. (2007)

In Österreich 2 Arten (DE: 2, CH: 2)

Biologie: Schenkelbienen sind auf Gilbweiderich (*Lysimachia*) spezialisiert. Die enge Bindung an diese Pflanze resultiert nicht nur aus dem spezifischen Pollenangebot, sondern auch aus der Verfügbarkeit von fettem Öl, das die Pflanze über Drüsenhaare ausscheidet. Das Öl verwendet das Weibchen zum Abmischen des Pollens und zum Bau der Brutzellen. Die Nester werden an schütter bewachsenen Bodenstellen angelegt. Für die eigene Verpflegung nutzen sie das Nektarangebot unterschiedlicher Pflanzen. Eine Generation pro Jahr, die im Frühsommer aktiv ist.

Schenkelbienen sind die einzigen Öl sammelnden Bienen, die in Europa vorkommen.

***Macropis europaea***
**Auen-Schenkelbiene,**
**Weibchen (l.)**
**Männchen (r.)**

***Macropis fulvipes***
**Wald-Schenkelbiene,**
**Weibchen (l., r.o.)**
**Männchen (r.u.)**

## ***Macropis europaea*** **Warncke, 1973**
## **Auen-Schenkelbiene**

**Kennzeichen:** 8–10 mm. Weibchen unterscheidet sich von *M. fulvipes* durch die weiß behaarten Hinterschienen und die schwarz behaarten Fersen. Labrum des Männchens ganz oder zum Teil schwarz.
**Pollenquellen:** oligolektisch auf Gilbweiderich (*Lysimachia*), Nektarsuche an anderen Blüten
**Nestbau:** errichtet Bodennester und imprägniert die Brutzelle mit dem Öl des Gilbweiderichs
**Kuckucksbiene:** Schmuckbiene *Epeoloides coecutiens*
**Lebensräume:** Feuchtgebiete, Auwälder, Fließgewässer
**Verbreitung:** Nachbarländer: DE, CH, IT, SL, HU, SK, CS; Österreich: alle Bundesländer
**Flugzeit:** VII–IX
**Häufigkeit:** mäßig häufig

## ***Macropis fulvipes*** **(Fabricius, 1804)**
## **Wald-Schenkelbiene**

**Kennzeichen:** 8–10 mm. Weibchen unterscheidet sich von *M. europaea* durch die gelbbraun behaarten Hinterschienen (Bild rechts oben). Männchen hat ein gelb gefärbtes Labrum.
**Pollenquellen:** oligolektisch auf Gilbweiderich (*Lysimachia*), Nektarsuche an anderen Blüten
**Nestbau:** errichtet Bodennester und imprägniert die Brutzelle mit dem Öl des Gilbweiderichs
**Kuckucksbiene:** Schmuckbiene *Epeoloides coecutiens*
**Lebensräume:** feuchte Wälder, Auwälder, Feuchtgebiete
**Verbreitung:** Nachbarländer: DE, CH, IT, SL, HU, SK, CS; Österreich: alle Bundesländer
**Flugzeit:** VI–IX
**Häufigkeit:** mäßig häufig

***Megachile nigriventris***
**Schwarzbürstige Blattschneiderbiene, Weibchen**

## *MEGACHILE* BLATTSCHNEIDERBIENEN

Kennzeichen: Kleine, mittelgroße oder große Bienen. Vorderflügel mit zwei Cubitalzellen. Zweite Discoidalader mündet vor der zweiten Cubitalquerader. Abdomen abgeflacht. Erstes Tergit vorne im abfallenden Teil auffällig stark konkav. Klauen der Beine ohne Haftlappen. Weibchen mit Bauchbürste. Männchen am sechsten Tergit mit einem quer verlaufenden Grat, der eingekerbt oder gezähnt sein kann. Siebtes Tergit von oben nicht sichtbar. Vordertarsen bei einigen Arten weiß, stark verbreitert und mit langen Fransenhaaren versehen. Neuere phylogenetische Erkenntnisse zur Gattung finden sich bei Praz (2017). Bestimmung: Amiet & al. (2004), Scheuchl (2006)

In Österreich 25 Arten (DE: 25, CH: 24)

Biologie: Hinsichtlich Nestbauverhalten lassen sich drei Gruppen unterscheiden: Die meisten Arten legen ihre Nester in vorhandenen Hohlräumen oder selbst genagten Gängen an und kleiden diese mit selbst geschnittenen Blattstücken aus. Einige Arten stellen die Zellwände ebenfalls aus geschnittenen Blattstücken her, verstärken diese aber mit mineralischem Mörtel. Die dritte Gruppe, die Mörtelbienen, mauern ihre Nester mit Erde und Speichelsekret frei an Felsstrukturen.

Blattschneiderbienen sind vorwiegend in den Sommermonaten aktiv und haben nur eine Generation pro Jahr. Die meisten Arten sind polylektisch und passen sich dem Blütenangebot an. Etwa ein Viertel der Arten ist beim Pollensammeln auf bestimmte Pflanzen spezialisiert. Als Kuckucksbienen treten Kegelbienen (*Coelioxys*), Zweizahnbienen (*Dioxys*) und Düsterbienen (*Stelis*) auf.

***Megachile apicalis***
**Flockenblumen-Blattschneiderbiene, Weibchen (l., r.o., r.u.)**

***Megachile centuncularis***
**Rosen-Blattschneiderbiene, Weibchen (l., r.o., r.u.)**

## ***Megachile apicalis*** Spinola, 1808
## Flockenblumen-Blattschneiderbiene

**Kennzeichen:** 8–9 mm. Weibchen mit weißen Binden an den Tergiten. Bauchbürste weiß, am Ende schwarz. Vorderrand des Clypeus mit einer kleinen Spitze. Im Feld nicht sicher von kleinen *Megachile*-Arten mit weiß-schwarzer Bauchbürste unterscheidbar.
**Pollenquellen:** polylektisch, deutliche Vorliebe für Korbblütler (Asteraceae), insbesondere Disteln und Flockenblumen
**Nestbau:** nutzt Hohlräume (in Steilwänden, Holz und Pflanzenstängeln). Zellwände und Nestverschluss aus geschnittenen Blattstücken.
**Kuckucksbienen:** Kegelbienen *Coelioxys afra, C. brevis* und *C. rufocaudata*
**Lebensräume:** unterschiedliche Trockenstandorte
**Verbreitung:** Nachbarländer: DE, CH, IT, SL, HU, SK, CZ; Österreich: B, K, N, St, T?, W
**Flugzeit:** VI–VIII
**Häufigkeit:** selten

## ***Megachile centuncularis*** (Linnaeus, 1758)
## Rosen-Blattschneiderbiene

**Kennzeichen:** 11–12 mm. Weibchen mit gelbbrauner Behaarung. Tergite mit schmalen Endbinden, die vorderen in der Mitte unterbrochen. Haare auf Tergit 6 stehen ab. Bauchbürste orangerot. Im Feld schwer von ähnlichen großen *Megachile*-Arten unterscheidbar.
**Pollenquellen:** polylektisch mit deutlicher Vorliebe für Korbblütler (Asteraceae) und Schmetterlingsblütler (Fabaceae)
**Nestbau:** nutzt Hohlräume im Totholz und hohlen Pflanzenstängeln. Zellwände und Nestverschluss aus geschnittenen Blattstücken.
**Kuckucksbienen:** Kegelbiene *Coelioxys inermis,* möglicherweise auch *C. elongata* und *C. mandibularis*

***Megachile circumcincta***
**Gebänderte Blattschneiderbiene, Weibchen (l., r.)**

***Megachile deceptoria***
**Salzsteppen-Blattschneiderbiene, Weibchen (l., r.)**

**Lebensräume:** Waldränder, Lichtungen, Ruderalstandorte, Magerrasen
**Verbreitung:** Nachbarländer: DE, CH, IT, SL, HU, SK, CZ; Österreich: alle Bundesländer
**Flugzeit:** V bis IX
**Häufigkeit:** mäßig häufig

### *Megachile circumcincta* (Kirby, 1802)
### Gebänderte Blattschneiderbiene

**Kennzeichen:** 11–13 mm. Weibchen mit langer gelbbrauner Behaarung. Tergite 1–3 mit gelbbrauner, Tergite 4–6 mit schwarzer Behaarung. Bauchbürste vorne orangerot, hinten schwarz. Im Feld schwer von ähnlichen *Megachile*-Arten unterscheidbar.
**Pollenquellen:** polylektisch mit deutlicher Vorliebe für Schmetterlingsblütler (Fabaceae)
**Nestbau:** nistet in selbst gegrabenen Gängen im Boden, aber auch in oberirdischen Hohlräumen. Zellwände aus geschnittenen Blattstücken.
**Kuckucksbienen:** Kegelbienen *Coelioxys mandibularis* und *C. quadridentata,* möglicherweise auch *C. elongata* und *C. rufescens*
**Lebensräume:** Waldränder, Lichtungen, Ruderalstandorte, Magerrasen
**Verbreitung:** Nachbarländer: DE, CH, IT, SL, HU, SK, CZ; Österreich: alle Bundesländer
**Flugzeit:** V–VIII
**Häufigkeit:** mäßig häufig

### *Megachile deceptoria* Pérez, 1890
### Salzsteppen-Blattschneiderbiene

**Kennzeichen:** 10–11 mm. Tergite des Weibchens mit schmalen hellen Endbinden, Tergit 6 mit anliegender weißer Behaarung. Bauchbürste vorne weiß, hinten schwarz. Im Feld nicht sicher von kleinen *Megachile*-Arten mit weißschwarzer Bauchbürste unterscheidbar.
**Pollenquellen:** polylektisch, deutliche

***Megachile ericetorum*** **Platterbsen-Mörtelbiene, Weibchen**

***Megachile flabellipes*** **Fächerfüßige Blattschneiderbiene, Weibchen**

***Megachile flabellipes*** **Fächerfüßige Blattschneiderbiene, Männchen**

Vorliebe für Schmetterlingsblütler (Fabaceae) und Korbblütler (Asteraceae)
**Nestbau:** nistet in selbst gegrabenen Gängen im Boden. Zellwände aus geschnittenen Blattstücken.
**Kuckucksbienen:** Kegelbiene *Coelioxys polycentris*
**Lebensräume:** unterschiedliche Salzstandorte
**Verbreitung:** Nachbarländer: IT, SL, HU, SK, CZ; Österreich: B
**Flugzeit:** VI–IX
**Häufigkeit:** sehr selten; in Mitteleuropa nur wenige Funde

## *Megachile ericetorum* LEPELETIER, 1841
## Platterbsen-Mörtelbiene

**Kennzeichen:** 13–15 mm. Tergite 2–5 des Weibchens mit breiten, nicht unterbrochenen Endbinden, Tergit 6 anliegend dunkel behaart. Bauchbürste goldgelb. Mandibeln mit zwei Zähnen an der Spitze. Im Feld dank dieser Merkmale und der bedeutenden Größe erkennbar.
**Pollenquellen:** oligolektisch, sammelt auf Schmetterlingsblütlern (Fabaceae)
**Nestbau:** nutzt bestehende Hohlräume im Boden, im Totholz oder in Pflanzenstängeln. Zellwände aus geschnittenen Blattstücken.
**Kuckucksbienen:** Kegelbiene *Coelioxys aurolimbata*
**Lebensräume:** unterschiedliche Trockenstandorte, Felssteppen
**Verbreitung:** Nachbarländer: DE, CH, IT, SL, HU, SK, CZ; Österreich: alle Bundesländer
**Flugzeit:** VI–VIII
**Häufigkeit:** mäßig häufig

## *Megachile flabellipes* PÉREZ, 1895
## Fächerfüßige Blattschneiderbiene

**Kennzeichen:** 9–10 mm. Tergite des Weibchens mit hellen, breiten Endbinden. Tergit 1 hell, Tergit 6 dunkel behaart. Bauchbürste vorne weiß, hinten (Sternite 5–6) schwarz. Gedrungener Körperbau. Im Feld nicht sicher von ähnlich kleinen *Megachile*-Arten unterscheidbar. Männchen mit gelbroten Vorderschenkeln und lang behaarten Vordertarsen.

**Pollenquellen:** oligolektisch, sammelt auf Korbblütlern, insbesondere Rispen-Flockenblumen (*Centaurea stoebe*)
**Nestbau:** nistet in selbst gegrabenen Gängen im Boden. Zellwände aus geschnittenen Blattstücken.
**Kuckucksbienen:** Kegelbiene *Coelioxys haemorrhoa*
**Lebensräume:** unterschiedliche Trockenstandorte, Felssteppen
**Verbreitung:** Nachbarländer: CH, IT, SL, HU, SK, CZ; Österreich: N, W
**Flugzeit:** VI–VIII
**Häufigkeit:** sehr selten; in Mitteleuropa nur wenige Funde

## *Megachile lagopoda* (Linnaeus, 1761) Wollfüßige Blattschneiderbiene

**Kennzeichen:** 15–17 mm. Thorax und Tergite des Weibchens im Vergleich zu anderen großen Arten nur kurz behaart, Tergite 2–5 mit schmalen Endbinden, Tergit 6 anliegend schwarz behaart. Bauchbürste rot, am Ende verdunkelt. Im Feld nicht sicher von ähnlich großen *Megachile*-Arten unterscheidbar (z.B. *Megachile maritima*).
**Pollenquellen:** polylektisch, deutliche Vorliebe für Korbblütler (Asteraceae)
**Nestbau:** nistet in selbst gegrabenen Gängen im Boden oder in vorhandenen Hohlräumen. Zellwände aus geschnittenen Blattstücken.
**Kuckucksbienen:** Kegelbiene *Coelioxys conoidea*
**Lebensräume:** unterschiedliche Trockenstandorte, Ruderalstandorte, Trockenwiesen
**Verbreitung:** Nachbarländer: DE, CH, IT, SL, HU, SK, CZ; Österreich: B, K, N, O?, S?, St, T, V, W
**Flugzeit:** VI–VIII
**Häufigkeit:** mäßig häufig

## *Megachile leachella* Curtis, 1828 Dünen-Blattschneiderbiene

**Synonym:** *Megachile dorsalis* Pérez, 1879
**Kennzeichen:** 8–10 mm. Tergite des Weibchens mit schmalen hellen Endbinden, Tergit 6 mit zwei hellen Flecken. Bauchbürste vorne weiß, letztes Sternit schwarz. Im Feld nicht sicher

***Megachile lagopoda*** **Wollfüßige Blattschneiderbiene, Weibchen**

***Megachile lagopoda*** **Wollfüßige Blattschneiderbiene, Männchen**

***Megachile leachella*** **Dünen-Blattschneiderbiene, Weibchen**

***Megachile ligniseca***
**Holz-Blattschneider-biene, Weibchen**

***Megachile ligniseca***
**Holz-Blattschneider-biene, Weibchen**

***Megachile maritima***
**Sand-Blattschneider-biene, Weibchen**

von *Megachile pilidens* unterscheidbar.
**Pollenquellen:** polylektisch, deutliche Vorliebe für Schmetterlingsblütler (Fabaceae)
**Nestbau:** nistet in selbst gegrabenen Gängen im Boden. Zellwände aus geschnittenen Blattstücken.
**Kuckucksbienen:** Kegelbienen *Coelioxys afra, C. brevis, C. mandibularis* und *C. quadridentata*
**Lebensräume:** unterschiedliche Sandstandorte
**Verbreitung:** Südeuropa, in Mitteleuropa nur wenige Funde; Nachbarländer: DE, CH, IT, SL, HU, SK, CZ; Österreich: B, K, N, O?, S?, St, W
**Flugzeit:** V–IX
**Häufigkeit:** selten

## ***Megachile ligniseca*** (Kirby, 1802)
## Holz-Blattschneiderbiene

**Kennzeichen:** 15–17 mm. Tergite 2–5 des Weibchens mit schmalen Endbinden, Tergit 6 anliegend schwarz behaart. Bauchbürste gelbbraun, am Ende (Sternite 5–6) verdunkelt. Im Feld nicht sicher von ähnlich großen *Megachile*-Arten unterscheidbar.
**Pollenquellen:** polylektisch mit deutlicher Vorliebe für den Klebrigen Salbei (*Salvia glutinosa*)
**Nestbau:** nistet in vorhandenen Hohlräumen im Totholz. Zellwände aus geschnittenen Blattstücken. Nestverschluss aus zerkauten Blättern.
**Kuckucksbienen:** Kegelbiene *Coelioxys alata*
**Lebensräume:** Auwälder, strukturreiche Waldränder, Lichtungen
**Verbreitung:** Nachbarländer: DE, CH, IT, SL, HU, SK, CZ; Österreich: alle Bundesländer
**Flugzeit:** VI–VIII
**Häufigkeit:** mäßig häufig

## ***Megachile maritima*** (Kirby, 1802)
## Sand-Blattschneiderbiene

**Kennzeichen:** 15–17 mm. Tergite 2–5 des Weibchens mit schmalen Endbinden. Bauchbürste vorne weißlich, in der Mitte rot, am Ende schwarz. Im Feld nicht sicher von ähnlichen *Mega-*

*chile*-Arten unterscheidbar.
**Pollenquellen:** polylektisch
**Nestbau:** nistet in selbst gegrabenen Gängen im Boden. Zellwände aus geschnittenen Blattstücken.
**Kuckucksbienen:** Kegelbiene *Coelioxys conoidea*
**Lebensräume:** Sandlebensräume, Brachen, Ruderalstandorte
**Verbreitung:** Nachbarländer: DE, CH, IT, SL, HU, SK, CZ; Österreich: B, K, N, O, St, V, W
**Flugzeit:** V–VIII
**Häufigkeit:** selten

### *Megachile melanopyga* Costa, 1863 Schwarzafter-Blattschneiderbiene

**Kennzeichen:** 11–12 mm. Tergite 2–5 des Weibchens mit breiten Endbinden. Bauchbürste vorne rot, hinten (Sternite 5–6) schwarz. Im Feld schwer von ähnlichen, mittelgroßen *Megachile*-Arten unterscheidbar.
**Pollenquellen:** polylektisch mit deutlicher Vorliebe für Korbblütler (Asteraceae)
**Nestbau:** nutzt bestehende Hohlräume im Totholz. Zellwände aus geschnittenen Blattstücken.
**Kuckucksbienen:** unbekannt
**Lebensräume:** unterschiedliche Trockenstandorte, Brachen, Ruderalstandorte, Waldsäume
**Verbreitung:** Nachbarländer: DE, CH, IT, SL, HU, SK, CZ; Österreich: B, N, O, St, T, W
**Flugzeit:** VI–IX
**Häufigkeit:** selten

### *Megachile nigriventris* Schenck, 1870 Schwarzbürstige Blattschneiderbiene

**Kennzeichen:** 13–17 mm. Brustoberseite und Tergite 1–2 des Weibchens hellbrau behaart, Tergite 3–6 und Bauchbürste schwarz. Keine Tergitbinden. Weibchen im Feld von anderen *Megachile*-Arten gut unterscheidbar.
**Pollenquellen:** oligolektisch, sammelt auf Schmetterlingsblütlern (Fabaceae)
**Nestbau:** nutzt bestehende Hohlräume im Totholz. Zellwände aus geschnittenen Blattstücken.
**Kuckucksbienen:** Kegelbienen *Coeli-*

***Megachile melanopyga*** **Schwarzafter-Blattschneiderbiene, Weibchen**

***Megachile nigriventris*** **Schwarzbürstige Blattschneiderbiene, Weibchen**

***Megachile nigriventris*** **Schwarzbürstige Blattschneiderbiene, Weibchen**

***Megachile octosignata*** **Achtfleck-Blattschneiderbiene, Weibchen**

***Megachile parietina*** **Schwarze Mörtelbiene, Weibchen**

***Megachile parietina*** **Schwarze Mörtelbiene, Männchen**

*oxys lanceolata* und *C. elongata*
**Lebensräume:** Wälder, Waldsäume, Ruderalstandorte, Gärten; vom Tiefland bis in höhere Lagen
**Verbreitung:** Nachbarländer: DE, CH, IT, SL, HU, SK, CZ; Österreich: K, N, O, S, St, T, V
**Flugzeit:** VI bis IX
**Häufigkeit:** mäßig häufig

### *Megachile octosignata* NYLANDER, 1852
### Achtfleck-Blattschneiderbiene

**Kennzeichen:** 10–12 mm. Tergite 2–5 des Weibchens mit auffälligen dreieckigen, weißen Haarflecken. Im Feld von anderen *Megachile*-Arten gut unterscheidbar.
**Pollenquellen:** polylektisch mit einer Vorliebe für Korbblütler (Asteraceae) und Schmetterlingsblütler (Fabaceae)
**Nestbau:** nistet in vorhandenen oder selbst geschaffenen Hohlräumen. Zellwände aus geschnittenen Blattstücken.
**Kuckucksbienen:** unbekannt
**Lebensräume:** unterschiedliche Trocken- und Ruderalstandorte, Trockenwiesen
**Verbreitung:** Nachbarländer: IT, SL, HU, SK, CZ; Österreich: B, N, S?, St, W
**Flugzeit:** VI–IX
**Häufigkeit:** selten

### *Megachile parietina* (GEOFFROY, 1785)
### Schwarze Mörtelbiene

**Synonym:** *Chalicodoma muraria* auct. (nec RETZIUS, 1783).
**Kennzeichen:** 16–18 mm. Behaarung des Weibchens schwarz. Flügel verdunkelt. Bauchbürste innen rot, randlich schwarz behaart. Mandibeln vorne mit zwei Zähnen. Weibchen unverkennbar. Männchen mit rotbrauner Behaarung auf Thorax und Tergit 1–3.
**Pollenquellen:** polylektisch mit einer Vorliebe für Schmetterlingsblütler (Fabaceae) und Lippenblütler (Laminaceae)
**Nestbau:** mörtelt an Felsenstrukturen oder Gemäuern halbkugelförmige Nester. Mörtel besteht aus Sand, kleinen Steinchen und Speichelsekret.
**Kuckucksbienen und -wespen:** Düsterbiene *Stelis nasuta,* Zweizahnbiene *Di-*

*oxys cincta* und *D. tridentata,* Erzwespe *Leucospis gigas*
**Lebensräume:** unterschiedliche Trockenstandorte, Ruderalstandorte, Trockenwiesen
**Verbreitung:** Nachbarländer: DE, CH, IT, SL, HU, SK, CZ; Österreich: alle Bundesländer
**Flugzeit:** IV–VIII
**Häufigkeit:** selten

### *Megachile pilicrus* Morawitz, 1877
### Filzfleck-Blattschneiderbiene

**Kennzeichen:** 13–15 mm. Tergite mit breiten, in der Mitte verschmälerten Endbinden. Tergit 6 anliegend schwarz behaart. Bauchbürste rot, am Ende (Sternit 6) verdunkelt. Trochanter und Femur der Hinterbeine mit rotem Filzfleck. Durch dieses Merkmal im Feld sicher von anderen *Megachile*-Arten unterscheidbar.
**Pollenquellen:** oligolektisch, sammelt auf Korbblütlern (Asteraceae), insbesondere Disteln und Flockenblumen
**Nestbau:** nistet in vorhandenen Hohlräumen im Totholz oder in Pflanzenstängeln. Zellwände aus geschnittenen Blattstücken.
**Kuckucksbienen:** unterschiedliche Kegelbienen (*Coelioxys*)
**Lebensräume:** unterschiedliche Trockenstandorte, Ruderalstandorte, Trockenwiesen
**Verbreitung:** Nachbarländer: DE, CH, IT, SL, HU, SK, CZ; Österreich: B, K, N, St, T?, W
**Flugzeit:** VI–IX
**Häufigkeit:** mäßig häufig

### *Megachile pilidens* Alfken, 1924
### Filzzahn-Blattschneiderbiene

**Kennzeichen:** 8–10 mm. Tergite des Weibchens mit schmalen hellen Endbinden, Tergit 6 mit zwei hellen Flecken. Bauchbürste vorne weiß, letztes Sternit schwarz. Im Feld nicht sicher von *Megachile leachella* unterscheidbar.
**Pollenquellen:** polylektisch, deutliche Vorliebe für Schmetterlingsblütler (Fabaceae), Korbblütler (Asteraceae) u.a.
**Nestbau:** nistet in selbst gegrabenen

***Megachile pilicrus***
**Filzfleck-Blattschneiderbiene, Weibchen**

***Megachile pilidens***
**Filzzahn-Blattschneiderbiene, Weibchen**

***Megachile pilidens***
**Filzzahn-Blattschneiderbiene, Weibchen**

***Megachile rotundata***
**Luzerne-Blattschneiderbiene, Weibchen**

***Megachile sculpturalis***
**Asiatische Mörtelbiene, Weibchen**

***Megachile sculpturalis***
**Asiatische Mörtelbiene, Weibchen verschließt Nest mit Harz**

Gängen im Boden. Zellwände aus geschnittenen Blattstücken.
**Kuckucksbienen:** Kegelbienen *Coelioxys afra,* möglicherweise auch *C. brevis*
**Lebensräume:** unterschiedliche Trockenstandorte, Sandlebensräume, Magerrasen, Sandgruben
**Verbreitung:** Nachbarländer: DE, CH, IT, SL, HU, SK, CZ; Österreich: B, N, T, W
**Flugzeit:** V–IX, zumindest stellenweise in zwei Generationen
**Häufigkeit:** mäßig häufig

## *Megachile rotundata* (Fabricius, 1787) Luzerne-Blattschneiderbiene

**Kennzeichen:** 8–9 mm. Tergite des Weibchens mit schmalen weißen Endbinden. Vorderrand des Clypeus zweispitzig. Bauchbürste vorne weiß, hinten schwarz. Im Feld nicht sicher von kleinen *Megachile*-Arten mit weißschwarzer Bauchbürste unterscheidbar.
**Pollenquellen:** polylektisch
**Nestbau:** nistet in bestehenden Hohlräumen, oft auch in größeren Aggregationen. Nimmt auch künstliche Nisthilfen an. Zellwände aus geschnittenen Blattstücken.
**Kuckucksbienen:** Kegelbiene *Coelioxys echinata*
**Lebensräume:** unterschiedliche Trockenstandorte, Brachen, Sandgruben
**Verbreitung:** Nachbarländer: DE, CH, IT, SL, HU, SK, CZ; Österreich: B, K, N, O, S, St, W
**Flugzeit:** VI–VIII
**Häufigkeit:** mäßig häufig

## *Megachile sculpturalis* Smith, 1853 Asiatische Mörtelbiene

**Kennzeichen:** 25 mm. Aufgrund ihrer enormen Größe im Feld leicht erkennbar.
**Pollenquellen:** nutzt vorwiegend Bäume und Sträucher als Pollenquelle
**Nestbau:** nistet in bestehenden Hohlräumen. Stellt Nestverschluss aus einer Harzschicht her, die anschließend noch mit Lehm bedeckt wird.
**Lebensräume:** Siedlungen, Gärten
**Verbreitung:** Südostasien. Nachbarländer: DE, CH, IT; Österreich: W
**Flugzeit:** VII–VIII
**Häufigkeit:** Erstnachweis 2008 in

Europa (Frankreich), breitet sich seither rasch aus. 2017 erstmals in Wien festgestellt (Westrich 2017). Vermutlich durch Holzpaletten verschleppt.

### *Megachile versicolor* Smith, 1844
### Bunte Blattschneiderbiene

**Kennzeichen:** 11–12 mm. Tergite 2–5 des Weibchens mit schmalen Endbinden, die vorderen unterbrochen. Tergit 6 anliegend schwarz behaart. Bauchbürste orangerot, Sternit 5 teilweise, Sternit 6 ganz schwarz. Im Feld nicht sicher von ähnlichen, mittelgroßen *Megachile*-Arten unterscheidbar.
**Pollenquellen:** polylektisch
**Nestbau:** nistet in bestehenden Hohlräumen im Totholz und hohlen Pflanzenstängeln. Zellwände aus geschnittenen Blattstücken. Nestverschluss aus zerkauten Blattstücken.
**Kuckucksbienen:** Kegelbiene *Coelioxys inermis*
**Lebensräume:** unterschiedliche Trockenstandorte, Ruderalstandorte, Magerwiesen
**Verbreitung:** Nachbarländer: IT, SL, HU, SK, CZ; Österreich: B, K, N, O, St, T, W
**Flugzeit:** IV–IX
**Häufigkeit:** mäßig häufig

### *Megachile willughbiella* (Kirby, 1802)
### Garten-Blattschneiderbiene

**Kennzeichen:** 12–15 mm. Tergite 1–3 des Weibchens hellbraun, Tergite 4–6 schwarz behaart. Bauchbürste rot, auf den Sterniten 5–6 schwarz. Im Feld nicht sicher von *Megachile lagopoda* unterscheidbar.
**Pollenquellen:** polylektisch
**Nestbau:** nistet in vorhandenen oder selbst geschaffenen Hohlräumen. Zellwände aus geschnittenen Blattstücken u.a. von Rosen.
**Kuckucksbienen:** Kegelbienen *Coelioxys quadridentata* und *C. elongata*
**Lebensräume:** unterschiedliche Trockenstandorte, Ruderalstandorte, Magerwiesen
**Verbreitung:** Nachbarländer: IT, SL, HU, SK, CZ; Österreich: alle Bundesländer
**Flugzeit:** VI–IX
**Häufigkeit:** häufig

***Megachile versicolor***
**Bunte Blattschneiderbiene, Weibchen**

***Megachile willughbiella***
**Garten-Blattschneiderbiene, Weibchen**

***Megachile willughbiella***
**Garten-Blattschneiderbiene, Männchen**

***Melecta albifrons***
**Gewöhnliche Trauerbiene, Weibchen**

## *MELECTA* TRAUERBIENEN

**Kennzeichen:** Mittelgroße Bienen. Körper schwarz, mit gelbbrauner oder weißer Behaarung, die teilweise dichte Haarflecken bildet. Scutellum abgerundet, mit zwei auffälligen, nach hinten gerichteten Dornen. Vorderflügel mit drei Cubitalzellen. Radialzelle oval. Bestimmung: Scheuchl (2000), Amiet & al. (2007)

In Österreich 2 (3?) Arten (DE: 2, CH: 3)

**Biologie:** Trauerbienen sind die Kuckucksbienen von Pelzbienen (*Anthophora* sowie *Habropoda*). Sie legen ihre Eier in bereits verschlossene Zellen der Wirte. Nach der Eiablage wird die Zelle wieder verschlossen. Es kommt auch vor, dass fertige Nester wieder aufgegraben werden. Nur eine Generation pro Jahr, die je nach Art im Frühling oder Sommer aktiv ist.

### *Melecta albifrons* (Foerster, 1771) Gewöhnliche Trauerbiene

**Kennzeichen:** 13–15 mm. Beim Weibchen ist der Metatarsus der Hinterbeine leicht gekrümmt, Behaarung braun und schmutzig weiß.
**Wirte:** Hauptwirt ist die Pelzbiene *Anthophora plumipes,* weitere Wirte sind *A. plagiata* und *A. fulvitarsis*, in der Literatur werden auch *A. retusa, A. aestivalis* und *A. crinipes* genannt.
**Lebensräume:** Sand- und Kiesgruben, Lösshohlwege, Steilwände, Erdabbrüche, Waldsäume, Gärten
**Verbreitung:** Nachbarländer: DE, CH, IT, SL, HU, SK, CZ; Österreich: alle Bundesländer
**Flugzeit:** III–VII
**Häufigkeit:** mäßig häufig, häufigste *Melecta*-Art

***Melecta luctuosa***
**Pracht-Trauerbiene,**
**Männchen (l.)**
**Weibchen (r.)**

***Melecta obscura***
**Dunkle Trauerbiene,**
**Weibchen (l.o, l.u., r.)**

## *Melecta luctuosa* (Scopoli, 1770)
## Pracht-Trauerbiene

Kennzeichen: 11–13 mm. Beim Weibchen ist der Metatarsus der Hinterbeine gerade, Behaarung schwarz und weiß.
Wirte: Hauptwirt ist die Pelzbiene *Anthophora aestivalis,* weitere Wirte sind *A. crinipes, A. plagiata* und *A. retusa*.
Lebensräume: Sand- und Kiesgruben, Lösshohlwege, Steilwände, Erdabbrüche, Waldsäume
Verbreitung: Nachbarländer: DE, CH, IT, SL, HU, SK, CZ; Österreich: alle Bundesländer, das Vorkommen in S ist jedoch fraglich
Flugzeit: IV–VII
Häufigkeit: selten

## *Melecta obscura* Friese, 1895
## Dunkle Trauerbiene

Synonym: *Eupavlovskia obscura*
Kennzeichen: 13–15 mm. Ähnlich wie *Melecta luctuosa*, Vorderrand des Thorax aber mit einem durchgängigen, klar umgrenzten, weißen Haarband.
Wirte: *Habropoda zonatula* und *H. tarsata* (Anthophorini)
Lebensräume: in Südeuropa an unterschiedlichen Trockenstandorten, oft im Bereich von Steilwänden und Erdabbrüchen
Verbreitung: in Mitteleuropa nur wenige Funde; Nachbarländer: IT, SL; Österreich: W; nur ein fraglicher Nachweis, der zudem viele Jahrzehnte zurückliegt (Zettel & al. 2015)
Flugzeit: IV–VI
Häufigkeit: sehr selten

***Melitta dimidiata***
**Esparsetten-Sägehornbiene, Weibchen**

## *MELITTA*
## SÄGEHORNBIENEN

**Kennzeichen:** Mittelgroße Bienen. Tergite meist mit hellen Haarbinden. Fühler am Ende abgestutzt. Vorderflügel mit drei Cubitalzellen, von denen die erste die größte und die zweite die kleinste ist. Radialzelle zugespitzt, Spitze am Flügelrand liegend. Klauenglied breiter als das vorhergehende Fußglied. Sehr ähnlich der Gattung *Andrena*, doch die Weibchen ohne Filzflecken zwischen den Augen (Foveae facialis) und ohne auffällige Haarlocken auf den Hinterbienen. Die Fühlerglieder der Männchen sind am Ende oder in der Mitte oft etwas verdickt, daher der Name „Sägehornbiene". Achtes Sternit stempelförmig mit flacher, von hinten gut sichtbarer Endplatte. Bestimmung: Scheuchl (2006), Amiet & al. (2007)

In Österreich 6 Arten (DE: 6, CH: 5)

**Biologie:** Sägehornbienen nisten im Boden. Alle heimischen Arten sind beim Pollensammeln auf bestimmte Pflanzenfamilien spezialisiert. Sägehornbienen sind vorwiegend in den Sommermonaten aktiv und haben nur eine Generation pro Jahr. Als Kuckucksbienen treten Wespenbienen (*Nomada*) auf.

***Melitta dimidiata***
**Esparsetten-Sägehornbiene, Männchen (l.) Weibchen (r.)**

***Melitta haemorrhoidalis***
**Glockenblumen-Sägehornbiene, Männchen (l.) Weibchen (r.)**

### *Melitta dimidiata* Morawitz, 1875
### Esparsetten-Sägehornbiene

Kennzeichen: 11–13 mm. Weibchen mit schmalen Hinterleibsbinden und schwarzer Endfranse. Durch den spezialisierten Blütenbesuch im Feld erkennbar.
Pollenquellen: oligolektisch, sammelt auf Schmetterlingsblütlern (Fabaceae), insbesondere auf Esparsette (*Onobrychis*)
Nestbau: errichtet die Nester an offenen Bodenstellen
Kuckucksbienen: unbekannt
Lebensräume: unterschiedliche Trockenstandorte, Magerrasen, thermophile Waldsäume
Verbreitung: Nachbarländer: DE, CH, IT, SL, HU, SK, CS; Österreich: B, N, O, W
Flugzeit: IV–VII
Häufigkeit: sehr selten

### *Melitta haemorrhoidalis* (Fabricius, 1775)
### Glockenblumen-Sägehornbiene

Kennzeichen: 11–13 mm. Weibchen mit sehr schmalen Hinterleibsbinden und rotbrauner Endfranse. Durch den spezialisierten Blütenbesuch im Feld erkennbar (die ebenfalls auf Glockenblumen spezialisierte, nah verwandte Art *Melitta melanura* ist sehr selten).
Pollenquellen: oligolektisch, sammelt auf Glockenblumen (*Campanula*)
Nestbau: errichtet die Nester an offenen Bodenstellen
Kuckucksbienen: Wespenbienen *Nomada emerginata* und *N. flavopicta*
Lebensräume: sonnenexponierte Waldsäume, Magerrasen, Gärten
Verbreitung: Nachbarländer: DE, CH, IT, SL, HU, SK, CS; Österreich: alle Bundesländer
Flugzeit: VI–IX
Häufigkeit: mäßig häufig

***Melitta leporina***
**Luzerne-Säge-hornbiene, Weibchen (l.) Männchen (r.)**

***Melitta melanura***
**Östliche Sägehornbiene, Männchen (l., r.)**

### *Melitta leporina* (Panzer, 1799) Luzerne-Sägehornbiene

**Kennzeichen:** 11–12 mm. Weibchen mit sehr breiten, gelbbraun gefärbten Hinterleibsbinden. Durch den spezialisierten Blütenbesuch im Feld erkennbar.
**Pollenquellen:** oligolektisch, sammelt auf Schmetterlingsblütlern (Fabaceae)
**Nestbau:** errichtet die Nester an offenen Bodenstellen
**Kuckucksbienen:** Wespenbiene *Nomada flavopicta*
**Lebensräume:** unterschiedliche Trockenstandorte, Magerrasen, thermophile Waldsäume, Wegränder, Gärten
**Verbreitung:** Nachbarländer: DE, CH, IT, SL, HU, SK, CS; Österreich: B, K, N, O, St, T, V, W
**Flugzeit:** VI–IX
**Häufigkeit:** mäßig häufig

### *Melitta melanura* (Nylander, 1852) Östliche Sägehornbiene

**Synonym:** *Melitta wankowiczi* (Radoszkowski, 1891)
**Kennzeichen:** 13–14 mm. Weibchen mit stark aufgewölbtem Postscutellum. Endfranse in der Mitte schwarz. Männchen mit glänzendem, hinten abgeflachtem Scutellum (auf einer Ebene mit Beginn des Postscutellum). Im Feld nicht sicher von *M. haemorrhoidalis* unterscheidbar.
**Pollenquellen:** oligolektisch, sammelt auf Glockenblumen (*Campanula*), insbesondere auf der Steppen-Glockenblume (*Campanula sibirica*)
**Nestbau:** errichtet die Nester an offenen Bodenstellen
**Kuckucksbienen:** unbekannt
**Lebensräume:** Steppen
**Verbreitung:** Nachbarländer: DE, HU, SK, CS; Österreich: N
**Flugzeit:** VI–IX
**Häufigkeit:** sehr selten; nur wenige Funde in Mitteleuropa

***Melitta nigricans***
**Blutweiderich-Sägehornbiene, Männchen (l.) Weibchen (r.)**

***Melitta tricincta***
**Zahntrost-Sägehornbiene, Männchen (l.) Weibchen (r.)**

## *Melitta nigricans* Alfken, 1905
## Blutweiderich-Sägehornbiene

Kennzeichen: 11–12 mm. Weibchen mit schmalen, weiß gefärbten Hinterleibsbinden, Behaarung von Thoraxoberseite dunkel. Durch den spezialisierten Blütenbesuch im Feld erkennbar.
Pollenquellen: oligolektisch, sammelt auf Blutweiderich (*Lythrum*)
Nestbau: errichtet die Nester an offenen Bodenstellen
Kuckucksbienen: Wespenbiene *Nomada flavopicta*
Lebensräume: unterschiedliche Feuchtgebiete, Fließgewässer, Auwiesen
Verbreitung: Nachbarländer: DE, CH, IT, SL, HU, SK, CS; Österreich: B, K, N, O, St, T?, V, W
Flugzeit: VI–VIII
Häufigkeit: mäßig häufig

## *Melitta tricincta* Kirby, 1802
## Zahntrost-Sägehornbiene

Kennzeichen: 11–12 mm. Weibchen mit schmalen, weiß gefärbten Hinterleibsbinden, Behaarung von Thoraxoberseite hell, nur mit einzelnen dunklen Haaren vermischt. Durch den spezialisierten Blütenbesuch im Feld erkennbar.
Pollenquellen: oligolektisch, sammelt auf Zahntrost (*Odontites vulgaris* und *O. lutea*)
Nestbau: errichtet die Nester an offenen Bodenstellen
Kuckucksbienen: Wespenbiene *Nomada flavopicta*
Lebensräume: unterschiedliche Trockenstandorte, Magerrasen, Salzwiesen, Feuchtwiesen
Verbreitung: Nachbarländer: DE, CH, IT, SL, HU, SK, CS; Österreich: B, K, N, O, St, T, V, W
Flugzeit: VIII–IX
Häufigkeit: selten

***Melitturga clavicornis*** **Luzerne-Schwebebiene, Weibchen**

***Melitturga clavicornis*** **Luzerne-Schwebebiene, Männchen (l., r.)**

## *MELITTURGA*
## SCHWEBEBIENEN

**Kennzeichen:** Mittelgroße, robuste Bienen. Vorderflügel mit drei Cubitalzellen. Radialzelle am Ende abgestutzt. Fühler kurz, keulenförmig. Die Endränder der Tergite sind stufig abgesetzt. Weibchen mit dicht behaarter Endfranse am Abdomen. Hinterbeine mit lang behaarter Sammelbürste an den Tibien. Männchen mit keulenförmigen Fühlern, gelb geflecktem Clypeus und großen, oben fast zusammenstoßenden Augen. Körper dicht und lang behaart. Bestimmung: Schmid-Egger & Scheuchl (1997), Amiet & al. (2010)

In Österreich 2 Arten (DE: 1, CH: 1)

**Biologie:** Die Nester werden in selbst gegrabenen Gängen im Boden angelegt. Die Zellen liegen fünf bis 35 cm tief einzeln am Ende von Seitengängen, die rechtwinklig vom Hauptgang abzweigen. Die Männchen schweben auf der Suche nach paarungswilligen Weibchen oft über den Nistplätzen. Kuckucksbiene ist die Steppenglanzbiene (*Ammobatoides*).

### *Melitturga clavicornis* (Latreille, 1806)
### Luzerne-Schwebebiene

**Kennzeichen:** 13–15 mm. Das Weibchen mit keulenförmig verdickten Fühlern und weißem Feld am Kopfschild ist im Feld erkennbar. Das Weibchen der Schwesternart *Melitturga praestrans* ist am Kopfschild schwarz. Das Männchen mit großen Augen und keulig verdickten Fühlern unverkennbar.
**Pollenquellen:** oligolektisch, sammelt auf Schmetterlingsblütlern (Fabaceae) wie Tragant (*Astragalus*), Esparsette (*Onobrychis*) und Luzerne (*Medicago sativa*)
**Nestbau:** siehe oben
**Kuckucksbienen:** Steppenglanzbiene *Ammobatoides abdominalis*
**Lebensräume:** unterschiedliche Trockenstandorte, Lössgebiete
**Verbreitung:** Nachbarländer: DE, CH, IT, SL, HU, SK, CS; Österreich: B, N, W
**Flugzeit:** VI–VIII
**Häufigkeit:** sehr selten

***Nomada rostrata***
**Schnauzen-Wespenbiene, Weibchen**

## *NOMADA* WESPENBIENEN

Kennzeichen: Kleine bis große Bienen. Körper gelb-schwarz, rot-schwarz oder gelb-rot-schwarz gefärbt. Hinterleib weitgehend kahl. Vorderflügel mit drei Cubitalzellen. Radialzelle zugespitzt, ihre Spitze am Flügelrand anliegend. Basalader gerade. Die Weibchen haben am Endrand des fünften Tergits eine samtartige Haarbinde. Keine Sammelhaare. Bei den Männchen ist das zweite Fühlerglied zum Teil oder ganz im Schaft versenkt. Bestimmung: Scheuchl (2000), Amiet & al. (2007)

In Österreich 81 Arten (DE: 69, CH: 73). Da es viele sehr ähnlich aussehende Arten gibt, die im Feld meist nicht bestimmbar sind, werden im Folgenden nur wenige Spezies vorgestellt.

Biologie: Wespenbienen sind Kuckucksbienen. Die meisten Arten parasitieren bei Sandbienen (*Andrena*), einige auch bei Langhornbienen (*Eucera*), Furchenbienen (*Lasioglossum*), Sägehornbienen (*Melitta*) oder Zottelbienen (*Panurgus*). Viele haben nur eine Wirtsart. Die meisten *Nomada*-Arten kommen entsprechend der Biologie ihrer Wirte nur in einer Generation vor, die je nach Art im Frühling oder Sommer aktiv ist. Die Weibchen suchen im langsamen Schwebeflug nach den Nestern ihrer Wirtsbienen. Aufgrund ihrer Tarnung mit Duftstoffen reagieren die Wirtsarten nicht aggressiv auf das Erscheinen von Wespenbienen.

***Nomada alboguttata***
**Weißfleckige Wespenbiene, Weibchen**

### *Nomada alboguttata* Herrich-Schäffer, 1839
**Weißfleckige Wespenbiene**

**Kennzeichen:** Weibchen 6–10 mm. Körper rot und schwarz gefärbt, auf den Tergiten mit gelben bzw. weißen Flecken. Im Feld nicht von mehreren ähnlichen *Nomada*-Arten unterscheidbar.
**Lebensräume:** Flussauen, Sandgruben, Sandlebensräume.
**Wirte:** Sandbienen *Andrena barbilabris* und *A. ventralis*
**Verbreitung:** Nachbarländer: DE, CH, IT, SL, HU, SK, CZ; Österreich: alle Bundesländer
**Flugzeit:** IV–V
**Häufigkeit:** mäßig häufig

***Nomada argentata***
**Silberhaarige Wespenbiene, Weibchen**

### *Nomada argentata* Herrich-Schäffer, 1839
**Silberhaarige Wespenbiene**

**Kennzeichen:** Weibchen 7–9 mm. Kopf und Thorax schwarz mit roter Zeichnung. Tergite vorwiegend rot. Labrum schwarz, in der Mitte mit einem Zähnchen. Im Feld nicht von mehreren ähnlichen *Nomada*-Arten unterscheidbar.
**Lebensräume:** Trockenstandorte, Magerrasen, extensiv genutztes Grünland; besucht zum Nektartrinken häufig Skabiosen (*Scabiosa*)
**Wirte:** Sandbiene *Andrena marginata*
**Verbreitung:** Nachbarländer: DE, CH, IT, SL, HU, SK, CZ; Österreich: B, K, N, O, St, T, V, W
**Flugzeit:** VI–IX
**Häufigkeit:** selten

***Nomada armata***
**Bedornte Wespenbiene, Weibchen**

### *Nomada armata* Herrich-Schäffer, 1839
**Bedornte Wespenbiene**

**Kennzeichen:** Weibchen 10–12 mm. Kopf und Thorax schwarz mit roter Zeichnung. Tergite vorwiegend rot. Labrum schwarz, an der Basis mit einer unpunktierten Zone, in der Mitte mit einem kräftigen Zahn. Im Feld nicht von mehreren ähnlichen *Nomada*-Arten unterscheidbar.
**Lebensräume:** Trockenstandorte, Magerrasen, extensiv genutztes Grünland; besucht zum Nektartrinken häufig Witwenblumen (*Knautia*) und Skabiosen (*Scabiosa*)

**Wirte:** Sandbiene *Andrena hattorfiana*
**Verbreitung:** Nachbarländer: DE, CH, IT, SL, HU, SK, CZ; Österreich: B, K, N, O, S?, St, T, V, W
**Flugzeit:** VI–IX
**Häufigkeit:** selten

## *Nomada bifasciata* Olivier, 1811
## Rotbäuchige Wespenbiene

**Kennzeichen:** Weibchen 10–12 mm. Thorax schwarz und mit gelber Zeichnung. Tergit 1 an der Basis schwarz, hinten rot gezeichnet, ab Tergit 2 an der Basis schwarz, hinten gelb gefärbt. Im Feld nicht von *Nomada furcata* unterscheidbar.
**Lebensräume:** weites Lebensraumspektrum, Auen, Extensivgrünland, Brachen, Gärten, Parks
**Wirte:** Sandbiene *Andrena gravida*
**Verbreitung:** Nachbarländer: DE, CH, IT, SL, HU, SK, CZ; Österreich: alle Bundesländer
**Flugzeit:** III–VI
**Häufigkeit:** häufig

## *Nomada fabriciana* (Linnaeus, 1767)
## Rotschwarze Wespenbiene

**Kennzeichen:** Weibchen 7–11 mm. Schlanker Körperbau. Kopf und Thorax schwarz, manchmal Mandibeln, Wangen, Calli und Scutellum rot gezeichnet. Tergite hell- bis dunkelrot, die Basis von Tergit 1 schwarz, Tergit 2 manchmal mit gelben Flecken. Letztes Fühlerglied rötlich bzw. gelblich. Im Feld von anderen *Nomada*-Arten unterscheidbar.
**Lebensräume:** Flussauen, Sandgruben, Sandlebensräume
**Wirte:** Sandbienen *Andrena bicolor*, *A. chrysosceles* und *A. angustior*
**Verbreitung:** Nachbarländer: DE, CH, IT, SL, HU, SK, CZ; Österreich: alle Bundesländer
**Flugzeit:** III–VIII
**Häufigkeit:** mäßig häufig

## *Nomada flavopicta* (Kirby 1802)
## Greiskraut-Wespenbiene

**Kennzeichen:** Weibchen 8–11 mm. Kopf schwarz mit rötlicher Zeichnung.

***Nomada bifasciata***
**Rotbäuchige Wespenbiene, Weibchen**

***Nomada fabriciana***
**Rotschwarze Wespenbiene Weibchen**

***Nomada flavopicta***
**Greiskraut-Wespenbiene Weibchen**

***Nomada flavopicta***
**Greiskraut-Wespenbiene Männchen**

Thorax und Abdomen schwarz mit gelben Flecken. Labrum rötlich mit kräftigen Zähnchen. Im Feld nicht von ähnlichen *Nomada*-Arten unterscheidbar.
**Lebensräume:** Waldränder, Magerwiesen, Extensivgrünland, Brachen, Gärten, Trockenstandorte
**Wirte:** Sägehornbienen *Melitta leporina, M. haemorrhoidalis* und *M. tricincta*
**Verbreitung:** Nachbarländer: DE, CH, IT, SL, HU, SK, CZ; Österreich: alle Bundesländer
**Flugzeit:** V–X
**Häufigkeit:** mäßig häufig

## *Nomada fucata* Panzer, 1798
## Gewöhnliche Wespenbiene

***Nomada fucata***
**Gewöhnliche Wespenbiene, Weibchen**

**Kennzeichen:** Weibchen 8–10 mm. Thorax schwarz und mit gelber Zeichnung. Scutellum mit einem gelben Punkt. Tergite an der Basis und am Endrand schwarz, dazwischen gelb. Tergit 1 schwarz-rot-schwarz gebändert. Im Feld nicht von *Nomada bifasciata* unterscheidbar.
**Lebensräume:** weites Lebensraumspektrum, Auen, Extensivgrünland, Brachen, Gärten, Parks
**Wirte:** Sandbiene *Andrena flavipes*
**Verbreitung:** Nachbarländer: DE, CH, IT, SL, HU, SK, CZ; Österreich: alle Bundesländer
**Flugzeit:** IV–VIII, zwei Generationen
**Häufigkeit:** häufig

## *Nomada goodeniana* (Kirby 1802)
## Feld-Wespenbiene

***Nomada goodeniana***
**Feld-Wespenbiene, Weibchen**

**Kennzeichen:** Weibchen 8–10 mm. Thorax schwarz, mit gelber Zeichnung. Scutellum mit zwei gelben Flecken. Tergite an der Basis und am Endrand schwarz, dazwischen gelb. Tergit 1 schwarz-rot-schwarz gebändert. Im Feld nicht von *Nomada succincta* unterscheidbar.
**Wirte:** *Andrena nigroaenea, A. thoracica, A. nitida, A. cineraria, A. tibialis* und eventuell *A. jacobi*
**Verbreitung:** Nachbarländer: DE, CH, IT, SL, HU, SK, CZ; Österreich: alle Bundesländer
**Flugzeit:** III–VI
**Häufigkeit:** häufig

### *Nomada guttulata* Schenck, 1861
### Stumpfdorn-Wespenbiene

**Kennzeichen:** Weibchen 7–9 mm. Mandeln, Labrum, Clypeus, Nebengesicht und Fühler rot. Thorax schwarz mit zwei bis vier roten Längsstreifen, rot sind zudem Tegulae, Scutellum, Postscutellum. Im Feld nicht von ähnlichen Nomada-Arten unterscheidbar. Tergite 2–5 rot mit gelben Seitenflecken. Im Feld nicht sicher von ähnlichen *Nomada*-Arten unterscheidbar.
**Lebensräume:** unterschiedliche Trockenstandorte, Magerwiesen, Waldränder
**Wirte:** Sandbiene *Andrena labiata* und *A. potentillae*
**Verbreitung:** Nachbarländer: DE, CH, IT, SL, HU, SK, CZ; Österreich: B, N, O, S, St, W, T
**Flugzeit:** IV–VII
**Häufigkeit:** selten

***Nomada guttulata***
**Stumpfdorn-Wespenbiene, Männchen**

### *Nomada kohli* Schmiedeknecht, 1882
### Kohls Wespenbiene

**Kennzeichen:** Weibchen 6–7 mm. Im Feld nicht von kleinen, ähnlich gefärbten *Nomada*-Arten unterscheidbar.
**Lebensräume:** unterschiedliche Trockenstandorte, Magerwiesen, Waldränder
**Wirte:** Schmalbiene *Lasioglossum puncticolle*
**Verbreitung:** Nachbarländer: DE, CH, IT, SL, HU, SK, CZ; Österreich: B, N
**Flugzeit:** V–VIII, partiell zwei Generationen
**Häufigkeit:** selten

***Nomada kohli***
**Kohls Wespenbiene, Weibchen (l.) Männchen (r.)**

### *Nomada lathburiana* (Kirby, 1802)
### Rothaarige Wespenbiene

**Kennzeichen:** Weibchen 10–13 mm. Kopf schwarz, Mandibeln, Labrum, Clypeus, Augenumrandung und Fühler rötlichgelb. Thorax schwarz, mit roten bzw. rötlichgelben Flecken auf Pronotum, Calli, Tegulae, Scutellum. Tergite 2–5 gelb gebändert, Endränder dunkel(rot). Im Feld nicht von ähnlich gezeichneten Nomada-Arten unterscheidbar.
**Lebensräume:** breites Lebensraum-

***Nomada lathburiana***
**Rothaarige Wespenbiene, Weibchen**

**Nomada nobilis**
**Edle Wespenbiene, Weibchen**

**Nomada panzeri**
**Panzers Wespenbiene, Weibchen**

**Nomada rostrata**
**Schnauzen-Wespenbiene, Weibchen**

spektrum; Magerwiesen, Auen, Parks, Gärten, Siedlungen u.a.
**Wirte:** Sandbienen *Andrena barbareae, A. vaga, A, danuvia* und *A. cineraria*
**Verbreitung:** Nachbarländer: DE, CH, IT, SL, HU, SK, CZ; Österreich: B, N, O, S, St, T, V, W
**Flugzeit:** III–VI, in den Vorkommensgebieten von *A. barbareae* mit einer zweiten Generation VI–VIII
**Häufigkeit:** häufig

## *Nomada nobilis* Herrich-Schäffer, 1839
## Edle Wespenbiene

**Kennzeichen:** Weibchen 11–13 mm. Kopf und Thorax schwarz mit gelber Zeichnung. Tergite mit gelben Binden, die vorderen in der Mitte unterbrochen. Labrum gelb. Scutellum mit einem gelben Fleck. Im Feld nicht von einigen großen *Nomada*-Arten unterscheidbar.
**Lebensräume:** Trockenstandorte, Sand- und Lösslebensräume, Magerrasen
**Wirte:** Langhornbiene *Eucera interrupta*
**Verbreitung:** Nachbarländer: DE, CH, IT, SL, HU, SK, CZ; Österreich: N
**Flugzeit:** V–VI
**Häufigkeit:** selten

## *Nomada panzeri* Herrich-Schäffer, 1839
## Schnauzen-Wespenbiene

**Kennzeichen:** Weibchen 9–12 mm. Kopf und Thorax schwarz mit roter Zeichnung. Tergite vorwiegend rot, an der Basis schwarz, seitlich an den Tergiten 2–3 mit gelben Flecken. Im Feld nicht von einigen ähnlichen *Nomada*-Arten unterscheidbar.
**Lebensräume:** weites Lebensraumspektrum; vom Tiefland bis in höhere Lagen
**Wirte:** Sandbienen *Andrena fucata, A. fulva, A. helvola, A. lapponica, A. synadelpha und A. varians*
**Verbreitung:** Nachbarländer: DE, CH, IT, SL, HU, SK, CZ; Österreich: alle Bundesländer
**Flugzeit:** III–VIII, zwei Generationen
**Häufigkeit:** sehr selten

### *Nomada rostrata* Herrich-Schäffer, 1839
### Schnauzen-Wespenbiene

**Kennzeichen:** Weibchen 12–13 mm. Kopf und Thorax schwarz mit roter Zeichnung. Tergite vorwiegend rot, an der Basis schwarz, seitlich an den Tergiten 2–4 mit gelben Flecken. Clypeus stark vorgezogen. Im Feld von anderen *Nomada*-Arten unterscheidbar.
**Lebensräume:** Sand- und Lösslebensräume, Magerwiesen; besucht zum Nektartrinken häufig Ochsenzunge (*Anchusa*).
**Wirte:** Sandbiene *Andrena nasuta*
**Verbreitung:** Nachbarländer: DE, HU, SK, CZ; Österreich: K, N, W
**Flugzeit:** V–VI
**Häufigkeit:** sehr selten

### *Nomada rufipes* Fabricius, 1793
### Heide-Wespenbiene

**Kennzeichen:** Weibchen 7–9 mm. Kopf schwarz mit roter oder rötlichgelber Zeichnung. Thorax und Abdomen schwarz mit gelben oder weißen Flecken. Labrum rot oder rötlichgelb. Weitgehend unbehaart. Aufgrund des speziellen Lebensraums und der späten Flugzeit im Feld erkennbar.
**Lebensräume:** lichte Wälder, Heidelandschaften, Silikattrockenrasen; besucht zum Nektartrinken häufig Heidekraut (*Calluna*)
**Wirte:** Sandbienen *Andrena fuscipes* und *A. simillima*, vermutlich auch *A. denticulata*
**Verbreitung:** Nachbarländer: DE, CH, IT, SL, HU, SK, CZ; Österreich: alle Bundesländer
**Flugzeit:** VII–IX
**Häufigkeit:** selten

### *Nomada sexfasciata* Panzer, 1799
### Langkopf-Wespenbiene

**Kennzeichen:** Weibchen 11–14 mm. Kopf und Thorax schwarz mit gelber Zeichnung. Tergite schwarz, 1–3 mit gelben Flecken, 4–5 mit gelben Binden. Clypeus stark vorgezogen.
**Lebensräume:** unterschiedliche Trockenstandorte, Magerwiesen, Waldränder, Ruderalflächen

***Nomada rufipes***
**Heide-Wespenbiene, Weibchen**

***Nomada sexfasciata***
**Langkopf-Wespenbiene, Weibchen**

***Nomada sexfasciata***
**Langkopf-Wespenbiene, Weibchen**

***Nomada succincta***
**Gegürtete Wespenbiene, Weibchen**

***Nomada trispinosa***
**Dreidornige Wespenbiene, Weibchen**

***Nomada trispinosa***
**Dreidornige Wespenbiene, Weibchen**

**Wirte:** Langhornbienen *Eucera longicornis* und *E. nigrescens*, vermutlich auch *E. interrupta*
**Verbreitung:** Nachbarländer: DE, CH, IT, SL, HU, SK, CZ; Österreich: alle Bundesländer
**Flugzeit:** IV–VI
**Häufigkeit:** mäßig häufig

## ***Nomada succincta*** Panzer, 1798
## **Gegürtete Wespenbiene**

**Kennzeichen:** Weibchen 12–14 mm. Thorax schwarz, mit gelben Flecken auf Pronotum, Calli, Tegulae, und beiderseits am Scutellum. Thoraxseiten und Propodeum ebenfalls gelb gefleckt. Abdomen schwarz mit gelben Binden, die zum Teil sehr schmal sind. Tergit 1 rot mit gelben Seitenflecken und dunklem Endrand. Im Feld nicht von ähnlich gezeichneten *Nomada*-Arten unterscheidbar.
**Lebensräume:** breites Lebensraumspektrum
**Wirte:** Sandbienen *Andrena nigroaenea, A nitida, A. tibialis* und *A. thoracica*
**Verbreitung:** Nachbarländer: DE, CH, IT, SL, HU, SK, CZ; Österreich: alle Bundesländer
**Flugzeit:** III–VI
**Häufigkeit:** häufig

## ***Nomada trispinosa*** Schmiedeknecht, 1882
## **Dreidornige-Wespenbiene**

**Kennzeichen:** Weibchen 8–9 mm. Kopf und Thorax schwarz, mit langer, dichter, bräunlicher Behaarung. Unverkennbar sind die runden, schwarzen Dornen an den Hintertibien, die aber nur bei starker Vergrößerung sichtbar sind. Im Feld nicht von ähnlich gefärbten *Nomada*-Arten unterscheidbar.
**Lebensräume:** Mager- und Fettwiesen, Waldränder
**Wirte:** Sandbiene *Andrena taraxaci*
**Verbreitung:** Nachbarländer: SL, HU, SK, CZ; Österreich: B, N, O, St, W
**Flugzeit:** IV–VII
**Häufigkeit:** selten

***Nomioides minutissimus***
**Dünen-Steppenbiene, Weibchen**

## *NOMIOIDES* STEPPENBIENEN

**Kennzeichen:** Sehr kleine Bienen. Vorderflügel mit drei Cubitalzellen. Basalader deutlich gekrümmt. Kopf und Thorax bei den meisten Arten metallisch grün gefärbt, teilweise gelb gezeichnet. Hinterleib des Weibchens größtenteils gelb gefärbt, ohne Haarbinden. Bestimmung: Ebmer (1987), Amiet & al. (1999), Pesenko & Pauly (2005)

In Österreich 2 Arten (DE: 1, CH: 0)

**Biologie:** Steppenbienen nisten in selbst gegrabenen Bodennestern, die sie meist in Erdabbrüchen anlegen. Nach der Paarung überwintert das Weibchen und erscheint im Frühsommer. Vermutlich gibt es eine zweite Generation pro Jahr (Burger 2015). Steppenbienen sind polylektisch.

### *Nomioides minutissimus* (Rossi, 1790) Dünen-Steppenbiene

**Kennzeichen:** 3–4 mm. Kleinste heimische Bienenart! Beim Weibchen ist das Scutellum zur Gänze gelb. Im Feld aufgrund der geringen Größe und des angeführten Merkmals unverkennbar.
**Pollenquellen:** polylektisch
**Nestbau:** im Boden an schütter bewachsenen Standorten
**Lebensräume:** Sandstandorte mit Pioniercharakter
**Kuckucksbienen:** Blutbiene *Sphecodes nomioidis* (in Österreich noch nicht nachgewiesen)

***Nomioides minutissimus*** **Dünen-Steppenbiene, Weibchen (l.) beide Geschlechter (r.)**

***Nomioides variegatus*** **Bunte Steppenbiene, Weibchen (l.) Männchen (r.)**

**Verbreitung:** Nachbarländer: DE, IT, HU, SK, CZ; Österreich: B, (K), N, W
**Flugzeit:** V bis VII
**Häufigkeit:** sehr selten

## ***Nomioides variegatus*** **(Olivier, 1789)** **Bunte Steppenbiene**

**Synonym:** *Ceylalictus variegatus* (Olivier, 1789)
**Kennzeichen:** 4–5 mm. Zählt zu den kleinsten Bienenarten! Beim Weibchen hat das Scutellum zwei gelbe Flecken und das Mesonotum endet mit einer schmalen gelben Linie. Aufgrund dieses Merkmals im Feld von *Nomioides minutissimus* unterscheidbar.
**Pollenquellen:** polylektisch
**Nestbau:** an schütter bewachsenen Standorten
**Lebensräume:** Sandstandorte mit Pioniercharakter
**Kuckucksbienen:** vermutlich Blutbiene *Sphecodes nomioidis* (in Österreich noch nicht nachgewiesen)
**Verbreitung:** Nachbarländer: IT, SL, HU, SK, CZ; Österreich: N, W
**Flugzeit:** V bis VII
**Häufigkeit:** sehr selten

***Hoplitis papaveris***
**Mohnbiene, Weibchen**

## *OSMIA, HOPLITIS* MAUERBIENEN

Die Gliederung des Tribus Osmiini wurde seit über hundert Jahren kontrovers diskutiert. Um die Zusammenfassung der Arten in Gattungen zu objektivieren, wird in der Gegenwart versucht, die Gattungen phylogenetisch zu begründen. Wesentliche Grundlagen dazu liefern die Arbeiten von Michener (2000) und Ugricht & al. (2008).

Kennzeichen: Kleine bis mittelgroße Bienen, von zumeist gedrungener Gestalt. Vorderflügel mit zwei Cubitalzellen, in die zweite münden zwei Cubitaladern. Propodeum meist mit schmal ausgebildeter horizontaler Fläche. Erstes Tergit ohne Querleiste zwischen abfallender Basis und Scheibe. Klauenglied der Beine mit Haftlappen. Weibchen mit Bauchbürste. Männchen oft mit charakteristischen Dornen, Zähnen oder Ausschnitten am Hinterleib. Bestimmung: Amiet & al. (2004), Scheuchl (2006).

In Österreich 44 Arten (DE: 39, CH: 47)

Biologie: Die Lebensweise der unterschiedlichen Arten ist äußerst vielfältig. Die meisten Arten legen die Nester in vorhandenen Hohlräumen an. Sie nutzen dazu u.a. Käferfraßgänge im Totholz, hohle Pflanzenstängel, verlassene Nester anderer Wildbienen, leere Gallen, Fels- und Mauerspalten oder Schneckenschalen. Eine größere Gruppe mauert die Nester aus Mörtel an Fels- oder Pflanzenstrukturen. Wieder andere Arten nagen Gänge in Totholz, Markstängeln oder legen Erdnester an. Einige wenige Arten tapezieren die Erdnester mit Blütenblattstücken oder bauen im Schutz der Vegetation Nester aus Laubblattstücken. Mauerbienen haben meist nur eine Generation pro Jahr.

***Hoplitis acuticornis*** **Spitzfühler-Stängelbiene, Weibchen (l., r.o.) Männchen (r.u.)**

***Hoplitis adunca*** **Gewöhnliche Natternkopfbiene, Weibchen (l.) Männchen (r.)**

## *Hoplitis acuticornis* (Dufour & Perris, 1840) Spitzfühler-Stängelbiene

**Kennzeichen:** 10–12 mm. Weibchen mit weißer Bauchbürste und breiten, hellen Bilden an den Tergiten. Im Feld nicht sicher von anderen Mauerbienen unterscheidbar. Männchen anhand der umgebogenen und zugespitzten Fühlerspitze erkennbar.
**Pollenquellen:** polylektisch mit Vorliebe für Schmetterlingsblütler (Fabaceae)
**Nestbau:** erfolgt in selbst genagten Gängen in Markstängeln sowie dürren Brombeer- und Rosenranken, wo mehrere Brutzellen angelegt werden. Die Zellzwischenräume bestehen aus zerkauten Markpartikeln.
**Kuckucksbienen:** Düsterbiene *Stelis ornatula*
**Lebensräume:** unterschiedliche Trockenstandorte
**Verbreitung:** Nachbarländer: DE, CH, IT, SL, HU, SK, CZ; Österreich: B, N, W
**Flugzeit:** VI bis VIII
**Häufigkeit:** sehr selten

## *Hoplitis adunca* (Panzer, 1798) Gewöhnliche Natternkopfbiene

**Kennzeichen:** 10–12 mm. Abdomen des Weibchens mit weißer Bauchbürste und an den Tergiten mit schmalen, hellen Bilden. Im Feld nicht von den anderen Natternkopfbienen unterscheidbar.
**Pollenquellen:** oligolektisch, sammelt auf Natternkopf (*Echium*)
**Nestbau:** nistet in vorhandenen Hohlräumen wie Käferfraßgängen, hohlen Stängeln und verlassenen Nestern in Erdabbrüchen und Nisthilfen. Die Zwischenräume der Zellen und der Nestverschluss werden aus lehmiger Erde, kleinen Steinchen und körpereigenen Sekreten hergestellt.
**Kuckucksbienen:** Düsterbiene *Stelis punctulatissima* und Zweizahnbiene

*Dioxys tridentata*
**Lebensräume:** unterschiedliche Trockenstandorte, Brachen
**Verbreitung:** Nachbarländer: DE, CH, IT, SL, HU, SK, CZ; Österreich: alle Bundesländer
**Flugzeit:** V bis VIII
**Häufigkeit:** häufig

## *Osmia andrenoides* Spinola, 1808
## Rote Schneckenhausbiene

**Kennzeichen:** 6–7 mm. Die Tergite 1–3 sind rot und haben schmale weiße Binden. Weibchen mit weißer Bauchbürste. Dank des rot gefärbten Hinterleibs sind beide Geschlechter unverkennbar.
**Pollenquellen:** polylektisch mit Vorliebe für kleinblütige Lippenblütler (Lamiaceae) und Schmetterlingsblütler (Fabaceae)
**Nestbau:** nistet in leeren Schneckenschalen (v.a. *Zebrina, Helicella*). Die Zwischenräume und der Nestverschluss bestehen aus Pflanzenmörtel.
**Kuckucksbienen:** unbekannt
**Lebensräume:** unterschiedliche Trockenstandorte
**Verbreitung:** Nachbarländer: DE, CH, IT, SL, HU, SK, CZ; Österreich: B, K, N, St, T
**Flugzeit:** V bis VIII
**Häufigkeit:** selten

## *Hoplitis anthocopoides* (Schenck, 1853)
## Matte Natternkopfbiene

**Kennzeichen:** 9–10 mm. Abdomen des Weibchens mit weißlicher Bauchbürste und an den Tergiten mit lockeren Binden. Im Feld nicht von anderen Natternkopfbienen unterscheidbar.
**Pollenquellen:** oligolektisch, sammelt auf Natternkopf (*Echium*)
**Nestbau:** Nester werden auf Felsstrukturen mit lehmiger Erde, kleinen Steinchen und körpereigenen Sekreten gemauert. Ein Nest kann mehrere Brutzellen enthalten. Verlassene Nester werden in der folgenden Saison wieder genutzt.
**Kuckucksbienen:** Düsterbiene *Stelis phaeoptera* und Zweizahnbiene *Dioxys tridentata*

***Osmia andrenoides***
**Rote Schneckenhausbiene, Weibchen**

***Osmia andrenoides***
**Rote Schneckenhausbiene, Männchen (l.)**

***Hoplitis anthocopoides***
**Matte Natternkopfbiene, Weibchen beim Nest (r.)**

***Hoplitis anthocopoides***
**Matte Natternkopfbiene, Weibchen**

***Osmia aurulenta***
**Goldene Schneckenhausbiene, Weibchen**

***Osmia aurulenta***
**Goldene Schneckenhausbiene, Männchen**

***Osmia bicolor***
**Zweifarbige Schneckenhausbiene, Weibchen**

**Lebensräume:** unterschiedliche Trockenstandorte, Felstrockenrasen, Felswände, Steinbrüche
**Verbreitung:** Nachbarländer: DE, CH, IT, SL, HU, SK, CZ; Österreich: B?, K, N, O, St?, T, V
**Flugzeit:** V bis VIII
**Häufigkeit:** mäßig häufig bis selten

### ***Osmia aurulenta*** (Panzer, 1799)
### Goldene Schneckenhausbiene

**Kennzeichen:** 10–11 mm. Frisch geschlüpfte Weibchen sind dank der leuchtend braunroten Behaarung, der schmalen Tergitbinden und der roten Bauchbürste im Feld nur mit *Osmia rufohirta* zu verwechseln, diese hat aber einen schlanken Körper.
**Pollenquellen:** polylektisch
**Nestbau:** nistet in leeren Schneckenschalen. Die Zwischenräume und der Nestverschluss bestehen aus Pflanzenmörtel.
**Parasiten:** Düsterbiene *Stelis punctatissimus,* Goldwespen *Chrysura trimaculata, C. cuprea und C. dichroa*
**Lebensräume:** extensiv genutztes Grünland, Waldränder, Brachen
**Verbreitung:** Nachbarländer: DE, CH, IT, SL, HU, SK, CZ; Österreich: alle Bundesländer
**Flugzeit:** IV bis VIII
**Häufigkeit:** mäßig häufig

### ***Osmia bicolor*** (Schrank, 1781)
### Zweifarbige Schneckenhausbiene

**Kennzeichen:** 8–10 mm. Weibchen sind dank der zweifärbigen Zeichnung im Feld nur mit *Osmia cornuta* zu verwechseln. Diese ist aber wesentlich größer und hat einen gehörnten Kopfschild.
**Pollenquellen:** polylektisch
**Nestbau:** nistet in leeren Schneckenschalen. Die Zwischenräume und der Nestverschluss bestehen aus Pflanzenmörtel. Nach Verproviantierung wird die Schneckenschale mit Halmen bedeckt (vgl. S. 29).
**Parasiten:** Goldwespen *Chrysura trimaculata, C. cuprea und C. dichroa*
**Lebensräume:** extensiv genutztes Grünland, Waldränder, Brachen

**Verbreitung:** Nachbarländer: DE, CH, IT, SL, HU, SK, CZ; Österreich: alle Bundesländer
**Flugzeit:** III bis VII
**Häufigkeit:** mäßig häufig

### *Osmia bicornis* (Linnaeus, 1758) Rote Mauerbiene

**Synonym:** *Osmia rufa* (Linnaeus, 1758)
**Kennzeichen:** 8–13 mm. Das Weibchen ist dank der orangebraun behaarten Tergite 1–3, der dunkel behaarten Tergite 4–6, der gelbbraunen Bauchbürste und der auffälligen Hörner am Kopfschild nur mit *Osmia cerinthidis* zu verwechseln. Letztere sammelt ausschließlich auf der Wachsblume Pollen und kommt nur mehr in wenigen Gebieten vor.
**Pollenquellen:** polylektisch, wichtiger Bestäuber frühblühender Obstgehölze
**Nestbau:** nistet in unterschiedlichen Hohlräumen, etwa in Käferfraßgängen im Totholz oder in künstlichen Nisthilfen. Die Zwischenräume und der Nestverschluss werden aus feuchter Erde gemörtelt.
**Parasiten:** Keulenwespe *Sapyga clavicornis,* Goldwespe *Chrysis ignita* u.a.
**Lebensräume:** zeigt keine strenge Habitatbindung und ist häufiger Kulturfolger. Spektrum der Lebensräume reicht von totholzreichen Wäldern bis zu Gärten und Parks im städtischen Raum.
**Verbreitung:** Nachbarländer: DE, CH, IT, SL, HU, SK, CZ; Österreich: alle Bundesländer
**Flugzeit:** III bis VII
**Häufigkeit:** sehr häufig

### *Hoplosmia bidentata* (Morawitz, 1876) Zweizähnige Mauerbiene

**Synonym:** *Osmia bidentata* (Morawitz, 1802)
**Kennzeichen:** 9–10 mm. Weibchen mit orangeroter Bauchbürste (Behaarung randlich sehr hell) und hellen Binden auf den Tergiten. Scutellum beidseits mit einem Zahn. Im Feld nicht sicher von anderen Mauerbienen unterscheidbar.
**Pollenquellen:** oligolektisch, sammelt auf Korbblütlern (Asteraceae)
**Nestbau:** erfolgt in bestehenden Hohl-

***Osmia bicornis***
**Rote Mauerbiene, Weibchen**

***Osmia bicornis***
**Rote Mauerbiene, Männchen**

***Hoplosmia bidentata***
**Zweizähnige Mauerbiene, Weibchen**

***Osmia brevicornis***
**Schöterich-Mauerbiene, Weibchen**

***Osmia brevicornis***
**Schöterich-Mauerbiene, Weibchen (l.)**

***Osmia caerulescens***
**Blaue Mauerbiene, Männchen (r.)**

***Osmia caerulescens***
**Blaue Mauerbiene, Weibchen**

räumen. Die Zellzwischenräume und der Nestverschluss werden mit angefeuchtetem Löss bzw. Lehm gemörtelt.
**Kuckucksbienen:** unbekannt
**Lebensräume:** unterschiedliche Trockenstandorte, insbesondere Hohlwege und Lössterrassen
**Verbreitung:** Nachbarländer: IT, SL, HU, SK, CZ; Österreich: B, N, St, W
**Flugzeit:** VI bis VIII
**Häufigkeit:** selten

## *Osmia brevicornis* (Fabricius, 1798) Schöterich-Mauerbiene

**Kennzeichen:** 9–10 mm. Frisch geschlüpfte Weibchen dank des grünblau schillernden Körpers, der langen gelben Haare und des spezialisierten Blütenbesuchs bereits im Feld erkennbar.
**Pollenquellen:** oligolektisch, sammelt auf großblütigen Kreuzblütlern (Brassicaceae)
**Nestbau:** nistet in bestehenden Hohlräumen, vorzugsweise in hohlen Pflanzenstängeln. Im Gegensatz zu anderen Mauerbienen werden aber keine einzelnen Brutzellen angelegt. Der Hohlraum wird mit Pollenvorrat gefüllt und dabei mit mehreren Eiern belegt. Der Nestverschluss wird mit zerkauten Blättern erstellt.
**Kuckucksbienen:** möglicherweise Düsterbiene *Stelis punctulatissima*
**Lebensräume:** unterschiedliche Trockenstandorte, Brachen, Waldsäume
**Verbreitung:** Nachbarländer: DE, CH, IT, SL, HU, SK, CZ; Österreich: B, N, O, S?, St?, T, V, W
**Flugzeit:** IV bis VII
**Häufigkeit:** selten

## *Osmia caerulescens* (Linnaeus, 1758) Blaue Mauerbiene

**Kennzeichen:** 8–10 mm. Weibchen dank des blau schillerden Körpers, der weißen Behaarung, der hellen Tergitbinden und der schwarzen Bauchbürste nur mit *Osmia submicans* zu verwechseln, die aber in Österreich nicht vorkommt.
**Pollenquellen:** polylektisch mit einer Vorliebe für Schmetterlingsblütler (Fabaceae)

Nestbau: nistet in bestehenden Hohlräumen, etwa in Käferfraßgängen im Totholz und hohlen Pflanzenstängeln. Die Zellzwischenräume und der Nestverschluss bestehen aus Pflanzenmörtel.
Kuckucksbienen: Düsterbiene *Stelis ornatula*
Lebensräume: unterschiedliche Trockenstandorte, Brachen, Waldsäume
Verbreitung: Nachbarländer: DE, CH, IT, SL, HU, SK, CZ; Österreich: alle Bundesländer
Flugzeit: IV bis VII
Häufigkeit: mäßig häufig

### *Osmia cerinthidis* Morawitz, 1876
### Wachsblumen-Mauerbiene

Kennzeichen: 10–12 mm. Das Weibchen ist durch die orange Bauchbürste, die auffälligen Hörner am Kopfschild und den spezialisierten Blütenbesuch im Gelände erkennbar (ähnlich ist nur *Osmia bicornis*, die gelegentlich auch auf der Wachsblume Pollen sammelt).
Pollenquellen: oligolektisch, sammelt auf Wachsblume (*Cerinthe*)
Nestbau: nistet in vorhandenen Hohlräumen im Totholz und hohlen Pflanzenstängeln. Die Zwischenräume der Brutzellen und der Nestverschluss werden aus feuchter Erde gemörtelt.
Parasiten: unbekannt
Lebensräume: Waldsäume, Auwiesen, Hochwasserdämme und anderen Bereichen, wo es größere Bestände der Wachsblume gibt.
Verbreitung: Nachbarländer: DE, IT, SL, HU, SK, CZ; Österreich: B, N, O, S, St, T, W
Flugzeit: V bis VI
Häufigkeit: selten

### *Hoplitis claviventris* (Thomson, 1872)
### Gelbspornige Stängelbiene

Kennzeichen: 8–10 mm. Weibchen mit weißer Bauchbürste und auf den Tergiten 1–4 mit breiten, hellen Binden, die ersten drei in der Mitte unterbrochen. Weibchen im Feld nicht sicher von anderen Stängelbienen unterscheidbar.
Pollenquellen: polylektisch

***Osmia cerinthidis*** **Wachsblumen-Mauerbiene, Weibchen**

***Osmia cerinthidis*** **Wachsblumen-Mauerbiene, Weibchen**

***Hoplitis claviventris*** **Gelbspornige Stängelbiene, Weibchen**

***Osmia cornuta***
**Gehörnte Mauerbiene, Paarung**

***Osmia cornuta***
**Gehörnte Mauerbiene, Weibchen**

***Osmia cornuta***
**Gehörnte Mauerbiene, Weibchen**

**Nestbau:** erfolgt in selbst genagten Gängen in markhaltigen Pflanzenstängeln und morschem Holz. Die Zellzwischenräume bestehen aus zerkauten Blättern.
**Kuckucksbienen:** Düsterbienen *Stelis minuta* und *S. ornatula*
**Lebensräume:** unterschiedliche Trockenstandorte, Waldränder, Lichtungen, Ruderalfächen
**Verbreitung:** Nachbarländer: DE, CH, IT, SL, HU, SK, CZ; Österreich: alle Bundesländer
**Flugzeit:** V bis IX
**Häufigkeit:** verbreitet, aber nirgends häufig

### *Osmia cornuta* (Latreille, 1805)
### Gehörnte Mauerbiene

**Kennzeichen:** 10–15 mm. Weibchen durch zweifärbige Zeichnung, den gehörnten Kopfschild und die bedeutende Größe im Feld leicht erkennbar.
**Pollenquellen:** polylektisch, wichtiger Bestäuber frühblühender Obstgehölze
**Nestbau:** nistet in unterschiedlichen Hohlräumen wie Mauerritzen, verlassenen Nestern in Lösswänden oder künstlichen Nisthilfen. Die Zwischenräume und der Nestverschluss werden aus feuchter Erde gemörtelt.
**Parasiten:** u.a. Goldwespen
**Lebensräume:** zeigt keine strenge Habitatbindung und ist häufiger Kulturfolger. Spektrum der Lebensräume reicht von Hohlwegen und Lössterrassen bis zu Gärten und Parks im städtischen Raum.
**Verbreitung:** Nachbarländer: DE, CH, IT, SL, HU, SK, CZ; Österreich: alle Bundesländer
**Flugzeit:** III bis V
**Häufigkeit:** häufig

### *Osmia gallarum* Spinola, 1808
### Gallen-Mauerbiene

**Kennzeichen:** 7–8 mm. Körper mit grünlichem Metallglanz, Bauchbürste weiß. Im Feld nicht sicher von anderen kleinen, metallisch glänzenden Mauerbienen-Arten unterscheidbar.
**Pollenquellen:** oligolektisch, sammelt

***Osmia gallarum***
**Gallen-Mauerbiene, Männchen (l.o., l.u) Weibchen (r.)**

***Osmia gallarum***
**Gallen-Mauerbiene, Weibchen (l.)**

***Osmia inermis***
**Felsheiden-Mauerbiene, Weibchen (r.)**

auf Schmetterlingsblütlern (Fabaceae)
**Nestbau:** nistet in verlassenen Eichengallen und anderen Hohlräumen im Totholz und in Pflanzenstängeln. Die Zwischenräume der Brutzellen und der Nestverschluss werden aus Pflanzenmörtel gefertigt.
**Parasiten:** Düsterbiene *Stelis minuta*
**Lebensräume:** Trockenstandorte in Kombination mit strukturreichen Waldrändern
**Verbreitung:** Nachbarländer: CH, IT, SL, HU, SK, CZ; Österreich: B, K, N, St, T, W
**Flugzeit:** V bis VII
**Häufigkeit:** selten

## *Osmia inermis* (Zetterstedt, 1838) Felsheiden-Mauerbiene

**Kennzeichen:** 9–10 mm. Weibchen mit rostbrauner Behaarung auf Kopf, Thoraxrücken und Tergit 1, die restlichen Tergite dunkel behaart. Schwarze Bauchbürste. Oberhalb der Waldgrenze allenfalls mit *Osmia alticola* und *Osmia nigriventris* zu verwechseln, die aber deutlich größer sind.
**Pollenquellen:** polylektisch, mit Vorliebe für Schmetterlingsblütler (Fabaceae)
**Nestbau:** errichtet Nester auf der Unterseite flacher Steine. Die Brutzellen bestehen aus Pflanzenmörtel, den sie aus zerkauten Blattstücken gewinnt. Oft kommt es zur Bildung von Gemeinschaftsnestern, wobei aber jedes Weibchen auf sich alleine gestellt Brutzellen baut und verproviantiert.
**Kuckucksbienen:** unbekannt
**Lebensräume:** unbewachsene Geröllflächen im Nahbereich der Gebirgsbäche (1200–2750 m Seehöhe)
**Verbreitung:** Nachbarländer: DE, CH, IT, SK, CZ;
Österreich: K, N?, O, S, St, T
**Flugzeit:** V bis VIII
**Häufigkeit:** selten

***Osmia labialis***
**Karst-Mauerbiene, Weibchen**

***Osmia leaiana***
**Zweihöckrige Mauerbiene, Weibchen**

***Osmia leaiana***
**Zweihöckrige Mauerbiene, Weibchen**

### *Osmia labialis* Pérez, 1879
### Karst-Mauerbiene

**Kennzeichen:** 9–11 mm. Weibchen im Feld nicht von ähnlichen Mauerbienen-Arten mit orangeroter Bauchbürste zu unterscheiden.
**Pollenquellen:** oligolektisch, sammelt auf Korbblütlern (Asteraceae) mit Präferenz für Flockenblumen und Disteln
**Nestbau:** Über den Nestbau dieser Art ist nichts bekannt. Vermutlich ähnlich wie *Osmia leaiana*.
**Kuckucksbienen:** unbekannt
**Lebensräume:** unterschiedliche Trockenstandorte, Felssteppen mit wärmebegünstigten Waldsäumen
**Verbreitung:** Nachbarländer: DE, CH, IT, SK; Österreich: B?, K, N, O, T
**Flugzeit:** V bis VII
**Häufigkeit:** selten

### *Osmia leaiana* (Kirby, 1802)
### Zweihöckrige Mauerbiene

**Kennzeichen:** 8–10 mm. Weibchen im Feld nicht von ähnlichen Mauerbienen-Arten mit orangeroter Bauchbürste zu unterscheiden.
**Pollenquellen:** oligolektisch, sammelt auf Korbblütlern (Asteraceae) mit Präferenz für Distelarten
**Nestbau:** nutzt bestehende Hohlräume wie Käferfraßgänge im Totholz, hohle Stängel und künstliche Nisthilfen. Die Zellzwischenräume und der Nestverschluss werden aus Pflanzenmörtel gebaut.
**Kuckucksbienen:** Düsterbiene *Stelis phaeoptera* und vermutlich auch *S. punctulatissima*
**Lebensräume:** strukturreiche Waldränder, wärmebegünstigte Waldsäume, Hecken, Brachen
**Verbreitung:** Nachbarländer: DE, CH, IT, SL, HU, SK, CS; Österreich: alle Bundesländer
**Flugzeit:** V bis VII
**Häufigkeit:** häufig

### *Hoplitis lepeletieri* (Pérez, 1879)
### Gebirgs-Natternkopfbiene

**Kennzeichen:** 11–13 mm. Abdomen des Weibchens mit weißer Bauch-

***Hoplitis lepeletieri***
**Gebirgs-Natternkopfbiene, Weibchen (l., r.)**

***Hoplitis leucomelana***
**Schwarzspornige Stängelbiene, Männchen (l.) Weibchen (r.)**

bürste und auf den Tergiten mit lockeren Binden. Im Feld nicht von den anderen Natternkopfbienen unterscheidbar.
Pollenquellen: oligolektisch, sammelt auf Natternkopf (*Echium*)
Nestbau: Nester werden an Felsstrukturen mit lehmiger Erde, kleinen Steinchen und körpereigenen Sekreten gemauert.
Ein Nest kann mehrere Brutzellen enthalten.
Kuckucksbienen: unbekannt
Lebensräume: Felstrockenrasen, Felswände, Steinbrüche. Vorwiegend in höheren Lagen.
Verbreitung: Nachbarländer: DE, CH, IT, SL, HU, SK; Österreich: K, N?, S, St?, T
Flugzeit: V bis VIII
Häufigkeit: selten

## ***Hoplitis leucomelana*** **(Kirby, 1802)** **Schwarzspornige Stängelbiene**

Kennzeichen: 7–9 mm. Weibchen mit weißer Bauchbürste und auf den Tergiten 1–4 mit breiten, hellen Bilden. Die beiden ersten Binden in der Mitte unterbrochen. Weibchen im Feld nicht sicher von anderen Stängelbienen unterscheidbar.
Pollenquellen: polylektisch
Nestbau: erfolgt in selbst genagten Gängen in markhaltigen Stängeln sowie abgestorbenen Brombeer- und Rosenzweigen. Die Zellzwischenräume bestehen aus zerkauten Blättern.
Kuckucksbienen: *S. ornatula*, gelegentlich auch *S. minuta* und *S. breviuscula*
Lebensräume: strukturreiche Waldränder, Hecken, Lichtungen, Ruderalflächen
Verbreitung: Nachbarländer: DE, CH, IT, SL, HU, SK, CZ; Österreich: alle Bundesländer
Flugzeit: V bis IX

**Häufigkeit:** verbreitet, aber nirgends häufig

### *Hoplosmia ligurica* (Morawitz, 1867) Ligurische Mauerbiene

**Synonym:** *Osmia ligurica* (Morawitz, 1802)
**Kennzeichen:** 8–9 mm. Abdomen des Weibchens mit weißer Bauchbürste und auf Tergiten mit schmalen Binden. Weibchen im Feld nicht sicher von anderen Mauerbienen unterscheidbar.
**Pollenquellen:** oligolektisch, sammelt auf Korbblütlern (Asteraceae)
**Nestbau:** in hohlen Pflanzenstängeln. Die Zellzwischenräume und der Nestverschluss werden aus Pflanzenmörtel errichtet.
**Kuckucksbienen:** unbekannt
**Lebensräume:** unterschiedliche Trockenstandorte, wärmebegünstigte Waldsäume
**Verbreitung:** Nachbarländer: CH, IT, SL, HU, SK; Österreich: N, W
**Flugzeit:** VI bis VII
**Häufigkeit:** sehr selten

***Hoplosmia ligurica*** **Ligurische Mauerbiene, Weibchen (l.) Nest (r.)**

***Hoplitis loti*** **Hornklee-Felsenbiene, Weibchen**

### *Hoplitis loti* Morawitz, 1867 Hornklee-Felsenbiene

**Kennzeichen:** 11–13 mm. Abdomen des Weibchens mit weißer Bauchbürste und an den Tergiten mit hellen Binden. Im Feld nicht von ähnlichen Mauerbienen (z.B. Natternkopfbienen) unterscheidbar.
**Pollenquellen:** polylektisch mit Vorliebe für Schmetterlingsblütler (Fabaceae), Natternkopf (*Echium*) und Dickblattgewächse (Crassulaceae)
**Nestbau:** Nester werden an Felsstrukturen mit lehmiger Erde, kleinen Steinchen und körpereigenen Sekreten gemauert. Ein Nest kann mehrere Brutzellen enthalten.
**Kuckucksbienen:** unbekannt
**Lebensräume:** Felstrockenrasen, Felswände, Steinbrüche. Vorwiegend in höheren Lagen.
**Verbreitung:** Nachbarländer: DE, CH, IT, SL, HU; Österreich: K, N, O, S, T, V
**Flugzeit:** VI bis IX
**Häufigkeit:** selten

***Hoplitis loti*** **Hornklee-Felsenbiene, Weibchen (l.) Männchen (r.)**

### *Hoplitis manicata* MORICE, 1901
### Große Natternkopfbiene

**Kennzeichen:** 13–15 mm. Abdomen des Weibchens mit weißer Bauchbürste und an den Tergiten mit hellen Binden. Im Feld aufgrund der bedeutenden Größe von den anderen Natternkopfbienen unterscheidbar.
**Pollenquellen:** oligolektisch, sammelt auf Natternkopf (*Echium*).
**Nestbau:** in hohlen Pflanzenstängeln. Die Zellzwischenräume und der Nestverschluss werden aus mineralischem Mörtel gebaut.
**Kuckucksbienen:** unbekannt
**Lebensräume:** unterschiedliche Trockenstandorte
**Verbreitung:** Nachbarländer: IT, HU, SK, CZ; Österreich: B
**Flugzeit:** VI bis IX
**Häufigkeit:** sehr selten

### *Hoplitis mazzuccoi* SCHWARZ & GUSENLEITNER, 2005
### Mazzuccos Stängelbiene

**Kennzeichen:** 8–10 mm. Kleine, schlanke Art. Weibchen mit weißer Bauchbürste und auf den Tergiten 1–4 mit hellen Bilden, die ersten beiden in der Mitte unterbrochen. Weibchen im Feld nicht sicher von anderen Mauerbienen unterscheidbar.
**Pollenquellen:** Vorliebe für Lippenblütler (Lamiaceae) und Sonnenröschen (*Helianthemum*, Cistaceae)
**Nestbau:** in hohlen Brombeer- und Rosentrieben. Die Zellzwischenräume und der Nestverschluss werden aus mineralischem Mörtel gebaut.
**Kuckucksbienen:** nicht bekannt
**Lebensräume:** Trockenstandorte in Kombination mit strukturreichen Waldrändern
**Verbreitung:** Nachbarländer: SL, HU, SK; Österreich: B, N
**Flugzeit:** V bis VIII
**Häufigkeit:** sehr selten

### *Osmia melanogaster* SPINOLA, 1808
### Schwarzbäuchige Mauerbiene

**Kennzeichen:** 8–10 mm. Weibchen im Feld nicht von ähnlichen Mauerbienen-Arten mit schwarzer Bauchbürste

***Hoplitis manicata*** **Große Natternkopfbiene, Weibchen (l.) Männchen (r.)**

***Hoplitis mazzuccoi*** **Mazzuccos Stängelbiene, Weibchen**

***Hoplitis mazzuccoi*** **Mazzuccos Stängelbiene, Männchen**

***Osmia melanogaster***
**Schwarzbäuchige Mauerbiene, Weibchen**

***Hoplitis mitis***
**Glockenblumen-Felsenbiene, Weibchen**

***Hoplitis mitis***
**Glockenblumen-Felsenbiene, Männchen**

zu unterscheiden.
**Pollenquellen:** oligolektisch, sammelt auf Korbblütlern (Asteraceae) mit Präferenz für Flockenblumen
**Nestbau:** nutzt bestehende Hohlräume wie Käferfraßgänge im Totholz, hohle Stängel und Felsspalten. Die Zellzwischenräume und der Nestverschluss werden aus Pflanzenmörtel gebaut.
Kuckucksbiene: unbekannt
**Lebensräume:** unterschiedliche Trockenstandorte, thermophile Waldsäume
**Verbreitung:** Nachbarländer: IT, SL, HU, SK, CS; Österreich: B, N, O?, St
**Flugzeit:** V bis VIII
**Häufigkeit:** sehr selten

## *Hoplitis mitis* (Nylander, 1852) Glockenblumen-Felsenbiene

**Kennzeichen:** 7–9 mm. Weibchen mit rotbrauner Behaarung am Thorax, schmalen weißen Tergitbinden und weißer Bauchbürste. Durch den spezialisierten Blütenbesuch einzig mit *Osmia praestans* zu verwechseln, die in Mitteleuropa aber sehr selten ist.
**Pollenquellen:** oligolektisch, sammelt auf Glockenblumen (*Campanula*)
**Nestbau:** erfolgt unter Steinen, in Felsspalten oder geschützt, zwischen dichten Vegetationsstrukturen. Für die Brutzellen werden abgetrennte Blattstücke (v.a. Sonnenröschen, *Helianthemum*) mit Pflanzenmörtel verklebt. Der Nestverschluss besteht ebenfalls aus Pflanzenmörtel, in den auch Sandkörner eingearbeitet werden (vgl. S. 26).
**Kuckucksbienen:** keine bekannt
**Lebensräume:** unterschiedliche Trockenstandorte, auf wärmebegünstigten Trockenhängen im Gebirge bis 2400 m Seehöhe
**Verbreitung:** Nachbarländer: DE, CH, IT, SL, HU, SK, CZ; Österreich: B, N, W?
**Flugzeit:** VI bis VIII
**Häufigkeit:** selten

## *Hoplitis mocsaryi* Friese, 1895 Leinbiene

**Kennzeichen:** 8–11 mm. Weibchen mit leuchtend rotbrauner Behaarung

am Thorax, schmalen, weißen Tergitbinden und blauen Augen. Im Feld nur schwer von ähnlichen Mauerbienen-Weibchen unterscheidbar (hat im Gegensatz zu *Hoplitis papaveris* helle Klauenglieder).
**Pollenquellen:** streng oligolektisch, sammelt auf Leingewächsen (Linaceae), verwendet werden Gelb-Lein (*Linum flavum*) und Zotten-Lein (*Linum hirsutum*); die Blütenblätter dieser Pflanzen dienen auch für die Tapezierarbeiten
**Nestbau:** gräbt senkrechte Gänge in den Boden, die mit Blütenblattstücken austapeziert werden. Die Brutzellen werden ebenfalls mit Blütenblättern ummantelt (vgl. S. 21).
**Kuckucksbienen:** keine bekannt
**Lebensräume:** unterschiedliche Trockenstandorte
**Verbreitung:** Nachbarländer: IT, HU, SK; Österreich: B, N, W
**Flugzeit:** V bis VII
**Häufigkeit:** sehr selten

## *Osmia mustelina* Gerstaecker, 1869
## Östliche Felsen-Mauerbiene

**Kennzeichen:** 12–15 mm. Körper des Weibchens mit Ausnahme der Tergite 5–6 gelbbraun behaart. Bauchbürste orangerot. Im Gegensatz zu *Osmia bicornis* und *Osmia cerinthidis* ohne gehörntem Kopfschild. Im Feld aber nur schwer von diesen beiden Arten unterscheidbar.
**Pollenquellen:** polylektisch
**Nestbau:** errichtet Nester in vorhandenen Hohlräumen oder in Felsspalten. Die Brutzellen formt sie aus Pflanzenmörtel, der aus zerkauten Blattstücken gewonnen wird.
**Kuckucksbienen:** Düsterbiene *Stelis franconica*
**Lebensräume:** unterschiedliche Trockenstandorte
**Verbreitung:** Nachbarländer: DE, CH, IT, SL, HU, SK, CZ; Österreich: K?, N, O, S, St, T
**Flugzeit:** V bis VII
**Häufigkeit:** selten

***Hoplitis mocsaryi***
**Leinbiene, Weibchen**

***Hoplitis mocsaryi***
**Leinbiene, Paarung**

***Osmia mustelina***
**Östliche Felsen-Mauerbiene, Weibchen (l., r.)**

***Osmia nigriventris***
**Schwarzbürstige Mauerbiene, Weibchen**

***Osmia nigriventris***
**Schwarzbürstige Mauerbiene, Weibchen**

***Osmia niveata***
**Einhöckrige Mauerbiene, Weibchen**

## *Osmia nigriventris* (Zetterstedt, 1838)
## Schwarzbürstige Mauerbiene

**Kennzeichen:** 12–14 mm. Abdomen des Weibchens mit schwarzer Bauchbürste. Thoraxrücken leuchtend gelbbraun behaart. Im Feld nicht sicher von in höheren Lagen vorkommenden *Osmia*-Arten mit schwarzer Bauchbürste zu unterscheiden.
**Pollenquellen:** polylektisch, sammelt u.a. auf Heidelbeere (*Vaccinium*), Sumpfporst (*Ledum palustre*) und Alpenrose (*Rhododendron*)
**Nestbau:** errichtet Nester in diversen Totholz-Strukturen. Als Baumaterial für den Nestverschluss und die Zellzwischenräume dient Pflanzenmörtel.
**Parasiten:** Keulhornwespe *Sapyga similis*
**Lebensräume:** lichte Wälder und strukturreiche Waldränder im Gebirge
**Verbreitung:** Nachbarländer: DE, CH, IT, SK, CZ; Österreich: K?, N, O, S, St, T, V
**Flugzeit:** V bis VII
**Häufigkeit:** selten

## *Osmia niveata* (Fabricius, 1804)
## Einhöckrige Mauerbiene

**Kennzeichen:** 9–10 mm. Weibchen im Feld nicht von ähnlichen Mauerbienen-Arten mit orangeroter Bauchbürste zu unterscheiden.
**Pollenquellen:** oligolektisch, sammelt auf Korbblütlern (Asteraceae)
**Nestbau:** nutzt bestehende Hohlräume wie Käferfraßgänge im Totholz, hohle Stängel und Felsspalten. Die Zellzwischenräume und der Nestverschluss bestehen aus zerkauten Blattstücken.
**Kuckucksbienen:** Düsterbienen *Stelis phaeoptera* und *S. punctulatissima*
**Lebensräume:** Magerwiesen, thermophile Waldsäume
**Verbreitung:** Nachbarländer: DE, CH, IT, SL, HU, SK, CS; Österreich: alle Bundesländer
**Flugzeit:** IV bis VII
**Häufigkeit:** mäßig häufig

## *Hoplitis papaveris* (Latreille, 1799)
## Mohnbiene

**Kennzeichen:** 8–11 mm. Weibchen mit leuchtend rotbrauner Behaarung

am Thorax, schmalen weißen Tergitbinden und blauen Augen. Im Feld nur schwer von ähnlichen Mauerbienenweibchen unterscheidbar (hat im Gegensatz zu *Hoplitis mocsaryi* schwarze Klauenglieder).
Pollenquellen: polylektisch; bedeutende Pollenquellen sind u.a. Korbblütler (Asteraceae) und Leingewächse (Linaceae)
Nestbau: gräbt senkrechte Gänge in den Boden, die mit Blütenblatt-Stücken austapeziert werden. Die Brutzellen werden ebenfalls mit Blütenblättern ummantelt (vgl. S. 25).
Kuckucksbienen: vermutet wird die Kegelbiene *Coelioxys mandibularis*
Lebensräume: unterschiedliche Trockenstandorte
Verbreitung: Nachbarländer: DE, CH, IT, HU, SK, CZ; Österreich: B, N, O, S?, St, W
Flugzeit: V bis VII
Häufigkeit: selten

### *Osmia pilicornis* Smith, 1846
### Lungenkraut-Mauerbiene

Kennzeichen: 9–11 mm. Thoraxrücken des Weibchens und Tergite 1–2 rötlich braun behaart, die restlichen Tergite schwarz. Schwarze Bauchbürste. Das Weibchen ist aufgrund der starken Bindung an die Futterpflanzen und der frühen Flugzeit im Feld leicht erkennbar. Die Fühler des Männchens haben feine, nach hinten ausgerichtete Haare.
Pollenquellen: polylektisch mit Vorliebe für Lungenkraut-Arten (*Pulmonaria*), Kriechenden Günsel (*Ajuga reptans*) und Echt-Gundelrebe (*Glechoma hederacea*)
Nestbau: nagt Gänge in Totholz. Als Baumaterial für den Nestverschluss und die Zellzwischenräume dient Pflanzenmörtel.
Parasiten: Goldwespe *Chrysura hirsuta* und Schlupfwespe *Hoplocryptus confector*
Lebensräume: lichte Wälder mit hohem Totholzanteil und reichen Beständen der Futterpflanzen
Verbreitung: Nachbarländer: DE, CH, SL, H, CZ; Österreich: N, O, S, St, T

***Hoplitis papaveris***
**Mohnbiene, Weibchen**

***Osmia pilicornis***
**Lungenkraut-Mauerbiene, Weibchen**

***Osmia pilicornis***
**Lungenkraut-Mauerbiene, Männchen**

***Hoplitis praestans***
**Gekerbte Stängel-biene, Weibchen**

***Hoplitis praestans***
**Gekerbte Stängel-biene, Weibchen (l.)**

***Hoplitis ravouxi***
**Französische Felsen-biene, Weibchen (r.)**

***Hoplitis ravouxi***
**Französische Felsen-biene, Weibchen**

**Flugzeit:** III bis VI
**Häufigkeit:** selten

## *Hoplitis praestans* Morawitz, 1893
## Gekerbte Stängelbiene

**Kennzeichen:** 7–9 mm. Weibchen mit weißer Behaarung am Thorax, breiten weißen Tergitbinden und weißer Bauchbürste. Durch den spezialisierten Blütenbesuch einzig mit *Osmia mitis* zu verwechseln.
**Pollenquellen:** oligolektisch, sammelt auf Glockenblumen (*Campanula*)
**Nestbau:** nistet in selbst genagten Gängen von markhaltigen Pflanzenstängeln. Zellzwischenräume und Nestverschluss bestehen ebenfalls aus Pflanzenmörtel.
**Kuckucksbienen:** keine bekannt
**Lebensräume:** unterschiedliche Trockenstandorte
**Verbreitung:** Nachbarländer: CH, IT, SL, HU, SK; Österreich: N
**Flugzeit:** V bis VII
**Häufigkeit:** sehr selten

## *Hoplitis ravouxi* (Pérez, 1902)
## Französische Felsenbiene

**Kennzeichen:** 8–10 mm. Abdomen des Weibchens mit weißer Bauchbürste und an den Tergiten mit hellen Binden. Im Feld nicht von ähnlich gefärbten Mauerbienen unterscheidbar.
**Pollenquellen:** Vorliebe für Schmetterlingsblütler (Fabaceae) und Natternkopf (*Echium*), Dickblattgewächse (Crassulaceae)
**Nestbau:** Nester werden an Felsstrukturen mit lehmiger Erde, kleinen Steinchen und körpereigenen Sekreten gemauert. Ein Nest kann mehrere Brutzellen enthalten.
**Kuckucksbienen:** Zweizahnbiene *Dioxys tridentata*
**Lebensräume:** unterschiedliche Trockenstandorte, Felstrockenrasen, Steinbrüche
**Verbreitung:** Nachbarländer: DE, CH, IT, SL, HU, SK, CZ; Österreich: K, N, O
**Flugzeit:** IV bis VIII
**Häufigkeit:** selten

### *Osmia rufohirta* Latreille, 1811
### Rothaarige Schneckenhausbiene

Kennzeichen: 8–9 mm. Frisch geschlüpfte Weibchen sind dank der leuchtend braunroten Behaarung, der schmalen Tergitbinden und der roten Bauchbürste im Feld nur mit *Osmia aurulenta* zu verwechseln, diese hat aber einen gedrungenen Körperbau.
Pollenquellen: polylektisch, Vorliebe für Schmetterlingsblütler (Fabaceae)
Nestbau: nistet in leeren Schneckenschalen. Die Zwischenräume und der Nestverschluss bestehen aus Pflanzenmörtel. Die Schneckenschale wird nach der Verproviantierung an einen geeigneten Ort transportiert (vgl. S. 28).
Parasiten: Goldwespen *Chrysura trimaculata, C. cuprea* und *C. dichroa*
Lebensräume: unterschiedliche Trockenstandorte, extensiv genutztes Grünland, Gebüschränder, Brachen
Verbreitung: Nachbarländer: DE, CH, IT, SL, HU, SK, CZ; Österreich: B, K, N, O, S, St, T, W
Flugzeit: IV bis VIII
Häufigkeit: mäßig häufig

### *Hoplosmia spinulosa* (Kirby, 1802)
### Bedornte Schneckenhausbiene

Synonym: *Osmia spinulosa* (Kirby, 1802)
Kennzeichen: 7–8 mm. Das Weibchen ist am Scutellum seitlich bedornt. Augen blau. Bauchbürste rot. Behaarung am Kopf und Thoraxrücken gelb. Im Feld nur mit Erfahrung erkennbar, da die beiden Dornen am Scutellum nur bei näherer Betrachtung sichtbar sind.
Pollenquellen: oligolektisch, sammelt auf Korbblütlern (Asteraceae)
Nestbau: nistet in leeren Schneckenschalen. Die Zwischenräume und der Nestverschluss bestehen aus Pflanzenmörtel.
Parasiten: Düsterbiene *Stelis odontopyga*, Goldwespen *Chrysura trimaculata, C. cuprea* und *C. dichroa*
Lebensräume: unterschiedliche Trockenstandorte, extensiv genutztes Grünland, Gebüschränder, Brachen
Verbreitung: Nachbarländer: DE, CH, IT, SL, HU, SK, CZ; Österreich: alle Bundesländer

***Osmia rufohirta***
**Rothaarige Schneckenhausbiene, Weibchen**

***Hoplosmia spinulosa***
**Bedornte Schneckenhausbiene, Männchen (l.) Weibchen (r.)**

***Hoplosmia spinulosa***
**Bedornte Schneckenhausbiene, Weibchen beim Herstellen von Pflanzenmörtel**

***Hoplitis tergestensis***
**Triester Mauerbiene,**
**Weibchen (l., r.)**

***Hoplitis tergestensis***
**Triester Mauerbiene,**
**Weibchen (l.)**

***Hoplitis tridentata***
**Dreizahn-Stängelbiene,**
**Männchen (l.)**

***Hoplitis tridentata***
**Dreizahn-Stängelbiene,**
**Weibchen**

**Flugzeit:** V bis IX
**Häufigkeit:** mäßig häufig

## ***Hoplitis tergestensis*** (Ducke, 1897)
## Triester Mauerbiene

**Kennzeichen:** 8–9 mm. Weibchen mit gelbbrauner Behaarung am Thoraxrücken und schmalen weißen Tergitbinden. Im Feld nicht sicher von ähnlichen Mauerbienen unterscheidbar.
**Pollenquellen:** oligolektisch, sammelt auf Schmetterlingsblütlern (Fabaceae)
**Nestbau:** errichtet Nester in vorhandenen Hohlräumen oder zwischen Steinen und verwendet zum Auskleiden Blütenblattstücke, die mit Lehm verklebt werden. Für die Tapezierarbeiten verwendet sie u.a. Storchschnabel (*Geranium*) und Sonnenröschen (*Helianthemum*).
**Kuckucksbienen:** Zweizahnbiene *Dioxys tridentata*
**Lebensräume:** unterschiedliche Trockenstandorte
**Verbreitung:** Nachbarländer: CH, IT, SL, HU, SK, CZ; Österreich: B, K, N, W?
**Flugzeit:** V bis VII
**Häufigkeit:** selten

## ***Hoplitis tridentata*** (Dufour & Perris, 1840)
## Dreizahn-Stängelbiene

**Kennzeichen:** 10–12 mm. Weibchen mit rostbraun behaartem Thorax, schmalen Tergitbinden und gelbbrauner Bauchbürste. Weibchen im Feld nicht sicher von anderen Stängelbienen unterscheidbar. Männchen mit charakteristischer dreizähniger Hinterleibspitze.
**Pollenquellen:** oligolektisch, sammelt auf Schmetterlingsblütlern (Fabaceae)
**Nestbau:** in selbst genagten Hohlräumen von Markstängeln. Die Zellzwischenräume und der Nestverschluss werden aus Pflanzenmörtel errichtet.
**Kuckucksbienen:** Düsterbienen *Stelis minuta*, *S. minima* und *S. ornatula*
**Lebensräume:** unterschiedliche Trockenstandorte, thermophile Waldsäume
**Verbreitung:** Nachbarländer: DE, CH, IT, SL, HU, SK, CS; Österreich: B, K?, N, O, St, T?, W
**Flugzeit:** V bis VII
**Häufigkeit:** selten

### *Osmia uncinata* Gerstaecker, 1869
### Rinden-Mauerbiene

**Kennzeichen:** 9–10 mm. Weibchen mit langer, rotbrauner Behaarung am Kopf, Thoraxrücken und Tergit 1. Clypeus und Tergite 2–5 dunkel behaart. Bauchbürste schwarz. Weibchen im Feld nur schwer von ähnlichen Mauerbienen unterscheidbar.
**Pollenquellen:** polylektisch
**Nestbau:** nistet in Käferfraßgängen oder unter loser Baumrinde. Die Zellzwischenräume und der Nestverschluss bestehen aus Pflanzenmörtel.
**Parasiten:** Goldwespe *Chrysura hybrida* und Keulhornwespe *Sapyga similis*
**Lebensräume:** totholzreiche Wälder
**Verbreitung:** Nachbarländer: DE, CH, IT, SL, SK, CS; Österreich: B, K, N, O, S, St, T
**Flugzeit:** IV bis VII
**Häufigkeit:** mäßig häufig

### *Hoplitis villosa* (Schenck, 1853)
### Zottige Mauerbiene

**Kennzeichen:** 8–11 mm. Weibchen mit langer, gelbbrauner Behaarung am Thoraxrücken und auf den Tergiten 1–2. Die restlichen Tergite schwarz behaart. Bauchbürste rot, am Ende dunkel. Weibchen im Feld nur schwer von ähnlichen Mauerbienen unterscheidbar.
**Pollenquellen:** polylektisch; beliebte Nahrungspflanzen sind u.a. Korbblütler (Asteraceae) und Leingewächse (Linaceae)
**Nestbau:** errichtet Nester in Felsspalten und verwendet zum Auskleiden Blütenblattstücke, die mit Lehm verklebt werden. Die Brutzellen sind innen und außen durch Blütenblätter geschützt, die Mittelwand besteht aus mineralischem Mörtel. Für die Tapezierarbeiten werden v.a. Storchschnabel (*Geranium*) und Sonnenröschen (*Helianthemum*) verwendet (vgl. S. 26).
**Kuckucksbienen:** *Coelioxys mandibularis*
**Lebensräume:** Magerwiesen und Felssteppen in höheren Lagen (von der Hügelstufe bis ins Hochgebirge)
**Verbreitung:** Nachbarländer: DE, CH, IT, SL, SK, CZ; Österreich: K, N, O, S, St, T, V
**Flugzeit:** V bis VII
**Häufigkeit:** selten

***Osmia uncinata***
**Rinden-Mauerbiene, Männchen**

***Hoplitis villosa***
**Zottige Mauerbiene, Weibchen**

***Hoplitis villosa***
**Zottige Mauerbiene, Weibchen**

***Panurginus labiatus*** **Steppen-Scheinlappenbiene, Weibchen (l.) Männchen (r.)**

***Panurginus montanus*** **Gebirgs-Scheinlappenbiene, Paarung**

## *PANURGINUS* SCHEINLAPPENBIENE

**Kennzeichen:** Kleine, schwarze Bienen. Vorderflügel mit zwei Cubitalzellen, die erste deutlich größer als die zweite. Radialzelle am Ende abgestutzt. Weibchen mit einer lockeren Sammelbürste an den Hinterbeinen, die Haare nicht viel länger als die Tibienbreite. Männchen der einheimischen Arten mit gelbem Clypeus und verdicktem Metatarsus der Hinterbeine. Bestimmung: Schmid-Egger & Scheuchl (1997), Amiet & al. (2010)

In Österreich 3 Arten (DE: 3, CH: 3)

**Biologie:** Scheinlappenbienen nisten in selbst gegrabenen Gängen im Boden. Die heimischen Arten sind in den Sommermonaten aktiv und haben nur eine Generation pro Jahr. Einige Arten sind beim Pollensammeln auf bestimmte Pflanzen spezialisiert. Kuckucksbienen sind nicht bekannt.

### *Panurginus labiatus* (Eversmann, 1852) Steppen-Scheinlappenbiene

**Kennzeichen:** 6–7 mm. Im Feld nicht von anderen *Panurginus*-Arten zu unterscheiden. Die enge Bindung an die Pollenquellen ist ein wichtiges Indiz.
**Pollenquellen:** oligolektisch, sammelt auf Kreuzblütlern (Brassicaceae), insbesondere auf Graukresse (*Berteroa incana*)
**Nestbau:** gräbt Erdnester
**Kuckucksbienen:** unbekannt
**Lebensräume:** unterschiedliche Trockenstandorte, Magerwiesen, Brachen, Ruderalstandorte
**Verbreitung:** Nachbarländer: DE, HU, SK, CZ; Österreich: B, N, O?, W
**Flugzeit:** VI bis VIII
**Häufigkeit:** selten, bei Vorkommen von Graukresse lokal auch häufig

### *Panurginus montanus* Giraud, 1861 Gebirgs-Scheinlappenbiene

**Kennzeichen:** 6–7 mm. Im Feld nicht von anderen *Panurginus*-Arten zu unterscheiden. Die enge Bindung an die Pollenquellen und die höhenmäßige Verbreitung sind aber wichtige Indizien.
**Pollenquellen:** vermutlich oligolektisch, sammelt auf gelbblühenden Korbblütlern (Asteraceae). Besucht aber auch gelbblühende Hahnenfuß-Arten (*Ranunculus*).
**Nestbau:** gräbt Erdnester
**Kuckucksbienen:** unbekannt
**Lebensräume:** Almwiesen, Waldsäume, alpine Rasen; vorwiegend in höheren Lagen
**Verbreitung:** Nachbarländer: DE, CH, IT; Österreich: K, N, O, S, St, T, V
**Flugzeit:** VI bis VIII
**Häufigkeit:** selten

## *PANURGUS*
## ZOTTELBIENEN

**Kennzeichen:** Kleine bis mittelgroße, schwarze Bienen. Vorderflügel mit zwei Cubitalzellen, die erste deutlich größer als die zweite. Radialzelle am Ende abgestutzt. Gesicht schwarz. Weibchen mit langer, gelboranger Sammelbürste an den Hinterbeinen, die Haare fast doppelt so lang wie die Tibienbreite. Männchen mit großem, kubisch geformtem Kopf und schwarzem Clypeus. Bestimmung: Schmid-Egger & Scheuchl (1997), Amiet & al. (2010)
In Österreich 2 Arten (DE: 3, CH: 3)

**Biologie:** Zottelbienen nisten in selbst gegrabenen Gängen im Boden. Die heimischen Arten sind in den Sommermonaten aktiv und haben nur eine Generation pro Jahr. Alle Arten sind beim Pollensammeln auf Korbblütler (Asteraceae) spezialisiert und nutzen fast ausschließlich gelbblühende Arten der Unterfamilie Cichorioideae. Als Kuckucksbienen treten Wespenbienen (*Nomada*) auf.

***Panurgus banksianus***
**Große Zottelbiene,**
**Weibchen (l.)**
**Männchen (r.)**

***Panurgus calcaratus***
**Stumpfzähnige**
**Zottelbiene,**
**Männchen**

### *Panurgus banksianus* (Kirby, 1802)
### Große Zottelbiene

**Kennzeichen:** 10–12 mm. Mittelgroße Bienen, schwarz behaart. Abdomen des Weibchens mit gelbbrauner Endfranse. Aufgrund der bedeutenden Größe von den anderen *Panurgus*-Arten bereits im Feld zu unterscheiden.
**Pollenquellen:** nutzt fast ausschließlich Korbblütler (Asteraceae, insbesondere Cichorioideae), zum Nektartringen auch Schmetterlingsblütler (Fabaceae)
**Nestbau:** gräbt Erdnester
**Kuckucksbienen:** Wespenbiene *Nomada similis*
**Lebensräume:** Almwiesen, Waldsäume, Magerwiesen, vorwiegend in höheren Lagen
**Verbreitung:** Nachbarländer: DE, CH, IT, SL, HU, SK, CZ; Österreich: K, N, O, S, St, T, V
**Flugzeit:** VI bis VIII
**Häufigkeit:** mäßig häufig

### *Panurgus calcaratus* (Scopoli, 1763)
### Stumpfzähnige Zottelbiene

**Kennzeichen:** 7–9 mm. Körper vorwiegend schwarz behaart. Beine gelb behaart. Im Feld nicht von der in DE und der CH vorkommenden *Panurgus dentipes* zu unterscheiden.
**Pollenquellen:** oligolektisch auf gelbblühenden Korbblütlern (Asteraceae)
**Nestbau:** gräbt Erdnester, oft benutzen mehrere Weibchen denselben Eingang
**Kuckucksbienen:** Wespenbiene *Nomada fuscicornis*
**Lebensräume:** Waldsäume, Magerwiesen, Brachen, Ruderalstandorte, vom Flachland bis in die subalpine Region
**Verbreitung:** Nachbarländer: DE, CH, IT, SL, HU, SK, CZ; Österreich: alle Bundesländer
**Flugzeit:** VI bis IX
**Häufigkeit:** mäßig häufig

***Parammobatodes minutus***
**Zwerg-Kurzhorn-biene, Weibchen**

***Pasites maculatus***
**Gefleckte Kurzhorn-biene, Weibchen**

## *PARAMMOBATODES* und *PASITES* KURZHORNBIENEN

Die Gattungen *Ammobates, Pasites* und *Parammobatodes* sind eng miteinander verwandt. Aus diesem Grund herrschte über den systematischen Status der Gattungen lange Zeit Unklarheit.

**Kennzeichen:** Kleine Bienen, Körper gedrungen. Vorderflügel mit zwei Cubitalzellen, die erste etwas größer als die zweite. Bei *Parammobatodes* mündet die zweite Cubitalader in die zweite Discoidalader, bei *Pasites* knapp dahinter. Kopf und Brust vorwiegend schwarz. Hinterleib hellrot, zum Ende hin oft verdunkelt. Auf Brust und Hinterleib mit weißen Filzflecken. Fünftes Sternit der Weibchen in der hinteren Hälfte stark zusammengedrückt. Daraus ragen das stiftartige sechste Sternit und der Stachel hervor. Männchen von *Parammobatodes* mit 13 Fühlergliedern, bei *Pasites* nur mit 12. Bestimmung: Scheuchl (2000), Amiet & al. (2007)

In Österreich 2 (3) Arten (DE: 1, CH: 1).

**Biologie:** Kurzhornbienen sind in den Sommermonaten aktiv und haben nur eine Generation pro Jahr. *Parammobatodes* parasitiert bei Buntbienen (*Camptopoeum*), *Pasites* bei Schienenbienen (*Pseudapis*).

### ***Parammobatodes minutus*** (Mocsary, 1878)
### ***Parammobatodes schmidti*** Alfken, 1936
### Zwerg-Kurzhornbiene

**Synonym:** *Pasites minutus* (Mocsary, 1878)
**Kennzeichen:** 5–6 mm. Scutellum ist fast flach. Der Hinterleib an der Basis rot gefärbt, die Spitze dunkel. Die Tergite mit hellen Endrändern, aber ohne weiße Haarflecken.
**Lebensräume:** Trockenstandorte und Salzlebensräume, an denen ihre Wirtsarten größere Bestände haben. Zum Schlafen beißen sich beide Geschlechter mit ihren Mandibeln an Grashalmen oder anderen Pflanzenteilen fest.
**Wirte:** Buntbienen *Camptopoeum frontale* und *C. friesei.* Der Parasit von *Camptopoeum friesei* wurde als *Parammobatodes schmidti* Alfken, 1936 beschrieben. Die Eigenständigkeit dieser Art ist aber umstritten.
**Verbreitung:** in Mitteleuropa nur wenige Funde, Nachbarländer: HU, SK, Österreich: B, N
**Flugzeit:** VI bis VIII
**Häufigkeit:** sehr selten

### ***Pasites maculatus*** Jurine, 1807
### Gefleckte Kurzhornbiene

**Kennzeichen:** 6–8 mm. Scutellum stark zweihöckrig. Hinterleib und Beine größtenteils rot gefärbt. Tergite 2 und 3 mit vier weißen Haarflecken, Tergite 4 und 5 nur mit zwei.
**Lebensräume:** unterschiedliche Trockenstandorte, an denen ihre Wirtsarten größere Bestände haben. Zum Schlafen beißen sich beide Geschlechter mit ihren Mandibeln an Grashalmen oder anderen Pflanzenteilen fest.
**Wirte:** Schienenbiene *Pseudapis diversipes* und *P. femoralis*
**Verbreitung:** in Mitteleuropa nur wenige Funde; Nachbarländer: DE, CH, IT, SL, HU, SK, CZ, Österreich: B, N
**Flugzeit:** VI bis VIII
**Häufigkeit:** sehr selten

## *PSEUDAPIS*
## SCHIENENBIENEN

*Nomia* wird oft in mehrere Gattungen aufgeteilt, wobei die heimischen Arten zur Gattung *Pseudapis* gehören.

Kennzeichen: Kleine bis mittelgroße, schwarz gefärbte Bienen mit grober Punktierung. Tergite mit weißen Basalbinden und durchscheinenden, rötlich aufgehellten Endrändern. Durch die ungewöhnlich großen, hellen Flügelschuppen mit keiner anderen Bienengattung zu verwechseln. Männchen mit stark verdickten Hinterbeinen, die an der Unterseite dicht mit langen, weißen Schuppenhaaren besetzt sind. Bestimmung: Amiet & al. (1999)

In Österreich 2 Arten (DE: 1, CH: 1)

Biologie: Schienenbienen sind in den Sommermonaten aktiv und haben nur eine Generation pro Jahr. Sie graben an ebenen, vegetationsarmen Stellen Nester in die Erde. Für die Pollenernte nutzen sie ein breites Spektrum. Die Männchen haben ein ausgeprägtes Territorialverhalten und patrouillieren die Pollen- und Nektarquellen der Weibchen entlang duftmarkierter Flugbahnen ab. Zum Schlafen klammern sie sich häufig an Gräsern oder anderen Vegetationsstrukturen fest. Als Brutparasit tritt die Kurzhornbiene *Pasites maculatus* auf.

***Pseudapis diversipes***
**Schmallappige Schienenbiene, Weibchen**

***Pseudapis diversipes***
**Schmallappige Schienenbiene, Männchen**

### *Pseudapis diversipes* (Latreille, 1806)
### Schmallappige Schienenbiene

Synonyme: *Nomiapis diversipes* (Latreille, 1806) = *Nomia diversipes* (Latreille, 1806)
Kennzeichen: 7–8 mm. Da die zweite aus Österreich bekannte *Pseudapis*-Art seit vielen Jahrzehnten verschollen ist, unverwechselbar: Weibchen mit großen, hell gefärbten Flügelschuppen. Männchen mit stark verdickten Hinterschenkeln, die unterseits dicht mit langen, weißen Schuppenhaaren besetzt sind.
Pollenquellen: polylektisch
Nestbau: auf schütter bewachsenen Standorten
Lebensräume: unterschiedliche Trockenstandorte, Ruderalbereiche
Kuckucksbienen: Kurzhornbiene *Pasites maculatus*
Verbreitung: Nachbarländer: DE, CH, IT, SL, HU, SK, CZ; Österreich: B, N, W; Hat sich während der Jahre in Ostösterreich wieder ausgebreitet, nachdem sie zuvor jahrzehntelang völlig verschwunden war.
Flugzeit: VI bis IX
Häufigkeit: selten

***Pseudapis diversipes***
**Schmallappige Schienenbiene, Paarung**

***Rhophitoides canus***
**Luzerne-Graubiene, Männchen**

***Rhophitoides canus***
**Luzerne-Graubiene, Männchen**

**Unterscheidung von *Rhophitoides*- und *Rophites*-Weibchen:**

***Rhophitoides canus:*** **keine Dornen (l.)**

***Rophites hartmanni:*** **bis zu 6 Dornen auf der Stirn (r.)**

***Rophites algirus:*** **viele Dornen in mehreren Reihen auf der Stirn (l.)**

***Rophites quinquespinosus:*** **viele Dornen auf der Stirn und am Clypeus (r.)**

## *RHOPHITOIDES* GRAUBIENE

**Kennzeichen:** Kleine, braunschwarze Bienen mit hellen Haarbinden auf den Tergitenden. Vorderflügel mit zwei Cubitalzellen. Weibchen an den Hinterbeinen mit Sammelbürsten. In Mitteleuropa gibt es nur eine Art, die von einigen Autoren als Untergattung zu *Rophites* gestellt wird. Im Gegensatz zur letzteren fehlen den Weibchen von *Rhophitoides* Stacheln auf der Stirn. Bei den Männchen sind die Geißelglieder etwa so lange wie breit. Bestimmung: Amiet & al. (1999)

In Österreich 1 Art (DE: 1, CH: 1)

**Biologie:** Graubienen sind in den Sommermonaten aktiv und haben nur eine Generation pro Jahr. Sie graben an ebenen, vegetationsarmen Stellen Nester in die Erde. An günstigen Stellen findet man oft Kolonien. Graubienen sammeln den Pollen ausschließlich auf Schmetterlingsblütlern (Fabaceae).

### *Rhophitoides canus* (Eversmann, 1852) Luzerne-Graubiene

**Kennzeichen:** 7–8 mm. Erinnert an *Rophites*. Weibchen aber ohne Stacheln auf der Stirn und Männchen mit kürzeren Fühlern. Dank der engen Bindung an die Futterpflanze im Feld anzusprechen.
**Pollenquellen:** oligolektisch, sammelt auf Schmetterlingsblütlern (Fabaceae), insbesondere auf Luzerne (*Medicago sativa*), Sichelklee (*Medicago falcata*) und Hornklee (*Lotus*)
**Nestbau:** gräbt Erdnester
**Kuckucksbienen:** unbekannt
**Lebensräume:** unterschiedliche Trockenstandorte, Waldsäume, Ruderalstandorte, Weingärten
**Verbreitung:** Nachbarländer: DE, CH, IT, SL, HU, SK, CZ; Österreich: B, K, N, O, St, T, W
**Flugzeit:** VI bis VIII
**Häufigkeit:** selten

## *ROPHITES*
## SCHLÜRFBIENEN

**Kennzeichen:** Kleine Bienen mit breiten hellen Endbinden auf den Tergiten. Vorderflügel mit zwei Cubitalzellen. Weibchen an den Hinterbeinen mit Sammelbürste. Stirn mit mehreren Stacheln, die zur Pollenernte eingesetzt werden. Charakteristisch sind auch der stark vorgewölbte Clypeus und der tief liegende Fühleransatz. Männchen mit schlankem Körperbau und langen Fühlern, Fühlerglieder länglich. Bestimmung: AMIET & al. (1999), EBMER & SCHWAMMBERGER (1986)

In Österreich 3 Arten (DE: 2, CH: 3)

**Biologie:** Schlürfbienen sind in den Sommermonaten aktiv und haben nur eine Generation pro Jahr. Sie graben an ebenen, vegetationsarmen Stellen Nester in die Erde. An günstigen Stellen findet man oft Kolonien. Schlürfbienen sammeln den Pollen auf Lippenblütlern (Lamiaceae), insbesondere auf Ziest (*Stachys*) und Schwarznessel (*Ballota*).

### *Rophites algirus* PÉREZ, 1895
### Frühe Ziest-Schlürfbiene

**Kennzeichen:** 8–10 mm. Weibchen mit zahlreichen Stacheln auf der Stirn, die in drei oder vier Reihen angeordnet sind. Clypeus locker behaart, ohne Stacheln. Im Feld nicht von anderen *Rophites*-Arten unterscheidbar, ein schwaches Indiz bildet aber der frühe Flugzeitpunkt bis etwa Mitte Juni.
**Pollenquellen:** oligolektisch, sammelt auf Ziest (*Stachys*), meist Aufrechter Ziest (*Stachys recta*)
**Nestbau:** gräbt Erdnester
**Kuckucksbienen:** Kraftbiene *Biastes emarginatus*
**Lebensräume:** unterschiedliche Trockenstandorte, Waldsäume, Ruderalstandorte, Weingärten
**Verbreitung:** Nachbarländer: DE, CH, IT, SL, HU, SK, CZ; Österreich: B, N, O, St?, W
**Flugzeit:** VI bis VII
**Häufigkeit:** selten

***Rophites algirus***
**Frühe Ziest-Schlürfbiene, Weibchen**

***Rophites algirus***
**Frühe Ziest-Schlürfbiene, Weibchen**

***Rophites algirus***
**Frühe Ziest-Schlürfbiene, Männchen**

***Rophites hartmanni*** **Östliche Schlürfbiene, Weibchen**

## *Rophites hartmanni* Friese, 1902
## Östliche Schlürfbiene

Kennzeichen: 7–8 mm. Weibchen mit etwa 6 Stacheln auf der Stirn. Im Feld nicht von anderen *Rophites*-Arten unterscheidbar, ein schwaches Indiz bildet aber der spätere Flugzeitpunkt ab etwa Ende Juni.
Pollenquellen: oligolektisch, sammelt auf Lippenblütlern (Lamiaceae), Vorliebe für Schwarznessel (*Ballota nigra*)
Nestbau: gräbt Erdnester
Kuckucksbienen: vermutlich Kraftbiene *Biastes emarginatus*
Lebensräume: unterschiedliche Trockenstandorte, Ruderalstandorte, Böschungen
Verbreitung: Nachbarländer: HU, SK, CZ; Österreich: B, N, O, St?, W;
Flugzeit: VI bis IX
Häufigkeit: selten

***Rophites hartmanni*** **Östliche Schlürfbiene, Männchen (l.)**

***Rophites quinquespinosus*** **Späte Ziest-Schlürfbiene, Männchen (r.)**

## *Rophites quinquespinosus* Spinola, 1808
## Späte Ziest-Schlürfbiene

Kennzeichen: 8–10 mm. Weibchen mit zahlreichen Stacheln auf der Stirn, die in drei oder vier Reihen angeordnet sind. Clypeus bürstenartig dicht behaart, mit Stacheln. Im Feld nicht von anderen *Rophites*-Arten unterscheidbar, ein schwaches Indiz bildet aber der späte Flugzeitpunkt ab etwa Ende Juni.
Pollenquellen: oligolektisch, sammelt auf Lippenblütlern (Lamiaceae), Vorliebe für Schwarznessel (*Ballota nigra*)
Nestbau: gräbt Erdnester
Kuckucksbienen: Kraftbiene *Biastes emarginatus*
Lebensräume: unterschiedliche Trockenstandorte, Ruderalstandorte, Böschungen, Weingärten
Verbreitung: Nachbarländer: DE, CH, IT, SL, HU, SK, CZ; Österreich: B, K, N, O, S?, St, T, W
Flugzeit: VI bis VIII
Häufigkeit: selten

***Rophites quinquespinosus*** **Späte Ziest-Schlürfbiene, Weibchen**

***Sphecodes albilabris***
**Riesen-Blutbiene, Weibchen**

## *SPHECODES* BLUTBIENEN

Kennzeichen: Kleine, mittelgroße und große Bienen. Durch den wenig behaarten schwarzen Kopf und Thorax sowie das fast kahle, meist überwiegend rote Abdomen recht auffällige Bienen (wenige Arten zur Gänze schwarz). Vorderflügel mit drei Cubitalzellen, Basalader stark gebogen. Weibchen ohne Sammelbürsten. Männchen mit Filzflecken an den knotigen Fühlergliedern. Bestimmung: Amiet & al. (1999), Bogusch & Straka (2012)

In Österreich 27 Arten (DE: 25, CH: 29)

Biologie: Blutbienen sind Kuckucksbienen von Furchenbienen (*Halictus* und *Lasioglossum*), Sandbienen (*Andrena*) und Seidenbienen (*Colletes*). Die meisten Männchen und Weibchen schlüpfen im Frühsommer und paaren sich kurze Zeit später. Bis zum Herbst sterben die Männchen. Die Weibchen hingegen überwintern im Boden und leben noch bis zum Juni des folgenden Jahres. Nur wenige, im Frühjahr schlüpfende Arten haben einen abweichenden Lebenszyklus ohne Überwinterung als Imago. Blutbienen suchen die Nester solitärer Bienen dann auf, wenn diese nicht anwesend sind. Nur bei sozialen Wirtsarten ist das Eindringen erst nach der Überwältigung der Wächterbiene möglich. Dabei wird diese oft totgestochen. Im Nest sucht die Blutbiene eine verschlossene Zelle, öffnet diese, frisst das Ei oder die Larve, legt ein eigenes Ei ab und verschließt die Zelle wieder.

***Sphecodes albilabris***
Riesen-Blutbiene,
Weibchen

***Sphecodes ephippius***
Gewöhnliche
Blutbiene,
Weibchen

***Sphecodes ferruginatus***
Rostfarbene
Blutbiene,
Weibchen

## *Sphecodes albilabris* (Fabricius, 1793)
## Riesen-Blutbiene

**Kennzeichen:** 11–15 mm. Mesonotum dicht punktiert. Aufgrund der bedeutenden Größe, der dichten Punktierung am Thorax und des fast zur Gänze rot gefärbten Hinterleibs unverwechselbar und bereits im Feld erkennbar.
**Lebensräume:** weites Lebensraumspektrum. Vom Tiefland bis in mittlere Lagen.
**Wirte:** Seidenbiene *Colletes cunicularius*, vermutlich auch die Furchenbienen *Halictus sexcinctus*, *H. quadricinctus* und angeblich auch die Schwebebiene *Melitturga clavicornis*
**Verbreitung:** Nachbarländer: DE, CH, IT, SL, HU, SK, CZ; Österreich: B, K, N, O, St, T, V, W
**Flugzeit:** Weibchen von III bis VIII, Männchen von VII bis X
**Häufigkeit:** häufig

## *Sphecodes ephippius* (Linnaeus, 1767)
## Gewöhnliche Blutbiene

**Kennzeichen:** 6–9 mm. Im Feld nicht von anderen *Sphecodes*-Arten unterscheidbar.
**Lebensräume:** weites Lebensraumspektrum. Vom Tiefland bis in mittlere Lagen.
**Wirte:** breites Wirtsspektrum aus den Gattungen Schmal-, Furchen- und Sandbienen (*Lasioglossum*, *Halictus* und *Andrena*)
**Verbreitung:** Nachbarländer: DE, CH, IT, SL, HU, SK, CZ; Österreich: alle Bundesländer
**Flugzeit:** Weibchen von III bis VIII, Männchen von VII bis X
**Häufigkeit:** häufig

## *Sphecodes ferruginatus* Hagens, 1882
## Rostfarbene Blutbiene

**Kennzeichen:** 6–9 mm. Im Feld nicht von anderen mittelgroßen *Sphecodes*-Arten unterscheidbar.
**Lebensräume:** weites Lebensraumspektrum. Vom Tiefland bis in höhere Lagen.
**Wirte:** *Lasioglossum morio, L. leucopus* und *L. nitidiusculum*

***Sphecodes gibbus***
**Buckel-Blutbiene, Weibchen (l., r.)**

***Sphecodes majalis***
**Mai-Blutbiene, Weibchen (l., r.)**

**Verbreitung:** Nachbarländer: DE, CH, IT, SL, HU, SK, CZ; Österreich: alle Bundesländer
**Flugzeit:** Weibchen und Männchen von V bis VII
**Häufigkeit:** selten

### *Sphecodes gibbus* (Linnaeus, 1758) Buckel-Blutbiene

**Kennzeichen:** 7–13 mm. Mesonotum spärlich punktiert. Im Feld nicht von anderen großen *Sphecodes*-Arten unterscheidbar.
**Lebensräume:** weites Lebensraumspektrum. Vom Tiefland bis in höhere Lagen.
**Wirte:** Furchenbienen *Halictus quadricinctus*, *H. rubicundus*, *H. sexcinctus* und *H. simplex*
**Verbreitung:** Nachbarländer: DE, CH, IT, SL, HU, SK, CZ; Österreich: alle Bundesländer
**Flugzeit:** Weibchen von IV bis X, Männchen von VII bis X
**Häufigkeit:** mäßig häufig

### *Sphecodes majalis* Pérez, 1903 Mai-Blutbiene

**Kennzeichen:** 8–9 mm. Gesicht auffällig queroval. Clypeus des Weibchens kurz und an der Unterseite konkav. Im Feld nur schwer von anderen *Sphecodes*-Arten unterscheidbar, da die Form des Clypeus nur mit Lupe sichtbar ist.
**Lebensräume:** südexponierte Waldsäume und Auwiesen, vorwiegend im Tief- und Hügelland
**Wirte:** Schmalbiene *Lasioglossum pallens*
**Verbreitung:** Nachbarländer: DE, CH, IT, SL, HU, SK, CZ; Österreich: K, N, O, St
**Flugzeit:** Weibchen und Männchen von IV bis V
**Häufigkeit:** sehr selten

***Sphecodes monilicornis***
**Dickkopf-Blutbiene, Weibchen (l., r.)**

***Sphecodes pellucidus***
**Sand-Blutbiene, Weibchen (l., r.)**

## *Sphecodes monilicornis* (Kirby, 1802) Dickkopf-Blutbiene

**Kennzeichen:** 7–10 mm. Kopf des Weibchens bullig, Gesicht rundlich, innere Augenränder parallel. Weibchen im Feld aufgrund der Kopfform erkennbar.
**Lebensräume:** weites Lebensraumspektrum. Vom Tiefland bis in höhere Lagen.
**Wirte:** mehrere Arten aus den Gattungen Schmal-, Furchen- und Sandbienen (*Lasioglossum, Halictus* und *Andrena)*
**Verbreitung:** Nachbarländer: DE, CH, IT, SL, HU, SK, CZ; Österreich: alle Bundesländer
**Flugzeit:** Weibchen von III bis X, Männchen von V bis X
**Häufigkeit:** häufig

## *Sphecodes pellucidus* Smith, 1845 Sand-Blutbiene

**Kennzeichen:** 8–10 mm. Im Feld nicht von anderen mittelgroßen *Sphecodes*-Arten unterscheidbar.
**Lebensräume:** weites Lebensraumspektrum, häufig in Sandlebensräumen. Vom Tiefland bis in höhere Lagen.
**Wirte:** Sandbienen *Andrena barbilabris, A. nycthemera* und vermutlich einige weitere Sand- und Schmalbienen (*Andrena* und *Lasioglossum*)
**Verbreitung:** Nachbarländer: DE, CH, IT, SL, HU, SK, CZ; Österreich: alle Bundesländer
**Flugzeit:** Weibchen von IV bis VIII, Männchen von VI bis IX
**Häufigkeit:** häufig

***Sphecodes reticulatus***
**Netz-Blutbiene,**
**Weibchen (l., r.)**

***Sphecodes spinulosus***
**Rotdornige Blutbiene,**
**Männchen (l.)**
**Weibchen (r.)**

## *Sphecodes reticulatus* THOMSON, 1870
## Netz-Blutbiene

**Kennzeichen:** 7–10 mm. Netzförmige Skulptur auf den hinteren Thorax-Seitenflächen. Im Feld nicht von anderen mittelgroßen *Sphecodes*-Arten unterscheidbar.
**Lebensräume:** vorwiegend in Sandlebensräumen. Vom Tiefland bis in mittlere Lagen.
**Wirte:** Sandbienen *Andrena argentata* und *A. barbilabris* sowie vermutlich noch weitere Sand- und Schmalbienen (*Andrena* und *Lasioglossum*)
**Verbreitung:** Nachbarländer: DE, CH, IT, SL, HU, SK, CZ; Österreich: alle Bundesländer
**Flugzeit:** Weibchen von IV bis IX, Männchen von VII bis X
**Häufigkeit:** mäßig häufig

## *Sphecodes spinulosus* HAGENS, 1875
## Rotdornige Blutbiene

**Kennzeichen:** 10–11 mm. Scheitel durch eine aufgewölbte Kante begrenzt. Fühler des Weibchens auffallend lang. Im Feld dadurch von anderen *Sphecodes*-Arten unterscheidbar.
**Lebensräume:** unterschiedliche Trockenstandorte, vorwiegend im Tief- und Hügelland
**Wirte:** Schmalbiene *Lasioglossum xanthopus*
**Verbreitung:** Nachbarländer: DE, CH, IT, SL, HU, SK, CZ; Österreich: B, N, W
**Flugzeit:** Weibchen und Männchen von V bis VII
**Häufigkeit:** selten

***Stelis nasuta***
**Rotfleckige Düsterbiene, Weibchen**

## *STELIS* DÜSTERBIENE

**Kennzeichen:** Kleine bis mittelgroße Bienen. Körper gedrungen. Färbung ausschließlich schwarz oder schwarz mit ausgedehnter gelber bzw. weißer Zeichnung. Meist wenig behaart. Vorderflügel mit zwei Cubitalzellen. Die zweite Discoidalader trifft auf die zweite Cubitalquerader oder mündet dahinter. Klauen der Beine mit Haftlappen. Weibchen ohne Sammelbürste. Männchen am Ende des vierten Sternits mit einem schmalen, schwarzen Borstenkamm. Bestimmung: Amiet & al. (2004), Scheuchl (2006)

In Österreich 10 Arten (DE: 10, CH: 11)

**Biologie:** Alle Arten sind Kuckucksbienen, die bei Woll- und Harzbienen (*Anthidium, Anthidiellum, Rhodanthidium*), Scherenbienen (*Chelostoma*), Löcherbienen (*Heriades*), Mauerbienen (*Osmia, Hoplitis, Hoplosmia*) und Steinbienen (*Lithurgus*) parasitieren. Das Ei wird normalerweise im Pollenvorrat der Wirtszelle versteckt. Bei *Stelis nasuta* können sich mehrere Larven in der gleichen Zelle entwickeln. Die Larven spinnen zur Verpuppung einen Kokon, der am Ende eine charakteristische zapfenförmige Spitze aufweist. Nur eine Generation pro Jahr.

***Stelis breviuscula***
**Kurze Düsterbiene, Männchen (l.) Weibchen (r.)**

***Stelis breviuscula***
**Kurze Düsterbiene, Männchen (l.)**

***Stelis minuta***
**Zwerg-Düsterbiene, Weibchen in einem Stängel mit *Ceratina cucurbitina* (Schlafgemeinschaft) (r.), Detailansicht (Mitte)**

## *Stelis breviuscula* (Nylander, 1848) Kurze Düsterbiene

**Kennzeichen:** 5–6 mm. Körper des Weibchens schwarz, Behaarung weiß, Tergite mit feinen Endbinden. Alle Weibchen der Gattung *Stelis* ohne Bauchbürste, sehr ähnlich dem Männchen! Im Feld nicht von *Stelis odontopyga* unterscheidbar.
**Wirte:** Löcherbienen *Heriades crenulatus, H. truncorum* und *H. rubicola*
**Lebensräume:** unterschiedliche Trockenstandorte mir Gebüschen, wärmebegünstigte Waldsäume, Hecken
**Verbreitung:** Nachbarländer: DE, CH, IT, SL, HU, SK, CS; Österreich: B, K, N, O, St, T, V
**Flugzeit:** V–IX
**Häufigkeit:** mäßig häufig bis selten

## *Stelis minuta* Lepeletier & Serville, 1828 Zwerg-Düsterbiene

**Kennzeichen:** 5–8 mm. Körper schwarz, Tergite 1–2 seitlich kleine weißen Flecken. Alle Weibchen der Gattung *Stelis* ohne Bauchbürste, sehr ähnlich dem Männchen! Im Feld nicht von ähnlichen *Stelis*-Arten (*Stelis minima*) unterscheidbar.
**Wirte:** Mauerbienen *Hoplitis leucomelana, H. claviventris, Osmia gallarum* und die Scherenbiene *Chelostoma rapunculi*
**Lebensräume:** wärmebegünstigte Waldsäume, Lichtungen, Magerwiesen und Trockenstandorte
**Verbreitung:** Süd-, Mittel- und Nordeuropa
Österreich: B, K, N, O, S, St, T; Nachbarländer: DE, CH, IT, SL, HU, SK, CS
**Flugzeit:** VI–IX
**Häufigkeit:** selten

***Stelis nasuta***
**Rotfleckige Düsterbiene, Weibchen (l., r.)**

***Stelis odontopyga***
**Schneckenhaus-Düsterbiene, Weibchen (l.) Männchen (r.)**

## *Stelis nasuta* (Latreille, 1809) Rotfleckige Düsterbiene

**Kennzeichen:** 5–8 mm. Körper schwarz, Tergite 1–4 mit jeweils vier weißen Flecken, Tergit 5 mit zwei weißen Flecken, Beine rot. Alle Weibchen der Gattung *Stelis* ohne Bauchbürste, sehr ähnlich dem Männchen! Im Feld durch die charakteristische Zeichnung von anderen *Stelis*-Arten leicht unterscheidbar.
**Wirte:** Mörtelbienen *Megachile parietina* und *M. pyrenaica*
**Lebensräume:** unterschiedliche Trockenstandorte mit Felsstrukturen, Steinbrüche
**Verbreitung:** Nachbarländer: DE, CH, IT, SL, HU, SK, CS; Österreich: N, St?, T, V
**Flugzeit:** V–VIII
**Häufigkeit:** sehr selten

## *Stelis odontopyga* Noskiewicz, 1926 Schneckenhaus-Düsterbiene

**Kennzeichen:** 6–8 mm. Körper schwarz. Endränder der Tergite heben sich nicht oder nur unwesentlich ab. Behaarung dicht und kurz. Alle Weibchen der Gattung *Stelis* ohne Bauchbürste, sehr ähnlich dem Männchen! Im Feld nicht von *Stelis breviuscula* unterscheidbar. Hält sich aber oft in der Nähe von Schneckenschalen auf.
**Wirte:** Mauerbiene *Hoplosmia spinulosa*
**Lebensräume:** unterschiedliche Trockenstandorte, wärmebegünstigte Waldsäume
**Verbreitung:** Nachbarländer: DE, CH, IT, SL, HU, SK, CS; Österreich: B, K, N, O?, W
**Flugzeit:** V–VIII
**Häufigkeit:** selten

***Stelis ornatula***
**Stängel-Düsterbiene, Weibchen (l., r.)**

***Stelis punctulatissima***
**Stängel-Düsterbiene, Weibchen (l., r.)**

## *Stelis ornatula* (Klug, 1807) Stängel-Düsterbiene

**Kennzeichen:** 6–7 mm. Körper schwarz, vordere drei Tergite seitlich weiß gefleckt. Alle Weibchen der Gattung *Stelis* ohne Bauchbürste, sehr ähnlich dem Männchen! Im Feld durch die charakteristische Zeichnung von anderen *Stelis*-Arten unterscheidbar.
**Wirte:** Wollbiene *Anthidium nanum* und die Mauerbienen *Hoplitis acuticornis, H. claviventris, H. leucomelana, H. tridentata* und *Osmia caerulescens*
**Lebensräume:** unterschiedliche Trockenstandorte, wärmebegünstigte Waldsäume
**Verbreitung:** Nachbarländer: DE, CH, IT, SL, HU, SK, CS; Österreich: B, K, N, O, S, St, T, V
**Flugzeit:** IV–VIII
**Häufigkeit:** selten

## *Stelis punctulatissima* (Kirby, 1802) Stängel-Düsterbiene

**Kennzeichen:** 8–11 mm. Körper schwarz, Endränder der Tergite weißlich durchscheinend. Alle Weibchen der Gattung *Stelis* ohne Bauchbürste, sehr ähnlich dem Männchen! Im Feld von anderen heimischen *Stelis*-Arten gut unterscheidbar.
**Wirte:** Wollbienen *Anthidium manicatum, A. oblongatum* und *A. nanum*, vermutlich auch die Mauerbienen *Osmia leaiana, O. niveata* und *O. brevicornis*
**Lebensräume:** unterschiedliche Trockenstandorte, wärmebegünstigte Waldsäume
**Verbreitung:** Nachbarländer: DE, CH, IT, SL, HU, SK, CS; Österreich: alle Bundesländer
**Flugzeit:** V–VIII
**Häufigkeit:** mäßig häufig bis selten

## *Stelis signata* (Latreille, 1809)
## Stängel-Düsterbiene

**Kennzeichen:** 6–7 mm. Tergite mit ausgedehnter gelber Zeichnung. Alle Weibchen der Gattung *Stelis* ohne Bauchbürste, sehr ähnlich dem Männchen! Ähnliche Zeichnung wie der Wirt *Anthidiellum strigatum*. Im Feld von dadurch von anderen *Stelis*-Arten gut unterscheidbar.
**Wirte:** Wollbiene *Anthidiellum strigatum*
**Lebensräume:** unterschiedliche Trockenstandorte, Magerrasen, wärmebegünstigte Waldsäume
**Verbreitung:** Nachbarländer: DE, CH, IT, SL, HU, SK, CS; Österreich: B, K, N, O, St, T, V
**Flugzeit:** VI–VIII
**Häufigkeit:** selten

***Stelis signata***
**Stängel-Düsterbiene, Weibchen**

***Stelis signata***
**Stängel-Düsterbiene, Weibchen**

***Stelis signata***
**Stängel-Düsterbiene, Männchen**

***Systropha curvicornis***
**Kleine Spiralhorn-biene, Männchen**

## *SYSTROPHA* SPIRALHORNBIENE

Kennzeichen: Mittelgroße, schwarze Bienen. Körper locker behaart, ohne helle Haarbinden am Hinterleib. Vorderflügel mit drei Cubitalzellen, die mittlere ist deutlich kleiner als die beiden anderen. Weibchen mit auffallend kleinem Kopf und kurzen Fühlern. Die Männchen sind durch die zu einem Dreieck gewinkelten Fühlerenden unverwechselbar. Bestimmung: Amiet & al. (1999)

In Österreich 2 Arten (DE: 2, CH: 2)

Biologie: Spiralhornbienen sind im Frühsommer aktiv und haben nur eine Generation pro Jahr. Sie sammeln den Pollen ausschließlich auf Winden, besonders auf der Ackerwinde (*Convolvulus arvensis*). Der Pollen wird mit der Sammelbürste auf den Hinterbeinen und durch spezielle Haare auf der Ober- und Unterseite des Abdomens transportiert. Die Nester werden auf lückigen Standorten in den Boden gegraben. Die Männchen sind zum Nektartrinken oft auf Disteln und anderen Pflanzen anzutreffen. Als Kuckucksbiene tritt die Kraftbiene *Biastes brevicornis* auf.

***Systropha curvicornis*** **Kleine Spiralhornbiene, Weibchen (l.) Männchen (r.)**

***Systropha planidens*** **Große Spiralhornbiene, Weibchen (l.) Männchen (r.)**

## *Systropha curvicornis* (Scopoli, 1770) Kleine Spiralhornbiene

**Kennzeichen:** Weibchen 8–9 mm, Männchen 10–11. Fühlerglied 3 des Weibchens etwa so lang wie 4 und 5 zusammen. Im Feld nicht sicher von *Systropha planidens* unterscheidbar.
**Pollenquellen:** oligolektisch auf Winden (*Convolvulus*), zur Nektarsuche manchmal auf Disteln
**Nestbau:** legt auf offenen Bodenstellen Erdnester an, gelegentlich in kleineren Gruppen
**Kuckucksbiene:** *Biastes brevicornis*
**Lebensräume:** unterschiedliche Trockenstandorte, Ruderalstandorte, Ackerbrachen, Weingärten
**Verbreitung:** Nachbarländer: DE, CH, IT, SL, HU, SK, CZ; Österreich: B, N, St, W
**Flugzeit:** VI–VIII
**Häufigkeit:** selten

## *Systropha planidens* Giraud, 1861 Große Spiralhornbiene

**Kennzeichen:** Weibchen 10–11 mm, Männchen 11–12 mm. Fühlerglied 3 des Weibchens deutlich kürzer als 4 und 5 zusammen. Im Feld nicht sicher von *Systropha curvicornis* unterscheidbar.
**Pollenquellen:** oligolektisch auf Winden (*Convolvulus*), zur Nektarsuche manchmal auf Disteln
**Nestbau:** legt an offenen Bodenstellen Erdnester an, gelegentlich in kleineren Gruppen
**Kuckucksbiene:** *Biastes brevicornis*
**Lebensräume:** unterschiedliche Trockenstandorte, Ruderalstandorte, Ackerbrachen, Weingärten
**Verbreitung:** Nachbarländer: DE, CH, IT, SL, HU, SK, CZ; Österreich: B, N, W
**Flugzeit:** VI–VIII
**Häufigkeit:** selten

***Tetralonia dentata***
**Flockenblumen-Langhornbiene: ein Weibchen und zwei Männchen vom Schlechtwetter überrascht**

## *TETRALONIA, TETRALONIELLA* LANGHORNBIENEN

Die europäischen Langhornbienen wurden ursprünglich in die Gattungen *Eucera* und *Tetralonia* unterteilt, wobei *Tetralonia* alle Arten mit drei, *Eucera* alle Arten mit zwei Cubitalzellen umfassten.

In jüngerer Zeit wurden beide Gattungen weiter aufgeteilt – *Eucera* in *Eucera* und *Cubitalia*; *Tetralonia* in *Tetralonia*, *Tetraloniella* und *Synhalonia*, wobei letztere als Untergattung zu *Eucera* gestellt wird (Michener 2000).

Kennzeichen: Kleine bis mittelgroße Bienen mit breitem Hinterleib. Punktaugen fast auf einer Linie. Vorderflügel mit drei Cubitalzellen, die erste und dritte etwa gleich groß, manchmal alle drei. Radialzelle zugespitzt, die Spitze vom Flügelrand entfernt. Abdomen mit Filzbinden oder zum Teil ganz von Filzhaaren bedeckt. Hinterbeine mit langen Sammelhaaren. Männchen mit extrem langen Fühlern, daher der Name „Langhornbiene". Clypeus bei vielen Arten hell gefärbt. Bestimmung: Scheuchl (2000), Amiet & al. (2007)

In Österreich 10 Arten (DE: 4, CH: 8)

Biologie: Die Arten sind in den Sommermonaten aktiv und haben eine Generation pro Jahr. Die Nester werden im Boden angelegt. Fast alle Langhornbienen sind beim Pollensammeln auf bestimmte Pflanzen spezialisiert. Als Kuckucksbiene treten bei einigen Arten die Filzbiene *Triepeolus tristis* und die Sandgängerbiene *Ammobates vinctus* auf.

***Tetraloniella alticincta*** **Flohkraut-Langhornbiene, Weibchen (l.) Männchen (r.)**

***Tetralonia dentata*** **Flockenblumen-Langhornbiene, Weibchen (l.) Männchen (r.)**

## *Tetraloniella alticincta* (Lepeletier, 1841) Flohkraut-Langhornbiene

**Kennzeichen:** 8–10 mm. Fühlergeißeln gelbrot gefärbt. Der spezialisierte Blütenbesuch und die Bindung an feuchte bis mäßig feuchte Gebiete sind weitere wichtige Indizien für die Erkennung im Feld.
**Pollenquellen:** oligolektisch, sammelt auf Alant-Arten (*Inula*) und Flohkraut (*Pulicaria*)
**Nestbau:** an schütter bewachsenen Bodenstellen
**Kuckucksbienen:** Sandgängerbiene *Ammobates vinctus*
**Lebensräume:** Feuchtgebiete, Ufersäume, Auwiesen, Salzlebensräume
**Verbreitung:** Nachbarländer: DE, CH, IT, SL, HU, SK, CZ; Österreich: B, N
**Flugzeit:** VIII–IX
**Häufigkeit:** selten

## *Tetraloniella dentata* (Germar, 1839) Flockenblumen-Langhornbiene

**Kennzeichen:** 13–15 mm. Die bedeutende Größe, der spezialisierte Blütenbesuch und die Bindung an Trockenstandorte sind wichtige Indizien für die Erkennung im Feld.
**Pollenquellen:** oligolektisch, sammelt auf Korbblütlern (Asteraceae) der Unterfamilie Carduoideae (Flockenblumen und Disteln)
**Nestbau:** an schütter bewachsenen Bodenstellen
**Kuckucksbienen:** Sandgängerbiene *Ammobates vinctus* und Filzbiene *Triepeolus tristis*
**Lebensräume:** unterschiedliche Trockenstandorte
**Verbreitung:** Nachbarländer: DE, CH, IT, SL, HU, SK, CZ; Österreich: B, N, W
**Flugzeit:** VI–VIII
**Häufigkeit:** mäßig häufig bis selten, Bestand zunehmend

***Tetraloniella fulvescens***
**Braungelbe Langhornbiene, Männchen (l.) Weibchen (r.)**

***Tetraloniella inulae***
**Alant-Langhornbiene, Männchen (l.) Weibchen (r.)**

### *Tetraloniella fulvescens* Giraud, 1863
### Braungelbe Langhornbiene

**Kennzeichen:** 10–12 mm. Fühlergeißeln dunkel. Der spezialisierte Blütenbesuch und die Bindung an Trockenstandorte sind wichtige Indizien für die Erkennung, im Feld jedoch nicht sicher von *Tetraloniella inulae* unterscheidbar.
**Pollenquellen:** oligolektisch, sammelt auf Korbblütlern (Asteraceae), insbesondere Alant-Arten (*Inula*)
**Nestbau:** an schütter bewachsenen Bodenstellen
**Kuckucksbienen:** Sandgängerbiene *Ammobates vinctus*
**Lebensräume:** unterschiedliche Trockenstandorte
**Verbreitung:** Nachbarländer: CH, IT, SL, HU, SK, CZ; Österreich: B, K, N, W
**Flugzeit:** VI–VIII
**Häufigkeit:** mäßig häufig

### *Tetraloniella inulae* Tkalců, 1979
### Alant-Langhornbiene

**Kennzeichen:** 8–10 mm. Fühlergeißeln unten rotbraun (dunkel). Der spezialisierte Blütenbesuch und die Bindung an Trockenstandorte sind wichtige Indizien für die Erkennung, im Feld jedoch nicht sicher von *Tetraloniella alticincta* und *fulvescens* unterscheidbar.
**Pollenquellen:** oligolektisch, sammelt auf Korbblütlern (Asteraceae), insbesondere Alant-Arten (*Inula*)
**Nestbau:** an schütter bewachsenen Bodenstellen
**Kuckucksbienen:** vermutlich die Sandgängerbiene *Ammobates vinctus*
**Lebensräume:** unterschiedliche Trockenstandorte
**Verbreitung:** Nachbarländer: CH, IT, SL, HU, SK, CZ; Österreich: B, K, N
**Flugzeit:** VI–VIII
**Häufigkeit:** sehr selten

***Tetraloniella malvae***
**Malven-Langhornbiene, Weibchen (l.) Männchen (r.)**

***Tetraloniella nana***
**Zwerg-Langhornbiene, Weibchen (l.) Männchen (r.o., r.u.)**

## *Tetralonia malvae* (Rossi, 1790) Malven-Langhornbiene

Synonym: *Tetralonia macroglossa* (Illiger, 1806)
**Kennzeichen:** 11–13 mm. Tergite 2 bis 4 des Weibchens sind jeweils an der Basis und am Rand hell befilzt, dazwischen dunkel. Der spezialisierte Blütenbesuch und die Bindung an Trockenstandorte sind wichtige Indizien für die Erkennung.
**Pollenquellen:** oligolektisch, sammelt auf Malvengewächsen (Malvaceae)
**Nestbau:** an schütter bewachsenen Bodenstellen
**Kuckucksbienen:** Filzbiene *Triepeolus tristis*
**Lebensräume:** unterschiedliche Trockenstandorte, trockene Ruderalstandorte
**Verbreitung:** Nachbarländer: DE, CH, IT, SL, HU, SK, CZ; Österreich: B, N, W
**Flugzeit:** VI–VIII
**Häufigkeit:** selten

## *Tetraloniella nana* (Morawitz, 1873) Zwerg-Langhornbiene

**Kennzeichen:** 8–9 mm. Die geringe Größe und der spezialisierte Blütenbesuch sind wichtige Indizien für die Erkennung im Feld. Das Männchen ist anhand des gelb gezeichneten Labrum von *Tetraloniella salicariae* unterscheidbar.
**Pollenquellen:** oligolektisch, sammelt auf Malvengewächsen (Malvaceae)
**Nestbau:** an schütter bewachsenen Bodenstellen
**Kuckucksbienen:** am Brutplatz wurde die Filzbiene *Triepeolus tristis* beobachtet
**Lebensräume:** unterschiedliche Trockenstandorte, Ruderalstandorte
**Verbreitung:** in Mitteleuropa nur wenige Funde; Nachbarländer: IT, SL, HU, SK, CZ; Österreich: B, N, St
**Flugzeit:** VII–VIII
**Häufigkeit:** sehr selten

***Tetraloniella pollinosa***
**Filzige Langhornbiene, Männchen (l.o., l.u.) Weibchen (r.)**

***Tetraloniella salicariae***
**Blutweiderich-Langhornbiene, Männchen (l.) Weibchen (r.)**

## *Tetraloniella pollinosa* (Lepeletier, 1841) Filzige Langhornbiene

Kennzeichen: 12–13 mm. Der spezialisierte Blütenbesuch und die Bindung an Trockenstandorte sind wichtige Indizien für die Erkennung.
Pollenquellen: vermutlich oligolektisch, sammelt auf Kardengewächsen (Dipsacaceae), insbesondere Skabiosen (*Scabiosa*)
Nestbau: an schütter bewachsenen Bodenstellen
Kuckucksbienen: unbekannt
Lebensräume: unterschiedliche Trockenstandorte, Felstrockenrasen
Verbreitung: in Mitteleuropa nur wenige Funde; Nachbarländer: CH, IT, HU, SK?, CZ?; Österreich: B, N; letzte Funde liegen bereits mehr als sechs Jahrzehnte zurück
Flugzeit: VI–VIII
Häufigkeit: sehr selten

## *Tetraloniella salicariae* (Lepeletier, 1841) Blutweiderich-Langhornbiene

Kennzeichen: 8–10 mm. Die geringe Größe und der spezialisierte Blütenbesuch sind wichtige Indizien für die Erkennung im Feld. Das Männchen ist anhand des schwarz gezeichneten Labrum von *Tetraloniella nana* unterscheidbar.
Pollenquellen: oligolektisch, sammelt auf Blutweiderich (*Lythrum*)
Nestbau: an schütter bewachsenen Bodenstellen
Kuckucksbienen: Filzbiene *Triepeolus tristis*
Lebensräume: Feuchtgebiete, Auwiesen, Salzstandorte
Verbreitung: Nachbarländer: DE, CH, IT, SL, HU, SK, CZ; Österreich: B, K, N, St?, V, W
Flugzeit: VI–VIII
Häufigkeit: selten

***Thyreus truncatus***
**Gestutzte Flecken-biene, Weibchen**

## *THYREUS* FLECKENBIENEN

Kennzeichen: Fleckenbienen sind mittelgroße Bienen. Körper schwarz, mit weißen Haarflecken. Clypeus stark vorragend. Charakteristisch ist das lamellenartige, am Hinterrand eingeschnittene Scutellum. Vorderflügel mit drei Cubitalzellen. Radialzelle kurz und am Ende abgerundet. Flügel dunkel getönt. Die Männchen unterscheiden sich äußerlich nur wenig von den Weibchen. Bestimmung: Scheuchl (2000), Amiet & al. (2007)

In Österreich 4 Arten (DE: 2, CH: 5)

Biologie: Fleckenbienen sind Kuckucksbienen von Pelzbienen (*Anthophora*) und Binden-Pelzbienen (*Amegilla*). Über ihre Wirtsbeziehungen und Larvenentwicklung ist nur wenig bekannt. Fleckenbienen sind in den Sommermonaten aktiv und haben nur eine Generation pro Jahr.

***Thyreus histrionicus***
**Hohlfuß-Fleckenbiene, Weibchen (l., r.)**

***Thyreus orbatus***
**Schwarzgesichtige Fleckenbiene, Männchen (l.) Weibchen (r.)**

## *Thyreus histrionicus* (Illiger 1806)
## Hohlfuß-Fleckenbiene

**Kennzeichen:** 10–14 mm. Gesicht des Weibchens ausschließlich weiß behaart, der Hinterrand des Scutellums hinten tief ausgeschnitten. Im Feld nicht sicher von *Thyreus truncatus* unterscheidbar.
**Wirte:** *Amegilla quadrifasciata*
**Lebensräume:** unterschiedliche Trockenstandorte
**Verbreitung:** Südeuropa, in Mitteleuropa nur wenige Funde; Nachbarländer: DE, CH, IT, SL, HU, SK, CZ; Österreich: B, K, N, St
**Flugzeit:** VII–VIII
**Häufigkeit:** sehr selten

## *Thyreus orbatus* (Lepeletier 1841)
## Schwarzgesichtige Fleckenbiene

**Kennzeichen:** 8–10 mm. Gesicht des Weibchens unterhalb der Fühler vorwiegend dunkel behaart. Durch dieses Merkmal ist die Art im Feld von anderen *Thyreus*-Arten unterscheidbar.
**Wirte:** Hauptwirt ist *Anthophora quadrimaculata*, als weitere Wirte werden *A. borealis, A. plagiata* und *A. pubescens* genannt.
**Lebensräume:** unterschiedliche Trockenstandorte, Magerwiesen und extensiv genutztes Grünland
**Verbreitung:** Nachbarländer: DE, CH, IT, SL, HU, SK, CZ; Österreich: B, K, N, O, St, T, V, W
**Flugzeit:** V–VIII
**Häufigkeit:** selten, jedoch die häufigste *Thyreus*-Art

***Thyreus ramosus*** **Rundfuß-Fleckenbiene, Weibchen (l., r.)**

***Thyreus truncatus*** **Gestutzte Fleckenbiene, Weibchen (l., r.)**

### *Thyreus ramosus* (Lepeletier 1841) Rundfuß-Fleckenbiene

**Kennzeichen:** 8–10 mm. Gesicht des Weibchens ausschließlich weiß behaart. Der weiße Filzfleck neben der Tegula ist langgezogen und erstreckt sich bis zum Scutellum. Befilzung von Tergit 1 am vorderen und hinteren Rand ausgedehnt. Im Feld nicht sicher von anderen *Thyreus*-Arten unterscheidbar.
**Wirte:** *Amegilla albigena*
**Lebensräume:** unterschiedliche Trockenstandorte, Magerwiesen und extensiv genutztes Grünland
**Verbreitung:** Nachbarländer: DE, CH, IT, HU, SK; Österreich: B, N, T, W
**Flugzeit:** VI–IX
**Häufigkeit:** selten

### *Thyreus truncatus* (Perez 1883) Gestutzte Fleckenbiene

**Kennzeichen:** 9–13 mm. Gesicht des Weibchens ausschließlich weiß behaart. Der weiße Filzfleck neben der Tegula ist nur punktförmig ausgebildet. Im Feld nicht sicher von *Thyreus histrionicus* unterscheidbar.
**Wirte:** *Amegilla garrula*
**Lebensräume:** unterschiedliche Trockenstandorte
**Verbreitung:** Nachbarländer: CH, IT, HU, SK; Österreich: B, N
**Flugzeit:** VII–VIII
**Häufigkeit:** sehr selten

***Xylocopa violacea***
**Blauschwarze Holzbiene, Weibchen**

## *XYLOCOPA* HOLZBIENEN

Kennzeichen: Große bis sehr große Bienen. Körper schwarz oder blauschwarz gefärbt. Flügel stark verdunkelt, mit drei Cubitalzellen und einer sehr langen, zugespitzten Radialzelle. Bestimmung: Scheuchl (2000), Amiet & al. (2007)

In Österreich 3 Arten (DE: 3, CH: 3)

Biologie: Holzbienen legen ihre Nester in morschem Holz oder dürren Pflanzenstängeln an. Sie nagen bis zu 40 cm lange Gänge, die teilweise verzweigt sind, und legen in diesen Hohlräumen die Brutzellen linienförmig an. Der Pollen wird zu einer Kugel geformt und mit einem Ei belegt. Die Zwischenwände der Zellen bestehen aus den abgenagten Spänen und Speichel. Pro Jahr gibt es eine Generation. Die Tiere schlüpfen im Spätsommer und überwintern in Erdlöchern, Mauerspalten oder den Geburtsnestern. Die Verpaarung findet erst im Frühling statt. Im Mai beginnen die Weibchen mit dem Nestbau, wobei sie alte Nester häufig wieder benutzen. Zwischen Juli und August sterben die alten Tiere. Der Pollentransport erfolgt vorwiegend im Kropf, in geringem Ausmaß auch mit der Beinbehaarung.

***Xylocopa iris***
**Kleine Holzbiene, Weibchen (l., r.)**

***Xylocopa valga***
**Schwarzfühler-Holzbiene, Weibchen (l., r.)**

## *Xylocopa iris* (Christ 1791) Kleine Holzbiene

Kennzeichen: 14–17 mm. Kleinste *Xylocopa*-Art. Hinterleib mit blauem Schimmer. Die Hintertibien des Weibchens weisen zwei Zähne auf. Aufgrund der geringen Größe im Feld von anderen Holzbienen-Arten unterscheidbar.
Pollenquellen: polylektisch, mit einer Vorliebe für Schmetterlingsblütler (Fabaceae) und Lippenblütler (Lamiaceae)
Nestbau: erfolgt in selbst genagten Gängen in Markstängeln, wo mehrere Brutzellen angelegt werden. Die Zellzwischenräume bestehen aus mit Speichel verklebten Markpartikeln.
Parasiten: Schlupfwespe *Hoplocryptus femoralis*
Lebensräume: unterschiedliche Trockenstandorte
Verbreitung: Nachbarländer: DE, CH, IT, SL, HU, SK, CZ; Österreich: B, N, W
Flugzeit: IV–X . Beide Geschlechter erscheinen im Spätsommer und überwintern in Hohlräumen.
Häufigkeit: selten

## *Xylocopa valga* Gerstaecker 1872 Schwarzfühler-Holzbiene

Kennzeichen: 22–28 mm. Größte *Xylocopa*-Art. Fühler ganz schwarz. Im Feld nicht von *Xylocopa violacea* unterscheidbar.
Pollenquellen: polylektisch
Nestbau: erfolgt in selbst genagten Gängen im Totholz, wo mehrere Brutzellen linienförmig hintereinander liegen. Die Zellzwischenräume bestehen aus mit Speichel verklebten Holzspänen.
Parasiten: Keulhornwespe *Polochrum repandum*

***Xylocopa violacea***
**Blauschwarze Holzbiene, Männchen (l.) Weibchen (r.)**

***Xylocopa violacea***
**Blauschwarze Holzbiene, Männchen (l.) Paarung (r.)**

Lebensräume: unterschiedliche Trockenstandorte, Magerwiesen, Streuobstwiesen, totholzreiche Waldsäume
Verbreitung: Nachbarländer: DE, CH, IT, SL, HU, SK, CZ; Österreich: B, K, N, O, St, W
Flugzeit: IV–X . Beide Geschlechter erscheinen im Spätsommer und überwintern in Hohlräumen.
Häufigkeit: mäßig häufig

### *Xylocopa violacea* (Linnaeus 1758)
### Blauschwarze Holzbiene

Kennzeichen: 20–25 mm. Beim Weibchen sind die mittleren Fühlerglieder unten gelblich (oft nur schwach ausgeprägt), beim Männchen ist das letzte Fühlerglied leicht gebogen und die beiden anschließenden Glieder sind orange gefärbt. Im Feld ist nur das Männchen anhand dieses Merkmals erkennbar.
Pollenquellen: polylektisch
Nestbau: erfolgt in selbst genagten Gängen im Totholz, wo mehrere Brutzellen linienförmig hintereinander liegen. Die Zellzwischenräume bestehen aus mit Speichel verklebten Holzspänen.
Parasiten: Keulhornwespe *Polochrum repandum*
Lebensräume: unterschiedliche Trockenstandorte, Magerwiesen, Streuobstwiesen, totholzreiche Waldsäume
Verbreitung: Nachbarländer: DE, CH, IT, SL, HU, SK, CZ; Österreich: alle Bundesländer
Flugzeit: III–X. Beide Geschlechter erscheinen im Spätsommer und überwintern in Hohlräumen.
Häufigkeit: mäßig häufig

## LITERATUR

AMIET, F. & KREBS, A. 2014: Bienen Mitteleuropas. – Haupt Verlag. 424 pp.

APA 13.2.2017: Pressemitteilung zum Neonicotinoid-Verbot.

ASCHER, J.S. & PICKERING, J. 2017: Apoidea species – http://www.discoverlife.org/mp/20q?guide=Apoidea_species&flags=HAS: [abgerufen am 5.5.2017].

BIANI, N.B., MUELLER, U.G. & WCISLO, W.T. 2009: Cleaner Mites: Sanitary Mutualism in the Miniature. Ecosystem of Neotropical Bee Nests. Am. Nat. 2009. Vol. 173, pp. 841–847.

BOGUSCH, P., KRATOCHVÍL L., STRAKA, J. 2006: Generalist cuckoo bees (Hymenoptera: Apoidea: Sphecodes) are species-specialist at the individual level. Behav Ecol Sociobiol (2006) 60: 422–429.

BUILTJES, P., HENDRIKS, E., KOENEN, M., SCHAAP, M., BANZHAF, S., KERSCHBAUMER, A., GAUGER, T., NAGEL, H.-D., SCHEUSCHNER,. T., SCHLUTOW, A. 2011: Erfassung, Prognose und Bewertung von Stoffeinträgen und ihren Wirkungen in Deutschland. Zusammenfassender Abschlussbericht.

CANE, J. H. & SIPES, S. 2006: Floral specialization by bees: analytical methodologies and a revised lexicon for oligolecty. pp. 99–122 In Plant-Pollinator Interactions: From Specialization to Generalization. N. Waser and J. Ollerton, (eds.), Univ. Chicago Press.

CARDINAL, S. & DANFORTH, B.N. 2013: Bees diversified in the age of eudicots. Proc. R. Soc. 280:20122686.

CHRIST, J. L. 1791: Naturgeschichte, Klassification und Nomenclatur der Insekten, vom Bienen, Wespen und Ameisengeschlecht; als der fünften Klasse fünfte Ordnung des Linneischen Natursystems von den Insekten: Hymenoptera. Mit häutigen Flügeln. 535 pp., Taf. 1–60. Hermann, Frankfurt am Main.

DENYS, C. & TSCHARNTKE, T. 2002: Plant-insect communities and predator-prey ratios in field margin strips, adjacent crop fields, and fallows. Oecologia, 130, 315–324.

DIRNBÖCK, T., MIRTL, M., GRABNER, M.-T., PETERSEIL, J., DULLINGER, S., HOCHRATHNER, P., HÜLBER, K., KARRER, G., KLEINBAUER, I., MAYER, W., PFEFFERKORN-DELLALI, V., REIMOSER, F., REIMOSER, S., TÜRK, R., WILLNER, W. & ZECHMEISTER, H. 2007: Effects of nitrogen and sulphur deposition on forest biota and diversity. Austrian Integrated Monitoring Zöbelboden. Report. Umweltbundesamt. Wien

EBMER, A.W. 1999: Rote Liste der Bienen Kärntens (Insecta: Hymenoptera: Apoidea). – Rote Listen gefährdeter Tiere Kärntens. Naturschutz in Kärnten 15: 239–266.

EBMER, A.W., KRATSCHMER, S.A. & PACHINGER, B. 2016: Lasioglossum (Lasioglossum) laterale (Brullé, 1832) (Hymenoptera: Apidae), eine seltene mediterrane Halictidae, neu für Österreich – Beiträge zur Entomofaunistik 17: 77–83.

EC 2015. Fate and impact of terrestrial and aquatic ecosystems in Europe. http://fate.jrc.ec.europa.eu/modelling/nutrients.html [23.06.2017]

ELLENBERG, H. 1996: Vegetation Mitteleuropas mit den Alpen in ökologischer, dynamischer und historischer Sicht. 5. Aufl., Ulmer, Stuttgart, 1096 pp.

EVERTZ, S. 1995: Interspezifische Konkurrenz zwischen Honigbienen *(Apis meififera)* und solitären Wildbienen (Hymenoptera Apoidae). Nat. Landsch. 70: 165–172.

FISCHER, M.A., OSWALD, K. & ADLER, W. 2008: Exkursionsflora für Österreich, Liechtenstein und Südtirol. 3. Aufl., Biologiezentrum der Oberösterreichischen Landesmuseen, Linz, 1391 pp.

FORISTER, M. L., COUSENS, B., HARRISON, J. G., ANDERSON, K., THORNE, J. H., WAETJEN, D., NICE, C. C., PARSIA, M. D., HLADIK, M. L., MEESE, R., VLIET, H. VAN & SHAPIRO, A. M. 2016: Increasing neonicotinoid use and the declining butterfly fauna of lowland. – Biol. Lett. 12:20160475.

FÖRSTER, R. 2009: Bee poisoning caused by insecticidal seed treatment of maize in Germany in 2008. Julius-Kuhn-Archiv, 423, 126–131.

GALLAI, N., SALLES, J-M., SETTELE, J. AND VAISSIÈRE, B.E. 2009: Economic valuation of the vulnerability of world agriculture confronted with pollinator decline. Ecological Economics, 68(3), 810–821.

GARIBALDI, L. A., STEFFAN-DEWENTER, I., WINFREE, R., AIZEN, M.A., BOMMARCO, R., CUNNINGHAM, S.A., KREMEN, C., CARVALHEIRO, L.G., AFIK, O., BARTOMEUS, I. & al. 2013: Wild Pollinators Enhance Fruit Set of Crops Regardless of Honey Bee. – Science 29 March 2013: Vol. 339 No. 6127: 1608–1611.

GONZÁLEZ, J. M., TERÁN, J. B., MATTHEWS, R. W. 2004: Review of the biology of *Melittobia acasta* (WALKER) (Hymenoptera: Eulophidae) and additions on development and sex ratio of the species. – Caribbean Journal of Science, Vol. 40, No. 1, 52–61.

GOULSON, D. 2013 Und sie fliegt doch: Eine kurze Geschichte der Hummel. – Carl Hanser Verlag. 320 pp.

GOULSON, D. 2017: Die seltensten Bienen der Welt. – Carl Hanser Verlag 304 pp.

GRABHERR, G. 1987: Tourismusinduzierte Störungen, Belastbarkeit und Regenerationsfähigkeit der Vegetation in der alpinen Stufe. In: MaB-Projekt Obergurgl. Veröffentlichungen des Österreichischen MaB-Programms, Patzelt, G. (Hg.), Wagner Innsbruck 10: 243–256.

GUSENLEITNER F., SCHWARZ M. & MAZZUCCO K. 2012: Apidae (Insecta: Hymenoptera). In SCHUSTER R. (Hrsg.): Checklisten der Fauna Österreichs 6. – Verlag der Österreichischen Akademie der Wissenschaften, Wien, pp. 9–129.

GOGALA, A. 2017: Bee Fauna of Slovenia: Checklist of Species (Hymenoptera: Apoidea). http://www2.pms-lj.si/andrej/apoidea.htm [abgerufen am 25.7.2017]

HUMER, H. 2011: Damit Futterwiesen nicht zu Blumenwiesen werden. Die Landwirtschaft, 2011, 4, 22–23.

JAROS, M. 2008: Das Projekt Vanessa. Schaffung einer Naturerlebnisfläche im Wiener Donaupark und Vermittlung von Wiesenökologie an Kinder. – Projektdokumentation 2003–2008, Wiener Umweltanwaltschaft, 30 pp.

JÓZAN, Z. 2011: Checklist of Hungarian Sphecidae and Apidae species (Hymenoptera, Sphecidae and Apidae). – Natura Somogyiensis 19: 177–200 pp.

KERR, J.T., PINDAR, A., GALPERN, P., PACKER, L., POTTS, S.G., ROBERTS, S.M., RASMONT, P., SCHWEIGER, O., COLLA, S.R., RICHARDSON, L. L. & al. 2015: Climate change impacts on bumblebees converge across continents. – Science. 2015 Jul 10; 349(6244): 177–180.

KRAHNSTÖVER, M. & POLACZEK, B. 2017: Geht es den Bienen in Städten beziehungsweise stadtnahen Gebieten besser als am Land? Literaturstudie zum Thema Bienengesundheit im Auftrag der Bundestagsfraktion Bündnis 90/Die Grünen, https://www.gruene-bundestag.de/fileadmin/media/gruenebundestag_de/themen_az/tierschutz/Bienenstudie_2017.pdf

Kuhlmann, M. & Proshchalykin, M.Y. 2014: New and little known bees of the genus Colletes Latreille 1802 of the European part of Russia, with keys to species (Hymenoptera: Apoidea: Colletidae). – Zootaxa 3878: 201–247.

Kühnelt, W. 1943: Die Leitformenmethode in der Ökologie der Landtiere. Biol. Gen. 17, 106–146

Kullenberg, B. 1961: Studies in Ophryspollination. – Zool. Bidr. Uppsala 34, 340 pp.

Lipa, J.J. & Triggiani, O. 1996: Apicystis gen nov and Apicystis bombi (Liu, Macfarlane & Pengelly) comb nov (Protozoa: Neogregarinida), a cosmopolitan parasite of Bombus and Apis (Hymenoptera: Apidae) – Apidologie 27 (1996) 29–34.

Mayer, J.R., & Erschbamer, B. 2009: Die Vegetation von Schipisten im Vergleich zur angrenzenden Vegetation im inneren Ötztal (Zentralalpen, Nordtirol) – Verh. Zool.-Bot. Ges. Österreich 146, 2009, 139–157.

Mayor, J.R., Sanders, N.J., Classen, A.T., Bardgett, R.D., Clément, J.-C., Fajardo, A., Lavorel, S., Sundqvist, M.K., Bahn, M., Chisholm, C., Cieraad, E., Gedalof, Z., Grigulis, K., Kudo, G., Oberski, D.L., Wardle, D.A. 2017: Elevation Alters Ecosystem Properties Across Temperate Treelines Globally. Nature 542 (7639), 91–95.

Mazzucco, K. & Mazzucco, R. 2007: Wege der Mikroevolution und Artbildung bei Bienen (Apoidea, Hymenoptera): Populationsgenetische und empirische Aspekte. — Denisia 20: 617–686

Meindl, P. & Kranzler A. 2015: Blühstreifen für Wild- und Honigbienen. Ländliches Fortbildungsinstitut Österreich, 16 pp.

Menzel, R. 2014: Wie Pestizide (Neonicotinoide) die Navigation, die Tanz-Kommunikation und das Lernverhalten von Bienen verändern. – Rundgespräche der Kommission für Ökologie, Bd. 43, „Soziale Insekten in einer sich wandelnden Welt", pp. 75–83. Verlag Dr. Friedrich Pfeil, München.

Michener, C.D. 2007: The Bees of the World. 2nd Edition, The Johns Hopkins University Press, Baltimore, 953 pp.

Müller, A. 1996: Host-Plant Specialization in Western Palearctic Anthidine Bees (Hymenoptera: Apoidea: Megachilidae) – Ecological Monographs, 66: 235–257.

Müller, A. & Kuhlmann, M. 2008: Pollen hosts of western palaearctic bees of the genus Colletes (Hymenoptera: Colletidae): the Asteraceae paradox. – Biological Journal of the Linnean Society 95: 719–733.

Müller, A., Krebs, A. & Amiet, F. 1997: Bienen – Mitteleuropäische Gattungen, Lebensweise, Beobachtung. – Naturbuch Verlag, Augsburg, 384 pp.

Müller, M. 1907: Zur Biologie unserer Apiden, insbes. der märkischen Osmien. – Zeitschrift für wissenschaftliche Insektenbiologie 3: 280–285.

Neumayer, J. 2006: Einfluss von Honigbienen auf das Nektarangebot und auf autochthone Blütenbesucher. – Entomologica Austriaca 13, 7–14.

Nieto, A., Roberts, S.P.M., Kemp, J., Rasmont, P., Kuhlmann, M., García Criado, M., Biesmeijer, J.C., Bogusch, P., Dathe, H.H., De la Rúa, P., De Meulemeester, T., Dehon, M., Dewulf, A., Ortiz-Sánchez, F.J., Lhomme, P., Pauly, A., Potts, S.G., Praz, C., Quaranta, M., Radchenko, V.G., Scheuchl, E., Smit, J., Straka, J., Terzo, M., Tomozii, B., Window, J. & Michez, D. 2014. European Red List of bees. Luxembourg: Publication Office of the European Union.

Niklfeld, H. & Schratt-Ehrendorfer, L. 1999: Rote Listen gefährdeter Farn- und Blütenpflanzen (Pteridophyta und Spermatophyta) Österreichs. 2., neubearb. Aufl. In: Niklfeld, H. (Hrsg.): Rote Listen gefährdeter Pflanzen Österreichs, pp. 33–130, Grüne Reihe des Bundesministeriums für Umwelt, Jugend und Familie, Band 10, Graz, 152 pp.

Oppermann, R., Haider, M., Kronenbitter, J., Schwenninger, H.R., Tornier, I. 2013: Blühflächen in der Agrarlandschaft – Untersuchungen zu Blühmischungen, Honigbienen, Wildbienen und zur praktischen Umsetzung. Gesamtbericht zu wissenschaftlichen Begleituntersuchungen im Rahmen des Projekts Syngenta Bienenweide, 191 pp. – http://www.ifab-mannheim.de/5-EN-P-Schwenninger-Monitoring (Abfrage vom 4.12.2015)

Österreichische Hagelversicherung 2017: http://www.hagel.at/site/index.cfm?objectid=22B124FC-5056-A500-6ACDE21286309655 [abgerufen am 1.5.2017]

Pachinger, B., Holzner, W., Böhmer, K. & Prochazka, B. 2010: Auswirkungen der Umstellung auf den biologischen Landbau und der Anlage von Blühstreifen auf die Vegetation und die Wildbienenfauna. In: Freyer, B., Surböck, A., Heinzinger, M., Friedel, J.K., Schauppenlehner, T., (Hrsg.): ÖPUL-Evaluierung LE07-13: Bewertung des viehlosen biologischen Ackerbaus und seiner agrarökologischen Leistungen im österreichischen Trockengebiet (Zwischenbericht). – Bundesministerium für Land- und Forstwirtschaft, Umwelt- und Wasserwirtschaft, 143–151.

Paulus, J. 2007: Wie Insekten-Männchen von Orchideenblüten getäuscht werden – Bestäubungstricks und Evolution in der mediterranen Ragwurzgattung Ophrys. – In: Evolution – Phänomen Leben (759 pp.), Denisia 20: 255–294.

Peeters, T.M.J., Nieuwenhuijsen, H., Smit, J., van der Meer, F., Raemakers, I.P., Heitmans, W.R.B., van Achterberg, K., Kwak, M., Rond, J. de, Roos, M. & Reemer, M. 2012: De Nederlandse bijen (Hymenoptera: Apidae s.l.). Natuur van Nederland. Naturalis Biodiversity Center & EIS, Leiden: 544 pp.

Peinert, M., Wipfler B., Jetschke G., Kleinteich, T., Gorb, S.N., Beutel R. G. & Pohl H. 2015: Traumatic insemination and female counter-adaptation in Strepsiptera (Insecta) Scientific Reports 6, Article number: 25052 (2016).

Peters, R.S., Krogmann, L., Mayer, C., Donath, A., Gunkel, S., Meusemann, K., Kozlov, A., Podsiadlowski, L., Petersen, M., Lanfear, R., Diez, P.A., Heraty, J., Kjer, K.M., Klopfstein, S., Meier, R., Polidori, C., Schmitt, T., Liu, S., Zhou, X., Wappler, T., Rust, J., Misof, B. & Niehuis, O. 2017: Evolutionary History of the Hymenoptera. – Current Biology 27: 1–6.

Pistorius J., Bischoff, G. & Heimbach, U. 2009: Bienenvergiftung durch Wirkstoffabrieb von Saatgutbehandlungsmitteln während der Maisaussaat im Frühjahr – Journal Für Kulturpflanzen, 6l (l), 9–14, 2009, Verlag Eugen Ulmer KG, Stuttgart.

Pistorius, J., Bischoff, G., Glas, M., Heimbach, U., Trenkle, A. & Stähler, M. 2008: Maisanbau und Bienenvergiftung, Hintergründe und Fakten. In: Mitteilungen 417, 56. Deutsche Pflanzenschutztagung in Kiel.

Pittioni, B. & Schmidt, R. 1942 (mit Beiträgen von E. Stöckhert): Die Bienen des südöstlichen Niederdonau. I. Apidae, Podaliriidae, Xylocopidae und Ceratinidae. – Niederdonau, Kultur und Natur 19: 69 pp., 8 Karten, 1 Tabelle, 7 Tafeln.

Pittioni, B. & Schmidt, R. 1943: Die Bienen des südöstlichen Niederdonau. II. Andrenidae und isoliert stehende Gattungen. – Niederdonau, Kultur und Natur 24: 83 pp., 20 Karten, 4 Tabellen.

Potts S., Biesmeijer K., Bommarco R., Breeze T., Carvalheiro L., Franzén M., González-Varo J.P., Holzschuh A., Kleijn D., Klein A.-M., Kunin, B., Lecocq T., Lundin O., Michez D., Neumann P., Nieto A., Penev L., Rasmont P., Ratamäki O., Riedinger V., Roberts S.P.M., Rundlöf M., Scheper J., Sørensen P., Steffan-Dewenter I., Stoev P., Vilà M., Schweiger O. 2015: Status and trends of European pollinators. Key findings of the STEP project. Pensoft Publishers, Sofia, 72 pp.

Pouyanne M. 1917: La fécondation des Ophrys par les insectes. – Bull. Soc. Hist. Nat. d'Afrique du Nord 43: 6–7.

Praz, C.J. 2017: Subgeneric classification and biology of the leafcutter and dauber bees (genus Megachile Latreille) of the western Palearctic (Hymenoptera, Apoidea, Megachilidae) – JHR 55: 1–54.

Praz, C.J., Müller, A., Dorn, S., 2008: Specialized bees fail to develop on non-host pollen: Do plants chemically protect their pollen? Ecology 89: 795–804.

Přidal, A. 2004: Checklist of the bees in the Czech Republic and Slovakia with comments on their distribution and taxonomy (Insecta: Hymenoptera: Apoidea). – Acta universitatis agriculturae et silviculturae Mendelianae Brunensis 52(1): 29–65.

Proshchalykin, M.Y. & Kuhlmann, M. 2012: The bees of the genus Colletes Latreille 1802 of the Ukraine, with a key to species (Hymenoptera: Apoidea: Colletidae). – Zootaxa 3488: 1–40.

Prosi, R., Wiesbauer, H. & Müller, A. 2016: Distribution, biology and habitat of the rare European osmiine bee species Osmia (Melanosmia) pilicornis (Hymenoptera, Megachilidae, Osmiini). Journal of Hymenoptera Research 52: 1–36.

Radchenko, V.G. 2016: A new widespread European bee species of the genus *Dasypoda* Latreille (Hymenoptera, Apoidea). – Zootaxa 4184 (3): 491–504.

Rasmont, P., Franzén, M., Lecocq, T., Harpke, A., Roberts, S., Biesmeijer, J., Castro, L., Cederberg, B., Dvorak, L., Fitzpatrick, Ú., Gonseth, Y., Haubruge, E., Mahé, G., Manino, A., Michez, D., Neumayer, J., Ødegaard, F., Paukkunen, J., Pawlikowski, T., Potts, S., Reemer, M., Settele, J., Straka, J. & Schweiger, O. 2015: Climatic Risk and Distribution Atlas of European Bumblebees. BioRisk 10: 1–236.

Rubio, F., Guo, E., Kamp, L. 2014: Survey of Glyphosate Residues in Honey, Corn and Soy Products. – J. Environ. Anal. Toxicol. 5:249.

Rundlöf, M., Andersson, G.K.S., Bommarco, R., Fries, I., Hederström, V., Herbertsson, L., Jonsson, O., Klatt, B. K., Pedersen, T. R., Yourstone, J. & al. 2015: Seed coating with a neonicotinoid insecticide negatively affects wild bees. Nature. 2015 May 7; 521(7550): 77–80. Published online 2015 Apr 22.

Schäffler, I., Steiner, K.E., Haid, M., van Berkel, S.S., Gerlach, G., Johnson, S.D., Wessjohann, L., Dötterl, S. 2015: Diacetin, a reliable cue and private communication channel in a specialized pollination system. Scientific Reports 5, 12779.

Scheuchl, E. & Schwenninger, H.R. 2015: Kritisches Verzeichnis und aktuelle Checkliste der Wildbienen Deutschlands. Mitteilungen des Entomologischen Vereins, Stuttgart, Heft 1, 225 pp.

Scheuchl, E. & Willner, W. 2016: Taschenlexikon der Wildbienen Mitteleuropas: Alle Arten im Porträt. – Verlag Quelle & Meyer, Wiebelsheim, 917 pp.

Schmid-Egger, C. & Witt, R. 2014: Ackerblühstreifen für Wildbienen – Was bringen sie wirklich? – Ampulex 6: 13–22

Schmid-Egger, C. & Dubitzky, A. 2017: *Dasypoda morawitzi* (Radschenko, 2016) neu für die Fauna von Mitteleuropa (Hymenoptera, Apoidea). – Ampulex 9: 27–31.

Schmid-Egger, C. & Scheuchl, E. 1997: Illustrierte Bestimmungstabellen der Wildbienen Deutschlands und Österreichs, Band III: Andrenidae. – Eigenverlag Erwin Scheuchl, Velden, 180 pp.

Schoder, S. & Wiesbauer, H., in Druck: The masked bee *Hylaeus punctulatissimus* Smith, 1842 (Hymenoptera: Apidae): not strictly oligolectic! Zeitschrift der AÖE, 69.

Sedivy, C., Müller, A. & Dorn, S., 2011: Closely related pollen generalist bee species differ in their ability to develop on the same pollen diet: evidence for physiological adaptations to digest pollen. Funct. Ecol. 25: 718–725.

Sedivy, C., Praz, C.J., Müller, A., Widmer, A. & Dorn, S. 2008: Patterns of host-plant choice in bees of the genus Chelostoma: The constraint hypothesis of host-range evolution in bees. Evolution 62: 2487–2507.

Shavit O., Dafin, A. & Ne'eman, G. 2009: Competition between honeybees (*Apis mellifera*) and native solitary bees in the Mediterranean region of Israel – Implications for Conservation. – Israel Journal of Plant Sciences Vol. 57, 171–183

Sommeijer, M.J., Rooijakkers, E.F., Jacobusse C. & Kerkvliet, J.D. 2009: Larval food composition and food plants of the solitary bee *Colletes halophilus* (Hymenoptera: Colletidae). – Journal of Apicultural Research and Bee World 48: 149–155.

Sommeijer, M.J., Neve, J. & Jacobusse, C. 2012: The typical development cycle of the solitary bee *Colletes halophilus*. – Entomologische Berichte 72: 52–58.

Tengö, J. & Bergström, G. 1976: Odor correspondence between Melitta females and males of their nest parasite Nomada flavopicta K. J. Chem. Ecol. 2, 57–65.

Tengö, J. & Bergström, G. 1977: Cleptoparasitism and odor mimetism in bees: Do Nomada males imitate the odor of Andrena females? Science 196, 1117–1119.

TEPPNER H. 2011: Flowers of Boraginaceae (Symphytum, Onosma, Cerinthe) and Andrena symphyti (Hymenoptera-Andrenidae): Morphology, pollen portioning, vibratory pollen collection, nectar robbing. – Phyton (Horn, Austria) 50(2): 145–180.

TOLASCH, T., KEHL, S. & DÖTTERL, S. 2012: First Sex Pheromone of the Order Strepsiptera: (3R,5R,9R)-3,5,9-Trimethyldodecanal in Stylops melittae KIRBY, 1802, in: Journal of Chemical Ecology, Dec. 2012, Volume 38, Issue 12, pp. 1493–1503.

UNGRICHT, S., MÜLLER, A. & DORN, S. 2008: A taxonomic catalogue of the Palaearctic bees of the tribe Osmiini (Hymenoptera: Apoidea: Megachilidae). – Zootaxa 1865: 1–253.

VOGEL, S. 1974: Ölblumen und ölsammelnde Bienen. Reihe tropische und subtropische Pflanzenwelt. Abhandl. Akad. Wiss. Lit. Mainz, math.-nat. Kl. 7. Steiner, Wiesbaden.

VOGEL, S. 1986: Ölblumen und ölsammelnde Bienen – Zweite Folge: Lysimachia und Macropis. Trop. Subtrop. Pflanzenwelt 54: 147–312.

VOGEL, S. 1990: Ölblumen und ölsammelnde Bienen. Dritte Folge. Momordica, Thiadiantha und die Ctenoplectridae. Trop. subtrop. Pflanzenwelt 73. Akad. d. Wiss. Lit. Mainz. Steiner, Stuttgart.

WEIDEMANN, H. J. 1995: Tagfalter beobachten, bestimmen. Naturbuch Verlag, Augsburg, 659 pp.

WESTERKAMP, C. 1991 Honeybees are poor pollinators – why? Plant Syst. Evol. 177: 71–75.

WESTRICH P., SCHWENNINGER H. R & KLEMM M. 1994: Das Schutzprogramm „Wildbienen Baden-Württembergs“: Konzeption und erste Ergebnisse. – Beitr. 1. Hymenopt.-Tagung Stuttgart: 18–20.

WESTRICH, P. & BÜLLES, J. 2016: *Epeolus fallax*, ein Brutparasit von Colletes hederae und eine für Deutschland neue Bienenart (Hymenoptera, Apidae) – Eucera 10: 15–26.

WESTRICH, P. 1990: Die Wildbienen Baden-Württembergs, Teile 1 und 2. – 2. Auflage, Verlag Eugen Ulmer, Stuttgart, 972 pp.

WESTRICH, P. 2017: http://www.wildbienen.info [abgerufen am 25.7.2017]

WHITEHORN, P.R., O'CONNOR, S., WACKERS, F.L. & GOULSON, D. 2012: Neonicotinoid pesticide reduces bumble bee colony growth and queen production. Science. 2012 Apr 20; 336(6079): 351–352. Published online 2012 Mar 29.

WIESBAUER, H. 2015: *Eucera cineraria* EVERSMANN, 1852, Bestätigung einer für Österreich bislang nur vermuteten Wildbienenart (Hymenoptera: Apidae). – Beiträge zur Entomofaunistik 16: 136–139.

WIESBAUER, H. 2013: LIFE-Projekte zur Erhaltung der Steppen- und Trockenrasen in Österreich. – in: Thüringer Ministerium für Landwirtschaft, Forsten, Umwelt und Naturschutz (TMLFUN) (Hrsg.) 2013: Steppenlebensräume Europas – Gefährdung, Erhaltungsmaßnahmen und Schutz. – Tagungsband, pp. 305–322.

WIESBAUER, H. & DENNER, M. 2013: Feuchtgebiete: Natur- und Kulturgeschichte der Weinviertler Gewässer, Bundesministerium für Land- und Forstwirtschaft, Umwelt und Wasserwirtschaft sowie Amt der NÖ Landesregierung, Wien, 133 pp.

WIESBAUER, H. & NEUMEISTER, E. 2008: Gefährdung und Pflege der Trockenrasen. In: Wiesbauer, H. (Hrsg.): Die Steppe lebt. Felssteppen und Trockenrasen in Niederösterreich: 219–224. Amt der NÖ Landesregierung, St. Pölten.

WIESBAUER, H. & MAZZUCCO, K. 1997: Dünen in Niederösterreich. Ökologie und Kulturgeschichte eines bemerkenswerten Landschaftselementes.– Fachberichte des Niederösterreichischen Landschaftsfonds 6/97, 90 pp.

WIESBAUER, H. & ZETTEL, H. 2014: Hohlwege und Lössterrassen in Niederösterreich, Amt der NÖ Landesregierung, St. Pölten, 132 pp.

WIESBAUER, H., ZETTEL, H. & SCHODER, S., 2017: Zur Kenntnis der Wildbienen (Hymenoptera: Apidae) in Wien, Niederösterreich und dem Burgenland (Österreich) – 7. – Beiträge zur Entomofaunistik 18, 1–9.

WOODCOCK, B. A., ISAAC, N. J. B., BULLOCK, J. M., ROY, D. B., GARTHWAITE, D. G., CROWE, A., & PYWELL, R. F. 2016: Impacts of neonicotinoid use on long-term population changes in wild bees in England. *Nature Communications*, *7*, 12459.

ZETTEL, H. 2008: Trockenrasen-Monitoring Hainburger Berge. Teilbericht Wildbienen (Apidae). Unveröffentlichte Studie im Rahmen des LIFE-Projekts.

ZETTEL, H., OCKERMÜLLER, E., WIESBAUER, H., EBMER, A.W., GUSENLEITNER, F., NEUMAYER, J. & PACHINGER, B. 2015: Kommentierte Liste der aus Wien (Österreich) nachgewiesenen Bienenarten (Hymenoptera: Apidae). – Zeitschrift der Arbeitsgemeinschaft österreichischer Entomologen 67: 137–194.

ZETTEL, H., SCHÖDL, S. & WIESBAUER, H. 2005: Zur Kenntnis der Wildbienen (Hymenoptera: Apidae) in Wien, Niederösterreich und dem Burgenland (Österreich) – 2. – Beiträge zur Entomofaunistik 6: 107–126.

ZETTEL, H. & WIESBAUER, H. 2011: Bienen (Apidae). pp. 225–232, 357–369 in: Wiesbauer H., Zettel H., Fischer M.A. & Maier R. (Hrsg.): Der Bisamberg und die Alten Schanzen. Vielfalt am Rande der Großstadt Wien. Amt der NÖ Landesregierung, St. Pölten, 388 pp.

ZETTEL, H. & WIESBAUER, H. 2013: Wildbienen (Apidae). In: WIESBAUER, H., ZETTEL, H., FISCHER, M. & MAIER, R. (Hrsg.): Der Bisamberg und die Alten Schanzen, Vielfalt am Rande der Großstadt Wien: 225–232. Amt der NÖ Landesregierung, St. Pölten.

ZETTEL, H., ZIMMERMANN, D. & WIESBAUER, H. 2013: Die Bienen und Grabwespen (Hymenoptera: Apoidea) im *Donaupark* in Wien (Österreich). SABULOSI Beiträge zur Hymenopterologie, ISSN 2072-0475, Nummer 3, Wien, 23 pp.

ZETTEL, H., ZIMMERMANN, D. & WIESBAUER, H. 2016: Ergänzungen zur Bienenfauna (Hymenoptera: Apidae) von Wien, Österreich. – Beiträge zur Entomofaunistik 17: 85–107.

ZURBUCHEN, A. & MÜLLER, A. 2012: Wildbienenschutz – von der Wissenschaft zur Praxis. Bristol-Schriftenreihe Band 33. Haupt Verlag, Bern. 162 pp.

ZURBUCHEN, A., CHEESMAN, S., KLAIBER, J., MÜLLER, A., HEIN, S., DORN, S., 2010a: Long foraging distances impose high costs on offspring production in solitary bees. J. Anim. Ecol. 79: 674–681.

ZURBUCHEN, A., LÄNDERT, L., KLAIBER, J., MÜLLER, A., HEIN, S., DORN, S., 2010b: Maximum foraging ranges in solitary bees: only few individuals have the capability to cover long foraging distances. Biol. Conserv. 143: 669–676.

## BESTIMMUNGSLITERATUR

Amiet, F. 1996: Apidae 1 (Apis, Bombus, Psithyrus). Insecta Helvetica Fauna 12, CSCF, Neuchâtel.

Amiet, F., Müller, A. & Neumeyer, R. 1999: Apidae 2. Colletes, Dufourea, Hylaeus, Nomia, Rhophitoides, Rophites, Sphecodes, Systropha. – Fauna Helvetica 4, CSCF & SEG, Neuchâtel, 219 pp.

Amiet, F., Herrmann, M., Müller, A. & Neumeyer, R. 2001: Apidae 3. Halictus, Lasioglossum. – Fauna Helvetica. Centre Suisse de Cartographie de la faune, Neuchâtel. 208 pp.

Amiet, F., Herrmann, M., Müller, A. & Neumeyer, R. 2004: Apidae 4. Anthidium, Chelostoma, Coelioxys, Heriades, Lithurgus, Megachile, Osmia, Stelis. – Fauna Helvetica 9, CSCF & SEG, Neuchâtel, 272 pp.

Amiet, F., Herrmann, M., Müller, A. & Neumeyer, R. 2007: Apidae 5. Ammobates, Ammobatoides, Anthophora, Biastes, Ceratina, Dasypoda, Epeoloides, Epeolus, Eucera, Macropis, Melecta, Melitta, Nomada, Pasites, Tetralonia, Thyreus, Xylocopa. Fauna Helvetica 20, CSCF & SEG, Neuchâtel, 356 pp.

Amiet, F., Herrmann, M., Müller, A. & Neumeyer, R. 2010: Apidae 6: Andrena, Melitturga, Panurginus, Panurgus. Fauna Helvetica 26, CSCF & SEG Neuchâtel, 316 pp.

Ebmer, A.W. 1987: Die westpaläarktischen Arten der Gattung Dufourea Lepeletier 1841 mit illustrierten Bestimmungstabellen (Insecta: Hyenoptera: Apoidea: Halictidae: Dufoureinae). Nachtrag. – Linzer biol. Beitr. 19 (1): 43–56.

Ebmer, A.W. 1987: Die europäischen Arten der Gattungen Halictus Latreille, 1804 und Lasioglossum Curtis, 1833 mit illustrierten Bestimmungstabellen (Insecta: Hymenoptera: Apoidea: Halictidae: Halictinae). 2. Die Untergattung Seladonia Robertson, 1918. – Senckenbergiana Biologica 68: 323–375.

Ebmer, A.W. 1988: Kritische Liste der nicht-parasitischen Halictidae Österreichs mit Berücksichtigung aller mitteleuropäischer Arten (Insecta: Hymenoptera: Apoidea: Halictidae). – Linzer biologische Beiträge 20: 527–711.

Ebmer, A.W. & Schwammberger, K.H. 1986: Die Bienengattung Rophites Spinola 1808 (Insecta: Hymenoptera: Apoidea: Halictidae: Dufoureinae). Illustrierte Bestimmungstabellen. Senckenbergiana biologica. 66: 271–304.

Noskiewicz, J. 1936: Die palaearktischen Colletes-Arten. – Prace Naukowe Wydawnictwo, Towarzystwa Naukowego we Lwowie 3, V + 531 pp.

Scheuchl, E. 1995: Illustrierte Bestimmungstabellen der Wildbienen Deutschlands und Österreichs. Band I: Anthophoridae. Ed. Erwin Scheuchl, 158 pp.

Scheuchl, E. 2006: Illustrierte Bestimmungstabellen der Wildbienen Deutschlands und Österreichs, für Osmia s.l. unter Berücksichtigung der Arten der Schweiz, Ungarns, Sloweniens und der Slowakei. Band II: Megachilidae – Melittidae. – 2. erweiterte Auflage, Apollo Books, Stenstrup, 192 pp.

Schmid-Egger, C. & Scheuchl, E. 1997: Illustrierte Bestimmungstabellen der Wildbienen Deutschlands und Österreichs, Band III: Andrenidae. – Eigenverlag Erwin Scheuchl, Velden, 180 pp.

Dathe, H.H., Scheuchl, E. & Ockermüller, E. 2016: Illustrierte Bestimmungstabelle für die Arten der Gattung *Hylaeus* F. (Maskenbienen) in Deutschland, Österreich und der Schweiz. – Entomologica Austriaca, Supplement 1, 51 pp.

## ARTENREGISTER

## GATTUNGSREGISTER DEUTSCH

Wer Anfang Juni auf österreichs Landstraßen unterwegs ist, wird an den Straßenrändern nur wenige Blumen sehen. Die Straßenböschungen sind penibel „gepflegt", ja selbst die Ränder der Feldwege sind gemulcht oder mit Herbizid behandelt. In den Wirtschaftswiesen sprießen Turbogräser, blütenreiche Magerwiesen sind vielerorts aus der Landschaft verschwunden. Unter natürlichen Verhältnissen sollte bei Insekten zu dieser Zeit die größte Artenvielfalt herrschen. Doch der gleichzeitige Schnitt entzieht den Blütenbesuchern die Lebensgrundlage. Wildbienen müssen die Nestbauaktivitäten einstellen oder stark vermindern, da sie keine ausreichenden Pollen- und Nektarquellen mehr vorfinden. Dabei wäre es so einfach, die Böschungspflege nach ökologisch verträglichen Konzepten umzusetzen.